U0340434

普通高等教育土建类规划教材

高层建筑结构设计理论

第②版

主　编　程选生　何晴光

副主编　刘彦辉　朱前坤　张　琼

参　编　李春锋　刘　迪　吴忠铁

　　　　范萍萍　戴纳新

机械工业出版社

本书在第 1 版的基础上，结合《高层建筑混凝土结构技术规程》《建筑抗震设计规范》《建筑结构荷载规范》《高层建筑筏形与箱形基础技术规范》《建筑桩基技术规范》等现行规范修订而成。

全书共 11 章，内容包括概述、高层建筑结构设计基本规定、荷载作用与结构计算分析、高层框架结构内力计算、高层框架结构截面设计与构造要求、剪力墙结构内力计算、框架-剪力墙结构内力计算、剪力墙结构的截面设计与构造要求、筒体结构设计介绍、高层建筑结构基础设计、高层建筑结构设计软件应用等。

本书可作为高等院校土木工程专业的本科生教材和教师教学参考用书，也可作为相关专业工程技术和科研人员等参考用书。

图书在版编目（CIP）数据

高层建筑结构设计理论/程选生，何晴光主编. —2 版. —北京：机械工业出版社，2016.8

普通高等教育土建类规划教材

ISBN 978-7-111-54326-8

Ⅰ.①高… Ⅱ.①程… ②何… Ⅲ.①高层建筑—结构设计—高等学校—教材 Ⅳ.①TU973

中国版本图书馆 CIP 数据核字（2016）第 165953 号

机械工业出版社（北京市百万庄大街 22 号　邮政编码 100037）
策划编辑：马军平　责任编辑：马军平　林　辉
责任校对：陈　越　封面设计：张　静
责任印制：常天培
北京机工印刷厂印刷（三河市南杨庄国丰装订厂装订）
2016 年 9 月第 2 版第 1 次印刷
184mm×260mm·18.75 印张·2 插页·456 千字
标准书号：ISBN 978-7-111-54326-8
定价：42.00 元

凡购本书，如有缺页、倒页、脱页，由本社发行部调换
电话服务　　　　　　　　网络服务
服务咨询热线：010-88379833　机 工 官 网：www.cmpbook.com
读者购书热线：010-88379649　机 工 官 博：weibo.com/cmp1952
　　　　　　　　　　　　　教育服务网：www.cmpedu.com
封面无防伪标均为盗版　金 书 网：www.golden-book.com

第2版前言

本书根据全国高等学校土木工程专业指导委员会制定的本科教育培养目标和培养方案编写。与本书相关的国家标准《高层建筑混凝土结构技术规程》（JGJ 3—2010）、《高层建筑筏形与箱形基础技术规范》（JGJ 6—2011）、《工程结构可靠性设计统一标准》（GB 50010—2010）、《建筑抗震设计规范》（GB 50011—2010）、《建筑结构荷载规范》（GB 50009—2012）等已颁布实施。本书在第1版的基础上，根据以上国家现行规范和规程，结合教学改革和教学实践修订而成。

全书共分11章，在充分保持教材原貌的基础上，对教材的部分章节内容进行了适当调整，并结合规范对相关内容进行了修改。第2章增加了构件承载力设计的内容；第3章增加了荷载组合和地震组合效应的内容，同时删减了第4章的相应内容；第5章对框架梁的构造要求与钢筋的连接与构造两部分内容进行了整合，使教材内容编排更加合理；第8章增加了一个剪力墙计算实例；第10章对高层建筑基础的基础性内容做了删减；第11章按PK-PM2010版进行了修改。同时，利用这次再版机会，编者对书中有关名词术语的表述进行了必要的修正。为提高读者的阅读体验，本书采用双色印刷，对规范规定的强制性条文做了突出显示；章末均设置了思考题，以便读者自学。

经过这样的内容调整和修正，使得教材内容更加突出基本原理的介绍，紧跟科技发展的步伐，更加突出对学生应用所学书本知识分析实际工程能力的培养；教材在内容表述上更加精准，专业名词术语使用更加规范和标准。此外，采用双色印刷使得教材更加层次分明。

本次修订工作由兰州理工大学、河西学院、商丘师范学院、西北民族大学、兰州工业学院、桂林电子科技大学及广州大学的教师共同完成，程选生、何晴光任主编，刘彦辉、朱前坤、张琼任副主编。编写分工为：第1章、第3章和第10章由兰州理工大学程选生和朱前坤编写；第2章、第4章由兰州理工大学何晴光和河西学院李春锋编写，第5、6章由兰州理工大学朱前坤和兰州工业学院范萍萍编写，第8章由何晴光和桂林电子科技大学戴纳新编写，第7章由商丘师范学院刘迪和兰州理工大学张琼编写，第9章由程选生和西北民族大学吴忠铁编写，第11章由广州大学刘彦辉和张琼编写，全书由程选生统稿。

由于编者水平有限，书中不妥之处在所难免，敬请读者批评指正。

编　者

第1版前言

本书根据全国高等学校土木工程专业指导委员会制定的本科教育培养目标和培养方案，并结合我国现行的规范和规程编写而成，它是土木工程专业的一门专业课教材。

全书共11章，内容包括：概述、高层建筑结构设计基本规定、荷载作用与结构计算分析、高层框架结构内力计算、高层框架结构截面设计与构造要求、剪力墙结构内力计算、框架-剪力墙结构内力计算与设计、剪力墙结构的截面设计与构造要求、筒体结构设计介绍、高层建筑结构基础计算与设计、高层建筑结构设计软件应用等。

本书的编写分工为：第1章、第3章和第10章由兰州理工大学程选生编写；第2章、第4章至第6章、第8章和第9章由兰州理工大学何晴光编写；第7章、第11章由北京工业大学刘彦辉编写，全书由程选生统稿。

本书可作为高等院校土木工程专业的本科生教材和教师教学参考用书，也可作为相关专业工程技术和科研人员等参考用书。

在编写本书过程中，参考了许多同行专家的研究成果，在此向这些专家表示诚挚的谢意。

由于编者水平有限，书中不妥之处在所难免，敬请读者批评指正。

作　者

目　录

1.1　高层建筑的定义

高层建筑是指层数较多、高度较高的建筑。但是，迄今为止，世界各国对多高层建筑的划分界限并不统一。表 1-1 中列出了部分国家和组织对高层建筑起始高度的规定。

表 1-1　部分国家和组织对高层建筑起始高度的规定

国家和组织名称	高层建筑起始高度
联合国	大于等于 9 层，分为四类： 第一类：9 ~ 16 层（最高到 50m）； 第二类：17 ~ 25 层（最高到 75m）； 第三类：26 ~ 40 层（最高到 100m）； 第四类：40 层以上（高度在 100m 以上时，为超高层建筑）
美　国	22 ~ 25m，或 7 层以上
法　国	住宅为 8 层及 8 层以上，或大于等于 31m
英　国	21.3m
日　本	11 层，31m
德　国	大于等于 22m（从室内地面起）
比利时	25m（从室外地面起）
中　国	GB 50016—2014《建筑设计防火规范》：建筑高度大于 27m 的住宅建筑和建筑高度大于 24m 的非单层厂房、仓库和其他民用建筑 JGJ3—2010《高层建筑混凝土结构技术规程》：大于等于 10 层或大于等于 28m 的住宅建筑和房屋高度大于 24m 的其他高层民用建筑

JGJ 3—1991《钢筋混凝土高层建筑设计与施工规程》曾规定 8 层及 8 层以上的民用建筑为高层建筑，JGJ 3—2010《高层建筑混凝土结构技术规程》（以后简称为《高层规程》）将其修改为 10 层及 10 层以上或房屋高度大于 28m 的住宅建筑和房屋高度大于 24m 的其他高层民用建筑。这是由于原规程制订时，我国高层建筑的层数大多为 8 ~ 30 层。然而在近 20 年来我国高层建筑得到迅速发展，各地兴建的高层建筑层数已普遍增加。此外，国际上许多国家和地区对高层建筑的划分界限大多在 10 层以上。为适应我国高层建筑的发展和世界上大多数国家的划分界限，JGJ 3—2010 将适用范围定为 10 层及 10 层以上的民用建筑结构；又考虑到有些住宅建筑虽然其层数未达到 10 层，但层高较高，为适应设计需要，将房

屋高度超过 28m 的住宅建筑也纳入了该规程的适用范围；对于房屋层数少于 10 层或房屋高度小于 28m，若其层数接近 10 层或高度大于 24m 的其他高层民用建筑也纳入了该规程的适用范围。

哈利法塔的层数和高度分别达到 160 层和 828m，如图 1-1 所示。为什么世界各国仍然将高层建筑定位在层数为 10 层或高度为 30m 左右？这是因为在划分多层建筑和高层建筑的界限时，要考虑多方面的因素。例如，发生火灾时，不超过 10 层的建筑一般可以通过消防车扑救，对于更高的建筑则很难利用消防车进行扑救，因此需要有许多自救措施。又如，从受力上讲，10 层以下的建筑，由竖向荷载产生的内力占主导地位，水平荷载的影响较小。更高的建筑在水平均布荷载作用下，由于弯矩与高度的平方成正比，侧移与高度的四次方成正比（见图 1-2），风荷载和地震作用占主导地位，竖向荷载的影响相对较小，侧移验算不可忽视。此外，由于高层建筑所受荷载较大，内力也较大，因此梁柱截面尺寸也较大，竖向荷载中恒荷载所占比重较大。

图 1-1　全球第一高楼迪拜塔

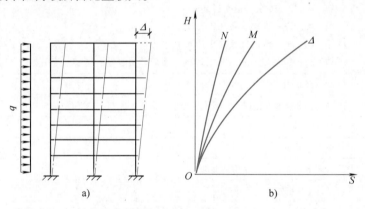

图 1-2　框架结构在水平均布荷载下的轴力、弯矩、侧移与荷载的关系

1.2　高层建筑的结构体系

结构体系是指结构抵抗外部作用的构件组成方式。在高层建筑中，抵抗水平力成为设计的主要矛盾，因此结构体系抗侧力的确定和设计成为结构设计的关键问题。高层建筑中基本的抗侧力单元是框架、剪力墙、实腹筒（又称井筒）、框筒及支撑等，由这几种单元可以组成以下多种结构体系。

1.2.1　框架结构体系

由梁、柱构件组成的结构称为框架。整幢结构都由梁、柱组成称为框架结构体系，有时称为纯框架结构。框架结构的优点是建筑平面布置灵活，可以做成有较大空间的会议室、餐厅、车间、营业室、教室等。同时，根据需要可用隔墙分隔成多个小房间，也可以拆除隔墙改成大房间，因而使用灵活。外墙用非承重构件，可使立面设计灵活多变。如果采用轻质隔墙和外墙，就可大大降低房屋自重，节省材料。

框架结构在水平力作用下的受力变形特点如图1-3所示。其侧移由两部分组成：第一部分侧移由柱和梁的弯曲变形产生。柱和梁都有反弯点，形成侧向变形。框架下部的梁、柱内力大，层间变形也大，越往上部层间变形越小，使整个结构呈现剪切型变形，如图1-3a所示。第二部分侧移由柱的轴向变形产生。在水平荷载作用下，柱的拉伸和压缩使结构出现侧移。这种侧移在上部各层较大，越往底部层间变形越小，使整个结构呈现弯曲型变形，如图1-3b所示。框架结构中第一部分侧移是主要的，随着建筑高度加大，第二部分变形比例逐渐加大，但合成以后框架仍然呈现剪切型变形特征，如图1-3c所示。

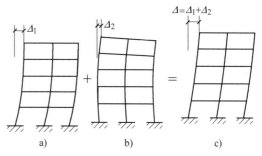

图1-3 框架侧向变形

框架抗侧移刚度主要由梁、柱截面尺寸的大小决定。通常梁柱截面惯性矩小，侧向变形较大，这是框架结构的主要缺点，也因此限制了框架结构的使用高度。通过合理设计，钢筋混凝土框架可以获得良好的延性，即所谓"延性框架"设计。它具有较好的抗震性能。但是，由于框架结构层间变形较大，在地震区，高层框架结构会产生另一严重的问题，即容易引起非结构构件的破坏。

天津友谊宾馆的震害是一个典型例子。宾馆的东段为8层框架结构，西段为11层框架剪力墙结构。按7度设防设计，其平面图及剖面图如图1-4所示。在唐山地震时，东段框架结构侧向变形很大，空心砖填充墙产生严重裂缝，外檐窗间墙裂缝也大。而西段框架剪力墙结构变形较小，填充墙仅有轻微裂缝。据天津市建筑设计院初步推算，东段顶部实际侧移Δ/H为1/374 ~ 1/164，西段顶部实际侧移Δ/H则为1/960 ~ 1/430。表1-2列出了东西段层间变形的侧移值及各层填充墙的破坏程度。由表1-2可见，东段框架结构基本上是剪切型变形，填充墙震害下重上轻；西段框架剪力墙结构为弯剪型变形，填充墙震害是上重下轻，但总的来说是东段震害比西段重。值得指出的是，震后填充墙进行了修复，但在时隔不久的宁河地震中，基本上所有修复部位都在原处开裂破坏。在再次修复时，设置了剪力墙，成为框架剪力墙结构。

表1-2 天津友谊宾馆东西段层间变形与填充墙破坏程度对比

层数	东 段（横向）			西 段（横向）		
	按8°计算层间变形	实际层间变形	填充墙破坏程度	按8°计算层间变形	实际层间变形	填充墙破坏程度
10				1/592	1/474 ~ 1/207	Ⅱ
9				1/520	1/416 ~ 1/182	Ⅱ
8	1/1200	1/960 ~ 1/420	Ⅰ	1/810	1/650 ~ 1/230	Ⅰ

（续）

层数	东 段（横向）			西 段（横向）		
	按8°计算 层间变形	实际层间变形	填充墙破坏 程度	按8°计算 层间变形	实际层间变形	填充墙破坏 程度
7	1/885	1/710 ~ 1/310	I	1/835	1/670 ~ 1/292	I
6	1/590	1/4T2 ~ 1/206	I	1/890	1/712 ~ 1/312	I
5	1/366	1/292 ~ 1/128	II⁻	1/985	1/790 ~ 1/345	I
4	1/750	1/600 ~ 1/282	II⁻	1/1120	1/895 ~ 1/392	I
3	1/434	1/34 ~ 1/148	II⁻	1/1300	1/1040 ~ 1/455	I
2	1/424	1/21 ~ 1/95	II⁺	1/1640	1/1310 ~ 1/575	II
1	1/271	1/600 ~ 1/262	III⁻	1/3600	1/2880 ~ 1/1260	I
0	1/750					

注：破坏程度 I 为灰皮轻微裂缝；II 为明显裂缝，沿裂缝灰皮少许掉落；III 为空心砖砌体内裂缝宽度很大，表皮大块掉落，甚至空心砖掉落。

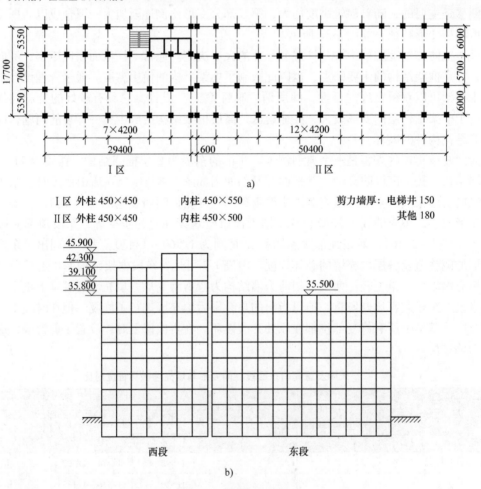

I区 外柱 450×450　　内柱 450×550　　　　剪力墙：电梯井 150

II区 外柱 450×450　　内柱 450×500　　　　　　　　　其他 180

图 1-4 天津友谊宾馆

a）标准层结构平面　b）剖面

但是，美国旧金山附近的一幢钢筋混凝土框架结构建筑（Pacific Park Plaza Condominium），严格按照延性框架要求设计与施工，采用轻质隔墙，改进了轻质外墙与框架的连接构造，在 1989 年 10 月 17 日 Loma Prieta（旧金山附近）地震中，经受了强烈地震（0.22g），而建筑物未发生任何的裂缝与破坏。这是一个典型的延性钢筋混凝土框架结构抗震成功的例子。

框架结构构件类型少，易于标准化、定型化，可以采用预制构件，也易于采用定型模板而做成现浇结构，有时还可采用现浇柱及预制梁板的半现浇半预制结构。现浇结构的整体性能好，抗震性能好，在地震区应优先采用。

综上所述，在高度不高的高层建筑中，框架结构体系是一种较好的体系。当有变形性能良好的轻质隔墙及外墙材料时，钢筋混凝土框架结构可建 30 层左右。但在我国目前的情况下，框架结构建造高度不宜太高，以 20 层以下为宜。

图 1-5 是我国 20 世纪 70 年代建造的北京民航办公大楼平面图，最高部分为 15 层，是装配整体式框架结构。图 1-6 是 20 世纪 80 年代建造的北京长城饭店柱网布置图，最高部分达 22 层，为现浇延性框架结构。图 1-7 是一些框架结构典型平面图。

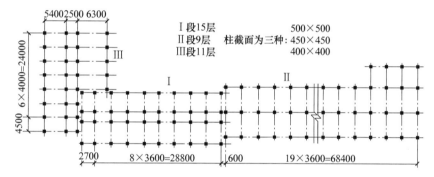

图 1-5 北京民航办公大楼

a)

图 1-6 北京长城饭店

a）效果图

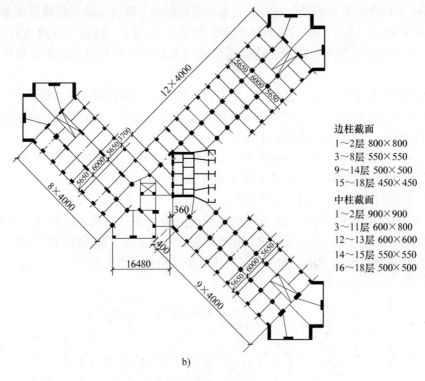

边柱截面
1~2层 800×800
3~8层 550×550
9~14层 500×500
15~18层 450×450

中柱截面
1~2层 900×900
3~11层 600×800
12~13层 600×600
14~15层 550×550
16~18层 500×500

b)

图 1-6 北京长城饭店（续）

b）标准层平面图

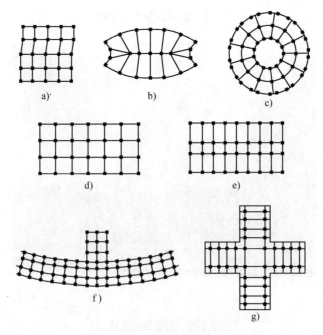

图 1-7 框架结构典型平面图

　　框架结构体系也是高层钢结构的一种常用体系，与钢筋混凝土框架相比，梁的跨度较大，且梁、柱截面均比较小，但由于侧向刚度小，建造高度也受到限制。北京长富宫中心的高层饭店为27层，高88.9m，采用了钢框架结构体系。

1.2.2　剪力墙结构体系

　　利用建筑物墙体作为承受竖向荷载、抵抗水平荷载的结构，称为剪力墙结构体系。墙体同时也作为围护及房间分隔构件。竖向荷载由楼盖直接传到墙上，因此剪力墙的间距取决于楼板的跨度。一般情况下剪力墙间距为3~8m，适用于较小开间的建筑。当采用大模板、滑升模板或隧道模板等先进施工方法时，施工速度很快，可节省砌筑隔断等工程量。因此，剪力墙结构在住宅及旅馆建筑中得到广泛应用。

　　现浇钢筋混凝土剪力墙结构的整体性好，刚度大，在水平荷载作用下侧向变形小，承载力要求也容易满足。因此，这种剪力墙结构适合建造较高的高层建筑。

　　当剪力墙的高宽比较大时，是一个以受弯为主的悬臂墙，整个结构是弯曲型变形，如图1-8所示。经过合理设计，剪力墙结构可以成为抗震性能良好的延性结构。根据多次国内外大地震的震害情况分析可知，剪力墙结构的震害一般比较轻。因此，剪力墙结构在非地震区或地震区的高层建筑中都得到了广泛的应用。10~30层的住宅及旅馆，也可以做成平面比较复杂，体型优美的建筑物。

　　图1-9是常见的剪力墙结构布置方式。图1-10a是北京常见的高层住宅结构布置方式，图1-10b是北京国际饭店剪力墙平面图。

　　剪力墙结构的缺点和局限性也是很明显的。主要是剪力墙间距不能太大，平面布置不灵活，不能满足公共建筑的使用要求。此外，结构自重也较大。为了克服上述缺点，减轻自重，尽量扩大剪力墙结构的使用范围，

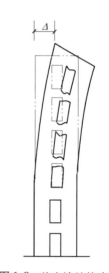

图1-8　剪力墙结构变形

应当改进楼板做法，加大剪力墙间距，做成大开间剪力墙结构。下述两种结构是剪力墙结构体系的发展，可扩大其适用范围。

1. 底部大空间剪力墙结构

　　在剪力墙结构中，将底层或下部几层的部分剪力墙取消，形成部分框支剪力墙以扩大使用空间。图1-11是底层为商店的住宅平面；图1-12与图1-13是旅馆、饭店中常用的布置方式。框支剪力墙的下部为框支柱，与上部墙体刚度相差悬殊，在地震作用下将产生很大侧向变形。因此，在地震区不允许采用框支剪力墙结构体系。

　　当采用部分框支剪力墙时，通过加强其余落地剪力墙，可避免框支部分的破坏。经过试验研究，对图1-11所示的底层大空间剪力墙结构提出了布置要求和设计方法。在我国，这种底层大空间剪力墙结构已得到了广泛应用。底部多层大空间的剪力墙结构也正在实践和研究中逐步发展。

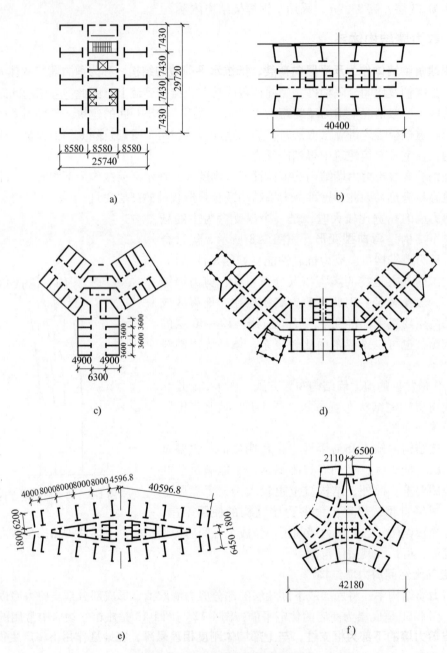

图 1-9 剪力墙结构典型平面图

a) 深圳金融中心财税楼 (31 层, 125.5m)　b) 成都蜀都大厦 (33 层, 122m)

c) 北京军区老干部活动中心 (20 层, 65.7m)　d) 北京中国旅行社 (30 层, 101.5m)

e) 广州白天鹅宾馆 (33 层, 90.4m)　f) 成都旅行服务社 (25 层, 81.5m)

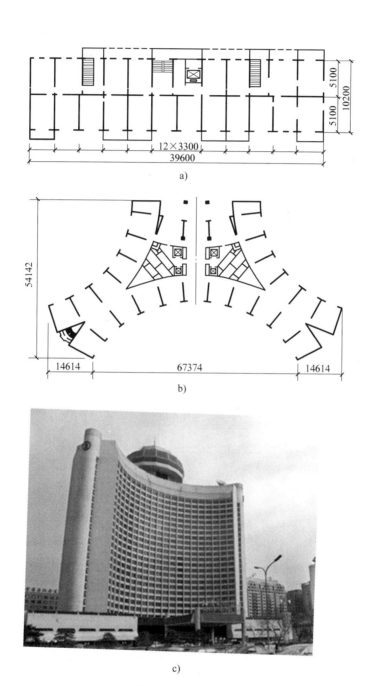

图1-10 剪力墙结构

a）大模板高层住宅 b）北京国际饭店平面图（31层，104.4m） c）北京国际饭店

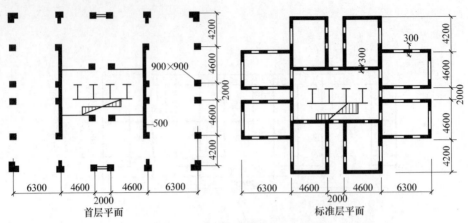

图 1-11 底层大空间塔式住宅楼

a)

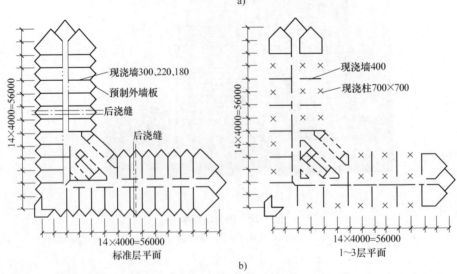

b)

图 1-12 北京西苑饭店（29 层，93.06m）

a) 效果图 b) 平面布置图

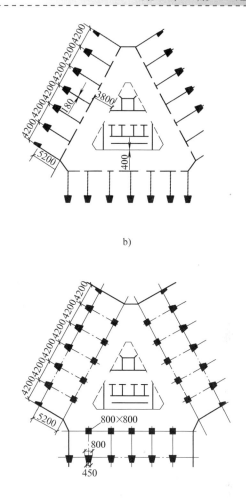

b)

c)

图1-13 北京兆龙饭店（22层，73.2m）

a）效果图 b）标准层结构平面 c）1~3层结构平面

2. 跳层剪力墙结构

图1-14a 所示为跳层剪力墙结构中的一片基本单元，剪力墙与柱隔层交替布置。当把许多片这样的单元组合成结构时，相邻两片的剪力墙布置互相错开，即形成图 1-14b 所示的跳层结构。跳层剪力墙结构的优点是楼板的跨度不大，既可获得较大空间的房间（两开间为一房间），又可避免由柱形成的软弱层。如果从单片结构看，它的侧向变形将集中在柱层，这对柱的受力十分不利。但当相邻两片抗侧力结构的剪力墙交替布置时，便可减小柱的侧向变形，使整个结构出现基本是弯曲型的变形曲线。跳层剪力墙结构在国内尚无建筑实例，在这方面的研究也较少。它的结构设计方法、抗震设计及构造等问题都需进行研究和实践，以便取得经验。

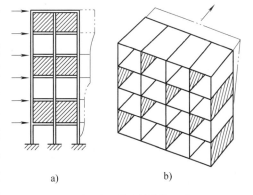

a) b)

图1-14 跳层剪力墙结构示意图

a）单片结构变形 b）整体结构变形

11

1.2.3 框架-剪力墙结构（框架-筒体结构）体系

在框架结构中设置部分剪力墙，使框架和剪力墙相结合起来，取长补短，共同抵抗水平荷载，这种体系称为框架-剪力墙结构体系。如果把剪力墙布置成筒体，又可称为框架-筒体结构体系。筒体的承载能力、侧向刚度和抗扭能力都较单片剪力墙有了很大的提高，在结构上也是提高材料利用率的一种途径。在建筑布置上，利用筒体作电梯间、楼梯间和竖向管道的通道等也是十分合理的。

框架-剪力墙（筒体）结构中，由于剪力墙刚度大，剪力墙将承担大部分水平力（有时可达80%～90%），是抗侧力的主体，整个结构的侧向刚度大大提高。框架则在承担少部分的水平力时主要承担竖向荷载，提供了较大的使用空间。

框架本身在水平荷载作用下呈剪切变形，剪力墙则呈弯曲变形。当两者通过楼板协同工作，共同抵抗水平荷载时，变形必须协调，如图1-15所示，侧向变形将呈弯剪型。其上下各层层间变形趋于均匀，并减小了顶层侧移。同时，框架各层层剪力趋于均匀，各层梁柱截面尺寸和配筋也趋于均匀。

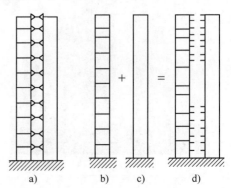

图1-15 框架-剪力墙协同工作

由于上述受力变形特点，框架-剪力墙（筒体）结构的刚度和承载能力远远大于框架结构的刚度和承载能力，在地震作用下层间变形减小，因而也就减少了非结构构件（隔墙及外墙）的损坏。这样无论在非地震区还是地震区，这种结构形式都可用来建造较高的高层建筑。目前，框架-剪力墙结构在我国得到广泛的应用。

通常，当建筑高度不大时，如10～20层，可利用单片剪力墙作为基本单元。我国较早期的框架-剪力墙结构都属于这种类型，如图1-10所示的北京国际饭店东楼。当采用剪力墙筒体作为基本单元时，建造高度可增大到20～60层，如上海的联谊大厦（29层，106.5m高），如图1-16所示。把筒体布置在内部，形成核心筒，外部柱子的布置便可十分灵活，可形成体型多变的高层塔式建筑。典型框架-筒体的结构平面如图1-17所示。

框架-筒体结构的另一个优点是它适于采用钢筋混凝土内筒和钢框架组成的组合结构。内筒采用滑模施工，外围的钢柱断面小、开间大、跨度大，架设安装方便，因而这种体系有着广泛的应用前景。

框架-剪力墙（筒体）结构的平面布置要注意以下两方面问题：

1. 剪力墙数量

框架-剪力墙（筒体）结构中，结构的抗侧移刚度主要由剪力墙的抗弯刚度确定，顶点位移和层间变形都会随剪力墙 $\sum EI$（全部剪力墙抗弯刚度总和）的增加而减小。为了满足变形的限制要求，建筑物越高，要求 $\sum EI$ 越大。但是应当注意，在地震作用下，侧向位移与 $\sum EI$ 并不成反比关系。根据某实际工程计算，在其他条件不变的情况下，$\sum EI$ 增加1倍，Δ/H 和 δ/h 仅减少13%～19%（Δ 和 δ 分别为顶点侧移和最大层间变形，H、h 分别为建筑物总高及层高）。这是因为增加剪力墙的数量及抗弯刚度 $\sum EI$ 时，结构刚度加大，地震作用就会加大。实例分析表明，当 $\sum EI$ 增大1倍时，地震力将增大20%。因此，过多增加剪力墙的数量是不经济的。在一般工程中，以满足位移限制作为设置剪力墙数量的依据较为合适。

a)

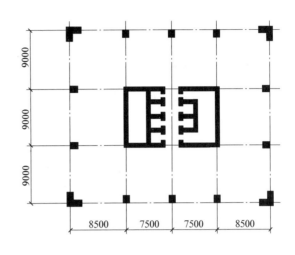

b)

图 1-16 上海联谊大厦（29 层，106.5m）

a）效果图 b）标准平面图

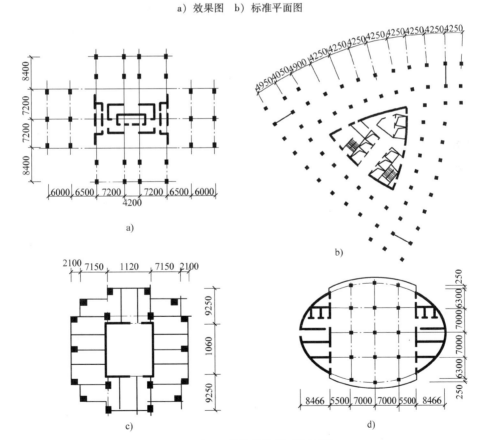

图 1-17 框架-筒体结构典型平面图

a）上海雁荡大厦（28 层，81.2m） b）上海虹桥宾馆（34 层，95m）

c）北京岭南大酒店（22 层，73m） d）兰州工贸大厦（21 层，90.5m）

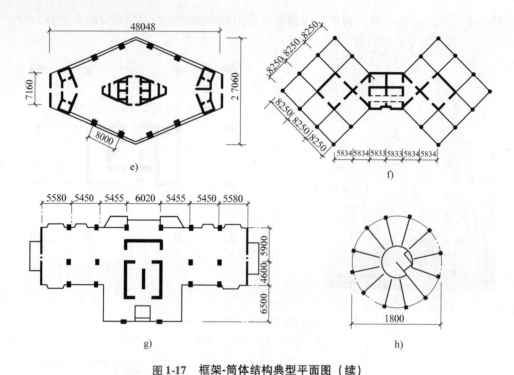

图 1-17　框架-筒体结构典型平面图（续）

e）深圳北方大厦（26 层，总高 83.9m）　f）深圳渣打银行大厦（35 层，140.95m）

g）香港大宝阁住宅（32 层，106m）　h）淮南广播电视中心（19 层，67.3m）

2. 剪力墙的布置及间距

由于剪力墙承担了大部分水平力，成为主要的抗侧力单元，因而不宜仅设置一道剪力墙，更不宜为了加大截面惯性矩而设置一道很长的剪力墙。最好的办法是将剪力墙分散一些，当做成单片墙时，不宜少于 3 道，最好是做成筒体形状。

布置剪力墙的位置时，要注意下面几点要求：

1）剪力墙布置应与建筑使用要求相结合，在进行建筑初步设计时就要考虑剪力墙的合理布置：既不影响使用，又要满足结构的受力要求。根据建筑物高度和刚度要求，可以采用单片形，或 L 形、槽形、I 形，或布置成筒形。

2）在非地震区，可根据建筑物迎风面大小、风力大小设置剪力墙，纵横两个方向剪力墙数量可以不同。在地震区，由于两个方向的地震力接近，在纵、横方向上布置的剪力墙数量要尽量接近。

3）剪力墙布置要对称，以减少结构的扭转效应。当不能对称时，也要使刚度中心尽量和质量中心接近，以减少地震力产生的扭矩。

4）在两片剪力墙（或两个筒体）之间布置框架时，如图 1-18 所示情况，楼盖必须有足够的平面内刚度，才能将水平剪力传递到两端的剪力墙上去，发挥剪力墙主要的抗侧力结构的作用。否则，楼盖在水平力作用下将产生弯曲变形，如图 1-18 中双点画线所示，导致框架侧移增大，框架水平剪

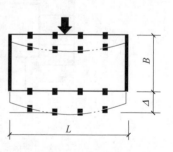

图 1-18　剪力墙间距

力也将成倍增大。通常以限制 L/B 比值作为保证楼盖刚度的主要措施。这个数值与楼盖的类型、构造以及地震烈度有关。一般现浇钢筋混凝土楼盖 L/B 不宜大于 4.0；装配式钢筋混凝土楼盖 L/B 不宜大于 3.0；非抗震时要求可略放宽一些，8 度、9 度设防时，应更加严格的限制。

5）剪力墙靠近结构外围布置，可以加强结构的抗扭作用。但要注意：布置在同一轴线上而又分设在建筑物两端的剪力墙，会限制两片墙之间构件的热胀冷缩和混凝土收缩，由此产生的温度应力可能会造成不利影响。因此，应采取适当消除温度应力的措施。

6）剪力墙应贯通全高，使结构上下刚度连贯而均匀。门窗洞口应尽量做到上下对齐，大小相同。

1.2.4 筒中筒结构

筒体的基本形式有三种：**实腹筒、框筒及桁架筒**。用剪力墙围成的筒体称为实腹筒。在实腹筒的墙体上开出许多规则排列的窗洞所形成的开孔筒体称为框筒，它实际上是由密排柱和刚度很大的窗裙梁形成的密柱深梁框架围成的筒体。如果筒体的四壁是由竖杆和斜杆形成的桁架组成，则称为桁架筒，如图 1-19a、b、c 所示。

筒中筒结构是上述筒体单元的组合，通常由实腹筒做内部核心筒，框筒或桁架筒做外筒，两个筒共同抵抗水平力作用，如图 1-19d 所示。

筒体最主要的特点是它的空间受力性能。无论哪一种筒体，在水平力作用下都可看成固定于基础上的箱形悬臂构件，它比单片平面结构具有更大的抗侧刚度和承载力，并具有很好的抗扭刚度。这里将着重通过对框筒受力特点的分析，了解筒体的特点。

框筒结构对于一个具有 I 形或箱形截面的受弯构件，其截面中翼缘和腹板的正应力分布如图 1-20a 所示。框筒结构是具有箱形截面的悬臂构件，每根柱子都可视为截面中的一束纤维，在弯矩作用下横截面上各柱轴力分布规律如图 1-20b 实线所示，平

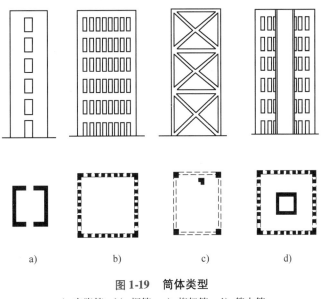

图 1-19 筒体类型

a）实腹筒 b）框筒 c）桁架筒 d）筒中筒

面上具有中和轴，分为受拉柱和受压柱，形成受拉翼缘框架和受压翼缘框架。翼缘框架各柱所受轴向力并不均匀，图中虚线表示应力平均分布时柱的轴力分布，实际上角柱轴力大于平均值，远离角柱的各柱轴力小于平均值。正如在梁受弯后，截面上各束纤维之间存在剪应力一样，在框筒中各柱之间也存在剪力。剪力使横梁产生剪切变形，使柱之间的轴力传递减弱，致使远离腹板框架的各柱轴力越来越小，翼缘框架中各柱轴力的分布呈抛物线形。在腹板框架中，各柱轴力分布也不是线性规律。这种现象称为剪力滞后现象。剪力滞后现象越严

重，参与受力的翼缘框架柱越少，空间受力特性越弱。如果能减少剪力滞后现象，使各柱受力尽量均匀，则可大大增加框筒的抗侧移刚度及承载能力，充分发挥所有材料的作用，因而也更经济合理。影响框筒剪力滞后现象的因素很多，主要有梁柱刚度比、平面形状、建筑物高宽比等。框筒可以用钢材做成，也可以用钢筋混凝土材料做成。

如果将筒的四壁做成桁架，就形成桁架筒。与框筒相比，它更能节省材料。例如，1968 年在芝加哥建成的约翰·汉考克（John Hau-cock）大厦，采用钢桁架筒结构，100 层大楼用钢量仅为 $1.45kN/m^2$。

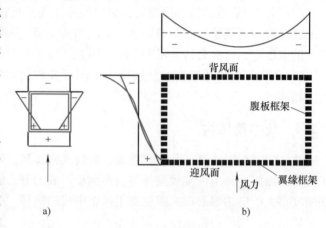

图 1-20 框筒结构柱轴力分布

a）箱形梁应力分布　b）框角柱轴力分布

桁架筒一般都用钢材做成，但近年来，由于它的优越性，国内外已建造了钢筋混凝土桁架筒体及组合桁架筒体。例如，香港特别行政区的中国银行采用了钢斜撑、钢梁以及钢骨钢筋混凝土柱组成的空间桁架体系，结构受力合理，用钢量仅为 $1.4kN/m^2$ 左右。

筒中筒结构通常用框筒及桁架筒作为外筒，实腹筒作为内筒。当采用钢结构时，内筒也可用框筒做成。框筒侧向变形仍以剪切变形为主，而核心筒通常是以弯曲变形为主的。两者通过楼板联系，共同抵抗水平力，它们协同工作的原理与框架-剪力墙结构类似。在下部，核心筒承担大部分水平剪力；而在上部，水平剪力逐步转移到外框筒上。同理，协同工作后，具有加大结构刚度、减小层间变形等优点。此外，内筒可集中布置电梯、楼梯、竖向管道等。因此，筒中筒结构成为 50 层以上的高层建筑的主要结构体系。在我国，从 20 世纪 70 年代开始了对框筒及筒中筒结构的研究，所建造的一批筒中筒结构大厦都是钢筋混凝土的筒中筒结构。北京国际贸易中心是钢框筒形式的筒中筒结构，该结构标准层平面如图 1-21 所示。

框筒及筒中筒结构的布置原则是：**尽可能减少剪力滞后，充分发挥材料的作用。**按照设计经验及由力学分析得出的概念，可归纳如下：

1）要求设计密柱深梁。梁、柱刚度比是影响剪力滞后的一个主要因素，梁的线刚度大，剪力滞后现象可减小。因此，通常取柱中距为 $1.2 \sim 3.0$m，横梁跨高比为 $2.5 \sim 4$。当横梁尺寸较大时，柱间距也可相应加大。角柱面积为其他柱面积的 $1.5 \sim 2$ 倍。

2）建筑平面以接近方形为好，长宽比不应大于 2。当长边太大时，由于剪力滞后，长边中间部分的柱子不能发挥作用。

3）建筑物高宽比较大时，空间作用才能充分发挥。因此，在 $40 \sim 50$ 层以上的建筑中，用筒中筒或框

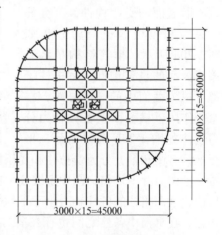

图 1-21　北京国际贸易中心

（39 层，155.25m）

筒结构才较合理,结构高宽比宜大于3。

4)在水平力作用下,楼板作为框筒的隔板,起到保持框筒平面形状的作用。隔板主要在平面内受力,平面内需要很大刚度。隔板又是楼板,它要承受竖向荷载产生的弯矩。因此,要选择合适的楼板体系,降低楼板结构高度,同时,又要使角柱能承受楼板传来的垂直荷载,以平衡水平荷载作用下角柱内出现的较大轴向拉力,尽可能避免角柱受拉。筒中筒结构中常见的楼板布置如图1-22所示。

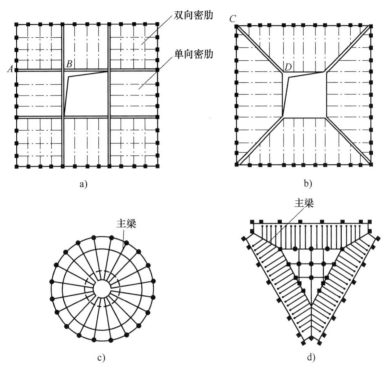

图 1-22 筒中筒结构楼板布置

5)在底层,需要减少柱子数量,加大柱距,以便设置出入口。在稀柱层与密柱层之间要设置转换层。转换层可以由刚度很大的实腹梁、空腹刚架、桁架、拱等做成,如图1-23所示。

框筒及筒中筒结构无疑是一种抵抗较大水平力的有效结构体系,但由于它需要密柱深梁,当采用钢筋混凝土结构时,可能延性不好。如何才能保证并改善其抗震性能,是目前需深入研究的课题。在较高烈度的地震区,采用钢筋混凝土框筒和筒中筒时,需要慎重设计。

1.2.5 多筒体系——成束筒及巨型框架结构

当采用多个筒体共同抵抗侧向力时,称为多筒结构,多筒结构可以有两种方式。

1. 成束筒

两个以上框筒(或其他筒体)排列在一起成束状,称为成束筒。例如,希尔斯大楼(见图1-24)就是9个框筒排列成的正方形。框筒每条边都是由间距为4.57m的钢柱和桁架梁组成，在 x、y 方向各有四个腹板框架和四个翼缘框架。这样布置的好处是腹板框架间隔减小，可减少翼缘框架的剪力滞后现象，使翼缘框架中各柱所受轴向力比较均匀。成束筒结构的刚度和承载能力又大于筒中筒结构，沿高度方向，还可以逐渐减少筒的个数。这样可以分段减小建筑平面尺寸，结构刚度逐渐变化，而又不打乱每个框筒中梁、柱和楼板的布置。

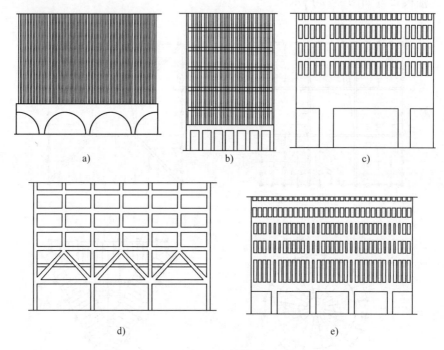

图 1-23　转换层

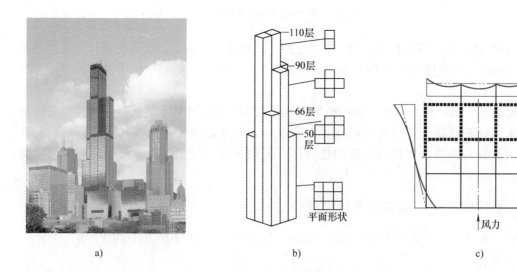

图 1-24　希尔斯大楼

a）效果图　b）筒体沿高度变化　c）平面及轴力分布

2. 巨型框架

利用筒体作为柱子，在各筒体之间每隔数层用巨型梁相连，筒体和巨型梁即形成巨型框架，如图 1-25 所示。由于巨型框架的梁、柱断面很大，抗弯刚度和承载能力也很大，因而巨型框架比一般框架的抗侧移刚度大很多。而这些巨型梁、柱的断面、尺寸和数量又可根据建筑物的高度和刚度需要设置。图 1-26 是深圳亚洲大酒店的结构布置简图。它是一个多筒结构，33 层，高 114.1m，楼、电梯间形成的实腹筒是巨型框架的柱子，如图 1-26a 所示。在每隔 6 层设置的设备层中，由整个层高和上、下楼板形成的 I 形梁以及巨型框架的横梁、梁、柱形成了抗侧力空间框架体系。在大横梁之间，用较小断面的梁、柱形成五层小框架，它只承受楼板上传来的竖向荷载，再把它们传给大横梁，并不参加抵抗水平荷载。每六层中有一层无柱，形成使用上需要的大空间，如图 1-26b 所示。

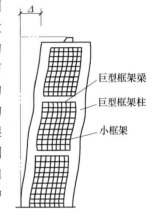

图 1-25　巨型框架

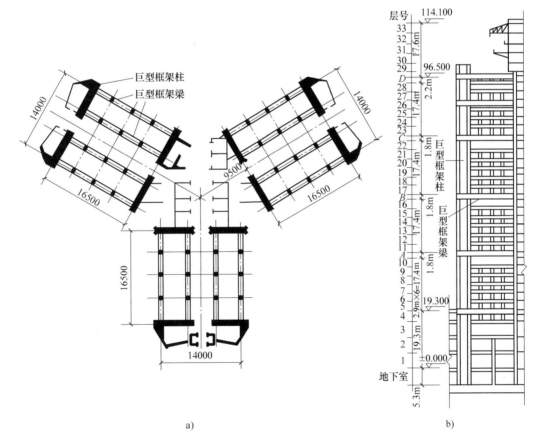

a)　　　　　　　　　　　　　　b)

图 1-26　深圳亚洲大酒店（33 层，114.1m）
a）结构平面图　b）剖面示意图（单位：m）

当建造高度很大的建筑时，甚至可采用一个结构作为巨型框架的柱，而用几层楼高的结构作为梁。这种体系在使用上的优点是在上、下两层横梁之间，有较大的灵活空间，可以布置小框架形成多层房间，也可以形成具有很大空间的中庭，以满足建筑需要。

思 考 题

1. 为什么世界各国仍然将高层建筑定位在 10 层或高度 30m 左右？
2. 高层建筑结构设计的主要矛盾和关键问题是什么？
3. 高层建筑结构体系有哪些？各有什么优缺点？
4. 调查：你所在的城市都有哪些典型的高层建筑？它们采用的是哪种体系？

高层建筑结构设计基本规定 第2章

目前高层建筑钢筋混凝土结构可采用框架、剪力墙、框架-剪力墙、筒体和板柱-剪力墙结构体系，高层钢结构还可以采用钢框架-支撑（剪力墙板）体系。高层建筑最突出的外部作用是水平荷载，为减小水平荷载的不利影响，高层建筑不应采用严重不规则的结构体系，结构的竖向和水平布置宜具有合理的刚度和承载力分布，避免因局部突变和扭转效应而形成薄弱部位，在抗侧力体系的方案中应贯彻多道抗震防线的思想，在具体设计抗侧力体系时应考虑三个方面的要求：一是应具有必要的承载能力、刚度和变形能力；二是应避免因部分结构或构件的破坏而导致整个结构丧失承受重力荷载、风荷载和地震作用的能力；三是对可能出现的薄弱部位，应采取有效措施予以加强。

2.1 结构平面布置

结构平面布置必须考虑有利于抵抗水平和竖向荷载，力争均匀对称，减少扭转的影响。扭转是否过大，可用概念设计方法近似计算刚心、质心及偏心距后进行判断，还可比较结构最远边缘处的最大层间变形和质心处的层间变形，其比值超过1.1者，可认为扭转太大而结构不规则。

2.1.1 平面形状

平面形状的选择极大地影响到结构的内力与变形，因此《高层规程》对结构的平面形状有一系列的限制。地震区的建筑不宜采用角部重叠的平面形状或细腰形平面形状（见图2-1），因为这两种平面形状的建筑，中央部位都形成了狭窄、突变的部分，成为地震中最为薄弱的环节，容易发生震害。尤其在凹角部位产生应力集中的现象极易造成构件开裂、破坏。这些部位应采用加大楼板厚度，增加板内配筋，设置集中配筋的边梁，配置45°斜向钢筋等方法予以加强。

高层建筑不应采用严重不规则的结构布置，当由于使用功能与建筑的要求，结构平面布置严重不规则时，应将其分割成若干比较简单、规则的独立结构单元。对于地震区的抗震建筑，简单、规则、对称的原则尤其重要。高层建筑设计时风荷载往往成为主要荷载，尤其沿海地区风力成为控制荷载，所以高层建

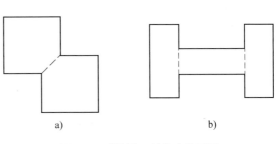

a)   b)

图2-1 对抗震不利的建筑平面

筑宜选用风作用效应较小的平面形状，有利于抗风设计。对抗风有利的平面形状同样是简单规则的凸平面，如圆形、方形、正多边形、椭圆形等。有较多凸凹的复杂形状平面，如V形、Y形、H形、弧形等，对抗风极为不利，应尽量避免，特别是建于沿海地区的高层、超高层应当慎重处理。

根据《高层规程》的规定，抗震设计的A级高度钢筋混凝土高层建筑，其平面布置宜符合下列要求：

1）平面宜简单、规则、对称，减少偏心。

2）平面长度不宜过长（见图2-2），L/B 宜满足表2-1的要求。

3）平面凸出部分的长度 l 不宜过大，宽度 b 不宜过小（见图2-2），l/B_{max}、l/b 宜满足表2-1的要求。

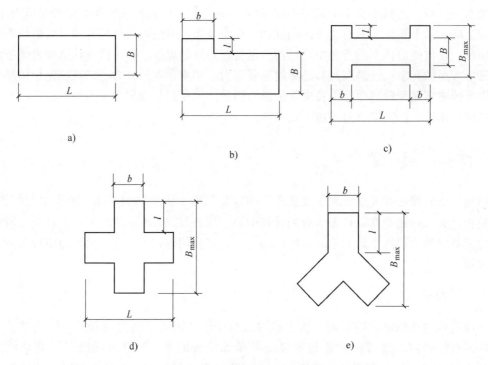

图2-2 有凸出部分的建筑平面

表2-1 L、l 的限值

设防烈度	L/B	l/B_{max}	l/b
6、7度	≤2.0	≤0.35	≤6.0
8、9度	≤1.5	≤0.30	≤5.0

4）不宜采用角部重叠的平面图形或细腰形平面图形。

2.1.2 楼板洞口

当楼板局部不连续时，在水平作用力下，楼板在平面内产生变形，抗侧力构件顶点位移不相等，不能协同工作，计算分析困难，结构整体性差。当开有大洞或有凹入时，连接部分薄弱，楼板易产生震害。当楼板平面比较狭长、有较大的凹入和开洞而使楼板有较大削弱时，应在设计中考虑楼板削弱产生的不利影响，这时可以用弹性楼板假定进行结构分析。有效楼板宽度不宜小于楼面宽度的一半；楼板开洞总面积不宜超过楼面面积的30%；在扣除凹入或开洞后，楼板在任一方向的最小净宽度不宜小于5m，且开洞后每一边的楼板净宽度不应小于2m。卅字头形、井字形等外伸长度较大的建筑，当中央部分楼板有较大削弱时，应加强楼板以及连接部位墙体的构造措施，必要时还可在外伸段凹槽处设置连接梁或连接板。

楼板开大洞削弱后，宜采取以下构造措施予以加强：①加厚洞口附近楼板，提高楼板的配筋率，采用双层双向配筋；②洞口边缘设置边梁、暗梁；③在楼板洞口角部集中配置斜向钢筋。

目前在工程设计中应用的结构分析方法和设计软件，大多假定楼板在平面内刚度为无限大，这个假定在一般情况下是成立的。但当楼板平面比较狭长、有较大的凹入和开洞使楼板有较大削弱时，楼板可能产生明显的平面内变形，这时应采用考虑楼板变形影响的计算方法和相应的计算程序。

2.1.3　缝的设置

抗震设计时，高层建筑宜调整平面形状和结构布置，避免结构不规则，不设防震缝。当建筑物平面形状复杂而又无法调整其平面形状和结构布置使之成为较规则的结构时，宜设置防震缝将其划分为较简单的几个结构单元。设置防震缝时，应符合下列规定：

1）防震缝最小宽度应满足下列要求：①框架结构房屋，高度不超过15m时，不应小于100mm，超过15m时，6度、7度、8度和9度相应每增加高度5m、4m、3m和2m，宜加宽20mm；②框架-剪力墙结构房屋**不应小于第一项规定数值的70%**，剪力墙结构房屋不应小于第一项规定数值的50%采用，且两者均**不宜小于100mm**。

2）防震缝两侧结构体系不同时，防震缝宽度应按不利的结构类型确定；防震缝两侧的房屋高度不同时，防震缝宽度应按较低的房屋高度确定。

3）当相邻结构的基础存在较大沉降差时，宜增大防震缝的宽度。

4）防震缝宜沿房屋全高设置；地下室、基础可不设防震缝，但在与上部防震缝对应处应加强构造和连接。

5）结构单元之间或主楼与裙房之间，**不宜采用牛腿托梁的做法设置防震缝**，否则应采取可靠措施。

当相邻部分基础埋深不一致、地基土层变化很大或房屋层数、荷载相差悬殊时，应设沉降缝将相邻部分分开，基础在沉降缝处应断开。当采取以下措施后，主体结构与裙房之间可连为整体而不设沉降缝：

1）采用桩基，桩支承在基岩上；或采取减少沉降的有效措施并经计算，沉降差在允许范围内。

2）主楼与裙房采用不同的基础形式，主楼采用整体刚度较大的箱形基础或筏形基础，降低土压力，并加大埋深，减少附加压力；裙房采用埋深较浅的十字交叉条形基础等，增加土压力，使主楼与裙房沉降接近。

3）地基承载力较高、沉降计算较为可靠时，主楼与裙房的标高预留沉降差，并先施工主楼，后施工裙房，使两者最终标高一致。

对后两种情况，施工时应在主体结构与裙房之间预留后浇带，待沉降基本稳定后再连为整体。

由温度变化引起的结构内力称为温度应力，它使房屋产生裂缝而影响正常使用。温度应力对高层建筑造成的危害，在它的底层和顶层较为明显。房屋基础埋在地下，温度变化的影响较小，因而底部数层由温度变化引起的结构变形受到基础的约束；在房屋顶部，日照直接作用在屋盖上，顶层板的温度变化比下部各层的剧烈，故房屋顶层由温度变化引起的变形受到下部楼层的约束；中间各楼层在使用期间温度条件接近，相互约束小，温度应力的影响较小。此外，新浇混凝土在结硬过程中会产生收缩应力并可能引起结构裂缝。房屋越长，温度和混凝土收缩的影响越大。为消除温度和收缩应力对结构造成的危害，当房屋的总长度超过一定数值时，要设置伸缩缝（从基础以上断开）或采用其他一些计算和构造措施。《高层规程》规定高层建筑的伸缩缝的最大间距一般可采用表2-2的限值。有抗震设防要求的建筑，当必须设伸缩缝或沉降缝时，其宽度均应符合防震缝的最小宽度要求。

表2-2　伸缩缝的最大间距

结 构 体 系	施 工 方 法	最 大 间 距/m
框架结构	现浇	55
剪力墙	现浇	45

当采用下列构造措施和施工措施减少温度和混凝土收缩对结构的影响时，可适当放宽伸缩缝的间距：①在房屋的顶层、底层、山墙和纵墙端开间等温度变化影响较大的部位提高配筋率；②顶层加强保温隔热措施，外墙设置外保温层；③每隔 $30\sim40m$ 间距留出后浇带，带宽 $800\sim1000mm$，钢筋采用搭接接头，后浇带混凝土宜在45d后浇筑；④采用收缩小的水泥，减少水泥用量，在混凝土中加入适宜的外加剂；⑤提高每层楼板的构造配筋率或采用部分预应力混凝土结构。

2.2　结构的竖向布置

2.2.1　侧向刚度和体型的要求

结构的竖向布置应注意刚度均匀而连续，要尽量避免刚度突变或结构不连续。由于沿建筑竖向刚度突变造成的震害例子也很多。1972年美国圣菲南多8度地震中，奥立弗医疗中心的破坏是一个非常典型的例子。奥立弗医疗中心是一组建筑群，它的主楼是6层的钢筋混凝土结构，一、二层全部是钢筋混凝土柱。上面四层布置有钢筋混凝土墙，房屋的刚度上部比下部约大10倍。这种刚度的突然变化，造成了严重震害：地震时底层柱子严重开裂，普通配箍柱碎裂，钢筋压屈，螺旋配箍柱保护层脱落，房屋虽未倒塌，但产生很大的非弹性变形，震后量测柱子侧移达60cm。另一种情况也是不利的，当下部刚度大，到顶部刚度突然减小的结构，也容易造成震害。一般来说，高层建筑的竖向体型宜规则、均匀，避免有过大的外挑和内收。结构的侧向刚度宜下大上小，逐渐均匀变化，不应采用竖向布置严重不规则的结构。在立面设计中，应优先考虑几何形状和楼层刚度变化均匀的建筑形式，避免沿建筑物竖向结构刚度、承载力和质量突变，避免错层和夹层。《高层规程》规定，高层建筑结构的竖向布置应符合下列要求：

1）抗震设计时，对于高层框架结构，其楼层侧向刚度不宜小于相邻上部楼层侧向刚度的70％或其上相邻三层侧向刚度平均值的80％，否则，水平地震作用下结构的变形会集中于侧向刚度小的下部楼层而形成结构刚度柔软层（见图 2-3），出现严重震害。楼层的侧向刚度可取该楼层地震剪力标准值与该楼层在地层剪力标准值作用下的层间位移的比值。

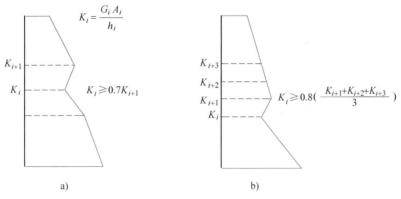

图 2-3　沿竖向侧向刚度不规则

注：$k_i = \dfrac{V_i}{\Delta_i}$，$V_i$ 为第 i 层地震剪力标准值，Δ_i 为第 i 层在地震作用标准值作用下的层间位移。

2）抗侧力结构层间受剪承载力的突变将导致薄弱层出现严重破坏甚至倒塌。为防止结构出现薄弱层，A 级高度高层建筑的楼层层间抗侧力结构的受剪承载力不宜小于其相邻上一层受剪承载力的80％，不应小于其相邻上一层受剪承载力的65％；B 级高度高层建筑的楼层层间抗侧力结构的受剪承载力不宜小于其上一层受剪承载力的75％。

3）抗震设计时，结构竖向抗侧力构件宜上下连续贯通。当结构上下有收进或挑出时，其收进或挑出部分的尺寸限制为：上部楼层收进时，且 $H_1/H > 0.2$ 时，应有 $B_1/B \geqslant 0.75$；上部楼层外挑时，应有 $B_1/B \leqslant 1.1$ 且 $a \leqslant 4m$。各部尺寸如图 2-4 所示。

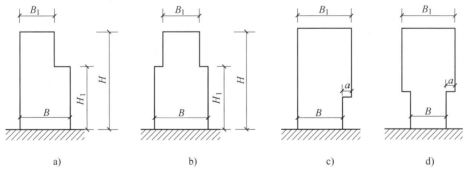

图 2-4　结构竖向体型

4）楼层质量沿宜度宜均匀分布，楼层质量不宜大于相邻下部楼层质量的 1.5 倍。

2.2.2　最大适用高度与高宽比

《高层规程》对各种高层建筑结构体系的最大适用高度所作规定见表2-3 和表2-4。其中

A级高度的钢筋混凝土高层建筑是指符合表2-3高度限值的建筑，也是目前数量最多，应用最广泛的建筑；B级高度的高层建筑是指较高的（其高度超过表2-3规定的高度）、设计上有严格要求的高层建筑，其最大适用高度应符合表2-4的规定。

表2-3　A级高度高层建筑最大适用高度　　　　　　　　　　（单位：m）

结　构　体　系		非抗震设计	抗震设防烈度				
			6	7	8		9
					0.20g	0.30g	
框架		70	60	50	40	35	—
框架-剪力墙		150	130	120	100	80	50
剪力墙	全部落地	150	140	120	100	80	60
	部分框支	130	120	100	80	50	不应采用
筒体	框架-核心筒	160	150	130	100	90	70
	筒中筒	200	180	150	120	100	80
板柱-剪力墙		110	80	70	55	40	不应采用

注：1. 表中框架不含异形柱框架结构。
　　2. 部分框支剪力墙结构指地面以上有部分框支剪力墙的剪力墙结构。
　　3. 甲类建筑，6、7、8度时宜按本地区抗震设防烈度提高一度后符合本表的要求，9度时应专门研究。
　　4. 框架结构、板柱-剪力墙结构及9度抗震设防的表列其他结构，当房屋高度超过本表数值时，结构设计应有可靠依据，并采取有效加强措施。

表2-4　B级高度高层建筑最大适用高度　　　　　　　　　　（单位：m）

结　构　体　系		非抗震设计	抗震设防烈度			
			6	7	8	
					0.2g	0.3g
框架-剪力墙		170	160	140	120	100
剪力墙	全部落地	180	170	150	130	110
	部分框支	150	140	120	100	80
筒体	框架-核心筒	220	210	180	140	120
	筒中筒	300	280	230	170	150

注：1. 部分框支剪力墙结构指地面以上有部分框支剪力墙的剪力墙结构。
　　2. 甲类建筑，6、7度时宜按本地区抗震设防烈度提高一度后符合本表的要求，8度时应专门研究。
　　3. 当房屋高度超过表中数值时，结构设计应有可靠依据，并采取有效加强措施。

应当注意，表中的房屋高度是指室外地面至主要屋面的高度，不包括局部凸出屋面的电梯机房、水箱、构架等高度；部分框支剪力墙结构是指地面以上有部分框支剪力墙的剪力墙结构。

当房屋超出我国现行规范、规程所规定的适用高度和适用结构类型时，或者体型特别不规则以及有关规范、规程规定应进行抗震专项审查时，房屋属于超限高层建筑工程。这类建筑除遵守我国现有技术标准的要求外，还主要包括超限程度的控制和结构抗震概念设计、结构抗震计算分析和抗震构造措施、地基基础抗震设计以及必要时须进行结构抗震试验等内容。

超限的含义有两种，一种是高度超限，一种是结构方案超限。前者是指房屋高度超过现行《建筑抗震设计规范》和《高层规程》所规定的适用高度的高层建筑工程；后者是指房屋高度不超过规定，但建筑结构布置属于《建筑抗震设计规范》《高层规程》规定的特别不规则的高层建筑工程，具体规定为：

1）同时具有三项或三项以上平面、竖向不规则以及某项不规则程度超过规定很多的高层建筑。

2）结构布置明显不规则的复杂结构和混合结构的高层建筑，主要包括：同时具有三种或三种以上复杂类型（如带转换层、带加强层和具有错层、连体、多塔）的高层建筑；转换层位置超过《高层规程》规定的高位转换的高层建筑；各部分层数、结构布置或刚度等有较大不同的错层、连体高层建筑；单塔或大小不等的多塔位置偏置过多的大底盘（裙房）高层建筑；7、8度抗震设防时厚板转换的高层建筑。

结构高度超限时，应对其结构规则性的要求从严掌握，高度超过规定的适用高度越多，对其规则性指标的控制应越严；高度未超过最大适用高度但规则性超限的高层建筑，应对结构的不规则程度加以控制，避免采用严重不规则结构。对于严重不规则结构，必须调整建筑方案或结构类型和体系，防止大震下结构倒塌。

由于超限高层建筑结构的设计计算目前主要依据其弹性分析的计算结果，中震和大震下结构进入弹塑性状态后，内力分布和变形状态将发生很大改变。尽管现在已有多种弹塑性计算模型，但由于动力弹塑性问题的复杂性，其计算结果还难以全面反映结构的真实状态。因此，为实现三个水准的抗震设防目标，在结构布置、结构设计中应充分重视抗震概念设计。

超高时建筑结构规则性的要求应从严掌握，明确竖向不规则和水平向不规则的程度，避免过大的地震扭转效应。结构布置、防震缝设置、转换层和水平加强层的处理、薄弱层和薄弱部位、主楼与裙房共同工作等需妥善设计。结构的总体刚度应适当，变形特征应合理，楼层最大层间位移应符合规范、规程的要求。混合结构、钢支撑框架结构的钢框架，其重要连接构造应使整体结构能形成多道抗侧力体系。多塔、连体、错层、带转换层、带加强层等复杂体型的结构，应尽量减少不规则的类型和不规则的程度。当几部分结构的连接薄弱时，应考虑连接部位各构件的实际构造和连接的可靠程度，必要时取结构整体计算和分开计算的不利情况，或要求某部分结构在设防烈度下保持弹性工作状态。规则性要求的严格程度，可依抗震设防烈度不同有所区别。当计算的最大水平位移、层间位移值很小时，扭转位移比的控制可略有放宽。

在抗震措施方面，超限高层建筑工程应采用比规范、规程规定更严格的标准。在计算分析方面超限高层建筑工程则应该满足下面的要求：

1）应采用两个及两个以上符合结构实际情况的力学模型，且计算程序应经国务院建设行政主管部门鉴定认可。

2）通过结构各部分受力分布的变化，以及最大层间位移的位置和分布特征，判断结构受力特征的不利情况。

3）结构各层的地震剪力与其以上各层总重力荷载代表值的比值，应符合现行《建筑抗震设计规范》的要求，Ⅲ、Ⅳ类场地条件时宜适当增加。

4）当7度设防结构高度超过100m、8度设防结构高度超过80m时，或结构竖向刚度不连续，还应采用弹性时程分析法进行多遇地震下的补充计算，所用的地震波应符合规范要求，持续时间一般不小于结构基本周期的5倍。弹性时程分析的结果，一般取多条波的平均值，超高较多或体型复杂时宜取多条时程的包络。

5）薄弱层地震剪力和不落地构件传给水平转换构件的地震内力的调整系数取值，超高时宜大于相关规范的规定值。

6）上部墙体开设边门洞等的水平转换构件，应根据具体情况加强；必要时，宜采用重力荷载下不考虑墙体共同工作的复核。

7）必要时应采用静力弹塑性分析或动力弹塑性分析方法确定薄弱部位，弹塑性分析时整体模型应采用三维空间模型。

8）钢结构和钢-混结构中，钢框架部分承担的地震剪力应依超限程度比相关规范的规定适当增加。

9）必要时应有重力荷载下的结构施工模拟分析。

对房屋高度超过《高层规程》最大适用高度较多、体型特别复杂或结构类型特殊的结构，应进行小比例的整体结构模型、大比例的局部结构模型的抗震性能试验研究和实际结构的动力特性测试。

房屋的高宽比越大，水平荷载作用下的侧移越大，抗倾覆作用的能力越小。因此，应控制房屋的高宽比，避免设计高宽比很大的建筑物。《高层规程》对混凝土高层建筑结构适用的最大高宽比所作规定见表2-5，这是对高层建筑结构的侧向刚度、整体稳定性、承载能力和经济合理性的宏观控制。

表2-5　钢筋混凝土高层建筑结构适用的最大高宽比

结 构 类 型	非抗震设计	抗震设防烈度		
		6、7 度	8 度	9 度
框架	5	4	3	—
板柱-剪力墙	6	5	4	—
框架-剪力墙，剪力墙	7	6	5	4
框架-核心筒	8	7	6	4
筒中筒	8	8	7	5

对复杂体型的高层建筑结构，其高宽比较难确定。作为一般原则，可按所考虑方向的最小投影宽度计算高宽比，但对凸出建筑物平面很小的局部结构（如楼梯间、电梯间等），一般不应包含在计算宽度内；对于不宜采用最小投影宽度计算高宽比的情况，可根据实际情况采用合理的方法计算；对带有裙房的高层建筑，当裙房的面积和刚度相对于其上部塔楼的面积和刚度较大时，计算高宽比时房屋的高度和宽度可按裙房以上部分单独考虑。

2.3　楼盖结构

2.3.1　选型

与多层建筑相比，高层建筑对楼盖的水平刚度及整体性要求更高。因此，房屋高度超过

50m 时，框架-剪力墙结构、简体结构及复杂高层建筑结构应采用现浇楼盖结构，剪力墙结构和框架结构宜采用现浇楼盖结构。当房屋高度不超过 50m 时，剪力墙结构和框架结构可采用装配式楼盖，但应采取必要的构造措施。框架-剪力墙结构由于各片抗侧力结构刚度相差很大，作为主要抗侧力结构的剪力墙间距较大时，水平荷载通过楼盖传递，楼盖变形更为显著，因而框架-剪力墙结构中的楼盖应有更好的水平刚度和整体性。所以，房屋高度不超过 50m 时，8、9 度抗震设计的框架-剪力墙结构宜采用现浇楼盖结构；6、7 度抗震设计的框架-剪力墙结构可采用装配整体式楼盖，但应符合有关构造要求。板柱-剪力墙结构应采用现浇楼盖。高层建筑楼盖结构可根据结构体系和房屋高度按表 2-6 选型。

表 2-6　普通高层建筑楼面结构选型

结构体系	高　　度	
	≤50m	>50m
框架和剪力墙	可采用装配式楼面（灌板缝）	宜采用现浇楼面
框架-剪力墙	宜采用现浇楼面（8.9 度抗震设计），可采用装配整体式楼面（灌板缝加现浇面层）（7.8 度抗震设计）	应采用现浇楼面
板柱-剪力墙	应采用现浇楼面	—
框架-核心筒和筒中筒	应采用现浇楼面	应采用现浇楼面

2.3.2　楼盖构造要求

1）为了保证楼盖的平面内刚度，现浇楼盖的混凝土强度等级不宜低于 C20；同时由于楼盖结构中的梁和板为受弯构件，所以混凝土强度等级不宜高于 C40。

2）房屋高度不超过 50m 的框架结构或剪力墙结构，当采用装配式楼盖时，应符合下列要求：①楼盖的预制板板缝宽度不宜小于 40mm，板缝大于 40mm 时应在板缝内配置钢筋，并宜贯通整个结构单元，现浇板缝、板缝梁的混凝土强度等级应高于预制板的混凝土强度等级；②无现浇叠合层的预制板，板端搁置在梁上的长度分别不宜小于 50mm；③预制板板端宜预留胡子筋，其长度不宜小于 100mm；④预制空心板板端应有堵头，堵头深度不宜小于 60mm，并采用强度等级不低于 C20 的混凝土浇灌密实。

3）房屋高度不超过 50m、且为 6、7 度抗震设计的框架-剪力墙结构，当采用装配整体式楼盖时，除应符合上述第 2）条第①款的规定外，其楼盖每层宜设置钢筋混凝土现浇层。现浇层厚度不应小于 50mm，混凝土强度等级不应低于 C20，不宜高于 C40，并应双向配置直径不小于 6mm、间距不大于 200mm 的钢筋网，钢筋应锚固在剪力墙内。

4）房屋的顶层楼盖对于加强其顶部约束、提高抗风和抗震能力以及抵抗温度应力的不利影响均有重要作用；转换层楼盖上部是剪力墙或较密的框架柱，下部转换为部分框架及部分落地剪力墙或较大跨度的框架，转换层上部抗侧力结构的剪力通过转换层楼盖传递到落地剪力墙和框支柱或数量较少的框架柱上，因而楼盖承受较大的内力；平面复杂或开洞过大的楼层以及作为上部结构嵌固部位的地下室楼层，其楼盖受力复杂，整体性要求更高。因此，上述楼层的楼盖应采用现浇楼盖。一般楼层现浇楼板厚度不应小于 80mm，当板内预埋暗管时不宜小于 100mm；顶层楼板厚度不宜小于 120mm，宜双层双向配筋。转换层楼板厚度不宜小于 180mm，应双层双向配筋，且每层每方向的配筋率不宜小于 0.25%，楼板中钢筋应锚固在边梁或墙体内；落地剪力墙和筒体外周围的楼板不宜开洞。楼板边缘和较大洞口周边应设置边梁，其宽度不宜小于板厚的 2 倍，纵向钢筋配筋率不应小于 1.0%，钢筋接头宜采用机械连接或焊接。与转换层相邻楼层的楼板也应适当加强。普通地下室顶板厚度不宜小于 160mm；作为上部结构嵌固部位的地下室楼层的顶楼盖应采用梁板结构，楼板厚度不宜小于 180mm，混凝土强度等级不宜低于 C30，应采用双层双向配筋，且每层每方向的配筋率不宜小于 0.25%。

5）采用预应力混凝土平板可以减小楼面结构的高度，压缩层高并减轻结构自重；大跨度平板可以增加楼层使用面积，容易改变楼层用途。因此，近年来预应力混凝土平板在高层建筑楼盖结构中应用比较广泛。板的厚度，应考虑刚度、抗冲切承载力、防火以及防腐蚀等要求。在初步设计阶段，现浇混凝土楼板厚度可按跨度的 1/45 ~ 1/50 采用，且不宜小于 150mm。

6）现浇预应力楼板是与梁、柱、剪力墙等主要抗侧力构件连接在一起的，如果不采取措施，则对楼板施加预应力时，不仅压缩了楼板，而且对梁、柱、剪力墙也施加了附加侧向力，使其产生位移且不安全。为防止或减小主体结构刚度对施加楼盖预应力的不利影响，应采用合理的施加预应力的方案。如采用板边留缝以张拉和锚固预应力钢筋，或在板中部预留后浇带，待张拉并锚固预应力钢筋后再浇筑混凝土。

2.4 水平位移限制和舒适度要求

2.4.1 弹性位移验算

高层建筑层数多、高度大，为保证高层建筑结构具有必要的刚度，应对其层间位移加以控制。这个控制实际上是对构件截面大小、刚度大小控制的一个相对指标。为了保证高层建筑中的主体结构在多遇地震作用下基本处于弹性受力状态，以及填充墙、隔墙和幕墙等非结构构件基本完好，避免产生明显损伤，应限制结构的层间位移。考虑到层间位移量是一个宏观的侧向刚度指标，为便于设计人员在工程设计中应用，可采用层间最大位移与层高之比 $\Delta u/h$，即层间位移角 θ 作为控制指标。在风荷载或多遇地震作用下，高层建筑按弹性方法计算的层间最大位移应符合下式要求

$$\Delta u_e \leq [\theta_e]h \qquad (2\text{-}1)$$

式中，Δu_e 为风荷载或多遇地震作用标准值产生的楼层内最大的层间弹性位移；h 为计算楼层层高；$[\theta_e]$ 为弹性层间位移角限值，宜按表 2-7 采用。

表 2-7 弹性层间位移角限值

结构体系	$[\theta_e]$
框架	1/550
框架-剪力墙，板柱-剪力墙，框架-核心筒	1/800
剪力墙，筒中筒	1/1000
除框架结构外的框支层	1/1000

因变形计算属正常使用极限状态，故在计算弹性位移时，各作用分项系数均取 1.0，钢筋混凝土构件的刚度可采用弹性刚度。楼层层间最大位移 Δu 以楼层最大的水平位移差计算，不扣除整体弯曲变形。抗震设计时，楼层位移计算不考虑偶然偏心的影响。当高度超过150m 时，弯曲变形产生的侧移有较快增长，所以超过 250m 高度的高层建筑混凝土结构，层间位移角限值按 1/500 作为限值。150 ~ 250m 的高层建筑按线性插入考虑。

2.4.2 弹塑性位移限值和验算

震害表明，结构如果存在薄弱层，在强烈地震作用下，结构薄弱部位将产生较大的弹塑性变形，会导致结构构件严重破坏甚至引起房屋倒塌。即便是规则的结构，也是某些部位率先屈服并发展塑性变形，而非各部位同时进入屈服；对于体型复杂的刚度和承载力分布不均匀的不规则结构，弹塑性反应过程更为复杂。如果要求对每一栋高层建筑都进行弹塑性分析是不现实的，也没有必要。《高层规程》仅对有特殊要求的建筑、地震时易倒塌的结构和有明显薄弱层的不规则结构作了两阶段设计要求，即除了第一阶段的弹性承载力设计外，还要进行薄弱部位的弹塑性层间变形验算，并采取相应的抗震构造措施，实现第三水准的抗震设防要求。

为此，结构薄弱层（部位）层间弹塑性位移应符合下式要求

$$\Delta u_p \leqslant [\theta_p]h \tag{2-2}$$

式中，Δu_p 为层间弹塑性位移；$[\theta_p]$ 为层间弹塑性位移角限值，可按表 2-8 采用对框架结构，当轴压比小于 0.40 时，$[\theta_p]$ 提高 10%，当柱子全高的箍筋构造采用比规定的框架柱箍筋最小含箍特征值大 30% 时，$[\theta_p]$ 可提高 20%，但累计不超过 25%。

表 2-8　层间弹塑性位移角限值

结 构 体 系	$[\theta_p]$
框架结构	1/50
框架-剪力墙结构、框架-核心筒结构、板柱-剪力墙结构	1/100
剪力墙结构和筒中筒结构	1/120
除框架结构外的转换层	1/120

7 ~ 9 度时，楼层屈服强度系数小于 0.5 的框架结构；甲类建筑和 9 度抗震设防的乙类建筑结构采用隔震和消能减震技术的建筑结构均应进行弹塑性变形验算。竖向不规则高层建筑结构，7 度 III、IV 类场地和 8 度抗震设防的乙类建筑结构，板柱-剪力墙结构等宜进行弹塑性变形验算。

此处，楼层屈服强度系数 ξ_y 按下式计算

$$\xi_y = V_y/V_e \tag{2-3}$$

式中，V_y 为按构件实际配筋和材料强度标准值计算的楼层受剪承载力；V_e 为按罕遇地震作用计算的层弹性地震剪力。

1. 弹塑性变形计算的简化方法

该方法适用于不超过 12 层且层侧向刚度无突变的框架结构。结构的薄弱层或薄弱部位，对楼层屈服强度系数沿高度分布均匀的结构，可取底层；对楼层屈服强度系数沿高度分布不

均匀的结构可取该系数最小的楼层（部位）和相对较小的楼层，一般不超过2~3处。

层间弹塑性位移 Δu_p 可按下列公式计算

$$\Delta u_p = \eta_p \Delta u_e \qquad (2\text{-}4)$$

或

$$\Delta u_p = \mu \Delta u_y = \frac{\eta_p}{\xi_y} \Delta u_y \qquad (2\text{-}5)$$

式中，Δu_y 为层间屈服位移；μ 为楼层延性系数；Δu_e 为罕遇地震作用下按弹性分析的层间位移；η_p 为弹塑性位移增大系数，当薄弱层（部位）的屈服强度系数不小于相邻层（部位）该系数平均值的0.8时，可按表2-9采用；当薄弱层（部位）的屈服强度系数不大于相邻层（部位）该系数平均值的0.5时，可按表内相应数值的1.5倍采用；其他情况可采用内插法取值。

表 2-9 结构的弹塑性位移增大系数

ξ_y	0.5	0.4	0.3
η_p	1.8	2.0	2.2

2. 弹塑性变形计算的弹塑性分析法

当弹塑性变形计算的简化方法不适用时，可采用结构的弹塑性分析方法。目前，一般可采用的方法有静力弹塑性分析方法（如 Push-over 方法）和弹塑性动力时程分析方法。但由于准确地确定结构各个阶段的水平地震作用力模式和本构关系较为复杂，且现有的分析软件不够成熟和完善，计算工作量大，计算结果的整理、分析、判断和使用也都比较复杂，因此，弹塑性分析方法的普遍应用还受到较大的限制。

采用弹塑性动力分析方法进行薄弱层验算时，应按建筑场地类别和设计地震分组选用不少于两组实际地震波和一组人工模拟的地震波的加速度时程曲线；且地震波持续时间不宜少于12s，数值时距可取为0.01s或0.02s；输入地震波的最大加速度，可按表2-10采用。在计算弹塑性变形时，对需要考虑重力二阶效应的不利影响但在计算中难以考虑时，应将未考虑二阶效应计算的弹塑性变形乘以增大系数1.2。

表 2-10 弹塑性动力时程分析时输入地震加速度的最大值 a_{max}

抗震设防烈度	6 度	7 度	8 度	9 度
多遇地震	18	35(55)	70(110)	140
设防地震	50	100(150)	200(300)	400
罕遇地震	125	220(310)	400(510)	620

注：7、8度时括号内数值分别对应于设计基本加速度为0.15g和0.30g的地区。

2.4.3 舒适度要求

工程实例和研究表明，在超高层建筑中，必须考虑人体的舒适度，不能用水平位移控制来代替。风工程学者通过大量试验研究后认为，结构的风振加速度是衡量人体对风振反应的最好尺度。

高层建筑在风荷载作用下将产生振动，过大的振动加速度将使在高层建筑内居住的人们感觉不舒服，甚至不能忍受，表2-11为两者之间的关系。

表 2-11　舒适度与风振加速度关系

不舒适的程度	建筑物的加速度	不舒适的程度	建筑物的加速度
无感觉	$<0.005g$	十分扰人	$(0.05 \sim 0.15)g$
有感觉	$(0.005 \sim 0.015)g$	不能忍受	$>0.15g$
扰人	$(0.015 \sim 0.05)g$		

参照国外研究成果和有关标准,《高层规程》规定, 高度超过 150m 的高层建筑结构应具有良好的使用条件, 以满足舒适度要求, 按 10 年一遇的风荷载取值计算的顺风向与横风向结构顶点最大加速度不应超过表 2-12 的限值。必要时, 可通过专门风洞试验结果计算确定顺风向与横风向结构顶点最大加速度。

表 2-12　结构顶点最大加速度限值

使 用 功 能	$a_{lim}/(m/s^2)$
住宅、公寓	0.15
办公、旅馆	0.25

2.5　构件承载力设计

高层建筑结构构件的承载力应按下列公式验算:

持久设计状况、短暂设计状况

$$\gamma_0 S_d \leqslant R_d \tag{2-6}$$

地震设计状况　　　　　$$S_d \leqslant R_d/\gamma_{RE} \tag{2-7}$$

式中, γ_0 为结构重要性系数, 对安全等级为一级的结构构件不应小于 1.1, 对安全等级为二级的结构构件不应小于 1.0; S_d 为作用组合的效应设计值, 应符合《高层规程》第 5.6.1 ~ 5.6.4 条的规定; R_d 为构件承载力设计值; γ_{RE} 为构件承载力抗震调整系数。

抗震设计时, 钢筋混凝土构件的承载力抗震调整系数应按表 2-13 采用; 型钢混凝土构件和钢构件的承载力抗震调整系数应按《高层规程》第 11.1.7 条的规定采用。当仅考虑竖向地震作用组合时, 各类结构构件的承载力抗震调整系数均应取为 1.0。

表 2-13　承载力抗震调整系数

构件类别	梁	轴压比小于 0.15 的柱	轴压比不小于 0.15 的柱	剪 力 墙		各类构件	节点
受力状态	受弯	偏压	偏压	偏压	局部承压	受剪、偏拉	受剪
γ_{RE}	0.75	0.75	0.80	0.85	1.0	0.85	0.85

2.6　抗震设计基本规定

1. 抗震等级

在地震区, 除了要求结构具有足够的承载力和合适的刚度外, 还要求它具有良好的延性。延性比 μ 常用来衡量结构或构件塑性变形的能力，是结构抗震性能的一个重要指标。对于延性比较大的结构，在地震作用下结构进入弹塑性状态时，能吸收、耗散大量的地震能量，此时结构虽然变形较大，但不会出现超出抗震要求的建筑物严重破坏或倒塌，而且在结构进入弹塑性阶段后，结构本身的一些动力特性会发生改变，比如刚度下降、自振周期变长，也会减小结构的地震响应。相反，若结构延性较差，在地震作用下容易发生脆性破坏，甚至倒塌。而同时，在不同的情况下，结构的地震反应会有很大的差别，对抗震的要求则不相同。为了对不同的情况能够区别对待以及方便设计，对一般建筑结构延性要求的严格程度可分为四级：很严格（一级）、严格（二级）、较严格（三级）和一般（四级），这称为结构的抗震等级。相对于一般建筑而言，高层建筑更柔一些，地震作用下的变形就更大一些，因而对延性的要求就更高一些。因此，《高层规程》对地区设防烈度为 9 度时的 A 级高度乙类建筑以及 B 级高度丙类建筑钢筋混凝土结构又增加了"特一级"抗震等级。抗震设计时，应根据不同的抗震等级对结构和构件采取相应的计算方法和构造措施。

抗震设计时，高层建筑钢筋混凝土结构构件应根据设防烈度、结构类型和房屋高度采用不同的抗震等级，并应符合相应的计算和构造措施要求。抗震等级的高低，体现了对结构抗震性能要求的严格程度。特殊要求时则提升至特一级，其计算和构造措施比一级更严格。A级高度丙类建筑钢筋混凝土结构的抗震等级应按表 2-14 确定，B 级高度丙类建筑钢筋混凝土结构的抗震等级应按表 2-15 确定。当本地区抗震设防烈度为 9 度时，A 级高度乙类建筑的抗震等级应按表 2-15 规定的特一级采用，甲类建筑应采取更有效的抗震措施。建筑场地为 III、IV 类时，对设计基本地震加速度为 0.15g 和 0.30g 的地区，宜分别按抗震设防烈度 8度（0.20g）和 9 度（0.40g）时各类建筑的要求采取抗震构造措施。

抗震设计的高层建筑，当地下室顶层作为上部结构的嵌固端时，地下一层的抗震等级应按上部结构采用，地下一层以下结构的抗震等级可根据具体情况采用三级或四级，地下室柱截面每侧的纵向钢筋面积除应符合计算要求外，不应少于地上一层对应柱每侧纵向钢筋面积的 1.1 倍；地下室中超出上部主楼范围且无上部结构的部分，其抗震等级可根据具体情况采用三级或四级。9 度抗震设计时，地下室结构的抗震等级不应低于二级。抗震设计时，与主楼连为整体的裙楼的抗震等级不应低于主楼的抗震等级，主楼结构在裙房顶部上、下各一层应适当加强抗震构造措施。

表 2-14　A 级高度的高层建筑结构抗震等级

结构类型		烈　度						
		6		7		8		9
框架		三		二		一		一
框架-剪力墙	高度/m	≤60	>60	≤60	>60	≤60	>60	≤50
	框架	四	三	三	二	二	一	一
	剪力墙	三		二		一		一
剪力墙	高度/m	≤80	>80	≤80	>80	≤80	>80	≤60
	剪力墙	四	三	三	二	二	一	一

（续）

结构类型		烈　度			
		6	7	8	9
部分框支剪力墙结构	非底部加强部位剪力墙	四 三	二	二	
	底部加强部位剪力墙	三 二	二		
	框支框架	二	二 一	一	
筒体	框架-核心筒　框架	三	二	一	一
	框架-核心筒　核心筒	二	二	一	一
	筒中筒　外筒	三	二	一	一
	筒中筒　内筒	三	二	一	一
板柱-剪力墙	框架、板柱及柱上板带	三	二	一	
	剪力墙	二	二	二	

注：1. 接近或等于高度分界时，应结合房屋不规则程度及场地、地基条件适当确定抗震等级。
　　2. 底部带转换层的筒体结构，其转换框架的抗震等级应按表中部分框支剪力墙结构的规定采用。
　　3. 当框架-核心筒结构的高度不超过60m时，其抗震等级应允许按框架-剪力墙采用。

表 2-15　B 级高度的高层建筑结构抗震等级

结构类型		烈　度		
		6 度	7 度	8 度
框架-剪力墙	框架	二	一	一
	剪力墙	二	一	特一
剪力墙	剪力墙	二	一	一
部分框支剪力墙	非底部加强部位剪力墙	二	一	一
	底部加强部位剪力墙	一	一	特一
	框支框架	一	特一	特一
框架-核心筒	框架	二	一	一
	筒体	二	一	特一
筒中筒	外筒	二	一	特一
	内筒	二	一	特一

注：底部带转换层的筒体结构，其转换框架和底部加强部位筒体的抗震等级应按表中部分框支剪力墙结构的规定采用。

　　需要注意，表2-14和表2-15中的烈度不完全等于房屋所在地区的设防烈度，此时应根据建筑物的重要性确定。

　　1）甲类、乙类建筑：当本地区的抗震设防烈度为6~8度时，应符合本地区抗震设防烈度提高一度的要求；当本地区的设防烈度为9度时，应符合比9度抗震设防更高的要求。当建筑场地为Ⅰ类时，应允许仍按本地区抗震设防烈度的要求采取抗震构造措施。

　　2）丙类建筑：应符合本地区抗震设防烈度的要求。当建筑场地为Ⅰ类时，除6度外，应允许按本地区抗震设防烈度降低一度的要求采取抗震构造措施。

　　2. 抗震概念设计

　　高层建筑结构的抗震概念设计也是结构设计的重要内容。抗震概念设计是运用人的思维和判断力，从宏观上决定结构设计中的基本问题，它涉及的面很广，要考虑的方面很多，从方案、结构布置到计算简图的选取，从构件截面配筋到配筋构造等都存在概念设计的内容。设计概念可以通过力学规律、震害教训、试验研究、工程实践经验等多种渠道建立。

高层建筑结构抗震概念设计时应注意以下几方面内容：

1）**选择有利的场地，避开不利的场地，采取措施保证地基的稳定性**。基岩有活动性断层和破碎带、不稳定的滑坡地带等，属于危险场地，不宜兴建高层建筑；冲积层过厚、砂土有液化危险、黄土有湿陷性等，属于不利场地，要采取相应的措施减轻震害的影响。

2）**结构体系和抗侧刚度的合理选择**。对于钢筋混凝土结构，一般来说框架结构抗震能力较差；框架-剪力墙结构性能较好；剪力墙结构和筒体结构具有良好的空间整体性，刚度也较大，历次地震中震害都较小。但也不能说抗侧刚度越大越好，应该结合房屋高度、体系和场地条件等进行综合判断，重要的是将变形限制在规范许可的范围内，要使结构有足够的刚度，可通过设置部分剪力墙以减小结构变形和提高结构承载力；同时，还应考虑场地条件，硬土地基上的结构可柔一些，软土地基上的结构可刚一些。可通过改变高层建筑结构的刚度调整结构的自振周期，使其偏离场地的卓越周期，较理想的结构是自振周期比场地卓越周期更低；如果不可能，则应使其比场地卓越周期短得较多，因为在结构进入塑性后，要考虑结构自振周期加长后与场地卓越周期的关系，避免发生类共振现象。

3）**结构平面布置力求简单、规则、对称**，尽量减少易产生应力集中的凸出、凹进和狭长等复杂平面；同时，更重要的是结构平面布置时要尽可能使平面刚度均匀，即使结构的"刚心"与质心靠近，减少地震作用下的扭转。平面刚度是否均匀，是地震是否造成扭转破坏的重要原因，其影响主要因素是剪力墙的布置，如剪力墙偏一端布置，一端设置楼电梯间等，则会导致结构平面刚度很不均匀。高层建筑结构还不宜做成长宽比很大的长条形平面，因为它不符合楼板在平面内无限刚性的假定，楼板的高阶振型对这种长条形平面影响大。

4）**结构竖向宜做成上下等宽或由下向上逐渐减小的体型，更重要的是结构的抗侧刚度应当沿高度均匀，或沿高度逐渐减小**。竖向刚度是否均匀也主要取决于剪力墙的布置，如框支剪力墙是典型的沿高度刚度突变的结构。此外，凸出屋面的小房间或立面有较大的收进，以及为加大建筑空间而顶部减少剪力墙等，都会使结构的顶层刚度突然变小，加剧地震作用下的鞭梢效应。

5）**结构的承载力、变形能力和刚度要均匀连续分布**，适应结构的地震反应要求。某一部分过强、过刚也会使其他楼层形成相对薄弱环节而导致破坏。顶层、中间楼层取消部分墙柱形成大空间层后，要调整刚度并采取构造加强措施。底层部分剪力墙变为框支柱或取消部分柱后，比上层刚度削弱更为不利，应专门考虑抗震措施。不仅主体结构，而且非结构墙体（如砖砌体填充墙）的不规则、不连续布置也可能引起刚度的突变。

6）**抗震结构在设计上和构造上应实现多道设防**。第一道设防结构中的某一部分屈服或破坏只会使结构减少一些超静定次数。如框架结构采用强柱弱梁设计，梁屈服后柱仍能保持稳定；再如剪力墙，在连梁作为第一道设防破坏以后，还会存在一个能够独立抵抗地震作用的结构；又如框架-剪力墙（筒体）、框架-核心筒、筒中筒结构，无论在剪力墙屈服以后，或者在框架部分构件屈服以后，另一部分抗侧力结构仍然能够发挥较大作用，发生内力重分布后，它们仍然能够共同抵抗地震。多道设防的抗震设计受到越来越多的重视。

7）一般情况下宜采取调整平面形状与尺寸、加强构造措施、设置后浇带等方法尽量不设缝、少设缝。在房屋建筑的总体布置中，常常设置防震缝、伸缩缝和沉降缝将房屋分成若干个独立的结构单元,这不仅会影响建筑立面、多用材料,使构造复杂、防水处理困难等,设缝的结构在强烈地震下相邻结构可能发生碰撞而导致局部损坏,有时还会因为将房屋分成小块而降低每个结构单元的稳定、刚度和承载力,反而削弱了结构。必需设缝时则须保证有足够的宽度,避免地震时相邻部分发生互相碰撞而破坏。

8)**要保证钢筋混凝土结构有一定的延性**。延性结构的塑性变形可以耗散地震能量,结构变形虽然会加大,但作用于结构的惯性力不会很快上升,内力也不会再加大,因此,可降低对延性结构的承载力要求。也可以说,延性结构是用它的变形能力(而不是承载力)抵抗强烈的地震作用。反之,如果结构的延性不好,则必须用足够大的承载力抵抗地震。因此,延性结构和构件对抗震设计是一种经济的、合理而安全的对策。除了必须保证梁、柱、墙等构件均具有足够的延性外,还要采取措施使框架及剪力墙结构都具有较大的延性。同时,结点的承载力和刚度要与构件的承载力与刚度相适应,结点的承载力应大于构件的承载力,要从构造上采取措施防止反复荷载作用下承载力和刚度过早退化。

9)结构倒塌往往是由竖向构件破坏造成的,**既承受竖向荷载又抗侧力的竖向构件属于重要构件,其设计不仅应当考虑抵抗水平力时的安全,更要考虑在水平力作用下进入塑性后,它是否仍然能够安全地承受竖向荷载**。

10)**保证地基基础的承载力、刚度和有足够的抗滑移、抗转动能力,使整个高层建筑结构成为一个稳定的体系,防止产生过大的差异沉降和倾覆**。

─────── 思 考 题 ───────

1. 在高层建筑结构设计时应贯彻多道抗震防线的思想,具体设计时应考虑哪三方面的要求?
2. 高层建筑结构超限的含义有哪两种?
3. 高层建筑结构的抗震等级分为哪几种?
4. 查阅相关资料,从某一角度谈谈你对高层建筑结构抗震概念设计的理解。

在设计使用年限以内，高层建筑结构可能承受的主要作用是荷载作用以及其他非荷载作用。荷载可以分为恒荷载和活荷载，活荷载又可以分为屋面活荷载、楼面活荷载、雪荷载以及风荷载。非荷载因素主要包括混凝土的收缩、徐变以及地震作用、温度作用等。高层建筑结构可能承受的主要作用可用图 3-1 表示。本章主要对竖向荷载、风荷载以及地震作用进行讨论。

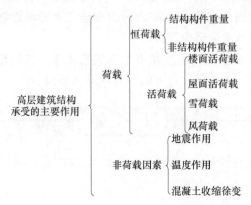

图 3-1　高层建筑结构承受的主要作用

3.1　竖向荷载

3.1.1　恒荷载

恒荷载包括结构构件以及非结构构件。结构构件包括梁、板、柱、墙等，而非结构构件主要包括抹灰、填充墙、饰面材料等。这些构件重量的大小不随时间而改变，又称为永久荷载。

恒荷载标准值等于构件的体积乘以材料的自重标准值。

常用材料的自重标准值为：水泥砂浆，20kN/m³；混合砂浆，17kN/m³；砂土，17kN/m³；卵石，16～18kN/m³；钢筋混凝土，24～25kN/m³；钢材，78.5kN/m³；铝合金，28kN/m³；普通玻璃，25.6kN/m³；杉木，4kN/m³；腐殖土，15～16kN/m³。其他材料自重标准值可参考 GB 50009—2012《建筑结构荷载规范》[⊖]。

　⊖　后文未特别指明的《建筑结构荷载规范》均指此现行规范。

3.1.2　楼面活荷载

高层建筑主要以民用为主，民用建筑楼面均布活荷载标准值可根据调查统计而得。《建筑结构荷载规范》规定，民用建筑楼面均布活荷载标准值及其组合值、频遇值和准永久值系数不应小于表 3-1。

表 3-1　民用建筑楼面均布活荷载标准值及其组合值、频遇值和准永久值系数

项次	类　　别			标准值/kPa	组合值系数 ψ_c	频遇值系数 ψ_f	准永久值系数 ψ_q
1	（1）住宅、宿舍、旅馆、办公楼、医院病房、托儿所、幼儿园			2.0	0.7	0.5	0.4
	（2）试验室、阅览室、会议室、医院门诊室			2.0	0.7	0.6	0.5
2	教室、食堂、餐厅、一般资料档案室			2.5	0.7	0.6	0.5
3	（1）礼堂、剧场、影院、有固定座位的看台			3.0	0.7	0.5	0.3
	（2）公共洗衣房			3.0	0.7	0.6	0.5
4	（1）商店、展览厅、车站、港口、机场大厅及其旅客等候室			3.5	0.7	0.6	0.5
	（2）无固定座位的看台			3.5	0.7	0.5	0.3
5	（1）健身房、演出舞台			4.0	0.7	0.6	0.5
	（2）运动场、舞厅			4.0	0.7	0.6	0.3
6	（1）书库、档案库、储藏室			5.0	0.9	0.9	0.8
	（2）密集柜书库			12.0	0.9	0.9	0.8
7	通风机房、电梯机房			7.0	0.9	0.9	0.8
8	汽车通道及停车库	（1）单向板楼盖（板跨不小于2m）和双向板楼盖（板跨不小于3m×3m）	客车	4.0	0.7	0.7	0.6
			消防车	35.0	0.7	0.7	0.6
		（2）双向板楼盖（板跨不小于6m×6m）和无梁楼盖（柱网尺寸不小于6m×6m）	客车	2.5	0.7	0.7	0.6
			消防车	20.0	0.7	0.7	0.6

（续）

项次	类别		标准值/kPa	组合值系数 ψ_c	频遇值系数 ψ_f	准永久值系数 ψ_q
9	厨房	（1）餐厅	4.0	0.7	0.7	0.7
		（2）其他	2.0	0.7	0.6	0.5
10	浴室、卫生间、盥洗室		2.5	0.7	0.6	0.5
11	走廊、门厅	（1）宿舍、旅馆、医院病房、托儿所、幼儿园、住宅	2.0	0.7	0.5	0.4
		（2）办公楼、餐厅、医院门诊部	2.5	0.7	0.6	0.5
		（3）教学楼及其他可能出现人员密集的情况	3.5	0.7	0.5	0.3
12	楼梯	（1）多层住宅	2.0	0.7	0.5	0.4
		（2）其他	3.5	0.7	0.5	0.3
13	阳台	（1）可能出现人群密集的情况	3.5	0.7	0.6	0.5
		（2）其他	2.5			

注：1. 本表所给各项荷载适用于一般使用条件，当使用荷载较大或情况特殊时，应按实际情况采用。

2. 第6项书库活荷载当书架高度大于2m时，书库活荷载尚应按每米书架高度不小于2.5kPa确定。

3. 第8项中的客车活荷载只适用于停放载人少于9人的客车；消防车活荷载是适用于满载总重为300kN的大型车辆；当不符合本表的要求时，应将车轮的局部荷载按结构效应的等效原则，换算为等效均布荷载。

4. 第8项消防车活荷载，当双向板楼盖板尺寸为3m×3m～6m×6m时，应按跨度线性插值确定。

5. 第12项楼梯活荷载，对预制楼梯踏步平板，尚应按1.5kN集中荷载验算。

6. 本表各项荷载不包括隔墙自重和二次装修荷载。对固定隔墙的自重应按恒荷载考虑，当隔墙位置可灵活布置时，非固定隔墙的自重应取每延米长墙重（kN/m）的1/3作为楼面活荷载的附加值（kPa）计入，附加值不小于1.0kPa。

　　考虑到负荷面积越大的构件，楼面每平方米面积上活荷载在同一时刻都能达到其标准值的可能性越小，因此，设计楼面梁、墙、柱及基础时，楼面活荷载可以折减。

　　设计楼面梁、墙、柱及基础时，表3-1中的楼面活荷载标准值在下列情况下应乘以规定的折减系数。

　　（1）设计楼面梁时的折减系数　第1（1）项当楼面梁从属面积超过 $25m^2$ 时，应取 0.9；第1（2）～7当楼面梁从属面积超过 $50m^2$ 时，应取0.9；第8项对单向板楼盖的次梁和槽形板的纵肋应取0.8，对单向板楼盖的主梁应取0.6，对双向板楼盖的梁应取0.8；第9～12项应采用与所属房屋类别相同的折减系数。

　　（2）墙、柱、基础设计时的折减系数　第1（1）项应按表3-2所示规定采用；第1（2）～7项应采用与其楼面相同的折减系数；第8项对单向板楼盖应取0.5，对双向板楼盖和无梁楼盖应取0.8；第9～12项应采用与所属房屋类别相同的折减系数。

　　注意：楼面梁的从属面积应按梁两侧各延伸二分之一梁间距范围内的实际面积确定。

表 3-2 活荷载按楼层的折减系数

墙、柱、基础计算截面以上的层数	1	2~3	4~5	6~8	9~20	>20
计算截面以上各楼层活荷载总和的折减系数	1.00(0.90)	0.85	0.70	0.65	0.60	0.55

注：当楼面梁的从属面积超过 $25m^2$ 时，应采用括号内的系数。

从大量工程设计的结果来看，目前的钢筋混凝土高层建筑结构竖向荷载平均值约为 $15kN/m^2$，其中，框架和框架-剪力墙结构为 $12~14kN/m^2$，剪力墙和筒中筒结构为 $14~16kN/m^2$。这些竖向荷载估算的经验数据，是初定结构截面以及估算地基承载力和结构底部剪力的依据，在方案设计阶段非常有用。

在大量的住宅、旅馆和办公楼中，高层建筑活荷载占的比例很小，活荷载一般为 $2.0~2.5kN/m^2$，只占全部竖向荷载的 15%~20%。其次，高层建筑结构由于层数和跨数很多，故而是复杂的空间体系，计算工作量极大。为简化起见，计算高层建筑竖向荷载作用下产生的内力时，一般可以按满布活荷载计算，不考虑活荷载的不利布置。

高层建筑结构内力计算中，如果活荷载较大，其不利分布对梁中弯矩的影响会比较明显，计算时应予考虑。当楼面活荷载大于 $4kN/m^2$ 时，应予以考虑能引起梁弯矩增大的楼面活荷载的不利布置；而对柱、剪力墙的影响相对不明显。高层建筑结构层数很多，每层的房间也很多，活荷载在各层间的分布情况极其不同，难以逐个计算。所以，一般考虑楼面活荷载不利布置时，不考虑不同层之间的相互影响，而仅考虑活荷载在同一楼层内的不利布置。当施工中采用爬塔、附墙塔等对结构受力有影响的施工机械时，要验算这些施工机械产生的施工荷载。

3.1.3 屋面活荷载

屋面活荷载一般可按下述方法进行取值：

1）房屋建筑的屋面，其水平投影面上的屋面均布活荷载及其组合值系数、频遇值系数和准永久值系数的取值，不应小于表 3-3 的规定。屋面均布活荷载，不应与雪荷载同时组合。

表 3-3 屋面均布活荷载

项　　次	类　　别	标准值/kPa	组合值系数 ψ_c	频遇值系数 ψ_f	准永久值系数 ψ_q
1	不上人的屋顶	0.5	0.7	0.5	0
2	上人的屋顶	2.0	0.7	0.5	0.4
3	屋顶花园	3.0	0.7	0.6	0.5
4	屋顶运动场地	3.0	0.7	0.6	0.4

注：1. 不上人的屋面，当施工或维修荷载较大时，应按实际情况采用；对不同结构应按有关设计规范的规定，但不得低于 0.3kPa。
　　2. 上人的屋面，当兼作其他用途时，应按相应楼面活荷载采用。
　　3. 对于因楼屋面排水不畅或堵塞等引起的积水荷载，应采取构造措施加以防止；必要时，应按积水的可能深度确定屋面活荷载。
　　4. 屋顶花园活荷载不包括花圃土石等材料自重。

2）屋面直升机停机坪荷载应根据直升机总重按局部荷载考虑，或根据局部荷载换算为等效荷载考虑。其等效均布荷载不应低于 5.0kPa。直升机荷载的组合值系数应取 0.7，频遇值系数应取0.6，准永久值系数应取0。部分直升机的有关参数见表3-4。

表3-4 部分轻型直升机的技术数据

机 型	生产国	空重/kN	最大起飞重/kN	尺 寸			
				旋翼直径/m	机长/m	机宽/m	机高/m
Z—9(直9)	中国	19.75	40.00	11.68	13.29		3.31
SA360 海豚	法国	18.23	34.00	11.68	11.40		3.50
SA315 美洲驼	法国	10.14	19.50	11.02	12.92		3.09
SA350 松鼠	法国	12.88	24.00	10.69	12.99	1.08	3.02
SA341 小羚羊	法国	9.17	18.00	10.50	11.97		3.15
BK—117	德国	16.50	28.50	11.00	13.00	1.60	3.36
B0—105	德国	12.56	24.00	9.84	8.56		3.00
山猫	英、法	30.70	45.35	12.80	12.06		3.66
S—76	美国	25.40	46.70	13.41	13.22	2.13	4.41
贝尔—205	美国	22.55	43.09	14.63	17.40		4.42
贝尔—206	美国	6.60	14.51	10.16	9.50		2.91
贝尔—500	美国	6.64	13.61	8.05	7.49	2.71	2.59
贝尔—222	美国	22.04	35.60	12.12	12.50	3.18	3.51
A109A	意大利	14.66	24.50	11.00	13.05	1.42	3.30

注：直9机主轮距2.03m，前后轮距3.61m。

3.1.4 雪荷载

1. 水平投影面上荷载标准值

屋面水平投影面上雪荷载的标准值 s_k，按下式计算

$$s_k = \mu_r s_0 \tag{3-1}$$

式中，μ_r 为屋面积雪分布系数；s_0 为基本雪压。

2. 基本雪压

单位水平面积上的雪重定为雪压，单位为 kN/m^2。基本雪压 s_0 是根据全国672个地点的气象台站从建站起到2008年的最大雪压或雪深资料，经统计得出50年一遇最大雪压，即重现期为50年的最大雪压，为当地的基本雪压。对雪荷载敏感的结构，应采用100年重现期的雪压。

在确定雪压时，观察场地应具有代表性。对山区在无实测资料的情况下，可比附近空旷地面的基本雪压增大20%采用。当气象台站有雪压记录时，应直接采用雪压数据计算基本雪压；当无雪压记录时，可间接采用积雪深度来计算。公式如下

$$s = h\rho g \tag{3-2}$$

式中，g 为重力加速度（$9.8m/s^2$）；h 为积雪深度，指从积雪表面到地面的垂直深度（m）；ρ 为积雪密度（t/m^3）。

对于按地区的平均雪密度计算雪压无直接记录的台站，各地区的积雪平均密度按下

述取用：东北及新疆北部地区的平均密度取 $150kg/m^3$；华北及西北地区取 $130kg/m^3$，其中青海取 $120kg/m^3$；秦岭—淮河以南地区一般取 $150kg/m^3$，其中江西、浙江取 $200kg/m^3$。

年最大雪压的概率分布统一按极值 I 型考虑，其分布函数为

$$F(x) = \exp\{-\exp[-\alpha(x-u)]\} \tag{3-3}$$

式中，u 为分布的位置参数，即其分布的众值；α 为分布的尺度参数。

分布的参数与均值 μ 和标准差 σ 的关系可以按下述确定

$$\alpha = \frac{1.28255}{\sigma} \tag{3-4}$$

$$u = \mu - \frac{0.57722}{\alpha} \tag{3-5}$$

当由有限样本的均值 x 和标准差 s 作为 μ 和 σ 的近似估计时，取

$$\alpha = \frac{C_1}{s} \tag{3-6}$$

$$u = \bar{x} - \frac{C_2}{\alpha} \tag{3-7}$$

式中，系数 C_1 和 C_2 见表3-5。

表 3-5　系数 C_1 和 C_2

样本数 n	C_1	C_2	样本数 n	C_1	C_2
10	0.9497	0.4952	60	1.17465	0.55208
15	1.02057	0.5182	70	1.18536	0.55477
20	1.06283	0.52355	80	1.19385	0.55688
25	1.09145	0.53086	90	1.20649	0.55860
30	1.11238	0.53622	100	1.20649	0.56002
35	1.12847	0.54034	250	1.24292	0.56878
40	1.14132	0.54362	500	1.25880	0.57240
45	1.15185	0.54630	1000	1.26851	0.57450
50	1.16066	0.54853	∞	1.28255	0.57722

平均重现期为 R 的最大雪压 x_R 可按下式确定

$$x_R = u - \frac{1}{\alpha}\ln\left[\ln\left(\frac{R}{R-1}\right)\right] \tag{3-8}$$

全国各城市重现期为 10 年、50 年和 100 年的雪压值见《建筑结构荷载规范》，全国各城市重现期为 50 年的基本雪压还可以由图 3-2（见书后插页）查得。

雪荷载的组合值系数可取 0.7；频遇值系数可取 0.6；准永久值系数应按雪荷载分区 I、II 和 III 区的不同，分别取 0.5、0.2 和 0；雪荷载分区见图 3-3（见书后插页）。

3.1.5 屋面积雪分布系数

屋面积雪分布系数见表3-6。

表3-6 屋面积雪分布系数

项次	类别	屋面形式及积雪分布系数 μ_r	备　注
1	单跨单坡屋面	 单坡图 α：≤25° / 30° / 35° / 40° / 45° / 50° / 55° / ≥60° μ_r：1.0 / 0.85 / 0.7 / 0.55 / 0.4 / 0.25 / 0.1 / 0	—
2	单跨双坡屋面	均匀分布的情况 μ_r 不均匀分布的情况 $0.75\mu_r$ / $1.25\mu_r$	μ_r 按第1项规定采用
3	拱形屋面	均匀分布的情况 μ_r 不均匀分布的情况 $0.5\mu_{r,m}$, $\mu_{r,m}$, $l_e/4$, l_e $\mu_r = l/(8f)$ $(0.4 \leqslant \mu_r \leqslant 1.0)$ $60°$ f l $\mu_{r,m} = 0.2 + 10f/l$ $(\mu_{r,m} \leqslant 2.0)$	—
4	带天窗的坡屋面	均匀分布的情况 1.0 不均匀分布的情况 1.1 / 0.8 / 1.1	—
5	带天窗有挡风板的坡屋面	均匀分布的情况 1.0 不均匀分布的情况 1.0 / 1.4 / 0.8 / 1.4 / 1.0	—

（续）

项次	类别	屋面形式及积雪分布系数 μ_r	备 注
6	多跨单坡屋面（锯齿形屋面）	均匀分布的情况 1.0 不均匀分布的情况1 0.6 1.4 0.6 1.4 0.6 1.4 $l/2$ $l/2$ 不均匀分布的情况2 2.0 2.0 2.0 $l/2$ $l/2$ α l l	μ_r 按第1项规定采用
7	双跨双坡或拱形屋面	均匀分布的情况 1.0 不均匀分布的情况1 μ_r 1.4 μ_r 不均匀分布的情况2 μ_r 2.0 μ_r α f l l	μ_r 按第1或3项规定采用
8	高低屋面	情况1: $\mu_{r,m}$ 1.0 1.0 a 2.0 $\mu_{r,m}$ 1.0 1.0 a 情况2: 1.0 2.0 1.0 a h 1.0 2.0 a h b_1 b_2 b_1 $b_2<a$ $a = 2h$ $(4m < a < 8m)$ $\mu_{r,m} = (b_1 + b_2)/2h$ $(2.0 \leqslant \mu_{r,m} \leqslant 4.0)$	—
9	有女儿墙及其他突起物的屋面	$\mu_{r,m}$ μ_r $\mu_{r,m}$ a a h $a = 2h$ $\mu_{r,m} = 1.5h/s_0$ $(1.0 \leqslant \mu_{r,m} \leqslant 2.0)$	—
10	大跨屋面（$l > 100m$）	$0.8\mu_r$ $1.2\mu_r$ $0.8\mu_r$ $l/4$ $l/2$ $l/4$ l	1. 还应同时考虑第2项、第3项的积雪分布； 2. μ_r 按第1或第3项规定采用

注：1. 第2项单跨双坡屋面仅当坡度 a 为 20°～30° 时，可采用不均匀分布情况。

    2. 第4、5项只适用于坡度 a 不大于25°的一般工业厂房屋面。

    3. 第7项双跨双坡或拱形屋面，当 a 不大于25°或 f/l 不大于0.1时，只采用均匀分布情况。

    4. 多跨屋面的积雪分布系数，可参照第7项的规定采用。

设计建筑结构及屋面的承重构件时，应按下列规定采用积雪的分布情况：

1）屋面板和檩条按积雪不均匀分布的最不利情况采用。

2）屋架和拱壳应分别按全跨积雪的均匀分布、不均匀分布和半跨积雪的均匀分布按最不利情况采用。

3）框架和柱可按全跨积雪的均匀分布情况采用。

3.2 风荷载

3.2.1 风对高层建筑结构作用的特点

风是由于气压变化而引起的大气运动。风对高层建筑结构的作用具有如下特点：

1）建筑物的外形与风力作用直接有关，圆形以及正多边形受到风力较小，对抗风有利；相反，平面凹凸多变的复杂建筑物受到的风力较大，对抗风不利，且容易产生风力扭转作用。

2）处于高层建筑群中的高层建筑，风力受建筑物周围环境影响较大，有时会出现受力更为不利的情况。例如，由于不对称遮挡而使风力偏心产生扭转；相邻建筑物之间的狭缝风力增大，使建筑物产生扭转等。在这些情况下的设计都要适当加大安全度。

3）风力作用性质可分为静力作用与动力作用。

4）风力在建筑物表面的分布很不均匀，在角区和建筑物内收的局部区域，会产生较大的风力。

5）与地震作用相比，风力作用持续时间较长，其作用更接近于静力荷载。而且对建筑物的作用期间出现较大风力的次数较多。

6）由于有较长期的气象观测，大风的重现期很短，对风力大小的估计要比地震作用大小的估计较为可靠，因而抗风设计也具有较大的可靠性。

3.2.2 风荷载标准值

1. 单位面积风荷载标准值

垂直于建筑物表面上的风荷载标准值，应按下述公式计算：

主要承重结构
$$w_k = \beta_z \mu_s \mu_z w_0 \tag{3-9}$$

式中，w_k 为风荷载标准值；w_0 为基本风压；μ_z 为风压高度变化系数；μ_s 为风荷载体型系数；β_z 为 z 高度处的风振系数。

围护结构 $w_k = \beta_{gz} \mu_{sl} \mu_z w_0$ （3-10）

式中，β_{gz} 为高度 z 处的阵风系数；μ_{sl} 为风荷载局部体型系数；其余符号同前。

2. 作用在建筑物上的风荷载标准值

计算风荷载下结构产生的内力及位移时，需要计算作用在建筑物上的全部风荷载，即建筑物承受的总风荷载。以图 3-4 所示的 Y 字形建筑为例，把每一个平面作为一个表面积，建筑物外围共有 9 个表面积，则总风荷

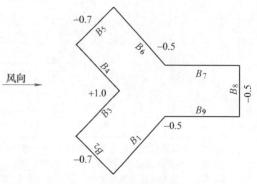

图 3-4　风荷载体型系数示例

载是各个表面承受风力在该方向的投影之和，并且是沿高度变化的分布荷载。图 3-4 中的 B_i 为第 i 个表面的宽度；数字为该表面的风载体型系数，正号表示风荷载在该表面为压力，负号表示为吸力。

1）作用于第 i 个建筑物表面上高度 z 处的风荷载沿风作用方向的风载标准值是

$$w_{iz} = \beta_z \mu_z w_0 B_i \mu_{si} \cos\alpha_i = \left(\mu_z + \frac{z}{H}\xi\nu\right)w_0 B_i \mu_{si} \cos\alpha_i = \left(\mu_z + \frac{z}{H}\xi\nu\right)w_i \qquad (3-11)$$

$$w_i = w_0 B_i \mu_{si} \cos\alpha_i \qquad (3-12)$$

式中，α_i 为第 i 个表面外法线与风作用方向的夹角；B_i、μ_{si} 分别为第 i 个表面的宽度和风载体型系数；ν 为脉动影响系数；ξ 为脉动增大系数；其余符号含义同前。

2）整个建筑物在高度 z 处沿风作用方向的风荷载标准值是各表面高度 z 处沿该方向风荷载标准值之和，即

$$w_z = \sum w_{iz} = \left(\mu_z + \frac{z}{H}\xi\nu\right)\sum w_i \qquad (3-13)$$

3）第 i 楼层（包括小塔楼）高程处（取 $z = H_i$，H_i 为第 i 楼层的标高）的风荷载合力 P_i 为

$$P_i = w_z\left(\frac{h_i}{2} + \frac{h_{i+1}}{2}\right) \qquad (3-14)$$

式中，h_i、h_{i+1} 为第 i 层楼面上、下层层高。计算顶层集中荷载时，$h_{i+1}/2$ 取女儿墙高度。

3.2.3 基本风压

风作用在建筑物上，一方面使建筑物受到一个基本上比较稳定的风压力，另一方面又使建筑物产生风力振动（风振）。由于这种双重作用，建筑物同时受到静力作用和动力作用。

风速影响作用在建筑物上的风压力，可表示为

$$w_0 = \frac{1}{2}\rho v^2 \qquad (3-15)$$

式中，w_0 为作用于建筑物表面的风压（Pa）；ρ 为空气密度，取 $\rho = 1.25\text{kg/m}^3$；v 为基本风速（m/s）。

《建筑结构荷载规范》给出了各地区的设计基本风压 w_0。这个基本风压值是根据各地气象台站多年的气象观测资料，取当地 **50 年一遇、10m 高度上的 10min 平均风压值来确定。对于高层建筑来说，风荷载是主要荷载之一，所以，基本风压 w_0 应按《建筑结构荷载规范》的规定采用的风压值取用；对风荷载比较敏感的高层建筑，承载力设计时应按基本风压的 1.1 倍采用。**

高层建筑的自振特性决定其对风荷载是否敏感，但是目前还没有实用的划分标准。一般情况下，房屋高度大于 60m 的高层建筑可按 100 年一遇的风压值采用；对于房屋高度不超过 60m 的高层建筑，其基本风压是否提高，可由设计人员根据实际情况确定。

离地面越高，风速越大，风压也越大，空气流动受地面摩擦力的影响就越小。风压随高度的变化按指数规律变化

$$v_z = v_H\left(\frac{z}{H}\right)^\alpha \qquad (3-16)$$

式中，z、H 分别为计算点和基准点的高度；v_z、v_H 分别为相应于高度为 z、H 的风速；α 为粗糙度指数。

由于《建筑结构荷载规范》的基本风压是按 10m 高度给出的，所以不同高度上的风压

应将 w_0 乘以高度系数 μ_z 得出。风压高度系数取决于粗糙度指数 α，α 与地面的粗糙程度有关。目前，《建筑结构荷载规范》将地面粗糙度等级分为四类：A 类指近海海面、海岛、海岸、湖岸及沙漠地区；B 类指田野、乡村、丛林、丘陵及房屋比较稀疏的乡镇；C 类指有密集建筑群的城市市区；D 类指有密集建筑群且房屋较高的城市市区。相应的粗糙度指数分别为：A 类 0.12；B 类 0.16；C 类 0.22；D 类 0.30。

全国 10 年、50 年和 100 年一遇的风压标准值可由《建筑结构荷载规范》附表中查得，50 年一遇的风压标准值还可以由图 3-5（见书后插页）查得。

3.2.4 风压高度变化系数

对于平坦或稍有起伏的地形，风压高度变化系数应根据地面粗糙度类别决定。对于地面粗糙度为 A、B、C、D 的四类情况，高度变化系数 μ_z 的数值分别按下式计算

$$\left.\begin{aligned}
\mu_z^A &= 1.284\left(\frac{z}{10}\right)^{0.24} \\
\mu_z^B &= 1.000\left(\frac{z}{10}\right)^{0.32} \\
\mu_z^C &= 0.544\left(\frac{z}{10}\right)^{0.44} \\
\mu_z^D &= 0.262\left(\frac{z}{10}\right)^{0.60}
\end{aligned}\right\} \tag{3-17}$$

按式（3-17）算得的高度变化系数 μ_z 见表 3-7。

表 3-7　风压高度变化系数 μ_z

| 离地面或海平面 | 地面粗糙度类别 | | | |
高度/m	A	B	C	Dη
5	1.09	1.00	0.65	0.51
10	1.28	1.00	0.65	0.51
15	1.42	1.13	0.65	0.51
20	1.52	1.23	0.74	0.51
30	1.67	1.39	0.88	0.51
40	1.79	1.52	1.00	0.60
50	1.89	1.62	1.10	0.69
60	1.97	1.71	1.20	0.77
70	2.05	1.79	1.28	0.84
80	2.12	1.87	1.36	0.91
90	2.18	1.93	1.43	0.98
100	2.23	2.00	1.50	1.04
150	2.46	2.25	1.79	1.33
200	2.64	2.46	2.03	1.58
250	2.78	2.63	2.24	1.81
300	2.91	2.77	2.43	2.02
350	2.91	2.91	2.60	2.22
400	2.91	2.91	2.76	2.40
450	2.91	2.91	2.91	2.58
500	2.91	2.91	2.91	2.74
≥500	2.91	2.91	2.91	2.91

风速在大气边界层内随地面高度增大提高。当气压场随高度不变时，风速随高度增大的规律，主要取决于地面粗糙度和温度垂直梯度。通常认为在离地面高度为 300 ~ 500m 时，风速不再受地面粗糙度的影响，也即达到所谓"梯度风速"，该高度称为梯度风高度。地面粗糙度等级低的地区，其梯度风高度比等级高的地区低。A 类梯度风高度取 300m；B 类梯度风高度取 350m；C 类梯度风高度取 450m；D 类梯度风高度取 550m。

对于山区的建筑物，风压高度变化系数可按平坦地面的粗糙度类别，由表 3-7 确定外，还应考虑地形条件的修正，修正系数 η 分别按下述规定采用：

1）对于山峰和山坡，其顶部处的修正系数可按下述公式采用

$$\eta_B = \left[1 + \kappa \tan\alpha \left(1 - \frac{z}{2.5H} \right) \right]^2 \tag{3-18}$$

式中，$\tan\alpha$ 为山峰或山坡在迎风面一侧的坡度，当 $\tan\alpha > 0.3$ 时，取为 0.3；κ 为系数，山峰取 2.2，山坡取 1.4；H 为山顶或山坡全高（m）；z 为建筑物计算位置离建筑物地面的高度（m），当 $z > 2.5H$ 时，取 $z = 2.5H$。

对于山峰和山坡的其他部位，可按图 3-6 所示，取 A、C 处的修正系数 η_A、η_C 为 1，AB 间和 BC 间的修正系数按 η 值线性插值确定。

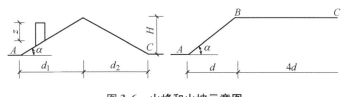

图 3-6　山峰和山坡示意图

2）对于山间盆地、谷地等闭塞地形，$\eta = 0.75 \sim 0.85$；对于与风向一致的谷口、山口，$\eta = 1.20 \sim 1.50$。

3）对于远离海岸的海岛上的高层建筑物，其风压高度变化系数除可按 A 类粗糙度类别由表 3-7 确定外，还应考虑表 3-8 中给出的修正系数。

表 3-8　海岛的修正系数 η

距海岸距离/km	η	距海岸距离/km	η
<40	1.0	60 ~ 100	1.1 ~ 1.2
40 ~ 60	1.0 ~ 1.1		

3.2.5　风荷载体型系数

风力在建筑物表面上分布是很不均匀的，一般取决于其平面形状、立面体型和房屋高宽比。通常，在迎风面上产生风压力，侧风面和背风面产生风吸力。用体型系数 μ_s 来表示不同体型建筑物表面风力的大小。体型系数通常由建筑物的风压现场实测或由建筑物模型的风洞试验求得。

建筑物各处表面的体型系数 μ_s 是不同的。在进行主体结构的内力与位移计算时，对迎风面和背风面取一个平均的体型系数；对外墙板、玻璃幕墙、女儿墙、广告牌、挑檐和遮阳板等局部构件进行抗风设计时，要考虑承受最大风压的可能性；当验算围护构件本身的承载力和刚度时，则按最大的体型系数来考虑。

除了上述风力分布的空间特性外，风力还随时间的不断变化而变化，因而脉动变化的风力会使建筑物产生风力振动（风振）。将建筑物受到的最大风力与平均风力之比称为风振系数 β_z。风振系数反映了风荷载的动力作用，它取决于建筑物的高宽比、基本自振周期及地面粗糙度类别。

为了便于高层建筑结构设计计算，《高层规程》对《建筑结构荷载规范》表8.3.1做了简化和整理，给出了风荷载体型系数的计算公式或系数值。

1. 风荷载体型系数的一般规定

风荷载体型系数与高层建筑的体型、平面尺寸等有关，可按下列规定采用：

1）圆形平面建筑取0.8。

2）正多边形及截角三角形平面建筑，按下式计算

$$\mu_s = 0.8 + 1.2/\sqrt{n} \tag{3-19}$$

式中，n 为多边形的边数。

3）高宽比 H/B 不大于4的矩形、方形、十字形平面建筑取1.3。

4）下列建筑的风荷载体型系数为1.4：①V形、Y形、弧形、双十字形、井字形平面建筑；②L形、槽形和高宽比 H/B 大于4的十字形平面建筑；③高宽比 H/B 大于4，长宽比 L/B 不大于1.5的矩形、鼓形平面建筑。

5）在需要更细致进行风荷载计算的情况下，风荷载体型系数可按下面第2点中1）～12）规定查取，或由风洞试验确定。

复杂体型的高层建筑在进行内力与位移计算时，正反两个方向风荷载的绝对值可按两个方向中的较大值采用。

2. 各种体型的风荷载体型系数

风荷载体型系数应根据建筑物平面形状按下列规定取用：

1）矩形平面（见图3-7和表3-9）。

表3-9　矩形平面风荷载体型系数

μ_{s1}	μ_{s2}	μ_{s3}	μ_{s4}
0.80	$-(0.48+0.03H/L)$	-0.60	-0.60

注：H 为房屋高度。

2）L形平面（见图3-8和表3-10）。

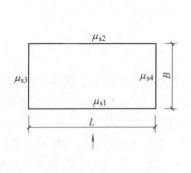

图3-7　矩形平面

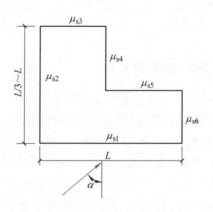

图3-8　L形平面

表 3-10 L 形平面体型系数

α	μ_{s1}	μ_{s2}	μ_{s3}	μ_{s4}	μ_{s5}	μ_{s6}
0°	0.80	− 0.70	− 0.60	− 0.50	− 0.50	− 0.60
45°	0.50	0.50	− 0.80	− 0.70	− 0.70	− 0.80
225°	− 0.60	− 0.60	0.30	0.90	0.90	0.30

3）槽形平面（见图 3-9）。

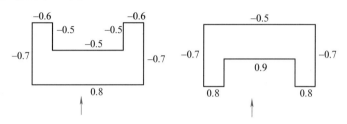

图 3-9　槽形平面体型系数

4）正多边形平面、圆形平面（见图 3-10），$\mu_s = 0.8 + 1.2/\sqrt{n}$，当圆形高层建筑表面较粗糙时，$\mu_s = 0.8$。

5）扇形平面（见图 3-11）。

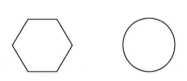

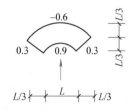

图 3-10　正多边形平面和圆形平面　　　　图 3-11　扇形平面体型系数

6）梭形平面（见图 3-12）。

7）十字形平面（见图 3-13）。

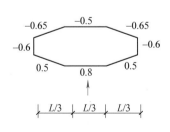

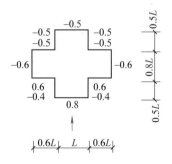

图 3-12　梭形平面体型系数　　　　图 3-13　十字形平面体型系数

8）井字形平面（见图 3-14）。

9）X 形平面（见图 3-15）。

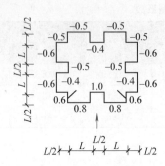

图 3-14 井字形平面体型系数

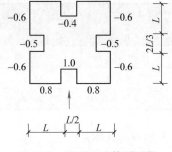

图 3-15 X 形平面体型系数

10）艹形平面（见图 3-16）。

11）六角形平面（见图 3-17 和表 3-11）。

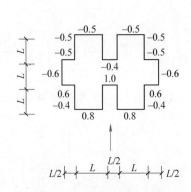

图 3-16 艹形平面体型系数

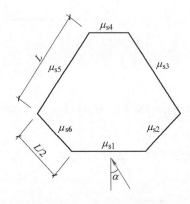

图 3-17 六角形平面体型系数

表 3-11 六角形平面体型系数

μ_s 　α	μ_{s1}	μ_{s2}	μ_{s3}	μ_{s4}	μ_{s5}	μ_{s6}
0°	0.80	−0.45	−0.50	−0.60	−0.50	−0.45
30°	0.70	0.40	−0.55	−0.50	−0.55	−0.55

12）Y 形平面（图 3-18 和表 3-12）。对于多个建筑物群集的高层建筑，相互间距较近时，宜考虑风力相互干扰的群体效应。一般可将单独建筑物的体型系数 μ_s 乘以相互干扰增大系数，该系数可参考类似条件的试验资料确定，必要时宜通过风洞试验得出。

当验算围护构件及其连接的承载力时，局部风压体型系数采用下列规定：外表面正压区按规范规定采用，负压区按下列规定取值：

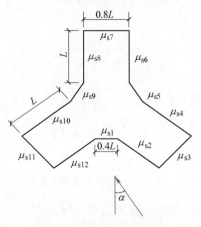

图 3-18 Y 形平面体型系数

表 3-12 Y 形平面体型系数

μ_s \ α	0°	10°	20°	30°	40°	50°	60°
μ_{s1}	1.05	1.05	1.00	0.95	0.90	0.50	-0.15
μ_{s2}	1.00	0.95	0.90	0.85	0.80	0.40	-0.10
μ_{s3}	-0.70	-0.10	-0.30	-0.50	-0.70	-0.85	-0.95
μ_{s4}	-0.50	-0.50	-0.55	-0.60	-0.75	-0.40	-0.10
μ_{s5}	-0.50	-0.55	-0.60	-0.65	-0.75	-0.45	-0.15
μ_{s6}	-0.55	-0.55	-0.60	-0.70	-0.65	-0.15	-0.35
μ_{s7}	-0.50	-0.50	-0.50	-0.55	-0.55	-0.55	-0.55
μ_{s8}	-0.55	-0.55	-0.55	-0.50	-0.50	-0.50	-0.50
μ_{s9}	-0.50	-0.50	-0.50	-0.50	-0.50	-0.50	-0.50
μ_{s10}	-0.50	0.50	-0.50	-0.50	-0.50	-0.50	-0.50
μ_{s11}	-0.70	-0.60	-0.55	-0.55	-0.55	-0.55	-0.55
μ_{s12}	1.00	0.95	0.90	0.80	0.75	0.65	0.35

对墙面，取 1.0；对墙角边，取 1.8；对屋面局部部位（周边和屋面坡度大于 10°的屋脊部位），取 2.2；对檐口、雨篷、遮阳板等凸出构件，取 2.0。对墙角边和屋面局部部位的作用宽度为房屋宽度的 0.1 倍或房屋平均高度的 0.4 倍，取其小者，但不小于 1.5m。内表面，对封闭式建筑物，按外表面风压的正负情况取 0.2 或 -0.2。

3.2.6 风振系数

1. 风振系数计算公式

当高层建筑结构高宽比大于 1.5、高度大于 30m 时，以及基本自振周期 $T_1 > 0.25$s 的各种高耸结构，按下式计算 z 高度处的风振系数 β_z

$$\beta_z = 1 + 2gI_{10}B_z \sqrt{1 + R^2} \tag{3-20}$$

式中，g 为峰值因子，可取 2.5；I_{10} 为 10m 高度名义湍流强度，对应 A 类、B 类、C 类和 D 类地面粗糙度，可分别取 0.12、0.14、0.23 和 0.39；R 为脉动风荷载的共振分量因子；B_z 为脉动风荷载的背景分量因子。

脉动风荷载的共振分量因子按下式计算

$$R = \sqrt{\frac{\pi}{6\xi_1} \frac{x_1^2}{(1 + x_1^2)^{4/3}}} \tag{3-21}$$

$$x_1 = \frac{30f_1}{\sqrt{k_\omega \omega_0}}, x_1 > 5 \tag{3-22}$$

式中，f_1 为结构第一阶自振频率（Hz）；k_ω 为地面粗糙程度修正系数，对 A 类、B 类、C 类和 D 类地面粗糙程度分别取 1.28、1.0、0.54 和 0.26；ξ_1 为结构阻尼比，对钢筋混凝土结构及砌体结构可取 0.05。

对体型和质量沿高度均匀分布的高层建筑，脉动风荷载的背景分量因子按下式计算

$$B_z = kH^{\alpha_1}\rho_x\rho_z\frac{\phi_1(z)}{\mu_z(z)} \tag{3-23}$$

式中，$\phi_1(z)$ 为结构第 1 阶振型系数，可由结构动力计算确定，对外形、质量、刚度沿高度按连续规律变化的竖向悬臂型高耸结构及沿高度比较均匀的高层建筑，振型系数 $\phi_1(z)$ 可根据相对高度 z/H 按《荷载规范》附录 G 确定，表 3-13 为迎风面宽度较大的高层建筑，剪力墙和框架都起主要作用时的振型系数。

H 为结构总高度（m），对 A 类、B 类、C 类和 D 类地面粗糙度，其取值分别不应大于 300m、350m、450m 和 550m；

ρ_z 为脉动风荷载竖直方向相关系数，可按下式计算

$$\rho_z = \frac{10\sqrt{H+60e^{-H/60}-60}}{H} \tag{3-24}$$

ρ_x 为脉动风荷载水平方向相关系数，可按下式计算

$$\rho_x = \frac{10\sqrt{B+50e^{-H/50}-50}}{B} \tag{3-25}$$

式中，B 为结构迎风面宽度（m），$B\leqslant 2H$；k 和 α_1 为系数，按表 3-14 取值。

表 3-13　高层建筑的振型系数

相对高度	振型序号			
z/H	1	2	3	4
0.1	0.02	−0.09	0.22	−0.38
0.2	0.08	−0.30	0.58	−0.73
0.3	0.17	−0.50	0.70	−0.40
0.4	0.27	−0.68	0.46	0.33
0.5	0.38	−0.63	−0.03	0.68
0.6	0.45	−0.48	−0.49	0.29
0.7	0.67	−0.18	−0.63	−0.47
0.8	0.74	0.17	−0.34	−0.62
0.9	0.86	0.58	0.27	−0.02
1.0	1.00	1.00	1.00	1.00

表 3-14 系数 k 和 α_1

粗糙度类别		A	B	C	D
高层建筑	k	0.944	0.670	0.295	0.112
	α_1	0.155	0.187	0.261	0.346

2. 阵风系数计算公式

计算围护结构风荷载时采用的阵风系数可按表 3-15 确定。

表 3-15 中的阵风系数是参考国外规范的取值水平，按下式计算确定

$$\beta_{gz} = 1 + 2gI_{10}\left(\frac{z}{10}\right)^{-\alpha} \tag{3-26}$$

表 3-15 中 A、B、C、D 四类地面粗糙类别的截断高度分别为 5m、10m、15m、30m，即对应的阵风系数不大于 1.65、1.70、2.05 和 2.4。

表 3-15 阵风系数 β_{gz}

离地面高度 /m	地面粗糙度类别			
	A	B	C	D
5	1.65	1.70	2.05	2.40
10	1.60	1.70	2.05	2.40
15	1.57	1.66	2..05	2.40
20	1.55	1.63	1.99	2.40
30	1.53	1.59	1.90	2.40
40	1.51	1.57	1.85	2.29
50	1.49	1.55	1.81	2.20
60	1.48	1.54	1.78	2.14
70	1.48	1.52	1.75	2.09
80	1.47	1.51	1.73	2.04
90	1.46	1.50	1.71	2.01
100	1.46	1.50	1.69	1.98
150	1.43	1.47	1.63	1.87
200	1.42	1.45	1.59	1.79
250	1.41	1.43	1.57	1.74
300	1.40	1.42	1.54	1.70
350	1.40	1.41	1.53	1.67
400	1.40	1.41	1.51	1.64
450	1.40	1.41	1.50	1.62
500	1.40	1.41	1.50	1.60
550	1.40	1.41	1.50	1.59

舒适度对风振加速度的限制见2.4.3节。

3.2.7 风荷载换算

为了适应现有的协同内力计算公式或图表，采用近似法计算高层建筑结构内力时，需将由式（3-14）计算的各楼层标高处的集中荷载进行典型水平荷载换算，主要是顶点集中荷载、均布荷载以及倒三角形荷载。

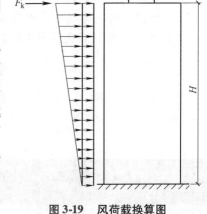

风荷载的换算可按以下方法确定：作用于出屋面小塔楼（电梯机房、水箱等）的风荷载传至主体结构顶上，可按集中力 F_k 计算；对主体结构部分，取第二层楼面处的风荷载集度为均布荷载 q_{1k}，再将剩余风荷载按对基础顶面（主体结构嵌固于地下室顶板时，为地下室顶板处）弯矩等效的原则简化为倒三角形荷载（见图 3-19）。倒三角形荷载最大值 q_k 为

$$q_k = \frac{3}{H^2}\left(\Sigma F_i H_i - \frac{1}{2} q_{1k} H^2 \right) \qquad (3\text{-}27a)$$

图 3-19 风荷载换算图

也可以将主体结构上楼面处的集中风荷载全部换算成倒三角形荷载，即

$$q_k = \frac{3}{H^2} \Sigma F_i H_i \qquad (3\text{-}27b)$$

3.3 地震作用

3.3.1 地震的基本知识

1. 地震、震源、震中和震中距

地震又称构造地震，是地球在不停地运动过程中，深部岩石的应变超过允许值时，岩层发生断裂、错动和碰撞引发的地面振动。除此之外，火山喷发和地面塌陷也将引起影响较小的地面振动。通常所说的地震一般都指构造地震，主要因为构造地震发生的频率高，影响面广，破坏性大，约占破坏性地震总量的90%以上。

地壳深处岩层发生断裂、错动和碰撞的地方称为震源。根据震源深度大小可以分为：浅源地震、中源地震以及深源地震。深度小于60km的称为浅源地震；深度在60~300km的称为中源地震；深度大于300km的称为深源地震。浅源地震造成的地面破坏比中源地震和深源地震大。我国发生的地震绝大多数属浅源地震。

震源正上方的地面为震中。地面上某点至震中的距离称为震中距。一般地说，震中距越远，遭受的地震破坏越小。

2. 地震波、震级和地震烈度

（1）地震波 地震以波的形式向四周传播，这种波称为地震波。地震波按其在地壳传播的位置不同，可按图 3-20 分类。

体波在地球内部传播，面波沿地球表面传播。纵波是由震源向四周传播的压缩波，横波是由震源向四周传播的剪切波。横波的周期长，振幅大，波速慢。纵波的周期短，振幅小，波速快。面波是体波经地层界面多次反射、折射形成的次生波，其波速慢，振幅大，振动方向复杂，对建筑物的影响较大。

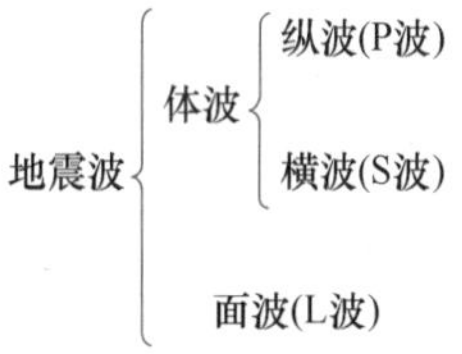

$$地震波\begin{cases}体波\begin{cases}纵波（P波）\\\\横波（S波）\end{cases}\\\\面波（L波）\end{cases}$$

图 3-20　地震波的分类

（2）震级　震级是用来衡量地震释放能量大小的等级，用符号 M 表示。

1935 年，里克特首先提出里氏震级的确定方法，里氏震级的定义是：用周期为 0.8s、阻尼系数为 0.8 和放大倍数为 2800 的标准地震仪，在距震中为 100km 处记录的以微米（$1\mu m = 1 \times 10^{-3}mm$）为单位的最大水平地面位移（振幅）$A$ 的常用对数值，即

$$M = \lg A \tag{3-28}$$

$M < 2$ 的地震称为微震或无感地震；$M = 2 \sim 4$ 的地震称为有感地震；$M > 5$ 的地震称为破坏性地震；$M > 7$ 的地震称为强震或大地震；$M > 8$ 的地震称为特大地震。

（3）地震烈度　地震烈度是指地震时在一定地点震动的强烈程度。《中国地震烈度表（2008）》（见表 3-16）将宏观标志、定量的物理标志与地面运动参数联系在一起，并且将地震烈度分为 12 度。

表 3-16　中国地震烈度表（2008 年）

地震烈度	人的感觉	房屋震害		平均震害指数	其他现象	参考物理指标	
		类型	震害程度			水平加速度 /（m/s²）	峰值速度 /（m/s）
Ⅰ	无感	—	—	—	—	—	—
Ⅱ	室内个别静止中的人有感觉	—	—	—	—	—	—
Ⅲ	室内少数静止中的人有感觉	—	门、窗轻微作响	—	悬挂物微动	—	—
Ⅳ	室内多数人、室外少数人有感觉，少数人梦中惊醒	—	门、窗作响	—	悬挂物明显摆动，器皿作响	—	—
Ⅴ	室内绝大多数、室外多数人有感觉，多数人梦中惊醒	—	门窗、屋顶、屋架颤动作响，灰土掉落，个别房屋墙体抹灰出现微裂缝，个别屋顶烟囱掉砖	—	悬挂物大幅度晃动，不稳定器物摇动或翻倒	0.31 (0.22～0.44)	0.03 (0.02～0.04)
Ⅵ	多数人站立不稳，少数人惊逃户外	A	少数中等破坏，多数轻微破坏和/或基本完好	0.00～0.11	家具和物品移动；河岸和松软土出现裂缝，饱和砂层出现喷砂冒水；个别独立砖烟囱轻度裂缝	0.63 (0.45～0.89)	0.06 (0.05～0.09)
		B	个别中等破坏，少数轻微破坏，多数基本完好				
		C	个别轻微破坏，大多数基本完好	0.00～0.08			

（续）

地震烈度	人的感觉	房屋震害					参考物理指标	
		类型	震害程度	平均震害指数	其他现象		水平加速度 /（m/s²）	峰值速度 /（m/s）
VII	大多数人惊逃户外，骑自行车的人有感觉，行驶中的驾乘人员有感觉	A	少数毁坏和/或严重破坏，多数中等和/或轻微破坏	0.09 ~ 0.31	物品从架子上掉落，河岸出现塌方，饱和砂层常见喷砂冒水，松软土上地裂缝较多，大多数独立砖烟囱中等破坏		1.25 （0.90 ~ 1.77）	0.13 （0.10 ~ 0.18）
		B	少数中等破坏，多数轻微破坏和/或基本完好					
		C	少数中等和/和轻微破坏，多数基本完好	0.07 ~ 0.22				
VIII	多数人摇晃颠簸，行走困难	A	少数毁坏，多数严重和/或中等破坏	0.29 ~ 0.51	干硬土上出现裂缝，饱和砂层绝大多数喷砂冒水，大多数独立砖烟囱严重破坏		2.50 （1.78 ~ 3.53）	0.25 （0.19 ~ 0.35）
		B	个别毁坏，少数严重破坏，多数中等和/或轻微破坏					
		C	少数严重破坏和/或，中等破坏，多数轻微破坏	0.20 ~ 0.40				
IX	行动的人摔倒	A	多数严重破坏或/和毁坏	0.49 ~ 0.71	干硬土上多处出现裂缝，可见基岩裂缝、错动，滑坡，塌方常见；独立砖烟囱多数倒塌		5.00 （3.54 ~ 7.07）	0.50 （0.36 ~ 0.71）
		B	少数毁坏，多数严重和/或中等破坏					
		C	少数毁坏和/或严重破坏，多数中等和/或轻微破坏	0.38 ~ 0.60				
X	骑自行车的人会摔倒，处不稳状态的人会摔离原地，有抛起感	A	绝大多数毁坏	0.69 ~ 0.91	山崩和地震断裂出现，基岩上拱桥破坏；大多数独立砖烟囱从根部破坏或倒塌		10.00 （7.08 ~ 14.14）	1.00 （0.72 ~ 1.41）
		B	大多数毁坏					
		C	多数毁坏和/或严重破坏	0.58 ~ 0.80				
XI	—	A	绝大多数毁坏	0.89 ~ 1.00	地震断裂延续很长；大量山崩滑坡		—	—
		B						
		C		0.78 ~ 1.00				
XII	—	A	几乎全部毁坏	1.00	地面剧烈变化、山河改观		—	—
		B						
		C						

注：表中给出的"峰值加速度"和"峰值速度"是参考值，括弧内给出的是变化范围。

现将新的地震烈度表的内容和查表时注意事项简述如下：

1）地震烈度评定指标。新的烈度表规定了地震烈度的评定烈度指标，包括人的感觉、房屋的震害程度、其他震害现象、水平向地震动参数。

2）数量词的界定。个别：10%以下；少数：10%～45%；多数：40%～70%；大多数：60%～90%；绝大多数：80%以上。

3）评定烈度的房屋的类型。包括以下三种类型：

① A类：木架构和土、石、砖墙建造的旧式房屋。

② B类：未经抗震设防的单层或多层砖砌体房屋。

③ C类：按照Ⅻ度抗震设防的单层或多层砖砌体房屋。

4）房屋破坏等级及其对应的震害指数。房屋破坏等级分为基本完好、轻微破坏、中等破坏、严重破坏和毁坏五类。

3.3.2 高层建筑结构的抗震设防

1. 高层建筑抗震设防分类

高层建筑结构抗震设计时，按其重要性可分为甲类建筑、乙类建筑、丙类建筑、丁类建筑四类。

（1）甲类建筑 指使用上有特殊设施，涉及国家公共安全的重大建筑工程和地震时可能发生严重次生灾害等特别重大灾害后果，需要进行特殊设防的建筑。

（2）乙类建筑 指地震时使用功能不能中断或需尽快恢复的生命线相关建筑，以及地震时可能导致大量人员伤亡等重大灾害后果，需要提高设防标准的建筑。例如：救护、医疗、广播、通信等，但不是所有这类型的高层建筑均列入乙类，应根据城市防灾规划确定，或由有关部门批准确定。由于其重要性，乙类建筑要提高抗震措施的要求。

属于乙类建筑有以下高层建筑物：

1）对国内、外广播的广播电台、电视台和节目传输中心、电视发射中心。通常指国家级、省和直辖市级的广播电视中心。

2）城市和长途通信枢纽，重要的市电话局，国际无线电台。

3）有200床位以上的医院病房楼、门诊楼。

（3）丙类建筑 指大量的除甲类、乙类、丙类以外按标准要求进行设防的建筑。

（4）丁类建筑 指使用上人员稀少且震损不致产生次生灾害，允许在一定条件下适度降低要求的建筑。

2. 高层建筑的设防标准

各抗震设防类别的高层建筑结构，其抗震措施应符合下列要求：

1）甲类、乙类建筑，应按本地区抗震设防烈度提高一度采取抗震措施；但抗震设防烈度为9度时应按比9度更高的要求采取抗震措施。同时，应按批准的地震安全性评价的结果且高于本地区抗震设防烈度确定其地震作用。当建筑场地为Ⅰ类时，应允许仍按本地区抗震设防烈度的要求采取抗震构造措施。

2）丙类建筑，应按本地区抗震设防烈度确定其抗震措施和地震作用。当建筑场地为Ⅰ类时，除6度外，应允许按本地区抗震设防烈度降低一度的要求采取抗震构造措施。

3）丁类建筑，允许比本地区抗震设防烈度的要求适当降低其抗震措施，但抗震设防烈度为 6 度时不应降低。一般情况下，仍应按本地区抗震设防烈度确定其地震作用。抗震设防烈度为 6 度时，除《抗震规范》有具体规定外，对乙、丙、丁类建筑可不进行地震作用计算。

4）建筑场地为Ⅲ、Ⅳ类时，对设计基本地震加速度为 $0.15g$ 和 $0.30g$ 的地区，宜分别按抗震设防烈度 8 度（$0.20g$）和 9 度（$0.40g$）时各类建筑的要求采取抗震构造措施。

5）地下室顶板作为上部结构的嵌固部位时，地下一层的抗震等级应与上部结构相同，地下一层以下抗震构造措施的抗震等级可逐层降低一级，但不应低于四级。地下室中无上部结构的部分，抗震构造措施的抗震等级可根据具体情况采用三级或四级。

6）裙房与主楼相连，除应按裙房本身确定抗震等级外，与主楼相连的相关范围不应低于主楼的抗震等级；与主楼相连的相关范围一般是指：距主楼 3 跨且不小于 20m 的范围。主楼结构在裙房顶板对应的相邻上下各一层应适当加强抗震构造措施。裙房与主楼分离时，应按裙房本身确定抗震等级。

根据国家地震局制定的地震区划图，我国有 41% 的国土，一半以上的城市位于地震基本烈度 7 度或 7 度以上地区；6 度及 6 度以上地区占国土面积的 79%。因此，《建筑抗震设计规范》规定从 6 度开始即应对高层建筑结构设防。

3. 高层建筑的抗震设防目标

《建筑抗震设计规范》对建筑结构采用"三水准、二阶段"方法作为抗震设防目标，其要求是：小震不坏，中震可修，大震不倒。三水准的内容是：

第一水准：高层建筑在其使用期间，对遭遇频率较高、强度较低的地震时，建筑不损坏，不需要修理，结构应处于弹性状态，可以假定服从线性弹性理论，用弹性反应谱进行地震作用计算，按承载力要求进行截面设计，并控制结构弹性变形符合要求。

第二水准：建筑物在基本烈度的地震作用下，允许结构达到或超过屈服极限（钢筋混凝土结构会产生裂缝），产生弹塑性变形，依靠结构的塑性耗能能力，使结构稳定地保存下来，经过修复还可使用。此时，结构抗震设计应按变形要求进行。

第三水准：在预先估计到的罕遇地震作用下，结构进入弹塑性大变形状态，部分产生破坏，但应防止结构倒塌，以避免危及生命安全。这一阶段应考虑防倒塌的设计。

根据地震危险性分析，一般认为，我国烈度的概率密度函数符合极值Ⅲ型分布（见图 3-23）。基本烈度是在设计基准期内超越概率为 10% 的地震烈度。众值烈度（小震烈度）是发生频度最大的地震烈度，即烈度概率密度分布曲线上的峰值所对应的烈度。大震烈度是在设计基准期内超越概率为 2%～3% 的地震烈度。小震烈度比基本烈度约低 1.55 度，大震烈度比基本烈度约高 1 度（见图 3-21）。

从地震三个水准出现的频度来看，多遇地震为第一水准，约 50 年一遇；基本烈度设防地震为第二水准，约 475 年一遇；罕遇地震为第三水准，约为 2000 年一遇的强烈地震。

二阶段抗震设计是对三水准抗震设计思想的具体实施。通过概念设计和构造措施相结合，二阶段设计分别对构件截面承载力和弹塑性变形进

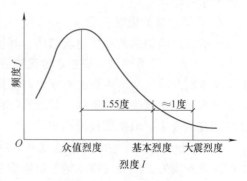

图 3-21 三个水准下的烈度

行验算，从而实现"小震不坏、中震可修、大震不倒"的抗震要求。

（1）第一阶段设计 对于高层建筑结构，首先应满足第一、二水准的抗震要求。为此，首先应按多遇地震（即第一水准，比设防烈度约低1.55度）的地震动参数计算地震作用，进行结构分析和地震内力计算，考虑各种分项系数、荷载组合值系数进行荷载与地震作用产生内力的组合，进行截面配筋计算和结构弹性位移控制，并相应地采取构造措施保证结构的延性，使之具有与第二水准（设防烈度）相应的变形能力，从而实现"小震不坏"和"中震可修"。这一阶段设计对所有抗震设计的高层建筑结构都必须进行。

（2）第二阶段设计 对地震时抗震能力较低、容易倒塌的高层建筑结构（如纯框架结构）及抗震要求较高的建筑结构（如甲类建筑），要进行易损部位（薄弱层）的塑性变形验算，并采取措施提高薄弱层的承载力或增加变形能力，使薄弱层的塑性水平变位不超过允许的变形。这一阶段设计主要是对甲类建筑和特别不规则的结构。

3.3.3 水平地震作用计算

3.3.3.1 概述

地震以波的形式向四周传播，引起地面及建筑物发生振动，在振动过程中作用在结构上的惯性力就是地震作用。地震作用是动力作用，它不仅与地震烈度大小和震中距有关，而且与建筑结构的动力特性（自振周期、阻尼等）密切相关。

《建筑抗震设计规范》采用反应谱理论来确定地震作用。地震作用使建筑结构产生位移、速度和加速度，把建筑结构在不同周期下反应值的大小画成的曲线即为反应谱。一般来说，随周期的延长，速度反应谱比较恒定，位移反应谱为上升的曲线，而加速度的反应谱则大体为下降的曲线（见图3-22）。

一般来说，加速度反应谱是设计的直接依据。加速度反应谱在周期很短时有一个上升段（高层建筑的基本自振周期一般不在这一区段），当建筑物周期与场地的特征周期接近时，出现峰值，随后逐渐下降。周期出现峰值时与场地类型有关（见图3-23）：Ⅰ类场地为$0.1 \sim 0.2s$；Ⅱ类场地为$0.3 \sim 0.4s$；Ⅲ类场地为$0.5 \sim 0.6s$；Ⅳ类场地为$0.7 \sim 1.0s$。

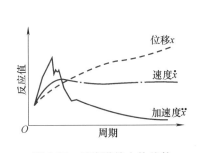

图3-22 反应谱的大体趋势

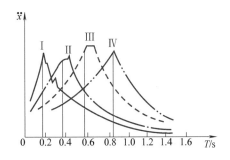

图3-23 加速度反应谱

由图3-22可见，建筑物受到地震作用的大小并不是固定的，而取决于建筑物的自振周期和场地的特性。一般来说，随建筑物周期延长地震作用减小。

目前，在设计中应用的**地震作用计算方法有：底部剪力法、振型分解反应谱法及时程分析法**。

底部剪力法首先根据建筑物的总重力荷载计算出结构底部的总剪力，然后按一定的规律分配到各楼层，得到各楼层的水平地震作用，再按静力方法计算结构内力。

振型分解法首先计算结构的自振振型，选取前若干个振型分别计算各振型的水平地震作用，再计算各振型水平地震作用下的结构内力，最后将各振型的内力进行组合，得到结构在地震作用下的内力。

时程分析法又称直接动力法，输入已知的地震波，将高层建筑结构作为一个多质点的振动体系，用结构动力学的方法分析地震全过程中每一时刻结构的振动状况，从而了解地震过程中结构的加速度、速度、位移以及内力。

高层建筑结构应根据不同情况，分别采用相应的地震作用计算方法：

1）以剪切变形为主，质量与刚度沿高度分布比较均匀且高度不超过40m的高层建筑结构，可采用底部剪力法。框架、框架-剪力墙结构是比较典型的以剪切变形为主的结构。由于底部剪力法比较简单，可以手算，是一种近似计算方法，也是方案设计和初步设计阶段进行方案估算的方法，在设计中广泛应用。

2）振型分解反应谱法是高层建筑结构地震作用分析的基本方法。高层建筑结构宜采用振型分解反应谱法，几乎所有高层建筑结构设计程序都采用了这一方法。

3）7~9度抗震设防的高层建筑，下列情况宜用时程分析法进行补充计算：①甲类高层建筑结构；②表3-17所列属于乙、丙类的高层建筑结构；③竖向不规则的高层建筑结构；④复杂高层建筑结构；⑤质量沿竖向分布特别不均匀的高层建筑结构。

表3-17　采用时程分析法的高层建筑结构

设防烈度、场地类别	建筑高度范围	设防烈度、场地类别	建筑高度范围
8度Ⅰ、Ⅱ类场地和7度	>100m	9度	>60m
8度Ⅲ、Ⅳ类场地	>80m		

在各国的抗震规范中，均体现了不同的结构采用不同的分析方法，但基本方法仍然是振型分解反应谱法和底部剪力法。由于底部剪力法的应用范围较小，对高层建筑结构主要采用振型分解反应谱法（包括不考虑扭转耦联和考虑扭转耦联两种方式）。弹性时程分析法作为补充计算方法，在高层建筑结构分析中已得到比较普遍的应用。

3.3.3.2　底部剪力法

根据反应谱理论，地震作用的大小与重力荷载代表值的大小成正比，即

$$F_E = mS_a = \frac{G}{g}S_a = \frac{S_a}{g}G = \alpha G \tag{3-29}$$

式中，α 为地震影响系数；S_a 为单质点体系在地震时最大反应加速度；G 为重力荷载代表值；F_E 为水平地震作用。

采用底部剪力法计算高层建筑结构的水平地震作用时，各楼层在计算方向可仅考虑一个自由度（见图3-24），并符合下列规定：

1. 结构总水平地震作用

结构总水平地震作用标准值应按下列公式计算

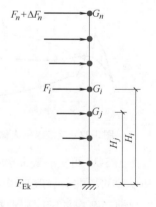

图 3-24　底部剪力法
计算示意图

$$F_{Ek} = \alpha_1 G_{eq} \tag{3-30}$$

$$G_{eq} = 0.85 G_E \tag{3-31}$$

式中，F_{Ek} 为结构总水平地震作用标准值；α_1 为相应于结构基本自振周期 T_1 的水平地震影响系数，结构基本自振周期 T_1 可按式（3-38）近似计算，并应考虑非承重墙体的影响予以折减；G_{eq} 为计算地震作用时的结构等效总重力荷载代表值；G_E 为计算地震作用时的结构总重力荷载代表值，取各质点重力荷载代表值之和。

（1）重力荷载代表值　计算地震作用时，重力荷载代表值应取恒荷载标准值和可变荷载组合值之和，可变荷载的组合值系数应按表 3-18 采用。

表 3-18　组合值系数

可变荷载种类	组合值系数	可变荷载种类		组合值系数
雪荷载	0.5	按等效均布荷载计算的楼面活荷载	藏书库、档案库	0.8
屋面积灰荷载	0.5		其他民用建筑	0.5
屋面活荷载	不计入	起重机悬吊物重力	硬钩式起重机	0.3
按实际情况计算的楼面活荷载	1.0		软钩式起重机	不计入

注：硬钩式起重机的吊重较大时，组合值系数应按实际情况采用。

（2）地震影响系数　地震影响系数取决于场地类别、建筑物的自振周期及阻尼比等诸多因素，反映这些因素与 α 的关系曲线称为反应谱曲线（见图 3-25）。

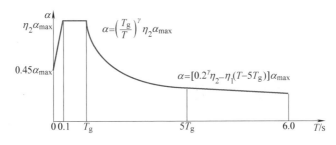

图 3-25　地震影响系数曲线

α—地震影响系数　α_{max}—地震影响系数最大值　T—结构自振周期　T_g—特征周期

γ—衰减指数　η_1—直线下降段下降斜率调整系数　η_2—阻尼调整系数

弹性反应谱理论仍是现阶段抗震设计的最基本理论，《建筑抗震设计规范》的设计反应谱以地震影响系数曲线的形式给出，曲线制定时考虑了以下因素：

1）根据地震学研究和强震观测资料统计分析，有可能给出比较可靠的数据，设计反应谱周期延至 6s。在周期 6s 范围内，也基本满足了国内绝大多数高层建筑和长周期结构的抗震设计需要。对于周期大于 6s 的结构的抗震设计反应谱应进行专门研究。

2）理论上，设计反应谱存在速度控制段和位移控制段两个下降段，在加速度反应谱中，前者衰减指数为 1，后者衰减指数为 2。设计反应谱通常根据大量实际地震记录的反应谱进行统计，并结合工程经验判断加以规定，用来预估建筑结构在其设计基准期内可能经受的地震作用。在 $T \leq 5T_g$ 范围内与"2001 抗震规范"维持一致；在 $T > 5T_g$ 的范围内为倾斜段，不同场地类别的最小值不同，较符合实际反应谱的统计规律。

建筑结构地震影响系数曲线（见图3-25）的阻尼调整和形状参数应符合下列要求：

1）除有专门规定外，建筑结构的阻尼比应取0.05，地震影响系数曲线的阻尼调整系数应按1.0采用，形状参数应符合下列规定：①直线上升段，周期小于0.1s的区段；②水平段，自0.1s至特征周期区段，应取最大值（α_{max}）；③曲线下降段，自特征周期至5倍特征周期区段，衰减指数应取0.9；④直线下降段，自5倍特征周期至6s区段，下降斜率调整系数应取0.02。

2）若建筑结构的阻尼比按有关规定不等于0.05时，地震影响系数曲线的形状参数和阻尼调整系数应符合以下规定：

曲线下降段的衰减指数 γ

$$\gamma = 0.9 + \frac{0.05 - \xi}{0.3 + 6\xi} \tag{3-32}$$

式中，ξ 为阻尼比。

直线下降段的下降斜率调整系数 η_1

$$\eta_1 = 0.02 + \frac{0.05 - \xi}{4 + 32\xi} \tag{3-33}$$

式中，η_1 小于0时取0。

阻尼调整系数 η_2

$$\eta_2 = 1 + \frac{0.05 - \xi}{0.08 + 1.6\xi} \tag{3-34}$$

式中，η_2 小于0.55时，应取0.55。

对应于不同阻尼比计算地震影响系数的调整系数见表3-19。

表3-19 不同阻尼比的影响

阻尼比 ξ	η_2	γ	η_1
0.02	1.268	0.971	0.026
0.03	1.156	0.942	0.024
0.04	1.069	0.919	0.022
0.05	1.000	0.900	0.020
0.10	0.792	0.844	0.013
0.15	0.688	0.817	0.009
0.20	0.625	0.800	0.006
0.30	0.554	0.781	0.002

水平地震影响系数最大值应按表3-20采用。

表3-20 水平地震影响系数最大值 α_{max}

地震影响	6度	7度	8度	9度
多遇地震	0.04	0.08（0.12）	0.16（0.24）	0.32
设防地震	0.12	0.23（0.34）	0.45（0.68）	0.90
罕遇地震	0.28	0.50（0.72）	0.90（1.20）	1.40

注：7、8度时括号内数值分别用于设计基本地震加速度为0.15g和0.30g的地区。

（3）场地类别与特征周期　根据土层等效剪切波速和场地覆盖层厚度，建筑的场地类别按表 3-21 划分为四类，其中 I 类分为 I₀、I₁ 两个亚类。当有可靠的剪切波速和覆盖层厚度且其值处于表 3-21 所列场地类别的分界线附近时，可采用插值方法确定地震作用计算所用的设计特征周期。

表 3-21　各类建筑场地的覆盖层厚度　　　　　　（单位：m）

岩石的剪切波速或土的等效剪切波速/(m/s)	场 地 类 别				
	I_0	I_1	II	III	IV
$v_s > 800$	0				
$800 \geqslant v_s > 500$		0			
$500 \geqslant v_{se} > 250$		<5	≥5		
$250 \geqslant v_{se} > 150$		<3	3～50	>50	
$v_{se} \leqslant 150$		<3	3～15	15～80	>80

注：表中 v_s 为岩石的剪切波速，v_{se} 为土的等效剪切波速。

设计特征周期是指抗震设计用的地震影响系数曲线中，反映地震等级、震中距和场地类别等因素的下降段起始点对应的周期值（见图 3-25）。特征周期不仅与场地类别有关，而且与设计地震分组有关，同时还反映了震级大小、震中距和场地条件的影响，见表 3-22。

表 3-22　特征周期 T_g　　　　　　（单位：s）

场地类别 设计地震分组	I_0	I_1	II	III	IV
第一组	0.20	0.25	0.35	0.45	0.65
第二组	0.25	0.30	0.40	0.55	0.75
第三组	0.30	0.35	0.45	0.65	0.90

为了与我国地震动参数区划图接轨，根据设计地震分组和不同场地类别确定反应谱特征周期 T_g，设计地震分组中的一组、二组、三组分别反映了近、中、远震的不同影响。为了适当调整和提高结构的抗震安全度，计算罕遇地震作用时，特征周期 T 值较 2001 规范的值增大了 0.05s。

我国各主要城镇的抗震设防烈度、设计基本地震加速度和设计地震分组见 GB 50011—2010《建筑抗震设计规范》附录 A。

（4）结构的自振周期　按振型分解法计算多质点体系的地震作用时，需要确定体系的基频和高频以及相应的主振型。理论上讲，可通过解频率方程得到它们。但是，当体系的质点数多于三个时，手算就会感到困难。因此，在工程计算中，常采用近似法。

近似法有瑞利法、折算质量法、顶点位移法、矩阵迭代法等多种方法。《高层规程》对比较规则的结构，推荐了结构自振周期 T_1 的计算公式：

1）求风振系数 β_z 时

框架结构和框剪结构

$$T_1 = 0.25 + 0.53 \times 10^{-3} \frac{H^2}{\sqrt[3]{B}} \tag{3-35}$$

剪力墙结构

$$T_1 = 0.03 + 0.03 \times 10^{-3} \frac{H}{\sqrt[3]{B}} \tag{3-36}$$

式中，H 为房屋总高度，B 为房屋总层数。

2）求水平地震影响系数和顶部附加地震作用系数时对于质量和刚度沿高度分布比较均匀的框架结构、框架-剪力墙结构和剪力墙结构，其自振周期可按下式计算

$$T_1 = 1.7\psi_T \sqrt{u_T} \tag{3-37}$$

式中，u_T 为假想的结构顶点水平位移（m），即假想把集中在各楼层处的重力荷载代表值 G_i 作为该楼层水平荷载计算的结构顶点弹性水平位移；ψ_T 为考虑非承重墙刚度对结构自振周期影响的折减系数。

计算各振型地震影响系数所采用的结构自振周期应考虑非承重墙体的刚度影响予以折减。

结构自振周期也可采用根据实测资料并考虑地震作用影响的经验公式确定。大量工程实测周期表明：实际建筑物自振周期小于计算的周期，尤其是实心砖填充墙的框架结构，由于实心砖填充墙的刚度大于框架柱的刚度，其影响更为显著，实测周期为计算周期的 0.5 ~ 0.6 倍。在剪力墙结构中，由于填充墙数量少，计算周期比较接近于实测周期。因此，《高层规程》规定，当非承重墙体为填充砖墙时，高层建筑结构的计算自振周期折减系数 ψ_T 可按下列规定取值：①框架结构可取 0.6 ~ 0.7；②框架-剪力墙结构可取 0.7 ~ 0.8；③框架-核心筒结构可取 0.8 ~ 0.9；④剪力墙结构可取 0.8 ~ 1.0。对于其他结构体系或采用其他非承重墙体时，可根据工程情况确定周期折减系数。

2. 质点 i 的水平地震作用

质点 i 的水平地震作用标准值可按下式计算

$$F_i = \frac{G_i H_i}{\sum\limits_{j=1}^{n} G_j H_j} F_{Ek}(1 - \delta_n) \qquad (i = 1, 2, \cdots, n) \tag{3-38}$$

式中，F_i 为质点 i 的水平地震作用标准值；G_i 和 G_j 为集中于质点 i、j 的重力荷载代表值；H_i 和 H_j 为质点 i、j 的计算高度；δ_n 为顶部附加地震作用系数，可按表 3-23 采用。

表 3-23　顶部附加地震作用系数 δ_n

T_g/s	$T_1 > 1.4T_g$	$T_1 \leqslant 1.4T_g$
$\leqslant 0.35$	$0.08T_1 + 0.07$	
$0.35 \sim 0.55$	$0.08T_1 + 0.01$	不考虑
> 0.55	$0.08T_1 - 0.02$	

注：T_g 为场地特征周期；T_1 为结构基本自振周期。

3. 主体结构顶层附加水平地震作用

主体结构顶层附加水平地震作用标准值可按下式计算

$$\Delta F_n = \delta_n F_{Ek} \tag{3-39}$$

式中，ΔF_n 为主体结构顶层附加水平地震作用标准值。

塔楼放在屋面上，受到的地震加速度是经过主体建筑放大后的，因而受到的是强化激励，在地面时的作用远远小于水平地震作用。所以，屋上塔楼产生显著的鞭梢效应。地震中屋面上塔楼震害严重表明了这一点。

（1）凸出屋面小塔楼的地震作用　小塔楼一般指凸出屋面通常 1~2 层的高度小、体积不大的建筑，如楼电梯间、水箱间等。这时，可将小塔楼作为一个质点计算它的地震作用，顶部集中作用的水平地震作用为 $F_n = \delta_n F_{Ek}$，作用在大屋面、主体结构的顶层。小塔楼的实际地震作用可按下式计算

$$F_n = \beta_n F_{n0} \tag{3-40}$$

小塔楼地震作用放大系数 β_n 按表 3-24 取值。表中 K_n、K 分别为小塔楼和主体结构的层刚度；G_n、G 分别为小塔楼和主体结构重力荷载设计值。K_n、K 可由层剪力除以层间位移求得。

放大后的小塔楼地震作用 F_n 可用于设计小塔楼自身及小塔楼直接连接的主体结构构件。

表 3-24　小塔楼地震力放大系数 β_n

T_1/s	G_n/G ＼ K_n/K	0.001	0.010	0.050	0.100
0.25	0.01	2.0	1.6	1.5	1.5
	0.05	1.9	1.8	1.6	1.6
	0.10	1.9	1.8	1.6	1.5
0.50	0.01	2.6	1.9	1.7	1.7
	0.05	2.1	2.4	1.8	1.8
	0.10	2.2	2.4	2.0	1.8
0.75	0.01	3.6	2.3	2.2	2.2
	0.05	2.7	3.4	2.5	2.3
	0.10	2.2	3.3	2.5	2.3
1.00	0.01	4.8	2.9	2.7	2.7
	0.05	3.6	4.3	2.9	2.7
	0.10	2.4	4.1	3.2	3.0
1.50	0.01	6.6	3.9	3.5	3.5
	0.05	3.7	5.8	3.8	3.6
	0.10	2.4	5.6	4.2	3.7

（2）凸出屋面高塔的地震作用　由于天线高度及其他功能的要求，广播、通信、电力调度等建筑物，常在主体建筑物的顶部再建一个细高的塔楼。塔楼的层数较多，刚度较小，塔高常超过主体建筑物高度的 1/4 以上，甚至超过建筑物的高度，塔楼的高振型影响很大，其地震作用比按底部剪力法的计算结果大很多，远远不止 3 倍，有些工程甚至大 8~10 倍。因此，一般情况下塔与建筑物应采用振型分解反应谱法（6~8 个振型）或时程分析法进行分析，求出其水平地震作用。

为迅速估算高塔的地震作用，初步设计阶段可先将塔楼作为一个单独建筑物放在地面

上，按底部剪力法计算其塔底及塔顶的剪力 V_{t1}^0、V_{t2}^0，之后再乘以放大系数 β_1、β_2 即可得到设计时的地震作用标准值

$$V_{t1} = \beta_1 V_{t1}^0 \tag{3-41}$$

$$V_{t2} = \beta_2 V_{t2}^0 \tag{3-42}$$

β_1、β_2 的数值由表3-25查得。表中，H_t 和 H_b 为塔楼和主体建筑的高度。

表3-25 塔楼剪力放大系数 β

β / S_t/S_b / H_t/H_b	塔底 β_1				塔顶 β_2			
	0.5	0.75	1.00	1.25	0.5	0.75	1.00	1.25
0.25	1.5	1.5	2.0	2.5	2.0	2.0	2.5	3.0
0.50	1.5	1.5	2.0	2.5	2.0	2.5	3.0	4.0
0.75	2.0	2.5	3.0	3.5	2.5	3.5	5.0	6.0
1.00	2.0	2.5	3.0	3.5	3.0	4.5	5.5	6.0

$$S_t = T_t/H_t, S_b = T_b/H_b \tag{3-43}$$

式中，T_t 和 T_b 分别为塔楼及主体结构的基本自振周期。

可将主体结构作为单独建筑物处理，求得塔底剪力 V_{t1} 后，将其作用于主体结构顶部。主体结构的楼层剪力不再乘放大系数。

对平面规则的结构，在《建筑抗震设计规范》中，采用增大边榀结构地震内力的简化方法考虑偶然偏心的影响。对于高层建筑而言，增大边榀结构内力的简化方法不尽合适。因此，《高层规程》规定，水平地震作用直接取各层质量偶然偏心为 $0.05L_i$（L_i 为垂直于地震作用方向的建筑物总长度）来计算。每层质心在实际计算时沿主轴的同一方向（正向或负向）偏移。采用底部剪力法计算地震作用时，也应考虑偶然偏心的不利影响。

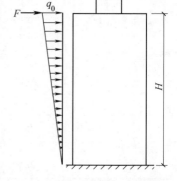

图3-26 水平地震作用转换图

4. 水平地震作用换算

由式（3-30）、式（3-38）和式（3-39）计算得到的各楼层处的水平地震作用 F_i 和顶部附加水平地震作用 ΔF_n（见图3-23），按照底部总弯矩和总剪力相等的原则，等效地折算成倒三角形荷载 q_0 和顶点集中荷载 F（见图3-26），q_0 和 F 分别按下式计算

$$q_0 H^2/3 + FH = \Delta F_n \times H + \sum F_i H_i \tag{3-44}$$

$$q_0 H/2 + F = \sum F_i + \Delta F_n \tag{3-45}$$

式中，q_0 为倒三角形荷载的最大荷载集度。

将式（3-45）每一项乘以 H 后得

$$\frac{q_0 H^2}{2} + FH = H\sum F_i + \Delta F_n H \tag{3-46}$$

将式（3-46）减式（3-44）得

$$\left(\frac{1}{2} - \frac{1}{3}\right)q_0 H^2 = H\sum F_i - \sum F_i H_i$$

$$q_0 = \frac{6}{H^2}\sum F_i(H - H_i) \tag{3-47}$$

以式（3-47）代入式（3-45）得

$$\frac{H}{2} \times \frac{6}{H^2}\sum F_i(H - H_i) + F = \sum F_i + \Delta F_n$$

$$F = \sum F_i + \Delta F_n - \frac{3}{H}\sum F_i(H - H_i) \tag{3-48a}$$

也可以按底部总弯矩相等的原则将主体结构上全部地震作用折算成倒三角形荷载，此时

$$q_0 = \frac{3}{H^2}\sum F_i H_i \tag{3-48b}$$

3.3.3.3 振型分解反应谱法

1. 不考虑扭转耦联振动影响的结构

对于不考虑扭转耦联振动影响的结构，采用振型分解反应谱方法时，可按以下规定进行地震作用以及作用效应的计算：

1）结构第 j 振型第 i 质点的水平地震作用的标准值应按下式确定

$$F_{ji} = \alpha_j \gamma_j X_{ji} G_i \tag{3-49}$$

$$\gamma_j = \frac{\sum\limits_{i=1}^{n} X_{ji} G_i}{\sum\limits_{i=1}^{n} X_{ji}^2 G_i} (i = 1,2,\cdots,n; j = 1,2,\cdots,m) \tag{3-50}$$

式中，F_{ji} 为第 j 振型第 i 质点水平地震作用的标准值；G_i 为质点 i 的重力荷载代表值；X_{ji} 为第 j 振型 i 质点的水平相对位移；γ_j 为第 j 振型的参与系数；α_j 为相应于第 j 振型自振周期的地震影响系数；m 为结构计算振型数；n 为结构计算总质点数，小塔楼宜每层作为一个质点参与计算，规则结构可取 3，当建筑较高、结构沿竖向刚度不均匀时可取 $5 \sim 6$。

2）水平地震作用效应（内力和位移）应按下式计算

$$S_{Ek} = \sqrt{\sum_{j=1}^{m} S_j^2} \tag{3-51}$$

式中，S_{Ek} 为水平地震作用效应，m 为结构计算振型数；S_j 为第 j 振型的水平地震作用效应（弯矩、剪力、轴向力和位移等）。

2. 考虑扭转耦联振动影响的结构

结构考虑扭转影响时，各楼层可取两个正交的水平位移和一个转角位移共三个自由度，按下列振型分解法计算地震作用以及作用效应。确有依据时尚可采用简化计算方法确定地震作用效应。

1）第 j 振型第 i 层的水平地震作用标准值，按下式确定

$$\left. \begin{array}{l} F_{xji} = \alpha_j \gamma_{tj} X_{ji} G_i \\ F_{yji} = \alpha_j \gamma_{tj} Y_{ji} G_i \\ F_{tji} = \alpha_j \gamma_{tj} r_i^2 \varphi_{ji} G_i \end{array} \right\} \quad (i = 1,2,\cdots,n; j = 1,2,\cdots,m) \tag{3-52}$$

式中，F_{xji}、F_{yji}和F_{tji}分别为第j振型第i层的x方向、y方向和转角方向的地震作用标准值；X_{ji}和Y_{ji}为第j振型第i层质心在x、y方向的水平相对位移；φ_{ji}为第j振型第i层的相对扭转角；r_i为i层转动半径，可取i层绕质心的转动惯量除以该层质量的商的正二次方根；α_j为相应于第j振型自振周期T_j的地震影响系数；γ_{tj}为考虑扭转的j振型参与系数；n为结构计算总质点数，小塔楼宜每层作为一个质点参加计算；m为结构计算振型数，一般情况下可取$9 \sim 15$，多塔楼建筑每个塔楼的振型数不宜小于9。

当仅考虑x方向地震作用时

$$y_{tj} = \sum_{i=1}^{n} X_{ji}G_i \Big/ \sum_{i=1}^{n} (X_{ji}^2 + Y_{ji}^2 + \varphi_{ji}^2 r_i^2)G_i \tag{3-53}$$

当仅考虑y方向地震作用时

$$y_{tj} = \sum_{i=1}^{n} Y_{ji}G_i \Big/ \sum_{i=1}^{n} (X_{ji}^2 + Y_{ji}^2 + \varphi_{ji}^2 r_i^2)G_i \tag{3-54}$$

当考虑与x方向夹角为θ的地震作用时

$$\gamma_{tj} = \gamma_{xj}\cos\theta + \gamma_{yj}\sin\theta \tag{3-55}$$

式中，γ_{xj}和γ_{yj}为由式（3-53）、式（3-54）求得的振型参与系数。

2）单向水平地震作用下，考虑扭转的地震作用效应，应按下式确定

$$S_{Ek} = \sqrt{\sum_{j=1}^{m} \sum_{k=1}^{m} \rho_{jk}S_j S_k} \tag{3-56}$$

$$\rho_{jk} = \frac{8\zeta_j\zeta_k(1 + \lambda_T)\lambda_T^{1.5}}{(1 - \lambda_T^2)^2 + 4\zeta_j\zeta_k(1 + \lambda_T)^2\lambda_T} \tag{3-57}$$

式中，S_{Ek}为考虑扭转的地震作用效应；S_j和S_k为第j、k振型地震作用效应；ρ_{jk}为第j振型与第k振型的耦联系数；λ_T为k振型与j振型的自振周期比；ζ_j和ζ_k为j、k振型的阻尼比。

3）考虑双向水平地震作用下的扭转地震作用效应，应按式（3-58）、式（3-59）中的较大值确定。

$$S_{Ek} = \sqrt{S_x^2 + (0.85S_y)^2} \tag{3-58}$$

$$S_{Ek} = \sqrt{S_y^2 + (0.85S_x)^2} \tag{3-59}$$

式中，S_x为仅考虑x向水平地震作用时的地震作用效应；S_y为仅考虑y向水平地震作用时的地震作用效应。

此处增加了考虑双向水平地震作用下的地震效应组合方法。根据强震观测记录的统计分析，两个方向水平地震加速度的最大值不相等，两者之比约为$1:0.85$，而且两个方向的最大值不一定发生在同一时刻，因此采用平方和开平方计算两个方向地震作用效应。公式中的S_x和S_y是指在两个正交的x和y方向地震作用下，在每个构件的同一局部坐标方向上的地震作用效应。

式（3-49）和式（3-52）所建议的振型数是对质量和刚度分布比较均匀的结构而言的。对于质量和刚度分布很不均匀的结构，振型有效质量与总质量之比可由计算分析程序提供。振型分解反应谱法所需的振型数一般可取为振型有效质量达到总质量的90%时所需的振型数。

3.3.3.4 时程分析法

对于$7 \sim 9$度抗震设防的高层建筑，下列情况应采用弹性时程分析法进行多遇地震下的

补充计算:

1）甲类高层建筑结构。

2）表3-19所列的乙类和丙类高层建筑结构。

3）不满足下列各条规定的高层建筑结构:

① 抗震设计的高层建筑结构,其楼层的侧向刚度不宜小于相邻上部楼层侧向刚度的70%或其上相邻三层侧向刚度平均值的80%。

② A级高度高层建筑的楼层层间抗侧力结构的受剪承载力不宜小于其上一层受剪承载力的80%,不应小于其上一层受剪承载力的65%;B级高度高层建筑的楼层层间抗侧力结构的受剪承载力不应小于其上一层受剪承载力的75%。

③ 抗震设计时,结构竖向抗侧力构件宜上下连续贯通。

④ 抗震设计时,当结构上部楼层收进部位到室外地面的高度 H_1 与房屋高度 H 之比大于0.2时,上部楼层收进后的水平尺寸 B_1 不宜小于下部楼层水平尺寸 B 的0.75倍;当上部结构楼层相对于下部楼层外挑时,下部楼层的水平尺寸 B 不宜小于上部楼层水平尺寸 B_1 的0.9倍,且水平外挑尺寸 a 不宜大于4m。

4）复杂高层建筑结构。

5）质量沿竖向分布特别不均匀的高层建筑结构。

时程分析计算时,应按建筑场地类别和设计地震分组选用不少于两组实际地震记录和一组人工模拟的加速度时程曲线,其平均地震影响系数曲线应与振型分解反应谱法所采用的地震影响系数曲线在统计意义上相符,且弹性时程分析时,每条时程曲线计算所得的结构底部剪力不应小于振型分解反应谱法求得的底部剪力的65%,多条时程曲线计算所得的结构底部剪力的平均值不应小于振型分解反应谱法求得的底部剪力的80%;地震波的持续时间不宜小于建筑结构基本自振周期的5倍,也不宜少于15s,地震波的时间间距可取0.01s或0.02s;输入地震加速度的最大值,可按表2-10采用;结构地震作用效应可取多条时程曲线计算结果的平均值与振型分解反应谱法计算结果两者中的较大值。

因为各条地震波输入进行时程分析的结果将不同,所以应根据小样本容量下的计算结果来估计地震效应值。通过对大量地震加速度记录输入不同结构类型进行时程分析结果的统计分析,若选用不少于两条实际记录和一条人工模拟的加速度时程曲线作为输入,计算的平均地震效应值不小于大样本容量平均值的保证率在85%以上,而且一般也不会偏大很多。所谓"在统计意义上相符"指的是,其平均地震影响系数曲线与振型分解反应谱法所用的地震影响系数曲线相比,在各个周期点上相差不大于20%,计算结果的平均底部剪力一般不会小于振型分解反应谱法计算结果的80%。

3.3.3.5　各楼层最小地震剪力

反应谱曲线是向下延伸的曲线,当结构的自振周期较长、刚度较弱时,所求得的地震剪力会较小,设计出来的高层建筑结构在地震中可能不安全,因此,对于高层建筑规定其最小的地震剪力。

多遇地震水平地震作用计算时,结构各楼层对应于地震作用标准值的剪力应符合下式要求

$$V_{Eki} \geq \lambda \sum_{j=i}^{n} G_j \tag{3-60}$$

式中，V_{Eki} 为第 i 层对应于水平地震作用标准值的剪力；λ 为水平地震剪力系数，不应小于表 3-26 规定的值；对于竖向不规则结构的薄弱层，尚应乘以 1.15 的增大系数。

表 3-26 楼层最小地震剪力系数值

类　别	6 度	7 度	8 度	9 度
扭转效应明显或基本周期小于 3.5s 的结构	0.008	0.016 (0.024)	0.032 (0.048)	0.064
基本周期大于 5.0s 的结构	0.006	0.012 (0.018)	0.024 (0.036)	0.048

注：1. 基本周期介于 3.5s 和 5.0s 之间的结构，应允许线性插入取值。

　　2. 7、8 度时括号内数值分别用于设计基本地震加速度为 0.15g 和 0.30g 的地区。

由于地震影响系数在长周期段下降较快，对于基本周期大于 3s 的结构，由此计算所得的水平地震作用下的结构效应可能偏小。对于长周期结构来说，地震地面运动速度和位移可能对结构的破坏有更大影响，但是无法采用规范所提的振型分解反应谱法对此作出估计。考虑到结构的安全，增加了对各楼层水平地震剪力最小值的要求，规定了不同烈度下的楼层剪重比，结构水平地震作用效应应据此进行相应调整。对于竖向不规则结构的薄弱层的水平地震剪力应乘以 1.25 的增大系数，并且楼层最小剪力系数不应小于 1.25λ。

扭转效应明显的结构，一般是指楼层最大水平位移（或层间位移）大于楼层平均水平位移（或层间位移）1.2 倍的结构。

3.3.4 竖向地震作用计算

1. 需考虑竖向地震作用的结构与构件

《高层规程》规定，不是所有的高层建筑都需要考虑竖向地震作用。虽然几乎所有的地震过程中都或多或少地伴随着竖向地震作用，但其对结构的影响程度却主要取决于地震烈度、建筑场地以及建筑物自身的受力特性。以下情况应考虑竖向地震作用计算或影响：①9 度抗震设防的高层建筑；②7 度（0.15g）、8 度抗震设防的大跨度或长悬臂结构。

所谓大跨度和长悬臂结构，是指跨度大于 24m 的楼盖结构、跨度大于 8m 的转换结构悬挑长度大于 2m 的悬臂结构，这些结构构件在 8 度和 9 度抗震设防时竖向地震作用的影响比较明显，设计中应予考虑。

2. 竖向地震作用计算方法

精确计算结构的竖向地震作用比较繁杂，为简化计算，将竖向地震作用取为重力荷载代表值的百分比，直接加在结构上进行内力分析。结构竖向地震作用标准值可按下列规定计算（见图 3-27）：

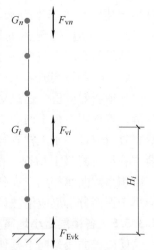

图 3-27 结构竖向地震作用计算示意图

1）结构竖向地震作用总标准值可按下列公式计算

$$F_{Evk} = \alpha_{vmax} G_{eq} \tag{3-61}$$

$$G_{eq} = 0.75 G_E \tag{3-62}$$

$$\alpha_{vmax} = 0.65\alpha_{max} \tag{3-63}$$

2）结构质点 i 的竖向地震作用标准值可按下式计算

$$F_{vi} = \frac{G_i H_i}{\sum\limits_{j=1}^{n} G_j H_j} F_{Evk} \tag{3-64}$$

式中，F_{Evk} 为结构总竖向地震作用标准值；G_E 为计算竖向地震作用时，结构总重力荷载代表值，应取各质点重力荷载代表值之和；F_{vi} 为质点 i 的竖向地震作用标准值；G_{eq} 为结构等效总重力荷载代表值；G_i 和 G_j 分别为集中于质点 i、j 的重力荷载代表值；α_{vmax} 为结构竖向地震影响系数的最大值；H_i 和 H_j 分别为质点 i、j 的计算高度。

3）楼层各构件的竖向地震作用效应可按各构件承受的重力荷载代表值比例分配，9 度抗震设计时宜乘以增大系数 1.5。

水平长悬臂构件、大跨度结构以及结构上部楼层外挑部分考虑竖向地震作用时，竖向地震作用的标准值在 8 度和 9 度设防时，可分别取该结构或构件承受的重力荷载代表值的10% 和 20%。

3.4　结构计算分析

3.4.1　荷载组合和地震作用组合的效应

持久设计状况和短暂设计状况下，当荷载与荷载效应按线性关系考虑时，荷载基本组合的效应设计值应按下式确定

$$S_d = \gamma_G S_{Gk} + \gamma_L \psi_Q \gamma_Q S_{Qk} + \psi_w \gamma_w S_{wk} \tag{3-65}$$

式中，S_d 为荷载组合的效应设计值；γ_G 为永久荷载分项系数；γ_Q 为楼面活荷载分项系数；γ_w 为风荷载的分项系数；γ_L 为考虑结构设计使用年限的荷载调整系数，设计使用年限为 50 年时取 1.0，设计使用年限为 100 年时取 1.1；S_{Gk} 为永久荷载效应标准值；S_{Qk} 为楼面活荷载效应标准值；S_{wk} 为风荷载效应标准值；ψ_Q、ψ_w 为分别为楼面活荷载组合值系数和风荷载组合值系数，当永久荷载效应起控制作用时应分别取 0.7 和 0.0；当可变荷载效应起控制作用时应分别取 1.0 和 0.6 或 0.7 和 1.0。

注：对书库、档案库、储藏室、通风机房和电梯机房，本条楼面活荷载组合值系数取 0.7 的场合应取为 0.9。

持久设计状况和短暂设计状况下，荷载基本组合的分项系数应按下列规定采用：

1）永久荷载的分项系数 γ_G：当其效应对结构承载力不利时，对由可变荷载效应控制的组合应取 1.2，对由永久荷载效应控制的组合应取 1.35；当其效应对结构承载力有利时，应取 1.0。

2）楼面活荷载的分项系数 γ_Q：一般情况下应取 1.4。

3）风荷载的分项系数 γ_w 应取 1.4。

地震设计状况下，当作用与作用效应按线性关系考虑时，荷载和地震作用基本组合的效

应设计值应按下式确定

$$S_d = \gamma_G S_{GE} + \gamma_{Eh} S_{Ehk} + \gamma_{Ev} S_{Evk} + \psi_w \gamma_w S_{wk} \tag{3-66}$$

式中，S_d 为荷载和地震作用组合的效应设计值；S_{GE} 为重力荷载代表值的效应；S_{Ehk} 为水平地震作用标准值的效应，尚应乘以相应的增大系数、调整系数；S_{Evk} 为竖向地震作用标准值的效应，尚应乘以相应的增大系数、调整系数；γ_G 为重力荷载分项系数；γ_w 为风荷载分项系数；γ_{Eh} 为水平地震作用分项系数；γ_{Ev} 为竖向地震作用分项系数；ψ_w 为风荷载的组合值系数，应取 0.2。

地震设计状况下，荷载和地震作用基本组合的分项系数应按表 3-30 采用。当重力荷载效应对结构的承载力有利时，表 3-27 中 γ_G 不应大于 1.0。

表 3-27　地震设计状况时荷载和作用的分项系数

参与组合的荷载和作用	γ_G	γ_{Eh}	γ_{Ev}	γ_w	说　明
重力荷载及水平地震作用	1.2	1.3	—	—	抗震设计的高层建筑结构均应考虑
重力荷载及竖向地震作用	1.2	—	1.3	—	9 度抗震设计时考虑；水平长悬臂和大跨度结构 7 度（0.15g）、8 度、9 度抗震设计时考虑
重力荷载、水平地震及竖向地震作用	1.2	1.3	0.5	—	9 度抗震设计时考虑；水平长悬臂和大跨度结构 7 度（0.15g）、8 度、9 度抗震设计时考虑
重力荷载、水平地震作用及风荷载	1.2	1.3	—	1.4	60m 以上的高层建筑考虑
重力荷载、水平地震作用、竖向地震作用及风荷载	1.2	1.3	0.5	1.4	60m 以上的高层建筑，9 度抗震设计时考虑；水平长悬臂和大跨度结构 7 度（0.15g）、8 度、9 度抗震设计时考虑
	1.2	0.5	1.3	1.4	水平长悬臂结构和大跨度结构，7 度（0.15g）、8 度、9 度抗震设计时考虑

注：g 为重力加速度；"—" 表示组合中不考虑该项荷载或作用效应。

3.4.2　结构分析的基本假定

高层建筑结构是由竖向抗侧力构件（框架、剪力墙、筒体等）通过水平楼板连接构成的大型空间结构体系。完全精确地按照三维空间结构进行分析十分困难，各种实用的分析方法都需要对计算模型引入不同程度的简化。下面是常见的一些基本假定：

（1）弹性假定　在垂直荷载或一般水平荷载作用下，结构通常处于弹性工作阶段，这一假定基本符合结构的实际工作状况。目前工程上实用的高层建筑结构分析方法均采用弹性计算方法。但是在遭受地震或强台风作用时，高层建筑结构往往会产生较大的位移，出现裂缝，进入到弹塑性工作阶段，此时应按弹塑性动力分析方法进行设计才能反映结构的真实工作状态。

（2）小变形假定　小变形假定也是各种分析方法普遍采用的基本假定。不少人对几何非线性问题（P-Δ 效应）进行了一些研究。一般认为，当顶点水平位移 Δ 与建筑物高度 H 的比值 $\Delta/H > 1/500$ 时，P-Δ 效应的影响就不能忽视了。

（3）刚性楼板假定　许多高层建筑结构的分析方法均假定楼板在自身平面内的刚度无限大，而平面外的刚度则忽略不计。这一假定大大减少了结构位移的自由度，简化了计算方法，为采用空间薄壁杆件理论计算筒体结构提供了条件。一般来说，对框架体系和剪力墙体系采用这一假定是完全可以的。然而对于竖向刚度有突变的结构、楼板刚度较小、主要抗侧力构件间距过大或是层数较少等情况，楼板变形的影响较大，特别是对结构底部和顶部各层内力和位移的影响更为明显，可将这些楼层的剪力作适当调整来考虑这种影响。

（4）计算图形的假定　高层建筑结构体系整体分析采用的计算图形有三种：

1）一维协同分析。在水平力作用下，将结构体系简化为由平行水平力方向上的各榀抗侧力构件组成的平面结构。按一维协同分析时，只考虑各抗侧力构件在一个位移自由度方向上的变形协调。根据刚性楼板假定，同一楼面标高处各榀抗侧力构件的侧移相等，由此即可建立一维协同的基本方程。在扭矩作用下，则根据同层楼板上各抗侧力构件转角相等的条件建立基本方程。一维协同分析是各种手算方法采用最多的计算图形。

2）二维协同分析。二维协同分析虽然仍将单榀抗侧力构件视为平面结构，但考虑了同层楼板上各榀抗侧力构件在楼面内的变形协调。纵横两方向的抗侧力构件共同工作，同时计算；扭矩与水平力同时计算。

在引入刚性楼板假定后，每层楼板有三个自由度 u、v、θ（当考虑楼板翘曲时有四个自由度），楼面内各抗侧力构件的位移均由这三个自由度确定。剪力楼板位移与其对应外力作用的平衡方程，用矩阵位移法求解。二维协同分析主要为中小微型计算机上的杆系结构分析程序所采用。

3）三维空间分析。二维协同分析并没有考虑抗侧力构件的公共结点在楼面外的位移协调（竖向位移和转角的协调），而且，忽略抗侧力构件平面外的刚度和扭转刚度对具有明显空间工作性能的筒体结构也是不妥当的。三维空间分析的普通杆单元每一结点有 6 个自由度，按符拉索夫薄壁杆理论分析的杆端结点还应考虑截面翘曲，有 7 个自由度。

3.4.3　高层建筑结构分析方法

1. 框架-剪力墙结构

框架-剪力墙结构内力与位移计算的方法很多，大都采用连梁连续化假定。由剪力墙与框架水平位移或转角相等的位移协调条件，可以建立位移与外荷载之间关系的微分方程来求解。由于采用的未知量和考虑因素的不同，各种方法解答的具体形式不同。框架-剪力墙的计算方法，通常是将结构转化为等效壁式框架，采用杆系结构矩阵位移法求解。

2. 剪力墙结构

剪力墙的受力特性与变形状态主要取决于剪力墙的开洞情况。单片剪力墙按受力特性的不同可分为单肢墙、小开口整体墙、联肢墙、特殊开洞墙、框支墙等各种类型。不同类型的剪力墙，其截面应力分布也不同，计算内力与位移时需采用相应的计算方法。

剪力墙结构的计算方法是平面有限单元法。此法较为精确，对各类剪力墙都能适用。但因其自由度较多，计算时间耗费较大，目前一般只用于特殊开洞墙、框支墙的过渡层等应力分布复杂的情况。

3. 筒体结构

筒体结构的分析方法按照对计算模型处理手法的不同可分为三类：等效连续化方法、等效离散化方法和三维空间分析。

1）等效连续化方法是等效连续化处理结构中的离散杆件。一种只是做几何分布上的连续化，以便用连续函数描述其内力；另一种是做几何和物理上的连续处理，将离散杆件代换为等效的正交异性弹性薄板，以便应用分析弹性薄板的各种有效方法。具体应用有连续化微分方程解法、框筒近似解法、拟壳法、能量法、有限单元法、有限条法等。

2）等效离散化方法是将连续的墙体离散为等效的杆件，以便应用适合杆系结构的方法来分析。这一类方法包括核心筒的框架分析法和平面框架子结构法等。具体应用包括等代角柱法、展开平面框架法、核心筒的框架分析法、平面框架子结构法。

3）比等效连续化和等效离散化更为精确的计算模型是完全按三维空间结构来分析筒体结构体系，其中应用最广的是空间杆-薄壁杆系矩阵位移法。这种方法将高层结构体系视为由空间梁元、空间柱元和薄壁柱元组合而成的空间杆系结构。空间梁柱每端节点有 6 个自由度。核心筒或剪力墙的墙肢采用符拉索夫薄壁杆件理论分析，每端结点有 7 个自由度，比空间杆增加一个翘曲自由度，对应的内力是双弯矩。三维空间分析精度较高，但它的计算量较大且未知量较多，在不引入其他假定时，每一楼层的总自由度数为 $6N_c + 7N_w$（N_c、N_w 为柱及墙肢数目）。通常均引入刚性楼板假定，并假定同一楼面上各薄壁柱的翘曲角相等，这样每一楼层总自由度数降为 $3(N_c + N_w) + 4$，这是目前工程上采用最多的计算模型。

———————— 思 考 题 ————————

1. 高层建筑结构承受的主要作用有哪些？
2. 简述风荷载对高层建筑作用的特点。
3. 高层建筑抗震设防分为哪几类？其抗震设防目标是什么？
4. 目前设计中的常用计算方法有哪些？简述各方法的适用范围。
5. 哪些情况下需考虑竖向地震作用？
6. 高层建筑结构分析的常见基本假定有哪些？

4.1 结构方案布置与计算简图

4.1.1 方案布置

框架结构的布置主要是确定柱在平面上的排列方式（柱网布置）、选择结构承重方案和构件选型，既要满足建筑功能的要求，又要使结构体形规则、受力合理、施工方便。

1. 柱网和层高

民用建筑柱网和层高根据建筑使用功能确定。目前，住宅、宾馆和办公楼柱网可划分为小柱网和大柱网两类（见图4-1）。小柱网指一个开间为一个柱距，柱距一般为3.3m、3.6m、4.0m等；大柱网指两个开间为一个柱距，柱距通常为6.0m、6.6m、7.2m、7.5m等。常用的跨度（房屋进深）有4.8m、5.4m、6.0m、6.6m、7.2m、7.5m等。民用建筑层高为2.8～4.8m，公共建筑层高可以更大。

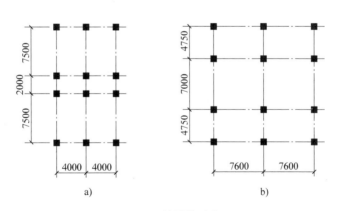

图4-1 柱网的形式

a) 小柱网　b) 大柱网

工业建筑柱网尺寸和层高根据生产工艺要求确定，常用的柱网有内廊式和等跨式两种。内廊式的边跨跨度一般为6～8m，中间跨跨度为2～4m；等跨式的跨度一般为6～12m。采用不等跨时，大跨内宜布置一道纵梁，以承托走道纵墙。层高为3.6～5.4m。

从有利于结构受力角度考虑，沿竖向框架柱宜上下连续贯通，结构的侧向刚度宜下大上小。

2. 框架结构的承重方案

1）横向框架承重。在横向布置主梁，楼板平行于长轴布置，在纵向布置连系梁构成横向框架承重方案，如图4-2所示。横向框架往往跨数少，由于竖向荷载主要由横向框架承受，横梁截面高度较大，主梁沿横向布置有利于提高结构的横向抗侧刚度。另外，主梁沿横向布置还有利于室内的采光与通风，对预制楼板而言，传力明确。这种承重方案在实际结构中应用较多。

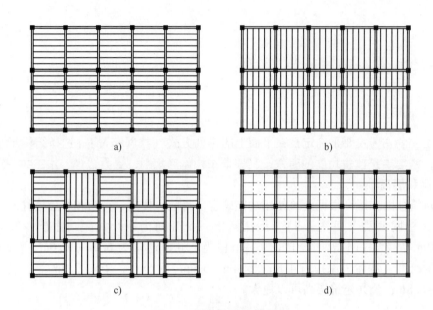

图4-2 框架结构承重方案

a）横墙承重 b）纵墙承重 c）、d）纵横墙承重

2）纵向框架承重。在纵向布置主梁，楼板平行于短轴布置，在横向布置连系梁构成纵向框架承重方案，横向框架梁与柱必须形成刚接。该方案楼面荷载由纵向梁传至柱，所以横向梁的高度较小，有利于设备管线的穿行。当在房屋纵向需要较大空间时，纵向框架承重方案可获得较高的室内净高。利用纵向框架的刚度还可调整该方向的不均匀沉降。此外，该承重方案还具有传力明确的优点。纵向框架承重方案的缺点是房屋的横向刚度较小，实际结构中应用较少。

3）纵、横向框架承重。房屋的纵、横向都布置承重框架，楼盖常采用现浇双向板或井字梁楼盖。当柱网平面为正方形或接近正方形，或当楼盖上有较大活荷载时，多采用这种承重方案。

以上是将框架结构视为竖向承重结构来讨论其承重方案的。框架结构同时也是抗侧力结构，它可能承受纵、横两个方向的水平荷载（如风荷载和水平地震作用），这就要求纵、横两个方向的框架均应具有一定的侧向刚度和水平承载力。因此，《高层规程》规定，框架结构应设计成双向梁柱抗侧力体系，主体结构除个别部位外，不应采用铰接。

4.1.2 构件选型

构件选型包括确定构件的形式和尺寸。框架一般是高次超静定结构，因此，必须确定构件的截面形式和几何尺寸后才能进行受力分析。

1. 梁截面尺寸

框架结构中框架梁的截面高度 h_b 可根据梁的计算跨度 l_b、活荷载大小等，按 $h_b = (1/18 \sim 1/10)l_b$ 确定。为了防止梁发生剪切脆性破坏，h_b **不宜大于 1/4 梁净跨**。主梁截面宽度可取 $b_b = (1/3 \sim 1/2)h_b$，且**不宜小于 200mm**。为了保证梁的侧向稳定性，梁截面的高宽比 (h_b/b_b) **不宜大于 4**。为了降低楼层高度，可将梁设计成宽度较大而高度较小的扁梁，扁梁的截面高度可按 $(1/18 \sim 1/15)l_b$ 估算。扁梁的截面宽度 b（肋宽）与其高度 h 的比值 b/h 不宜超过 3。设计中，如果梁上作用的荷载较大，可选择较大的高跨比 h_b/l_b。当梁高较小或采用扁梁时，除应验算其承载力和受剪截面要求外，尚应验算竖向荷载作用下梁的挠度和裂缝宽度，以满足其正常使用要求。在挠度计算时，对现浇梁板结构，宜考虑梁受压翼缘的有利影响，并可将梁的合理起拱值从其计算所得挠度中扣除。

在结构内力与位移计算中，与梁一起现浇的楼板可作为框架梁的翼缘，每一侧翼缘的有效宽度可取至板厚的 6 倍；装配整体式楼面视其整体性可取等于或小于 6 倍；无现浇面层的装配式楼面，楼板的作用不予考虑。设计中，为简化计算，也可按下式近似确定梁截面惯性矩 I_0

$$I_0 = \beta I \tag{4-1}$$

式中，I 为按梁矩形净截面计算的梁截面惯性矩；β 为楼面梁刚度增大系数。

式（4-1）可，β 应根据梁翼缘尺寸与梁截面尺寸的比例，取 $\beta = 1.3 \sim 2.0$。当框架梁截面较小楼板较厚时，β 宜取较大值；而梁截面较大楼板较薄时，β 宜取较小值。通常，对现浇楼面的边框架梁 β 可取 1.5，中框架梁可取 2.0；有现浇面层的装配式楼面梁的 β 值可适当减小。

当采用预制板楼盖时，为减小楼盖结构高度和增加建筑净空，梁的截面常取为十字形或花篮形；也可采用如图 4-3 所示的叠合梁，其中预制梁做成 T 形截面，在预制梁和预制板安装就位后，再现浇部分混凝土，使后浇混凝土与预制梁形成整体。

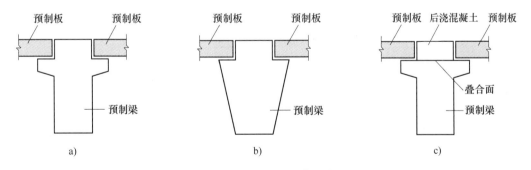

图 4-3 采用预制板时梁截面的形式

2. 柱截面尺寸

框架柱的截面形式常为矩形或正方形。有时由于建筑上的需要，也可设计成圆形、八角形、T 形、L 形、十字形等，其中 T 形、L 形、十字形也称异形柱。构件的尺寸一般凭经验确定。如果选取不恰当，就无法满足承载力或变形限值的要求，造成设计返工。确定构件尺寸时，首先要满足构造要求，并参照过去的经验初步选定尺寸，然后进行承载力的估算，并验算有关尺寸限值。楼盖部分构件的尺寸可按后面梁板结构的方法确定；柱的截面尺寸可先根据其所受的轴力按轴压比公式估算出，再乘以适当的放大系数（1.2~1.5）以考虑弯矩的影响，即

$$A_c \geqslant (1.2 \sim 1.5) N/f_c \tag{4-2}$$

$$N = 1.25 N_v \tag{4-3}$$

式中，A_c 为柱截面面积；N 为柱所承受的轴向压力设计值；N_v 为根据柱支承的楼面面积计算由重力荷载产生的轴向力值；1.25 为重力荷载的荷载分项系数平均值；重力荷载标准值可根据实际荷载取值，也可近似按 $(12 \sim 14) kN/m^2$ 计算；f_c 为混凝土轴心抗压强度设计值。

框架柱的截面宽度和高度均不宜小于300mm，圆柱截面直径不宜小于350mm，柱截面高宽比不宜大于3。为避免柱产生剪切破坏，柱净高与截面长边之比宜大于4，或柱的剪跨比宜大于2。

4.1.3 计算简图

1. 计算单元

框架结构房屋是由梁、柱、楼板、基础等构件组成的空间结构体系，一般应按三维空间结构进行分析。但对于平面布置较规则的框架结构房屋，为了简化计算，通常将实际的空间结构简化为若干个横向或纵向平面框架进行分析，每榀平面框架为一计算单元，如图 4-4a 所示。就承受竖向荷载而言，当横向（纵向）框架承重时，截取横向（纵向）框架进行计算，全部竖向荷载由横向（纵向）框架承担，不考虑纵向（横向）框架的作用。当纵、横向框架混合承重时，横向框架、纵向框架应根据结构的不同特点进行分析，并对竖向荷载按楼盖的实际支撑情况进行传递，这时竖向荷载通常由纵、横向框架共同承担。

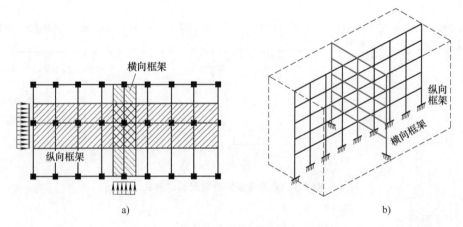

图 4-4 平面框架的计算单元及计算模型

在某一方向的水平荷载作用下，整个框架结构体系可视为若干个平面框架，共同抵抗与

平面框架平行的水平荷载，与该方向正交的结构不参与受力。每榀平面框架所抵抗的水平荷载，当为风荷载时，可取计算单元范围内的风荷载；当为水平地震作用时，则为按各平面框架的侧向刚度比例所分配到的水平力。水平风荷载和地震作用一般均简化成作用于结点处的水平集中力。

2. 计算简图

将复杂的空间框架结构简化为平面框架之后，应进一步将实际的平面框架转化为力学模型，在该力学模型上作用荷载，就成为框架结构的计算简图。

在框架结构的计算简图中，梁、柱用其轴线表示，梁与柱之间的连接用结点表示，梁或柱的长度用结点间的距离表示，如图 4-5 所示。由图可见，框架柱轴线之间的距离即为框架梁的计算跨度；框架柱的计算高度应为各横梁形心轴线间的距离，当各层梁截面尺寸相同时，除底层柱外，柱的计算高度即为各层层高。对于梁、柱、板均为现浇的情况，梁截面的形心线可近似取至板底。对于底层柱的下端，一般取至基础顶面；当设有整体刚度很大的地下室、且地下室结构的楼层侧向刚度不小于相邻上部结构楼层侧向刚度的 2 倍时，可取至地下室结构的顶板处。对斜梁或折线形横梁，当倾斜度不超过 1/8 时，在计算简图中可取为水平轴线。

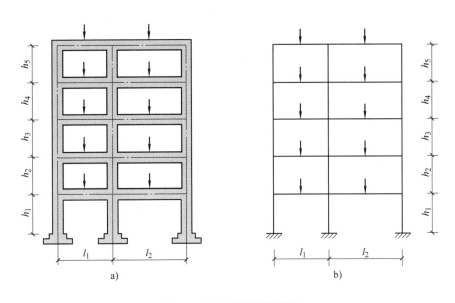

图 4-5 框架结构计算简图

在实际工程中，框架柱的截面尺寸通常沿房屋高度变化。当上层柱截面尺寸减小但其形心轴仍与下层柱的形心轴重合时，其计算简图与各层柱截面不变时的相同（见图 4-6a）。当上、下层柱截面尺寸不同且形心轴也不重合时，一般采取近似方法，即将顶层柱的形心线作为整个柱子的轴线，如图 4-6b 所示。但是必须注意，在框架结构的内力和变形分析中，各层梁的计算跨度及线刚度仍应按实际情况取值；另外，尚应考虑上、下层柱轴线不重合，由上层柱传来的轴力在变截面处所产生的力矩。此力矩应视为外荷载，与其他竖向荷载一起进行框架内力分析。

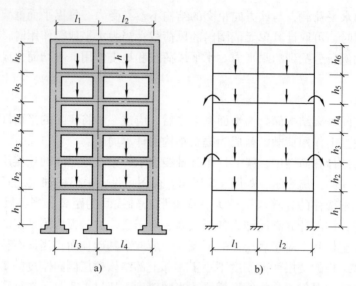

a)   b)

图 4-6　变截面柱框架结构计算简图

4.2　竖向荷载作用下的内力计算

在竖向荷载作用下，多、高层框架结构的内力可用力法、位移法等结构力学方法计算。工程设计中，如采用手算，可采用迭代法、分层法、弯矩二次分配法及系数法等简化方法计算。本节简要介绍后三种简化方法的基本概念和计算要点。

4.2.1　分层法

1. 竖向荷载作用下框架结构的受力特点及内力计算假定

力法或位移法的精确计算结果表明，在竖向荷载作用下，框架结构的侧移对其内力的影响较小。另外，由影响线理论及精确计算结果可知，框架各层横梁上的竖向荷载只对本层横梁及与之相连的上、下层柱的弯矩影响较大，对其他各层梁、柱的弯矩影响较小。这也可从弯矩分配法的过程来理解，受荷载作用杆件的弯矩值通过弯矩的多次分配与传递，逐渐向左右上下衰减，在梁线刚度大于柱线刚度的情况下，柱中弯矩衰减得更快，因而对其他各层的杆端弯矩影响较小。

根据上述分析，计算竖向荷载作用下框架结构内力时，可采用以下两个简化假定：

1）不考虑框架结构的侧移对其内力的影响。

2）每层梁上的荷载仅对本层梁及其上、下柱的内力产生影响，对其他各层梁、柱内力的影响可忽略不计。

应当指出，上述假定中所指的内力不包括柱轴力，因为各层柱的轴力对下部均有较大影响，不能忽略。

2. 计算要点及步骤

1）将多层框架沿高度分成若干单层无侧移的敞口框架，每个敞口框架包括本层梁和与之相连的上、下层柱。梁上作用的荷载、各层柱高及梁跨度均与原结构相同，如图 4-7

所示。

2）除底层柱的下端外，其他各柱的柱端应为弹性约束。为便于计算，均将其处理为固定端（见图4-7）。这样将使柱的弯曲变形有所减小，为消除这种影响，可把除底层柱以外的其他各层柱的线刚度均乘以修正系数0.9。

3）用无侧移框架的计算方法（如弯矩分配法）计算各敞口框架的杆端弯矩，由此所得的梁端弯矩即为其最后的弯矩值；但是每一柱属于上、下两层，所以每一柱端的最终弯矩值需将上、下层计算所得的弯矩值相加。在上、下层柱端弯矩值相加后，将引起新的结点不平衡弯矩，如欲进一步修正，可对这些不平衡弯矩再做一次弯矩分配。如用弯矩分配法计算各敞口框架的杆端弯矩，在计算每个结点周围各杆件的弯矩分配系数时，应采用修正后的柱线刚度计算；并且底层柱和各层梁的传递系数均取1/2，其他各层柱的传递系数改用1/3。

4）在杆端弯矩求出后，可用静力平衡条件计算梁端剪力及梁跨中弯矩；逐层叠加柱上的竖向压力（包括结点集中力、柱自重等）和与之相连的梁端剪力，即得柱的轴力。

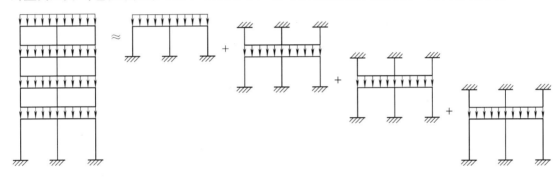

图4-7 分层法计算简图

【例4-1】 如图4-8所示双跨双层框架，用分层计算法作弯矩图，括号内的数字表示梁柱相对线刚度值。

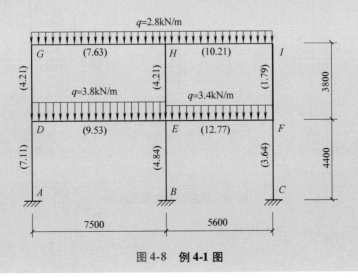

图4-8 例4-1图

【解】 1）求各结点的分配系数，见表4-1。

表 4-1 各结点分配系数计算

层次	结点	相对线刚度				相对线刚度总和	分配系数			
		左梁	右梁	上柱	下柱		左梁	右梁	上柱	下柱
顶层	G		7.63		4.21×0.9=3.79	11.42		0.668		0.332
	H	7.63	10.21		4.21×0.9=3.79	21.63	0.353	0.472		0.175
	I	10.21			1.79×0.9=1.61	11.82	0.864			0.136
底层	D		9.53	4.21×0.9=3.79	7.11	20.43		0.466	0.186	0.348
	E	9.53	12.77	4.21×0.9=3.79	4.84	30.93	0.308	0.413	0.123	0.156
	F	12.77		1.79×0.9=1.61	3.64	18.02	0.709		0.089	0.202

2）固端弯矩

$$M_{GH} = -M_{HG} = -\frac{1}{12} \times 2.8 \times 7.5^2 \text{kN} \cdot \text{m} = -13.13 \text{kN} \cdot \text{m}$$

$$M_{HI} = -M_{IH} = -\frac{1}{12} \times 2.8 \times 5.6^2 \text{kN} \cdot \text{m} = -7.32 \text{kN} \cdot \text{m}$$

$$M_{DE} = -M_{ED} = -\frac{1}{12} \times 3.8 \times 7.5^2 \text{kN} \cdot \text{m} = -17.81 \text{kN} \cdot \text{m}$$

$$M_{EF} = -M_{FE} = -\frac{1}{12} \times 3.4 \times 5.6^2 \text{kN} \cdot \text{m} = -8.89 \text{kN} \cdot \text{m}$$

3）利用分层法计算各结点弯矩

图 4-9 为顶层计算简图及过程。

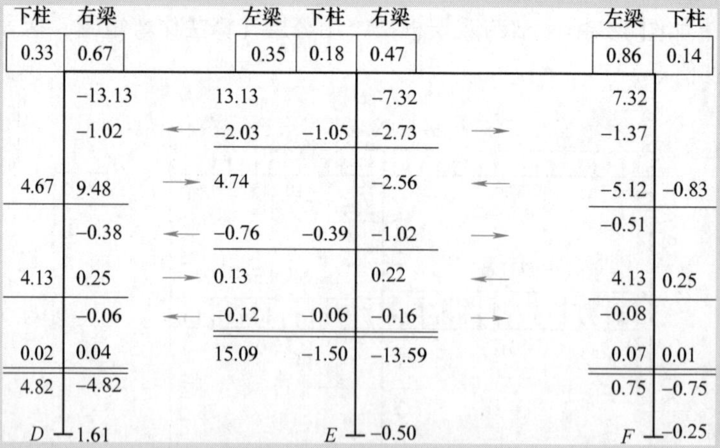

图 4-9 顶层计算简图及过程

底层计算简图及过程如图 4-10 所示。

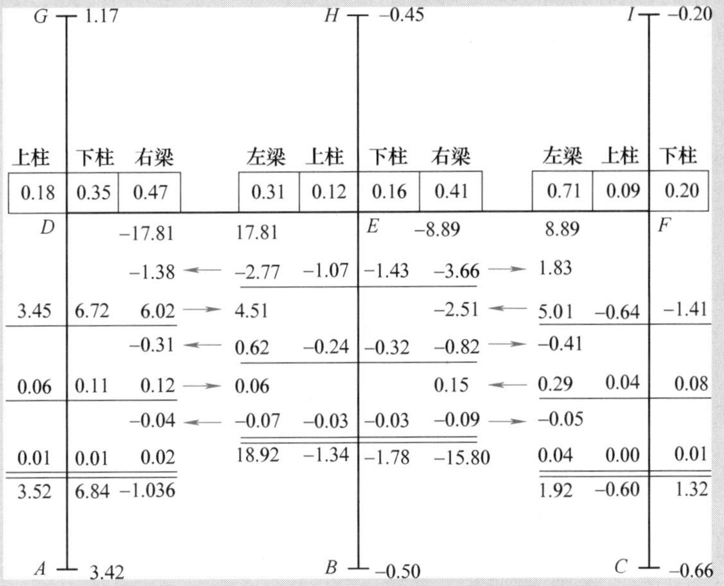

G 1.17
H −0.45
I −0.20
上柱 下柱 右梁
0.18 0.35 0.47
左梁 上柱 下柱 右梁
0.31 0.12 0.16 0.41
左梁 上柱 下柱
0.71 0.09 0.20
D −17.81 17.81 E −8.89 8.89 F
−1.38 −2.77 −1.07 −1.43 −3.66 1.83
3.45 6.72 6.02 4.51 −2.51 5.01 −0.64 −1.41
−0.31 0.62 −0.24 −0.32 −0.82 −0.41
0.06 0.11 0.12 0.06 0.15 0.29 0.04 0.08
−0.04 −0.07 −0.03 −0.03 −0.09 −0.05
0.01 0.01 0.02 18.92 −1.34 −1.78 −15.80 0.04 0.00 0.01
3.52 6.84 −1.036 1.92 −0.60 1.32
A 3.42
B −0.50
C −0.66

图 4-10　底层计算简图及过程

最后的弯矩图是顶层和底层分层计算弯矩图的叠加。最后计算结果个别结点弯矩可能不平衡，这是由于计算误差累加所致，可以将不平衡弯矩在各自结点上分配。为了对分层法计算误差的大小有所了解，图 4-11 中给出了考虑框架侧移时的杆端弯矩（括号内的数值，可视为精确值）。由此可见，用分层法计算所得的梁端弯矩误差较小，柱端弯矩误差较大。

(15.53)
15.25
(12.17)
13.38
(5.25)
5.60
(1.71)
0.92
1.87
(3.36)
19.06
(19.41)
4.71
(10.02)
11.12
9.56
15.60
(14.75)
(5.25)
6.28
(1.61)
0.83
(3.44)
2.10
1.27
(1.83)
4.84
(4.77)
1.78
(2.35)
1.70
(2.31)
5.33
11.77
3.42
(1.86)
0.89
(1.66)
0.66
(1.29)

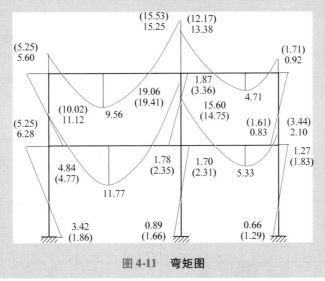

图 4-11　弯矩图

4.2.2　弯矩二次分配法

计算竖向荷载作用下多层多跨框架结构的杆端弯矩时，如用无侧移框架的弯矩分配法，由于该法要考虑任一结点的不平衡弯矩对框架结构所有杆件的影响，因而计算相当烦琐。根据在分层法中所作的分析可知，多层框架中某结点的不平衡弯矩对与其相邻的结点影响较大，对其他结点的影响较小，因而可假定某一结点的不平衡弯矩只对与该结点相交的各杆件的远端有影响，这样可将弯矩分配法的循环次数简化到弯矩二次分配和其间的一次传递，此即弯矩二次分配法。下面仅说明这种方法的具体计算步骤。

1）根据各杆件的线刚度计算各结点的杆端弯矩分配系数，并计算竖向荷载作用下各跨梁的固端弯矩。

2）计算框架各结点的不平衡弯矩，并对所有结点的反号后的不平衡弯矩均进行第一次分配（其间不进行弯矩传递）。

3）将所有杆端的分配弯矩同时向其远端传递（对于刚接框架，传递系数均取1/2）。

4）将各结点因传递弯矩而产生的新的不平衡弯矩反号后进行第二次分配，使各结点处于平衡状态。至此，整个弯矩分配和传递过程即告结束。

5）将各杆端的固端弯矩、分配弯矩和传递弯矩叠加，即得各杆端弯矩。

4.3 框架在水平荷载作用下的内力计算

水平荷载（风荷载或地震作用）一般都可简化为作用于框架结点上的水平力。水平荷载作用下框架结构的内力和侧移可用结构力学方法计算，常用的简化方法有反弯点法、D值法等。

框架结构在水平荷载（如风荷载、水平地震作用等）作用下，一般都可归结为受结点水平力的作用，这时梁柱杆件的变形图和弯矩图如图4-12所示。由图可见，框架的每个结点除产生相对水平位移 Δ_i 外，还产生转角 θ_i，由于越靠近底层框架所受层间剪力越大，故各结点的相对水平位移和转角都具有越靠近底层越大的特点。柱上、下两段弯曲方向相反，柱中一般都有一个反弯点。梁和柱的弯矩图都是直线，梁中也有一个反弯点。如果能够求出各柱的剪力及其反弯点位置，则梁、柱内力均可方便地求得。因此，水平荷载作用下框架结构内力近似计算的关键：一是确定层间剪力在各柱间的分配，二是确定各柱的反弯点位置。

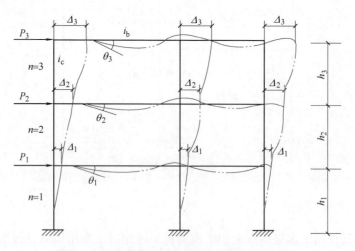

图4-12 水平荷载作用下框架结构的变形及弯矩

4.3.1 反弯点法

为了方便地求得各柱的剪力和反弯点的位置，根据框架结构的受力特点，作如下假定：

1）**梁柱线刚度比为无穷大，各柱上下两端均不发生角位移。**如果框架横梁刚度为无穷大，在水平力的作用下，框架结点将只有侧移而没有转角。实际上，框架横梁刚度不会是无穷大，在水平力下，结点既有侧移又有转角。但是，当梁、柱的线刚度之比大于 3 时，柱子端部的转角就很小。此时忽略结点转角的存在，对框架内力计算影响不大。

2）**不考虑框架梁的轴向变形，同一层各结点水平位移相等。**

3）**底层柱的反弯点在距柱底 2/3 柱高处；其余各层柱的反弯点均在 1/2 柱高处。**

当柱子端部转角为零时，反弯点的位置应该位于柱子高度的中间。而实际结构中，尽管梁、柱的线刚度之比大于 3，在水平力的作用下，结点仍然存在转角，那么反弯点的位置就不在柱子中间。尤其是底层柱子，由于柱子下端为嵌固，无转角，当上端有转角时，反弯点必然向上移，故底层柱子的反弯点取在 2/3 处。上部各层，当结点转角接近时，柱子反弯点基本在柱子中间。

柱上下两端产生相对单位水平位移时，柱中所产生的剪力称为该柱的侧移刚度。反弯点法中用侧移刚度 d 表示框架柱两端有相对单位侧移时柱中产生的剪力，它与柱两端的约束情况有关。由于反弯点法中梁的刚度非常大，可近似认为结点转角为零（见图 4-13），则根据两端无转角但有单位水平位移时杆件的杆端剪力方程，最后得

$$d = \frac{V}{\delta} = \frac{12i_c}{h^2} \tag{4-4}$$

式中，V 为柱中剪力，δ 为柱层间位移，h 为层高。

根据力的平衡条件、变形协调条件和柱侧移刚度的定义，可以得出第 j 层第 i 根柱的剪力为

$$V_{ij} = d_{ij}\frac{\sum F}{\sum_{i=1}^{m} d_{ij}} = \rho_{ij}\sum F \tag{4-5}$$

式中，ρ_{ij} 为第 j 层各柱的剪力分配系数；m 为第 j 层柱子总数；$\sum F$ 为第 j 层以上所有水平荷载的总和，即第 j 层由外荷载引起的总剪力。这里，需要特别强调的是，$\sum F$ 与第 j 层所承担的水平荷载是有所区别的。

由式（4-5）可以看出，在同一楼层内，各柱按侧移刚度的比例分配楼层剪力。由于前面已经求出了每一层中各柱的反弯点高度和柱中剪力，那么柱端弯矩可按下式计算

柱下端弯矩 $\qquad\qquad M_{ij下} = V_{ij}l_{ij}$

柱上端弯矩 $\qquad\qquad M_{ij上} = V_{ij}(h_j - l_{ij})$ $\qquad\qquad$ (4-6)

式中，l_{ij} 为第 j 层第 i 根柱的反弯点高度，h_j 为第 j 层的柱高。

梁端弯矩可由结点平衡求出，如图 4-14 所示。

对于边柱 $\qquad\qquad M_b = M_{c上} + M_{c下}$ $\qquad\qquad$ (4-7)

对于中柱 $\qquad\qquad M_{b左} = (M_{c上} + M_{c下})\frac{i_{b左}}{i_{b左} + i_{b右}}$ $\qquad\qquad$ (4-8)

$$M_{b右} = (M_{c上} + M_{c下})\frac{i_{b右}}{i_{b左} + i_{b右}} \quad (4-9)$$

式中，$i_{b左}$、$i_{b右}$分别为左边梁和右边梁的线刚度。

进一步，还可根据力的平衡条件，由梁两端的弯矩求出梁的剪力；由梁的剪力，根据结点的平衡条件，可求出柱的轴力。

综上所述，反弯点法的要点，一是确定反弯点高度，一是确定剪力分配系数ρ_{ij}。

反弯点法缺点如下：①柱的抗侧刚度只与柱的线刚度及层高有关；②柱的反弯点位置是个定值。这是因为，反弯点法在计算柱的抗侧刚度时，假定梁柱之间的线刚度比为无穷大。反弯点法计算反弯点高度y时，假设柱上下结点转角相等。从这里也可以看出，反弯点法是有一定的适用范围的，即框架梁、柱的线刚度之比应不小于3。

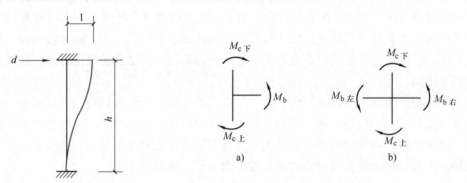

图 4-13　柱侧移刚度示意图　　　　图 4-14　结点弯矩
　　　　　　　　　　　　　　　　　　　a）边柱结点　b）中柱结点

4.3.2　D 值法

反弯点法在考虑柱侧移刚度时，假设结点转角为零，即横梁的线刚度假设为无穷大。对于高层建筑，由于各种条件的限制，特别是在抗震设计时，由于强柱弱梁的原则，柱子截面往往较大，经常会有梁柱相对线刚度比较接近，甚至有时柱的线刚度反而比梁大。这样，上述假设将产生较大误差。另外，反弯点法计算反弯点高度y时，假设柱上下结点转角相等，这样误差也较大，特别在最上和最下数层。此外，当上、下层的层高变化大，或者上、下层梁的线刚度变化较大时，用反弯点法计算框架在水平荷载作用下的内力时，其计算结果误差也较大。

考虑到以上的影响因素和多层框架受力变形特点，可以对反弯点法进行修正，从而形成一种新的计算方法——D 值法。D 值法相对于反弯点法，主要从以下两个方面做了修正：修正柱的侧移刚度和调整反弯点高度。修正后的柱侧移刚度用 D 表示，故该方法称为 D 值法。其计算步骤与反弯点法相同，计算简单、实用，精度比反弯点法高，因而在高层建筑结构设计中得到广泛应用。

D 值法也要解决两个主要问题：确定侧移刚度和反弯点高度。

（1）修正后柱的侧移刚度　考虑柱端的约束条件的影响，修正后的柱侧移刚度 D 用下式计算

$$D = \alpha \frac{12i_c}{h^2} \quad (4-10)$$

式中，α 为与梁、柱线刚度有关的修正系数，表 4-2 给出了各种情况下 α 值的计算公式。

由表 4-2 中的公式可以看到，梁、柱线刚度的比值越大，α 值也越大。当梁、柱线刚度比值为 ∞ 时，$\alpha=1$，这时 D 值等于反弯点法中采用的侧移刚度 d。

（2）同一楼层各柱剪力的计算　求出了 D 值以后，与反弯点法类似，假定同一楼层各柱的侧移相等，则可求出各柱的剪力

$$V_{ij} = \frac{D_{ij}}{\sum\limits_{i=1}^{m} D_{ij}} \Sigma F \tag{4-11}$$

式中，V_{ij} 为第 j 层第 i 柱所受剪力；D_{ij} 为第 j 层第 i 柱的侧移刚度。

表 4-2　α 值和 K 值的计算

	边　　柱	中　　柱	α
一般层	$K = \dfrac{i_{b2} + i_{b4}}{2i_c}$	$K = \dfrac{i_{b1} + i_{b2} + i_{b3} + i_{b4}}{2i_c}$	$\alpha = \dfrac{K}{2+K}$
底层	$K = \dfrac{i_{b1}}{i_c}$	$K = \dfrac{i_{b1} + i_{b2}}{i_c}$	$\alpha = \dfrac{0.5 + K}{2+K}$

（3）各层柱的反弯点位置　各层柱的反弯点位置与柱两端的约束条件或框架在结点水平荷载作用下，该柱上、下端的转角大小有关。影响柱两端转角大小的因素（影响柱反弯点位置的因素）主要有三个：①该层所在的楼层位置，及梁、柱线刚度比；②上、下横梁相对线刚度比值；③上、下层层高的变化。

在 D 值法中，通过力学分析求出标准情况下的标准反弯点刚度比 y_0（即反弯点到柱下端距离与柱全高的比值），再根据上、下梁线刚度比值及上、下层层高变化，对 y_0 进行调整。因此，可以把反弯点位置用下式表达

$$yh = (y_0 + y_1 + y_2 + y_3) \cdot h \tag{4-12}$$

式中，y 为反弯点距柱下端的高度与柱全高的比值（简称反弯点高度比）；y_1 为考虑上、下横梁线刚度不相等时引入的修正值；y_2、y_3 为考虑上层、下层层高变化时引入的修正值；h 为该柱的高度（层高）。

为了方便使用，系数 y_0、y_1、y_2 和 y_3 已制成表格，可通过查表的方式确定其数值。

（4）弯矩图的绘制　当各层框架柱的侧移刚度 D 和各层柱反弯点位置 yh 确定后，与反

弯点法一样，就可求出框架的弯矩图。

【例4-2】 作图4-15所示的框架中各杆件的弯矩。图中括号内数字为各杆的相对线刚度。

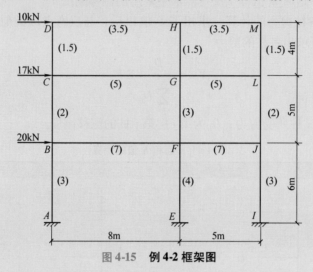

图4-15 例4-2框架图

【解】 （1）求各柱的 D 值及每根柱分配的剪力，见表4-3。

表4-3 各层柱 D 值及每根柱分配的剪力

层　　数	3	2	1
层剪力/kN	10	27	47
左边柱 D 值	$k=\dfrac{3.5+5}{2\times1.5}=2.83$ $D=\dfrac{2.83}{2+2.83}\times1.5(i)=0.88i$	$k=\dfrac{5+7}{2\times2}=3$ $D=\dfrac{3}{2+3}\times2(i)=1.2i$	$k=\dfrac{7}{3}=2.33$ $D=\dfrac{0.5+2.33}{2+2.33}\times3(i)=1.96i$
右边柱 D 值	$k=2.83$ $D=0.88i$	$k=\dfrac{5+7}{2\times2}=3$ $D=\dfrac{3}{2+3}\times2i=1.2i$	$k=\dfrac{7}{3}=2.33$ $D=\dfrac{0.5+2.33}{2+2.33}\times3i=1.96i$
中柱 D 值	$k=\dfrac{3.5+5+3.5+5}{2\times1.5}=5.67$ $D=\dfrac{5.67}{2+5.67}\times1.5i=1.11i$	$k=\dfrac{5+7+5+7}{2\times3}=4$ $D=\dfrac{4}{2+4}\times3i=2i$	$k=\dfrac{7+7}{4}=3.5$ $D=\dfrac{0.5+3.5}{2+3.5}\times4i=2.91i$
D 值和	2.87i	4.4i	6.83i
左边柱剪力/kN	$V_3=\dfrac{0.88}{2.87}\times10=3.07$	$V_2=\dfrac{1.2}{4.4}\times27=7.36$	$V_1=\dfrac{1.96}{6.83}\times47=13.49$
右边柱剪力/kN	$V_3=\dfrac{0.88}{2.87}\times10=3.07$	$V_2=\dfrac{1.2}{4.4}\times27=7.36$	$V_1=\dfrac{1.96}{6.83}\times47=13.49$
中柱剪力/kN	$V_3=\dfrac{1.11}{2.87}\times10=3.86$	$V_2=\dfrac{2}{4.4}\times27=12.27$	$V_1=\dfrac{2.91}{6.83}\times47=20.02$

（2）计算反弯点高度比，见表4-4。

表4-4　计算反弯点高度比

层　数	3 ($n=3$ $j=3$)	2 ($n=3$ $j=2$)	1 ($n=3$ $j=1$)
左边柱	$k=2.83$ $y_0=0.44$ $I=\dfrac{3.5}{5}=0.7$ $y_1=0.01$ $\alpha_3=\dfrac{5}{4}=1.25$ $y_2=0$ $y=0.45$	$k=3$ $y_0=0.5$ $I=\dfrac{5}{7}=0.71$ $y_1=0$ $\alpha_2=\dfrac{4}{5}=0.8$ $y_2=0$ $\alpha_3=\dfrac{6}{5}=1.2$ $y_3=0$ $y=0.5$	$k=2.33$ $y_0=0.55$ $\alpha_2=\dfrac{5}{6}=0.83$ $y_2=0$ $y=0.55$
右边柱	$k=2.83$ $y_0=0.45$ $I=\dfrac{3.5}{5}=0.7$ $y_1=0.01$ $\alpha_3=1.25$ $y_3=0$ $y=0.45$	$k=3$ $y_0=0.5$ $I=\dfrac{5}{7}=0.71$ $y_1=0$ $\alpha_2=0.8$ $y_2=0$ $\alpha_3=\dfrac{6}{5}=1.2$ $y_3=0$ $y=0.5$	$k=2.33$ $y_0=0.55$ $\alpha_2=0.83$ $y_2=0$ $y=0.55$
中柱	$k=5.67$ $y_0=0.45$ $I=\dfrac{2\times3.5}{2\times5}=0.7$ $y_1=0$ $\alpha_3=1.25$ $y_3=0$ $y=0.45$	$k=4$ $y_0=0.5$ $I=\dfrac{2\times5}{2\times7}=0.71$ $y_1=0$ $\alpha_2=0.8$ $y_2=0$ $\alpha_3=\dfrac{6}{5}=1.2$ $y_3=0$ $y=0.5$	$k=3.5$ $y_0=0.55$ $\alpha_2=0.83$ $y_2=0$ $y=0.55$

（3）求各柱的柱端弯矩

$$M_{CD}=3.07\times0.45\times4.0\text{kN}\cdot\text{m}=5.53\text{kN}\cdot\text{m}$$

$$M_{GH}=3.86\times0.45\times4.0\text{kN}\cdot\text{m}=6.95\text{kN}\cdot\text{m}$$

$$M_{LM}=3.07\times0.45\times4.0\text{kN}\cdot\text{m}=5.53\text{kN}\cdot\text{m}$$

$$M_{DC}=3.07\times(1-0.45)\times4.0\text{kN}\cdot\text{m}=6.75\text{kN}\cdot\text{m}$$

$$M_{HG}=3.86\times(1-0.45)\times4.0\text{kN}\cdot\text{m}=8.49\text{kN}\cdot\text{m}$$

$$M_{ML}=3.07\times(1-0.45)\times4.0\text{kN}\cdot\text{m}=6.75\text{kN}\cdot\text{m}$$

$$M_{BC}=7.36\times0.5\times5.0\text{kN}\cdot\text{m}=18.6\text{kN}\cdot\text{m}$$

$$M_{FG}=12.27\times0.5\times5.0\text{kN}\cdot\text{m}=30.68\text{kN}\cdot\text{m}$$

$$M_{JL}=7.36\times0.5\times5.0\text{kN}\cdot\text{m}=18.6\text{kN}\cdot\text{m}$$

$$M_{CB} = 7.36 \times 0.5 \times 5.0 \text{kN} \cdot \text{m} = 18.6 \text{kN} \cdot \text{m}$$

$$M_{GF} = 12.27 \times 0.5 \times 5.0 \text{kN} \cdot \text{m} = 30.68 \text{kN} \cdot \text{m}$$

$$M_{LJ} = 7.36 \times 0.5 \times 5.0 \text{kN} \cdot \text{m} = 18.6 \text{kN} \cdot \text{m}$$

$$M_{AB} = 13.49 \times 0.55 \times 6 \text{kN} \cdot \text{m} = 44.52 \text{kN} \cdot \text{m}$$

$$M_{EF} = 20.02 \times 0.55 \times 6 \text{kN} \cdot \text{m} = 66.07 \text{kN} \cdot \text{m}$$

$$M_{IJ} = 13.49 \times 0.55 \times 6 \text{kN} \cdot \text{m} = 44.52 \text{kN} \cdot \text{m}$$

$$M_{BA} = 13.49 \times (1 - 0.55) \times 6 \text{kN} \cdot \text{m} = 36.42 \text{kN} \cdot \text{m}$$

$$M_{FE} = 20.02 \times (1 - 0.55) \times 6 \text{kN} \cdot \text{m} = 54.05 \text{kN} \cdot \text{m}$$

$$M_{JI} = 13.49 \times (1 - 0.55) \times 6 \text{kN} \cdot \text{m} = 36.42 \text{kN} \cdot \text{m}$$

（4）求出各横梁梁端的弯矩

$$M_{DH} = M_{DC} = 6.75 \text{kN} \cdot \text{m}$$

$$M_{HD} = \frac{3.5}{3.5 + 3.5} \times 8.49 \text{kN} \cdot \text{m} = 4.245 \text{kN} \cdot \text{m}$$

$$M_{HM} = \frac{3.5}{3.5 + 3.5} \times 8.49 \text{kN} \cdot \text{m} = 4.245 \text{kN} \cdot \text{m}$$

$$M_{MH} = M_{ML} = 6.75 \text{kN} \cdot \text{m}$$

$$M_{CG} = M_{CD} + M_{CB} = (5.53 + 18.6) \text{kN} \cdot \text{m} = 24.13 \text{kN} \cdot \text{m}$$

$$M_{GC} = \frac{5}{5 + 5} (M_{GH} + M_{GF}) = 0.5 \times (6.95 + 30.68) \text{kN} \cdot \text{m} = 18.815 \text{kN} \cdot \text{m}$$

$$M_{GL} = \frac{5}{5 + 5} (M_{GH} + M_{GF}) = 0.5 \times (6.95 + 30.68) \text{kN} \cdot \text{m} = 18.815 \text{kN} \cdot \text{m}$$

$$M_{LG} = M_{LM} + M_{LJ} = (5.53 + 18.6) \text{kN} \cdot \text{m} = 24.13 \text{kN} \cdot \text{m}$$

$$M_{BF} = M_{BC} + M_{BA} = (18.6 + 36.42) \text{kN} \cdot \text{m} = 55.02 \text{kN} \cdot \text{m}$$

$$M_{FB} = \frac{7}{7 + 7} (M_{FG} + M_{FE}) = 0.5 \times (30.68 + 54.05) \text{kN} \cdot \text{m} = 42.365 \text{kN} \cdot \text{m}$$

$$M_{FJ} = \frac{7}{7 + 7} (M_{FG} + M_{FE}) = 0.5 \times (30.68 + 54.05) \text{kN} \cdot \text{m} = 42.365 \text{kN} \cdot \text{m}$$

$$M_{JF} = M_{JL} + M_{JL} = (18.6 + 36.42) \text{kN} \cdot \text{m} = 55.02 \text{kN} \cdot \text{m}$$

4.4 框架在水平荷载作用下的位移计算

框架侧移主要是由水平荷载引起的，本节介绍框架侧移的近似计算方法。由于设计时需要分别对层间位移及顶点侧移加以限制，因此需要计算层间位移及顶点侧移。

4.4.1 框架侧移的变形特点

一根悬臂柱在均布荷载作用下，可以分别计算弯矩作用和剪力作用引起的变形曲线，两者形状不同，如图4-16双点画线所示。由剪切引起的变形形状越到底层，相邻两点间的相对变形越大，当 q 向右时，曲线凹向左。由弯矩引起的变形越到顶层，变形越大，当 q 向右时，曲线凹向右。

对于框架结构，如果只考虑梁柱杆件弯曲产生的侧移，则侧移曲线如图 4-17 双点画线所示，它与悬臂柱剪切变形的曲线形状相似，可称为剪切型变形曲线。如果只考虑柱轴向变形形成的侧移曲线，如图 4-17b 双点画线所示，它与悬臂柱弯曲变形形状相似，可称为弯曲型变形曲线。为了便于理解，可以把框架看成一根空腹的悬臂柱，它的截面高度为框架跨度。如果通过反弯点将某层切开，空腹悬臂柱的弯矩 M 和剪力 V 如图 4-18 所示。M 是由柱轴向力 N_A、N_B 这一力偶组成，V 是由柱截面剪力 V_A、V_B 组成。梁柱弯曲变形是由剪力 V_A、V_B 引起，相当于悬臂柱的剪切变形，所以变形曲线呈剪切型。柱轴向变形由轴力产生，相当于弯矩 M 产生的变形，所以变形曲线呈弯曲形。

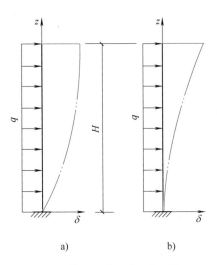

图 4-16　剪力和弯矩引起的侧移

a) 剪力引起　b) 弯矩引起

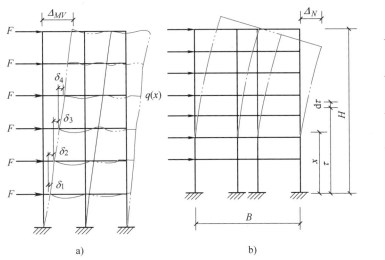

图 4-17　水平荷载作用下框架的变形

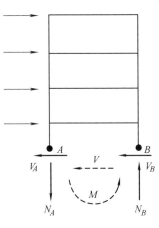

图 4-18　空腹悬臂柱

4.4.2　框架侧移计算

框架在水平荷载作用下的总侧移，可近似地看做由梁柱弯曲变形和柱的轴向变形所引起侧移的叠加。

$$\Delta = \Delta_{MV} + \Delta_N \tag{4-13}$$

式中，Δ_{MV} 为由框架梁柱弯曲变形引起的侧移；Δ_N 为框架柱轴向变形引起的侧移。

（1）由梁柱弯曲变形引起的侧移 Δ_{MV}　根据框架在水平荷载作用下的变形图（见图 4-17a），有

$$\Delta_{MV} = \delta_1 + \cdots + \delta_i + \cdots + \delta_m \tag{4-14}$$

其中，第 i 层间相对侧移　　　　　　　　$\delta_i = \dfrac{V_i}{D_i}$ 　　　　　　　　　　（4-15）

式中，V_i 为第 i 层的楼层剪力，等于第 i 层以上所有水平力之和；D_i 为第 i 层各柱侧移刚度之和。

（2）由柱轴向变形引起的侧移 Δ_N　在水平荷载作用下，对于一般框架来讲，只有两根边柱轴力较大，一侧为拉力，另一侧为压力。中柱因柱子两边梁的剪力相近，轴力很小。这样，由柱轴向变形产生的侧移只需考虑两边柱的贡献。

在任意水平荷载 $q(z)$ 作用下，用单位荷载法可求出由柱轴向变形引起的框架顶点水平位移。

$$\Delta_j^N = 2 \int_0^{H_j} (\overline{N}N/EA)\,\mathrm{d}z \tag{4-16}$$

式中，$\overline{N}$ 为单位水平集中力作用在 j 层时边柱轴力，$\overline{N} = \pm(H_j - Z)/B$，$B$ 为两边柱之间的距离；N 为水平荷载 $q(z)$ 作用下边柱的轴力，按下式确定

$$N = \pm M(z)/B \tag{4-17}$$

$$M(z) = \int_z^H q(\tau)\,\mathrm{d}\tau(\tau - z) \tag{4-18}$$

A 为边柱截面面积。

假定边柱截面沿高度直线变化，令

$$n = A_{顶}/A_{底} \tag{4-19}$$

则　　　　　　　　　　$A(z) = [1 - (1 - n)z/H]A_{底}$ 　　　　　　　　（4-20）

将上述公式整理，则有

$$\Delta_j^N = \frac{2}{EB^2 A_{底}} \int_0^H \frac{(H_j - z)M(z)}{1 - (1 - n)z/H}\,\mathrm{d}z \tag{4-21}$$

针对不同荷载，积分即可求得框架顶部侧移。从计算 Δ_N 的式（4-21）看出，当房屋越高（H 越大），宽度越窄（B 越小）时，由柱轴向力引起的变形 Δ_N 就越大。根据计算，对于房屋高度 H 大于 50m 或房屋的高宽比 H/B 大于 4 的结构，其中 Δ_N 为由框架梁柱弯曲变形而引起的侧移 Δ_{MV} 的 5%～11%，因此当房屋高度或高宽比 H/B 低于上述数值时，Δ_N 可忽略不计。

4.5 框架在竖向荷载及水平荷载作用下的内力组合

框架结构在各种荷载作用下的荷载效应（内力、位移等）确定之后，必须进行荷载效应组合，才能求得框架梁、柱各控制截面的最不利内力。一般来说，对于构件某个截面的某种内力，并不一定是所有荷载同时作用时其内力最为不利，而是在某些荷载作用下才能得到最不利内力。因此，必须对构件的控制截面进行最不利内力组合。

1. 控制截面及最不利内力

构件内力一般沿其长度变化。为了便于施工，构件配筋通常不完全与内力一样变化，而是分段配筋。设计时可根据内力图的变化特点，选取内力较大或截面尺寸改变处的截面作为控制截面，并按控制截面内力进行配筋计算。

框架梁的控制截面通常是梁两端支座处和跨中处截面。竖向荷载作用下梁支座截面是最大负弯矩（弯矩绝对值）和最大剪力作用的截面，水平荷载作用下还可能出现正弯矩。因此，梁支座截面处的最不利内力有最大负弯矩（$-M_{max}$）、最大正弯矩（$+M_{max}$）和最大剪力（V_{max}）；跨中截面的最不利内力一般是最大正弯矩（$+M_{max}$），有时可能出现最大负弯矩（$-M_{max}$）。

根据竖向及水平荷载作用下框架的内力图，可知框架柱的弯矩在柱的两端最大，剪力和轴力在同一层柱内通常无变化或变化很小。因此，柱的控制截面为柱上、下端截面。柱属于偏心受力构件，随着截面上所作用的弯矩和轴力的不同组合，构件可能发生不同形态的破坏，故组合的不利内力类型有若干组。此外，同一柱端截面在不同内力组合时可能出现正弯矩或负弯矩，但框架柱一般采用对称配筋，所以只需选择绝对值最大的弯矩即可。综上所述，框架柱控制截面最不利内力组合一般有以下几种：

1）$|M|_{max}$ 及相应的 N 和 V；

2）$|N|_{max}$ 及相应的 M 和 V；

3）N_{min} 及相应的 M 和 V；

4）$|V|_{max}$ 及相应的 N。

这四组内力组合的前三组用来计算柱正截面受压承载力，以确定纵向受力钢筋数量；第四组用以计算斜截面受剪承载力，以确定箍筋数量。应当指出，由结构分析所得内力是构件轴线处的内力值，而梁支座截面的最不利位置是柱边缘处，如图4-19所示。此外，不同荷载作用下构件内力的变化规律也不同。因此，内力组合前应将各种荷载作用下柱轴线处梁的弯矩值换算到柱边缘处的弯矩值（见图4-19），然后进行内力组合。

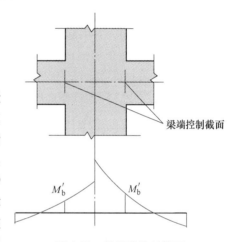

梁端控制截面

M'_b　　　M'_b

图4-19 梁端的控制截面

2. 荷载的不利布置

永久荷载是长期作用于结构上的竖向荷载，结构内力分析时应按荷载的实际分布和数值作用于结构上，计算其效应。楼面活荷载是随机作用的竖向荷载，对于框架房屋某层的某跨梁来说，它有时作用，有时不作用。对于连续梁，应通过活荷载的不利布置确定其支座截面或跨中截面的最不利内力（弯矩或剪力）。对于多、高层框架结构，同样存在楼面活荷载不利布置问题，只是活荷载不利布置方式比连续梁更为复杂。一般来说，结构构件的不同截面或同一截面的不同种类的最不利内力，有不同的活荷载最不利布置。因此，活荷载的最不利布置需要根据截面位置及最不利内力种类分别确定。设计中，一般按下述方法确定框架结构楼面活荷载的最不利布置。

（1）分层分跨组合法　这种方法是将楼面活荷载逐层逐跨单独作用在框架结构上，分别计算出结构的内力。然后对结构上的各个控制截面上的不同内力，按照不利与可能的原则进行挑选与叠加，得到控制截面的最不利内力。这种方法的计算工作量很大，适用于计算机求解。

（2）最不利荷载布置法　对某一指定截面的某种最不利内力，可直接根据影响线原理确定产生此最不利内力的荷载位置，然后计算结构内力。图4-20表示一无侧移的多层多跨框架某跨有活荷载时各杆的变形曲线示意图，其中圆点表示受拉纤维的一边。

由图可见，如果某跨有活荷载作用，则该跨跨中产生正弯矩，并使沿横向隔跨、竖向隔层然后隔跨隔层的各跨跨中引起正弯矩，还使横向邻跨、竖向邻层然后隔跨隔层的各跨跨中产生负弯矩。由此可知，如果要求某跨跨中产生最大正弯矩，则应在该跨布置活荷载，然后沿横向隔跨、沿竖向隔层的各跨也布置活荷载；如果要求某跨跨中产生最大负弯矩（绝对值），则活荷载布置恰与上述相反。图 4-21a 表示 B_1C_1、D_1E_1、A_2B_2、C_2D_2、B_3C_3、D_3E_3、A_4B_4 和 C_4D_4 跨的各跨跨中产生最大正弯矩时活荷载的不利布置方式。

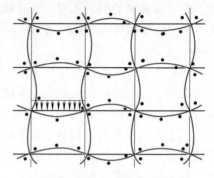

图 4-20　框架杆件的变形曲线

另由图 4-20 可见，如果某跨有活荷载作用，则使该跨梁端产生负弯矩，并引起上、下邻层梁端负弯矩然后逐层相反；还引起横向邻跨近端梁端负弯矩和远端梁端正弯矩，然后逐层逐跨相反。按此规律，如果要求图 4-21b 中梁 B_2C_2 的左端 B_2 产生最大负弯矩（绝对值），则可按此图布置活荷载。按此图活荷载布置计算得到 B_2 截面的负弯矩，即为该截面的最大负弯矩（绝对值）。

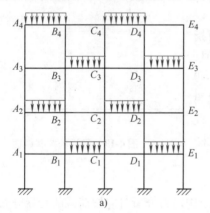
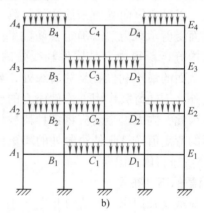

图 4-21　框架结构活荷载不利布置示例

对于梁和柱的其他截面，也可根据图 4-20 的规律得到最不利荷载布置。一般来说，对应于一个截面的一种内力，就有一种最不利荷载布置，相应地须进行一次结构内力计算，这样计算工作量就很大。

目前，国内混凝土框架结构由恒荷载和楼面活荷载引起的重力荷载为 12～14kPa，其中活荷载部分为 2～3kPa，只占全部重力荷载的 15%～20%，活荷载不利分布的影响较小。因此，一般情况下，可以不考虑楼面活荷载不利布置的影响，而按活荷载满布各层各跨梁的一种情况计算内力。为了安全起见，实用上可将这样求得的梁跨中截面弯矩及支座截面弯矩乘以 1.1～1.3 的放大系数，活荷载大时可选用较大的数值。但是，当楼面活荷载大于 4kPa 时，应考虑楼面活荷载不利布置引起的梁弯矩的增大。

风荷载和水平地震作用应考虑正、反两个方向的作用。如果结构对称，这两种作用均为反对称，只需要作一次内力计算，内力改变符号即可。

─────── 思考题 ───────

1. 框架结构的承重方案有哪几种？各有什么特点？
2. 试建立空间框架结构的计算模型，并绘出计算简图。
3. 试绘制用分层法计算框架结构的简图，并说明计算要点。
4. 在框架结构水平内力计算中，反弯点法和 D 值法各有何特点？
5. 框架结构中，梁、柱的控制截面在何处？如何进行框架结构楼面活荷载的布置？

5.1 一般规定

考虑到地震作用的随机性，框架结构应设计成双向梁柱抗侧力体系，并通过节点连接，形成空间受力体系。主体结构中的节点除个别部位外，不应采用铰接。根据以前对框架结构震害的研究经验，抗震设计的框架结构不宜采用单跨框架，单跨框架超静定次数较少，安全储备不够，在地震时容易形成机构，不宜作为抗震设计的框架形式。

框架梁、柱中心线宜重合。当梁、柱中心线不能重合时，在计算中应考虑偏心对梁、柱节点核心区受力和构造的不利影响，同时应考虑梁荷载对柱子的偏心影响。为承托隔墙，又要尽量减少梁轴线与柱轴线的偏心距，可采用梁上挑板承托墙体的处理方法。

梁、柱中心线之间的偏心距，9度抗震设计时**不应大于柱**截面在该方向宽度的 1/4；非抗震设计和 6~8 度抗震设计时**不宜大于柱**截面在该方向宽度的 1/4，如偏心距大于该方向柱宽的 1/4 时，可采取增设梁的水平加腋（见图 5-1）等措施，试验表明，此法能明显改善梁柱节点承受反复荷载的性能。

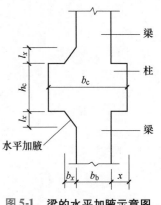

图 5-1 梁的水平加腋示意图

设置水平加腋后，仍须考虑梁柱偏心的不利影响。梁的水平加腋厚度可取梁截面高度，水平尺寸宜满足下列要求

$$\left.\begin{array}{l} b_x/l_x \leqslant 1/2 \\ b_x/b_b \leqslant 2/3 \\ b_b + b_x + x \geqslant b_c/2 \end{array}\right\} \tag{5-1}$$

为满足梁的刚度和承载力要求，节省材料和有利的建筑空间，有时可将梁设计成梁端下部加腋形式（见图 5-2）。这种加腋梁在进行框架的内力和位移计算时，可采用等效线刚度代替变截面加腋梁的实际线刚度。当梁两端加腋对称时，其等效线刚度为加腋梁中间部分截面的线刚度乘以等效刚度系数。等效刚度系数见表 5-1。

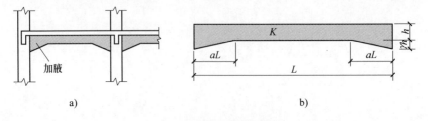

a)   b)

图 5-2 梁端下部加腋形式

表 5-1　等效刚度系数

γ a	0.0	0.4	0.6	1.0	1.5	2.0
0.10	1.00	1.25	1.34	1.47	1.57	1.64
0.20	1.00	1.52	1.76	2.16	2.56	2.87
0.30	1.00	1.78	2.21	3.09	4.16	5.19
0.40	1.00	2.00	2.62	4.10	6.32	8.92
0.50	1.00	2.15	2.92	4.89	8.25	12.70

　　按等效线刚度电算输出的跨中、支座纵向钢筋及支座边按剪力所需箍筋是不真实的，应根据内力手算确定配筋。

　　框架结构空间的分隔通常要用到大量的填充墙及隔墙，墙体材料宜选用轻质墙体。抗震设计时，框架结构如采用砌体填充墙，其布置应符合下列要求：①避免形成上、下层刚度变化过大；②避免形成短柱；③减少因抗侧刚度偏心所造成的结构扭转。

　　地震时，框架结构中的填充墙容易发生平面外的失稳，所以抗震设计时，砌体填充墙及隔墙应具有自身稳定性，并应符合下列要求：

　　① 砌体的砂浆强度等级不应低于 M5，当采用砖及混凝土砌块时，砌块的强度等级不应低于 MU5；采用轻质砌块时，砌块的强度等级不应低于 MU2.5。墙顶应与框架梁或楼板密切结合。

　　② 砌体填充墙应沿框架柱全高每隔 500mm 左右设置 2 根直径 6mm 的拉筋，6 度时拉筋宜沿墙全长贯通，7、8、9 度时应沿墙全长贯通。

　　③ 墙长大于 5m 时，墙顶与梁（板）宜有钢筋拉结；墙长大于 8m 或层高的 2 倍时，宜设置间距不大于 4m 的钢筋混凝土构造柱；墙高超过 4m 时，墙体半高处（或门洞上皮）宜设置与柱连接且沿墙全长贯通的钢筋混凝土水平连系梁。

　　④ 楼梯间采用砌体填充墙时，应设置间距不大于层高且不大于 4m 的钢筋混凝土构造柱，并应采用钢丝网砂浆面层加强。

　　框架结构按抗震设计时，不应采用部分由砌体墙承重的混合形式。框架结构中的楼、电梯间及局部出屋顶的电梯机房、楼梯间、水箱间等，应采用框架承重，不应采用砌体墙承重。因为后者与主体结构连接不够牢固，容易形成震害。

　　抗震设计的框架结构中，当仅布置少量钢筋混凝土剪力墙时，结构分析计算应考虑该剪力墙与框架的协同工作。当楼、电梯间位置较偏而产生较大的刚度偏心时，宜采取将此种剪力墙减薄、开竖缝、开结构洞、配置少量单排钢筋等措施，减小剪力墙的作用，并宜增加与剪力墙相连的柱子的配筋。

　　现浇框架梁、柱、节点的混凝土强度等级，按一级抗震等级设计时，不应低于 C30；按二～四级和非抗震设计时，不应低于 C20。

　　现浇框架梁的混凝土强度等级不宜大于 C40；框架柱的混凝土强度等级，抗震设防烈度为 9 度时不宜大于 C60，抗震设防烈度为 8 度时不宜大于 C70。强度等级过高的混凝土延性较弱，在地震发生时容易发生脆性破坏。

5.2　截面设计

5.2.1　框架梁

　　框架梁属受弯构件，破坏形态有两种形式：弯曲破坏和剪切破坏。从延性角度看，适筋梁的弯曲破坏延性最好，设计时应保证框架梁必须是适筋梁。同时要保证梁的强剪弱弯，应按受弯构件正截面受弯承载力计算所需要的纵筋数量，按斜截面受剪承载力计算所需要的箍筋数量，并采取相应的构造措施。即使是适筋梁，梁的延性也与受拉钢筋的配筋率 ρ_s 有直接的关系。ρ_s 越低，梁的延性越好。由力的平衡来看：$A_s f_y - A_s' f_y' = f_{cm} bx$，受压钢筋配筋率越高，梁的受压区高度 x 就越小，塑性铰的转动能力就越强，梁的延性就越好。

1. 框架梁受弯承载力分析

为了避免梁支座处抵抗负弯矩的钢筋过分拥挤，以及在抗震结构中形成梁铰破坏机构增加结构的延性，可以考虑框架梁端塑性变形内力重分布，对竖向荷载作用下梁端负弯矩进行调幅。对现浇框架梁，梁端负弯矩调幅系数可取 0.8 ~ 0.9；对于装配整体式框架梁，由于梁柱节点处钢筋焊接、锚固、接缝不密实等原因，受力后节点各杆件产生相对角变，其节点的整体性不如现浇框架，故其梁端负弯矩调幅系数可取 0.7 ~ 0.8。框架梁端截面负弯矩调幅后，梁跨中截面弯矩应按平衡条件相应增大。截面设计时，框架梁跨中截面正弯矩设计值不应小于竖向荷载作用下按简支梁计算的跨中截面弯矩设计值的 50%。应先对竖向荷载作用下的框架梁弯矩进行调幅，再与水平荷载产生的框架梁弯矩进行组合。

进行梁的正截面受弯承载力设计应满足下列要求：

（1）持久、短暂设计状况

$$M_{bmax} \leqslant f_{cm} bx \left(h_{b0} - \frac{x}{2} \right) + A_s' f_y' (h_{b0} - a')$$

$$= (A_s - A_s') f_y \left(h_{b0} - \frac{x}{2} \right) + A_s' f_y (h_{b0} - a') \tag{5-2}$$

（2）地震设计状况　试验研究表明，在低周反复荷载作用下，构件的正截面承载力与一次加载时的正截面承载力没有太多差别。因此，对框架梁，其正截面承载力仍可用非抗震设计的相应公式计算，但应考虑相应的承载力抗震调整系数。

$$M_{bmax} \leqslant \frac{1}{\gamma_{RE}} \left[(A_s - A_s') f_y \left(h_{b0} - \frac{x}{2} \right) + A_s' f_y (h_{b0} - a') \right] \tag{5-3}$$

（3）为保证框架梁的延性需满足的限制条件

1）为避免超筋，不考虑地震作用时要求

$$x \leqslant \xi_b h_{b0} \tag{5-4}$$

同时为避免少筋，跨中截面受拉钢筋最小配筋率为 0.2%，支座截面最小配筋率为 0.25%。

2）考虑地震组合时，为保证梁端塑性铰的延性，设计时要求梁端截面必须配置一定数量的受压钢筋，以形成双筋截面，并控制名义压区高度：

一级抗震 $\qquad\qquad\qquad x \leqslant 0.25 h_{b0}, \ \dfrac{A_s'}{A_s} \geqslant 0.5 \tag{5-5}$

二、三级抗震 $\qquad\qquad x \leqslant 0.35 h_{b0}, \ \dfrac{A_s'}{A_s} \geqslant 0.3 \tag{5-6}$

四级同非抗震要求。

同时最小配筋率应满足表 5-2 的要求。

表 5-2　抗震设计框架最小配筋百分率（％）

抗震等级	一　级	二　级	三、四级
支座	0.4	0.3	0.25
跨中	0.3	0.25	0.2

梁跨中截面受压区控制与非抗震相同。

2. 框架梁受剪承载力分析

试验研究表明，在低周反复荷载作用下，构件上出现两个不同方向的交叉斜裂缝，直接承受剪力的混凝土受压区因有斜裂缝通过，其受剪承载力比一次加载时的受剪承载力要低，梁的受压区混凝土不再完整，斜裂缝的反复张开与闭合，使骨料咬合作用下降，严重时混凝土将剥落。根据试验资料，反复荷载下梁的受剪承载力比静荷载下低 20％～40％。因此，抗震设计时，框架梁、柱、剪力墙和连梁等构件的斜截面混凝土受剪承载力取非抗震设计时混凝土相应受剪承载力的 0.6 倍，同时应考虑相应的承载力抗震调整系数，并且要满足强剪弱弯的要求。因此，在抗震设计和非抗震设计时抗剪承载力有所不同。抗剪承载力验算公式可以按《混凝土结构设计规范》的有关规定进行计算。

为了保证框架梁塑性铰区的强剪弱弯，《建筑抗震设计规范》规定，一～三级抗震时应根据梁的受弯承载力计算其设计剪力。四级时可直接取考虑地震作用组合的剪力设计值 V_{b}

$$V_{\mathrm{b}} = \eta_{\mathrm{vb}} \frac{M_{\mathrm{b}}^{l} + M_{\mathrm{b}}^{\mathrm{r}}}{l_{\mathrm{n}}} + V_{\mathrm{Gb}} \tag{5-7}$$

9 度抗震的一级框架梁、连梁和一级的框架结构还要满足下式要求

$$V_{\mathrm{b}} = 1.1 \frac{M_{\mathrm{bu}}^{l} + M_{\mathrm{bu}}^{\mathrm{r}}}{l_{\mathrm{n}}} + V_{\mathrm{Gb}} \tag{5-8}$$

式中，η_{vb} 为梁剪力增大系数，一、二、三级分别取 1.3、1.2 和 1.1；l_{n} 为梁的净跨；M_{bu}^{l}，$M_{\mathrm{bu}}^{\mathrm{r}}$ 分别表示框架梁左、右端的考虑抗震调整系数后的极限受弯承载力，按梁的实际配筋计算。计算时，一端取上部钢筋作为受拉筋，另一端取下部钢筋作为受拉钢筋

$$M_{\mathrm{bu}} = A_{\mathrm{s}} f_{\mathrm{yk}} (h_{\mathrm{b0}} - a') \tag{5-9}$$

M_{b}^{l}，$M_{\mathrm{b}}^{\mathrm{r}}$ 分别为组合得到的梁左右端计算弯矩，也是一端按顺时针取，另一端按逆时针取；V_{Gb} 为本跨竖向重力荷载代表值（9 度时还应包括竖向地震作用标准值）产生的简支支座反力。

在塑性铰区以外，仍然按照组合得到的剪力计算箍筋用量。

试验表明，在一定范围增加箍筋可以提高构件的受剪承载力。但作用在构件上的剪力最终要通过混凝土来传递。如果剪压比过大，混凝土就会过早地产生脆性破坏，而箍筋不能充分发挥作用。梁端塑性铰区的截面剪应力大小对梁的延性、耗能及保持梁的刚度和承载力有明显影响。根据反复荷载下配箍率较高的梁剪切试验资料，其极限剪压比平均值约为 0.24。当剪压比大于 0.30 时，即使增加配箍，也容易发生斜压破坏。剪压比限值，主要是防止发生剪切斜压破坏，其次是限制使用荷载下斜裂缝的宽度，同时也是梁的最大配箍条件。因此，框架梁应该满足如下的截面限制条件：

1）持久、短暂设计状况　　　　　$V_{\mathrm{b}} \leqslant 0.25 \beta_{\mathrm{c}} f_{\mathrm{c}} b_{\mathrm{b}} h_{0}$ (5-10)

2）地震设计状况，跨高比大于 2.5 的梁

$$V_b \leqslant \frac{1}{\gamma_{RE}}(0.2\beta_c f_c b_b h_{b0}) \tag{5-11}$$

跨高比不大于 2.5 的梁

$$V_b \leqslant \frac{1}{\gamma_{RE}}(0.15\beta_c f_c b h_0) \tag{5-12}$$

式中，β_c 为混凝土强度影响系数，混凝土强度等级不高于 C50 时取 1.0，强度等级为 C80 时取 0.8，高于 C50、低于 C80 时取线性插值；γ_{RE} 为承载力调整系数；f_c 为混凝土轴心抗压强度设计值；b 为梁的宽度；h_0 为梁的有效高度；V_b 为框架梁剪力设计值，按强剪弱弯原则调整梁的截面剪力，其取值可按式（5-7）、式（5-8）计算。

当不满足上述条件时，一般采用加大梁截面宽度或提高混凝土的等级的方法。从强柱弱梁角度考虑，不宜采用加大梁高的做法。

5.2.2 框架柱

在国内外历次大地震中，由于钢筋混凝土柱破坏造成的震害是很多的，房屋是否能够坏而不倒，很大程度上与柱的延性好坏有关。框架柱的破坏一般均发生在柱的上下端。由于在地震作用下柱端弯矩最大，因此常在柱端出现水平或斜向裂缝，严重的柱端混凝土被压碎，钢筋压曲。震害表明，角柱的破坏比中柱和边柱严重，这是因为角柱在两个主轴方向的地震作用下，为双向偏心受压构件，并受有扭矩的作用，而设计时往往对此考虑不周。短柱的剪切破坏在地震中是十分普遍的，其破坏是脆性的。为了保证延性，要防止脆性的剪切破坏，也要避免几乎没有延性的小偏压破坏。实现框架柱的延性设计要注意以下几点：

1. 强柱弱梁原则的实现

在地震作用下，强柱弱梁的原则是形成梁铰机制的关键，通过增大柱端弯矩，使塑性铰出现在梁端。要求各节点处柱端的受弯承载力大于梁端的受弯承载力，因此对计算的柱端弯矩值进行调整。一般情况下，框架的梁、柱节点处，柱端组合的弯矩设计值应满足

$$\sum M_c = \eta_c \sum M_b \tag{5-13}$$

一级框架结构及 9 度时的框架尚应符合下式的要求

$$\sum M_c = 1.2 \sum M_{bua} \tag{5-14}$$

式中，$\sum M_c$ 为节点上、下柱端截面顺时针或逆时针方向组合的弯矩设计值之和，上、下柱端的弯矩设计值，可按弹性分析的弯矩比例分配；$\sum M_b$ 为节点左右梁端截面逆时针或顺时针方向组合的弯矩设计值之和，当抗震等级为一级且节点左右梁端均为负弯矩时，绝对值较小的弯矩取零；$\sum M_{bua}$ 为节点左右梁端截面逆时针或顺时针方向实配的正截面抗震受弯承载力所对应的弯矩之和，可根据实配钢筋面积（计入受压钢筋和梁有效翼缘宽度范围内的楼板钢筋）和材料强度标准值并考虑承载力抗震调整系数计算；η_c 为柱端弯矩增大系数，对于框架结构，二、三级分别取 1.5 和 1.3，对其他结构中的框架，一、二、三、四级分别取 1.4、1.2、1.1 和 1.1。

为防止框架结构底层柱底过早出现塑性铰而影响结构整体变形能力，同时当梁端塑性铰出现后，塑性内力重分布使底层柱的弯矩有所增大。对于一、二、三级的框架结构，底层柱下端截面的弯矩设计值，应按考虑地震作用组合的弯矩设计值分别乘以增大系数 1.7、1.5 和 1.3。

对于一、二、三级框架的角柱，承受双向偏心受压作用，考虑受力的复杂性，对内力调整后的弯矩和剪力设计值，应再乘以不小于 1.1 的增大系数。

2. 强剪弱弯原则的实现

为防止框架柱在弯曲破坏前发生脆性的剪切破坏，要求柱的受剪承载力大于受弯承载力，要对框架柱的剪力值作如下调整：

框架柱、框支柱端截面的剪力设计值，一、二、三、四级时应按下列公式计算

$$V = \eta_{vc}(M_c^b + M_c^t)/H_n \tag{5-15}$$

一级框架结构及 9 度时的框架尚应符合

$$V = 1.2(M_{cua}^b + M_{cua}^t)/H_n \tag{5-16}$$

式中，V 为柱端截面组合的剪力设计值；H_n 为柱的净高；M_c^t，M_c^b 分别为柱上、下端截面顺时针或逆时针方向组合的弯矩设计值（已经按强柱弱梁的有关各式调整）；M_{cua}^b，M_{cua}^t 分别为偏心受压柱上、下端截面顺时针或逆时针方向，按实配钢筋、材料强度标准值、重力荷载代表值产生的轴向压力设计值计算的正截面抗弯承载力所对应的弯矩值（考虑 γ_{RE}）；η_{vc} 为柱剪力增大系数，对于框架结构，二、三级分别取 1.3、1.2，对于其他结构类型的框架，一、二级分别取 1.4、1.2，三、四级均取 1.1。

3. 柱的剪压比限值

当柱截面尺寸较小而所受剪力相对较大时，有可能由于柱腹部出现过大的主压应力而使混凝土压碎破坏，此时腹筋往往不能达到屈服强度，即发生剪切的斜压破坏，所以应限制柱的剪压比。

1）持久、短暂设计状况

$$V_c \leqslant 0.25\beta_c f_c b h_0 \tag{5-17}$$

2）地震设计状况，剪跨比大于 2 的柱

$$V_c \leqslant \frac{1}{\gamma_{RE}}(0.2\beta_c f_c b h_0) \tag{5-18}$$

剪跨比不大于 2 的柱

$$V_c \leqslant \frac{1}{\gamma_{RE}}(0.15\beta_c f_c b h_0) \tag{5-19}$$

式中，β_c 为混凝土强度影响系数，混凝土强度等级不高于 C50 时取 1.0，强度等级为 C80 时取 0.8，高于 C50、低于 C80 时取线性插值；γ_{RE} 为承载力调整系数；f_c 为混凝土轴心抗压强度设计值；b 为柱的宽度；h_0 为柱的有效高度；V_c 为框架柱剪力设计值。

框架柱剪跨比 λ 定义为反弯点与柱端的距离（较大值）和柱截面高度的比值，如图 5-3 所示。

框架柱一般为偏心受压构件，通常采用对称配筋。柱中纵筋数量应按偏心受压构件的正截面受压承载力计算确定；箍筋数量应按偏心受压构件的斜截面受剪承载力计算确定。

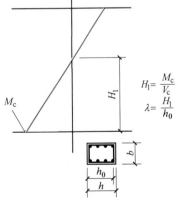

$$H_1 = \frac{M_c}{V_c}$$
$$\lambda = \frac{H_1}{h_0}$$

4. 正截面承载力验算公式

1）持久、短暂设计状况

$$N_e = \alpha_1 f_c b x \left(h_0 - \frac{x}{2}\right) + f_{yv}A_s'(h_0 - a')$$

图 5-3　框架柱剪跨比计算

$$x = \frac{N}{\alpha_1 f_c b} \tag{5-20}$$

2）地震设计状况

$$N_e = \frac{1}{\gamma_{RE}}\left[\alpha_1 f_c bx\left(h_0 - \frac{x}{2}\right) + f_{yv}A_s'(h_0 - a')\right]$$

$$x = \frac{\gamma_{RE}N}{\alpha_1 f_c b} \tag{5-21}$$

5. 斜截面抗剪承载力验算

研究表明，影响框架柱受剪承载力的主要因素除混凝土强度外还有剪跨比、轴压比和配箍特征值等。剪跨比越大，受剪承载力越低。试验表明，轴压力在一定范围内对柱的抗剪起着有利的作用，它能阻滞斜裂缝的出现和开展，有利于骨料咬合，能增加混凝土剪压区的高度，从而提高混凝土抗剪能力。但是，轴压力对柱抗剪能力的提高是有限度的。当轴压比为0.3~0.5时，构件的抗剪能力达到最大值，再增大轴压力，混凝土内部将产生微裂缝，则会降低构件的抗剪能力。在一定范围内，配箍越多，受剪承载力也会提高。在反复荷载下，截面上混凝土反复开裂和剥落，混凝土咬合作用有所削弱，这将引起构件受剪承载力的降低。与单调加载相比，在反复荷载下的构件受剪承载力要降低10%~30%。

1）框架柱受压时斜截面抗剪承载能力按下式验算

持久、短暂设计状况　　　　$V_c = \frac{1.75}{\lambda + 1}f_t bh_0 + f_{yv}\frac{A_{sv}}{s}h_0 + 0.07N \tag{5-22}$

地震设计状况　　　　$V_c = \frac{1}{\gamma_{RE}}\left(\frac{1.05}{\lambda + 1}f_t bh_0 + f_{yv}\frac{A_{sv}}{s}h_0 + 0.056N\right) \tag{5-23}$

式中，N为考虑风荷载或地震作用组合的框架柱轴向压力设计值，当$N > 0.3f_c bh$时，取$N = 0.3f_c bh$；λ为框架柱的剪跨比，当$\lambda < 1$时取$\lambda = 1$，当$\lambda > 3$时取$\lambda = 3$。

2）框架柱受拉时斜截面抗剪承载能力按下式验算

持久、短暂设计状况　　　　$V_c = \frac{1.75}{\lambda + 1}f_t bh_0 + f_{yv}\frac{A_{sv}}{s}h_0 - 0.2N \tag{5-24}$

地震设计状况　　　　$V_c = \frac{1}{\gamma_{RE}}\left(\frac{1.05}{\lambda + 1}f_t bh_0 + f_{yv}\frac{A_{sv}}{s}h_0 - 0.2N\right) \tag{5-25}$

式中，N为与剪力设计值对应的轴向拉力设计值，取绝对值；λ为框架柱的剪跨比。

上式中右边括弧内的计算值小于$f_{yv}\frac{A_{sv}}{s}h_0$时，取其等于$f_{yv}\frac{A_{sv}}{s}h_0$，且该值不应小于$0.36f_c bh_0$。

框架柱的抗剪是由混凝土和箍筋共同承担的。试验证明，在反复荷载下，框架柱的斜截面破坏，有斜拉、斜压和剪压等几种破坏形态。当配箍率能满足一定要求时，可防止斜拉破坏；当截面尺寸满足一定要求时，可防止斜压破坏，见式（5-17）~式（5-19）；而对于剪压破坏，则应通过配筋计算来防止。

6. 框架柱的验算还应注意的两个细节

（1）柱截面最不利内力的选取　经内力组合后，每根柱上、下两端组合的内力设计值通常有6~8组，应从中挑选出一组最不利内力进行截面配筋计算。但是，由于M与N的相互影响，很难找出哪一组为最不利内力。此时可根据偏心受压构件的判别条件，将这几组内力分为大偏心受压组和小偏心受压组。对于大偏心受压组，按照"弯矩相差不多时，轴力越小越不利；轴力相差不多时，弯矩越大越不利"的原则进行比较，选出最不利内力。对于小偏心受压组，按照"弯矩相差不多时，轴力越大越不利；轴力相差不多时，弯矩越大越不利"的原则进行比较，选出最不利内力。

（2）框架柱的计算长度 l_0　在偏心受压柱的配筋计算中，需要确定柱的计算长度 l_0。《混凝土结构设计规范》规定，l_0 可按下列规定确定：

1）一般多层房屋中梁柱为刚接的框架结构，各层柱的计算长度 l_0 按表 5-3 取用。

表 5-3　框架结构各层柱的计算长度

楼盖类型	柱的类别	计算长度
现浇楼盖	底层柱	$1.0H$
	其余各层柱	$1.25H$
装配式楼盖	底层柱	$1.25H$
	其余各层柱	$1.5H$

2）当水平荷载产生的弯矩设计值占总弯矩设计值的 75% 以上时，框架柱的计算长度 l_0 可按下列两个公式计算，并取其中的较小值。

$$\left. \begin{array}{l} l_0 = [1 + 0.16(\psi_u + \psi_l)]H \\ l_0 = (2 + 0.2\psi_{min})H \end{array} \right\} \tag{5-26}$$

式中，ψ_u，ψ_l 分别为柱的上端、下端节点处交汇的各柱线刚度之和与交汇的各梁线刚度之和的比值；ψ_{min} 为 ψ_u，ψ_l 中的较小值。

表 5-3 和式（5-26）中的 H 为柱的高度，其取值对底层柱为从基础顶面到一层楼盖顶面的高度；对其余各层柱为上、下两层楼盖顶面之间的距离。

5.2.3　节点核心区的验算

1. 节点核心区承载力和延性的影响因素

节点核心区是保证框架承载力和实现"强节点弱杆件"的关键，对抗震等级为一、二级框架的节点核心区，应进行抗震验算；三、四级框架节点核心区，可不进行抗震验算，但应符合相应的构造措施。影响框架节点核心区承载力和延性的因素主要有：

（1）梁板对节点核心区的约束作用　试验表明，正交梁，即与框架平面相垂直且与节点相交的梁，对节点核心区具有约束作用，能提高节点核心区混凝土的抗剪强度。但如正交梁与柱面交界处有竖向裂缝，则这种作用就受到削弱。

四边有梁且带有现浇楼板的中柱节点，其混凝土的抗剪强度比不带楼板的节点有明显的提高。一般认为，对这种中柱节点，当正交梁的截面宽度不小于柱宽的 1/2，且截面高度不小于框架梁截面高度的 3/4 时，在考虑了正交梁开裂等不利影响后，节点核心区的混凝土抗剪强度比不带正交梁及楼板时要提高 50% 左右。试验还表明，对于三边有梁的边柱节点和两边有梁的角柱节点，正交梁和楼板的约束作用并不明显。

（2）轴压力对节点核心区混凝土抗剪强度和节点延性的影响　当轴压力较小时，节点核心区混凝土的抗剪强度随着轴压力的增加而增加，且直到节点核心区被较多交叉斜裂缝分割成若干菱形块体时，轴压力的存在仍能提高其抗剪强度。但当轴压比大于 0.6 ~ 0.8 时，节点核心区的混凝土抗剪强度反而随轴压力的增加而下降。轴压力的存在会使节点核心区的延性降低。

（3）剪压比和配箍率对节点核心区混凝土抗剪强度的影响　与其他混凝土构件类似，节点核心区的混凝土和钢筋是共同作用的。根据桁架模型或拉压杆模型，钢筋起拉杆的作用，混凝土则主要起压杆的作用。显然，节点破坏时可能钢筋先坏，也可能混凝土先坏。一般我们希望钢筋先坏，这就必须要求节点的尺寸不能过小，或节点核心区的配筋率不能过高。当节点核心区配箍率过高时，节点核心区混凝土将首先破坏，使箍筋不能充分发挥作用。因此，应对节点核心区的最大配箍率加以限制。在设计中可采用限制节点水平截面上的剪压比来实现这一要求。试验表明，当节点核心区截面的剪压比大于 0.35 时，增加箍筋的作用已不明显，这时须增大节点水平截面的尺寸。

（4）梁纵筋滑移对结构延性的影响　框架梁纵筋在中柱节点核心区通常以连续贯通的形式通过。在反复荷载作用下，梁纵筋在节点一边受拉屈服，而在另一边受压屈服。如此循环往复，将使纵筋的黏结迅速破坏，导致梁纵筋在节点核心区贯通滑移，使节点核心区受剪承载力降低，亦使梁截面后期受弯承载力和延性降低，使节点的刚度和耗能能力明显下降。试验表明，边柱节点梁的纵筋锚固比中柱节点的好，滑移较小。

为防止梁纵筋滑移，最好采用直径不大于 1/25 柱宽的钢筋，即使梁纵筋在节点区有不小于 25 倍其直径的锚固长度，也可以将梁纵筋穿过柱中心轴后再弯入柱内，以改善其锚固性能。

2. 节点核心区受剪承载力分析

（1）节点　取某中间节点核心区为隔离体，设梁端已出现塑性铰，则梁受拉纵筋的应力为 f_{yk}，不计框架梁的轴力，并不计正交梁对节点核心区受力的影响，则节点核心区的受力如图 5-4a 所示。设节点水平截面上的剪力为 V_j，则节点上半部的力合成 V_j，即

$$V_j = D^l + T^r - V_c = f_{yk}A_s^b + f_{yk}A_s^t - V_c \tag{5-27}$$

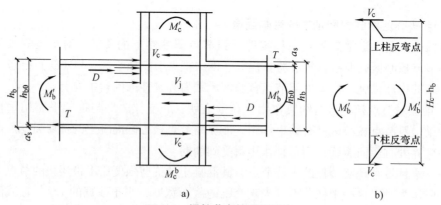

图 5-4　梁柱节点核心区受力

取柱净高部分为脱离体，如图 5-4b 所示。由该柱的平衡条件得

$$V_c = \frac{M_b^l + M_b^r}{H_c - h_b} \tag{5-28}$$

式中，H_c 为节点上柱和下柱反弯点之间的距离（通常为一层框架柱的高度）；h_b 为框架梁的截面高度。

从而得

$$V_c = \frac{M_b^l + M_b^r}{H_c - h_b} = \frac{(f_{yk} A_s^b + f_{yk} A_s^t)(h_{b0} - a_s')}{H_c - h_b} \qquad (5\text{-}29)$$

把式（5-29）代入式（5-27），得中间层节点的剪力为

$$V_j = f_{yk}(A_s^b + A_s^t)\left(1 - \frac{h_{b0} - a_s'}{H_c - h_b}\right) \qquad (5\text{-}30)$$

对于顶层节点，则有

$$V_j = f_{yk}(A_s^b + A_s^t) \qquad (5\text{-}31)$$

因为梁端弯矩可为逆时针或顺时针方向，两者的 $(A_s^b + A_s^t)$ 是不同的，设计计算时应取其中较大的值，并且 $(A_s^b + A_s^t)$ 应按实际配筋的面积计算。

规范在引入了强度增大系数后，规定如下：

1）设防烈度为 9 度和抗震等级为一级时，对顶层中间节点和端节点，取

$$V_j = 1.15 f_{yk}(A_s^b + A_s^t) \qquad (5\text{-}32)$$

且其值不应小于按式（5-5）求得的 V_j 值。对其他层的中间节点和端节点，取

$$V_j = 1.15 f_{yk}(A_s^b + A_s^t)\left(1 - \frac{h_{b0} - a_s'}{H_c - h_b}\right) \qquad (5\text{-}33)$$

且其值不应小于按式（5-7）求得的 V_j 值。

2）在其他情况下，可不按实际配筋求梁端极限弯矩，而直接按节点两侧梁端设计弯矩计算。对顶层中间节点和端节点，取

$$V_j = \eta_b \frac{M_b^l + M_b^r}{h_{b0} - a_s'} \qquad (5\text{-}34)$$

对于其他层中间节点和端节点，考虑柱剪力的影响，取

$$V_j = \eta_b \frac{M_b^l + M_b^r}{h_{b0} - a_s'}\left(1 - \frac{h_{b0} - a_s'}{H_c - h_b}\right) \qquad (5\text{-}35)$$

式中，η_b 为节点剪力增大系数，一级取 1.35，二级取 1.2。同样，$(M_b^l + M_b^r)$ 有逆时针和顺时针两个值，应取其中较大的值。对各抗震等级的顶层端节点和三、四级抗震等级的框架节点，可不进行抗剪计算，仅按构造配置箍筋即可。在计算中，当节点两侧梁高不相同时，h_{b0} 和 h_b 取各自的平均值。

核心区截面有效计算的宽度，应按下列规定采用：

1）当验算方向的梁截面宽度不小于该侧柱截面宽度的 1/2 时，可采用该侧柱截面宽度；当小于柱截面宽度的 1/2 时，可采用下列两者的较小值：

$$b_j = b_b + 0.5 h_c \qquad (5\text{-}36)$$

$$b_j = b_c \qquad (5\text{-}37)$$

式中，b_j 为节点核心区的截面有效计算宽度；b_b 为梁截面宽度；h_c 为验算方向的柱截面高度；b_c 为验算方向的柱截面宽度。

2）当梁、柱的中线不重合且偏心距不大于柱截面宽度的 1/2 时，可采用式（5-36）、式

（5-37）和式（5-38）计算结果的较小值。

$$b_j = 0.5(b_b + b_c) + 0.25h_c - e \tag{5-38}$$

式中，e 为梁与柱中线偏心距。

节点核心区受剪截面应符合下式要求

$$V_j \leqslant \frac{1}{\gamma_{RE}}(0.30\eta_j\beta_c f_c h_j) \tag{5-39}$$

式中，η_j 为正交梁的约束影响系数，楼板为现浇、梁柱中线重合、四侧各梁截面宽度不小于该侧柱截面宽度的 1/2 且正交方向梁高度不小于框架梁高度的 3/4 时，可采用 1.5，9 度时宜采用 1.25，其他情况宜采用 1.0；h_j 为节点核心区的截面高度，可采用验算方向的柱截面 h_c；γ_{RE} 为承载力抗震调整系数，可采用 0.85；β_c 为混凝土强度影响系数；f_c 为混凝土轴心受压强度设计值。

节点核心区截面受剪承载力，应按下列公式验算：

设防烈度为 9 度时　　　$$V_j \leqslant \frac{1}{\gamma_{RE}}\left(0.9\eta_j\beta_c f_t h_j + f_{yv}A_{avj}\frac{h_{b0} - a_s'}{s}\right) \tag{5-40}$$

其他情况　　　$$V_j \leqslant \frac{1}{\gamma_{RE}}\left(1.1\eta_j\beta_c f_t h_j + 0.05\eta_j N\frac{b_j}{b_c} + f_{yv}A_{avj}\frac{h_{b0} - a_s'}{s}\right) \tag{5-41}$$

式中，N 为对应于组合剪力设计值的上柱组合轴向力设计值。当 N 为轴向压力时，不应大于柱的截面面积和混凝土轴心抗压强度设计值乘积的 50%；当 N 为拉力时，应取为零；f_{yv} 为箍筋的抗拉强度设计值；f_t 为混凝土轴心抗拉强度设计值；s 为箍筋间距。

当梁宽大于柱宽的扁梁框架的梁柱节点在设计时要注意的是：①楼盖应采用现浇，梁柱中心线宜重合；②扁梁框架的梁柱节点核心区应根据上部纵向钢筋在柱宽范围内、外的截面面积比例，对柱宽以内和柱宽以外的范围分别计算受剪承载力。计算柱外节点核心区的剪力设计值时，可不考虑节点以上柱下端的剪力作用。

3）节点核心区计算除应符合一般梁柱节点的要求外，尚应符合下列要求：

① 按式（5-39）计算核心区受剪截面时，核心区有效宽度可取梁宽与柱宽的平均值。

② 四边有梁的节点约束影响系数，计算柱宽范围内核心区的受剪承载力时可取 1.5，计算柱宽范围外核心区的受剪承载力时宜取 1.0。

③ 计算核心区受剪承载力时，在柱宽范围内的核心区，轴力的取值可同一般梁柱节点；柱宽以外的核心区可不考虑轴向压力对受剪承载力的有利作用。

④ 锚入柱内的梁上部纵向钢筋宜大于其全部钢筋截面面积的 60%。

对于圆柱的梁柱节点，当梁中线与柱中线重合时，圆柱框架梁柱节点核心区受剪截面应符合下式要求

$$V_j \leqslant \frac{1}{\gamma_{RE}}(0.03\eta_j\beta_c f_c A_j) \tag{5-42}$$

式中，η_j 为正交梁的约束影响系数，可按式（5-39）中的解释确定，其中柱截面宽度可按柱直径采用；A_j 为节点核心区有效截面面积，当梁宽 b_b 不小于圆柱直径 D 的一半时，可取为 $0.8D^2$；当梁宽 b_b 小于圆柱直径的一半但不小于柱直径的 0.4 倍时，可取为 $0.8D(b_b + D/2)$。

抗震设防烈度为 9 度时

$$V_j \leq \frac{1}{\gamma_{RE}} \left(1.2 \eta_j f_t A_j + 1.57 f_{yv} A_{sh} \frac{h_{b0} - a_s'}{s} + f_{yv} A_{avj} \frac{h_{b0} - a_s'}{s} \right) \qquad (5-43)$$

其他情况

$$V_j \leq \frac{1}{\gamma_{RE}} \left(1.5 \eta_j f_t A_j + 0.05 \eta_j \frac{N}{D^2} A_j + 1.57 f_{yv} A_{sh} \frac{h_{b0} - a_s'}{s} + f_{yv} A_{avj} \frac{h_{b0} - a_s'}{s} \right) \qquad (5-44)$$

式中，A_{sh} 为单根圆形箍筋的截面面积；A_{avj} 为计算方向上同一截面的拉筋和非圆形箍筋的总截面面积；D 为圆柱截面直径；N 为轴向力设计值。

梁柱节点处于剪压复合受力状态，为保证节点具有足够的受剪承载力，防止节点产生剪切脆性破坏，必须在节点内配置足够数量的水平箍筋。非抗震设计时，节点内的箍筋除应符合上述框架柱箍筋的构造要求外，其箍筋间距不宜大于 250mm；对四边有梁与之相连的节点，可仅沿节点周边设置矩形箍筋。一、二、三级框架节点核心区配箍特征值分别不宜小于 0.12、0.10 和 0.08，且箍筋体积配箍率分别不宜小于 0.6%、0.5% 和 0.4%，柱剪跨比不大于 2 的框架节点核心区的配箍特征值不宜小于核心区上、下柱端配箍特征值中的较大值，应注意柱中的纵向受力钢筋不宜在节点中切断。

5.3　框架梁构造要求

5.3.1　框架梁的纵向钢筋配置要求

对于非抗震设计框架梁，当不考虑受压钢筋时，为防止超筋破坏受拉纵向钢筋的最大配筋率 $\frac{A_s}{bh}$ 应不超过 $\rho_{max} = \xi_b \alpha_1 f_c / f_y$。对有地震作用组合的框架梁，为防止过高的纵向钢筋配筋率，使梁具有良好的延性，避免受压混凝土过早压碎，故对其纵向受拉钢筋的配筋要严格限制。抗震设计时，梁端纵向受拉钢筋的配筋率不宜大于 2.5%，不应大于 2.75%。

抗震设计时，梁端计入受压钢筋的混凝土受压区高度和有效高度之比，一级不应大于 0.25，二、三级不应大于 0.35。梁端底面和顶面纵向钢筋配筋量的比值，除按计算确定外，一级不应小于 0.5，二、三级不应大于 0.3。

无地震组合的框架梁纵向受拉钢筋，必须考虑温度、收缩应力所需的钢筋数量，以防发生裂缝。因此，非抗震设计时，纵向受力钢筋的最小配筋率不应小于 0.20% 和 $0.45f_t/f_y$。抗震设计时，框架梁纵向受拉钢筋不应小于表 5-4 规定的数值。

表 5-4　框架梁纵向受拉钢筋最小配筋百分率　　　　（单位:%）

抗震等级	梁中位置	
	支座（取较大值）	跨中（取较大值）
一级	0.40 和 80 f_t/f_y	0.30 和 65 f_t/f_y
二级	0.30 和 65 f_t/f_y	0.25 和 55 f_t/f_y
三、四级	0.25 和 55 f_t/f_y	0.20 和 45 f_t/f_y

抗震设计时，梁端纵向钢筋的配筋率不宜大于 2.5%，不应大于 2.75；当梁端受拉钢筋的配筋率大于 2.5% 时，受压钢筋的配筋率不应小于受拉钢筋的一半。

　　沿梁全长顶面和底面应至少各配置两根纵向钢筋，抗震等级为一、二级时，钢筋直径不应小于14mm，且其截面面积不应小于梁支座处上部钢筋中较大截面面积的四分之一；为三、四级时，钢筋直径不应小于12mm。

　　一、二、三级抗震等级的框架梁，贯通中柱的每根纵向钢筋的直径，分别不宜大于与纵向钢筋相平行的柱截面尺寸的1/20；对圆形截面柱，不宜大于纵向钢筋所在位置柱截面弦长的1/20。

　　高层框架梁宜采用直钢筋，不宜采用弯起钢筋。当梁扣除翼板厚度后的截面高度大于或等于450mm时，在梁的两侧沿高度各配置梁扣除翼板后截面面积的0.10%纵向构造钢筋，其间距不应大于200mm，纵向构造钢筋的直径宜偏小取用，其长度贯通梁全长，伸入柱内长度按受拉锚固长度，如接头应按受拉搭接长度考虑。梁两侧纵向构造钢筋宜用拉筋连接，拉筋直径一般与箍筋相同，当箍筋直径大于10mm时，拉筋直径可采用10mm，拉筋间距为非加密箍筋间距的2倍。

5.3.2　框架梁的箍筋配置要求

1. 无地震组合梁中箍筋的间距

1）梁中箍筋的最大间距宜符合表5-5的规定，当 $V > 0.7 f_t b h_0$ 时，箍筋的配筋率

$\left(\rho_{sv} = \dfrac{A_{sv}}{b_s}\right)$ 尚不应小于 $0.24 f_t/f_{yv}$，箍筋不同直径、肢数和间距的百分率值见表5-6。

表5-5　无地震组合梁箍筋的最大间距　　　　　　　（单位：mm）

$\dfrac{V}{h}$	$>0.7 f_t b h_0$	$\leq 0.7 f_t b h_0$
$150 < h \leqslant 300$	150	200
$300 < h \leqslant 500$	200	300
$500 < h \leqslant 800$	250	350
>800	300	400

表5-6　框架梁箍筋构造要求

抗震等级	梁端箍筋加密区		非加密区
	箍筋最大间距/mm	箍筋最小直径/mm	最小面积配箍率
一级	$h_b/4, 6d, 100$	$10, d/4$	$0.035 f_c/f_{yv}$
二级	$h_b/4, 8d, 100$	$8, d/4$	$0.030 f_c/f_{yv}$
三级	$h_b/4, 8d, 150$	$8, d/4$	$0.025 f_c/f_{yv}$
四级	$h_b/4, 8d, 150$	$6, d/4$	$0.020 f_c/f_{yv}$

　　注：表中 d 为纵筋直径，h_b 为梁截面高度。

　　2）当梁中配有计算需要的纵向受压钢筋时，箍筋应做成封闭式，箍筋的间距在绑扎骨架中不应大于15d，在焊接骨架中不应大于20d（d 为纵向受压钢筋的最小直径），同时在任何情况下均不应大于400mm；当一层内的纵向受压钢筋多于3根时，应设置复合箍筋；当一层内的纵向受压钢筋多于5根且直径大于18mm时，箍筋间距不应大于10d；当梁的宽度

不大于 400mm，且一层内的纵向受压钢筋不多于 4 根时，可不设置复合箍筋。

3）在受压搭接长度范围内应配置箍筋，箍筋直径不宜小于搭接钢筋直径的 0.25 倍。箍筋间距：当为受拉时不应大于搭接钢筋较小直径的 5 倍，且不应大于 100mm；当为受压时不应大于搭接钢筋较小直径的 10 倍，且不应大于 200mm。当受压钢筋直径大于 25mm 时，应搭接接头两端面外 100mm 范围内各设置两根箍筋。

2. 有地震组合框架梁中箍筋的构造要求

梁端箍筋的加密长度、箍筋最大间距和箍筋最小直径，应按表 5-7 的规定取用；当梁端纵向受拉钢筋配筋率大于 2% 时，表中箍筋最小直径应增大 2mm。

表 5-7　梁端箍筋加密区的构造要求

抗震等级	箍筋加密区长度	箍筋最大间距	箍筋最小直径/mm
一级	$2h_b$ 和 500mm 两者中的较大值	纵向钢筋直径的 6 倍，梁高的 1/4 或 100mm 三者中的最小值	10
二级	1.5h_b 和 500mm 两者中的较大值	纵向钢筋直径的 8 倍，梁高的 1/4 或 100mm 三者中的最小值	8
三级		纵向钢筋直径的 8 倍，梁高的 1/4 或 150mm 三者中的最小值	8
四级		纵向钢筋直径的 8 倍，梁高的 1/4 或 150mm 三者中的最小值	6

注：一、二级抗震等级框架梁，当箍筋直径大于 12mm、肢数少于 4 肢且肢距不大于 150mm 时，箍筋加密区最大间距应允许适当放松，但不应大于 150mm。

第一个箍筋应设置在距构件节点边缘不大于 50mm 处。

梁箍筋加密区长度内的箍筋肢距：一级不宜大于 200mm 及 20 倍箍筋直径的较大值；二、三级不宜大于 250mm 及 20 倍箍筋直径较大值，四级不宜大于 300mm。

沿梁全长箍筋的配筋率 ρ_{sv} 应符合下列规定：

一级　　　　　　　　　　$\rho_{sv} \geq 0.30 f_t/f_{yv}$ 　　　　　　　　(5-45)

二级　　　　　　　　　　$\rho_{sv} \geq 0.28 f_t/f_{yv}$ 　　　　　　　　(5-46)

三、四　　　　　　　　　$\rho_{sv} \geq 0.26 f_t/f_{yv}$ 　　　　　　　　(5-47)

非加密区的箍筋最大间距不宜大于加密区箍筋间距的 2 倍，且不大于表 5-5 规定；梁的箍筋应有 135° 弯钩，弯钩端部直段长度不应小于 10 倍箍筋直径和 75mm 的较大值。

5.4　框架柱构造要求

5.4.1　柱的轴压比

柱的轴压比是指柱考虑地震作用组合的轴向压力设计值与柱的全截面面积和混凝土轴心抗压强度设计值乘积之比。轴压比较小时，在水平地震作用下，柱将发生大偏心受压的弯曲型破坏，柱具有较好的位移延性；反之，柱将发生小偏心受压的压溃型破坏，柱几乎没有位移延性。因此，抗震设计时，柱的轴压比不宜超过表 5-8 的规定，表中数值适用于剪跨比大于 2、混凝土强度等级不高于 C60 的柱。

表5-8 柱的轴压比

结构类型	抗震等级			
	一 级	二 级	三 级	四 级
框架结构	0.65	0.75	0.85	—
框架-抗震墙；板柱-抗震墙及筒体	0.75	0.85	0.95	0.95
部分框支抗震墙	0.6	0.7	—	—

注：1. 当混凝土强度等级为C65～C70时，轴压比限值宜按表中数值减小0.05；混凝土强度等级为C75～C80时，轴压比限值宜按表中数值减小0.10。
   2. 剪跨比$\lambda \leqslant 2$的柱，其轴压比限值应按表中数值减小0.05；对剪跨比$\lambda < 1.5$的柱，轴压比限值应专门研究并采取特殊构造措施。
   3. 沿柱全高采用井字复合箍，且箍筋间距不大于100mm、肢距不大于200mm、直径不小于12mm；或沿柱全高采用复合螺旋箍，且螺距不大于100mm、肢距不大于200mm、直径不小于12mm；或沿柱全高采用连续复合矩形螺旋箍，且螺距不大于80mm、肢距不大于200mm、直径不小于10mm时，轴压比限值均可按表中数值增加0.10。
   4. 当柱截面中部设置由附加纵向钢筋形成的芯柱，且附加纵向钢筋的总面积不少于柱截面面积的0.8%时，其轴压比限值可按表中数值增加0.05，此项措施与注3的措施同时采用时，轴压比限值可按表中数值增加0.15，但箍筋的配箍特征值λ_v仍可按轴压比增加0.10的要求确定。
   5. 柱经采用上述加强措施后，其最终的轴压比限值不应大于1.05。

5.4.2 柱的纵向钢筋配置

框架结构受到的水平荷载可能来自正反两个方向，故柱的纵向钢筋宜采用对称配筋。全部纵向钢筋的配筋率，非抗震设计不应大于6%，抗震设计不应大于5%。全部纵向钢筋的配筋率，不应小于表5-9的规定值，且柱每一侧纵向钢筋配筋率不应小于0.2%。抗震设计时，对Ⅳ类场地上较高的高层建筑，最小配筋百分率应按表中数值增加0.1采用。

表5-9 柱全部纵向受力钢筋最小配筋百分率（%）

柱 类 型	抗震等级				非 抗 震
	一 级	二 级	三 级	四 级	
中柱、边柱	0.9(1.0)	0.7(0.8)	0.6(0.7)	0.5(0.6)	0.5
角柱	1.1	0.9	0.8	0.7	0.5
框支柱	1.1	0.9	—	—	0.7

注：表中括号内数值用于框架结构的柱；采用335MPa级、400MPa级纵向受力钢筋时，应分别按表中数值增加0.1和0.05采用；当混凝土强度等级为C60及以上时，应按表中数值增加0.1。

柱的纵向钢筋配置，尚应满足下列要求：抗震设计时，截面尺寸大于400mm的柱，一、二、三级抗震设计时，其纵向钢筋间距不宜大于200mm；抗震等级四级和非抗震设计时，柱纵向钢筋间距不应大于300mm；柱纵向钢筋净距均不应小于50mm；一级且剪跨比不大于2的柱，其单侧纵向受拉钢筋的配筋率不宜大于1.2%，且应沿柱全长采用复合箍筋；边柱、角柱及剪力墙柱考虑地震作用组合产生小偏心受拉时，柱内纵筋总截面面积宜比计算值增加25%。

柱纵向受力钢筋的连接法，应遵守下列规定：一、二级抗震等级及三级抗震等级的底层，宜采用机械接头，三级抗震等级的其他部位和四级抗震等级，可采用搭接或焊接接头；框支柱宜采用机械接头，当采用焊接接头时，应检查钢筋的焊接性；位于同一连接区段内的受力钢筋接头面积率不宜超过 50%。当接头位置无法避开梁端、柱端箍筋加密区时，应采用机械连接接头，且钢筋接头面积率不应超过 50%；钢筋机械接头、搭接接头及焊接接头，尚应遵守有关标准、规范的规定。

框架底层柱纵向钢筋锚入基础的长度满足下列要求：在单独柱基、地基梁、筏形基础中，柱纵向钢筋应全部直通到基础底；箱形基础中，边柱、有柱与剪力墙相连的柱，仅一侧有墙和四周无墙的地下室内柱，纵向钢筋应全部直通到基础底，其他内柱可把四角的纵向钢筋通到基础底，其余纵向钢筋可伸入墙体内 $45d$。当有多层箱形基础时，上述伸到基础底的纵向钢筋，除四角钢筋外，其余可仅伸至箱形基础最上一层的墙底。

5.4.3　柱箍筋配置要求

1. 非抗震设计

1）箍筋应为封闭式。

2）箍筋间距不应大于 400mm，且不应大于构件截面的短边尺寸和最小纵向钢筋直径的 15 倍。

3）箍筋直径不应小于最大纵向钢筋直径的 1/4，且不应小于 6mm。

4）当柱中全部纵向受力钢筋的配筋率超过 3% 时，箍筋直径不应小于 8mm，箍筋间距不应大于最小纵向钢筋直径的 10 倍，且不应大于 200mm。箍筋末端应做成 135°弯钩，弯钩末端直段长度不应小于 10 倍箍筋直径，且不应小于 75mm。

5）当柱每边纵筋多于 3 根时，应设置复合箍筋（可采用拉条）。

6）当柱纵向钢筋采用搭接做法时，搭接长度范围内箍筋直径不应小于搭接钢筋最大直径的 0.25 倍；在纵向受拉钢筋的搭接长度范围内的箍筋间距不应大于搭接钢筋较小直径的 5 倍，且不应大于 100mm；在纵向受压钢筋的搭接长度范围内的箍筋间距不应大于搭接钢筋较小直径的 10 倍，且不应大于 200mm。

2. 抗震设计

1）柱箍筋应在下列范围内加密：底层柱上端及其他各层柱两端，应取矩形截面柱之长边尺寸（或圆形截面柱之直径）、柱净高的 1/6 和 500mm 三者的最大值范围；底层柱刚性地面上、下各 500mm 的范围内；底层柱柱根以上 1/3 柱净高的范围；剪跨比不大于 2 的柱和因填充墙等形成的柱净高与截面高度之比不大于 4 的柱全高范围；一级及二级框架的角柱的全高范围；需要提高变形能力的柱的全高范围。

2）抗震设计时，柱箍筋在规定的范围内应加密，加密区的箍筋间距和直径，应符合下列要求：

① 箍筋的最大间距和最小直径，应按表 5-10 采用。

表 5-10　柱端箍筋加密区的构造要求

抗 震 等 级	箍筋最大间距/mm	箍筋最小直径/mm
一级	$6d$ 和 100 的较小值	10
二级	$8d$ 和 100 的较小值	8
三级	$8d$ 和 150（柱根 100）的较小值	8
四级	$8d$ 和 150（柱根 100）的较小值	6（柱根 8）

注：d 为柱纵向钢筋直径（mm）；柱根指框架柱底部嵌固部分。

② 一级框架柱的箍筋直径大于 12mm 且箍筋肢距不大于 150mm 及二级框架柱箍筋直径不小于 10mm 且肢距不大于 200mm 时，除柱根外最大间距应允许采用 150mm；三级框架柱

的截面尺寸不大于 **400mm** 时，箍筋最小直径应允许采用 **6mm**；四级框架柱的剪跨比不大于 **2** 或柱中全部纵向钢筋的配筋率大于 **3%** 时，箍筋直径不应小于 **8mm**。

③ 剪跨比不大于 **2** 的柱，箍筋间距不应大于 **100mm**。

3）柱箍筋加密区箍筋的体积配箍率应符合下列规定：

① 体积配箍率应符合下式要求

$$\rho_v \geq \lambda_v \frac{f_c}{f_{yv}} \tag{5-48}$$

式中，ρ_v 为柱箍筋加密区的体积配箍率，按式（5-48）计算，计算中应扣除重叠部分的箍筋体积；f_c 为混凝土轴心抗压强度设计值，当强度等级低于 C35 时，按 C35 取值；f_{yv} 为箍筋及拉筋抗拉强度设计值；λ_v 为最小配箍特征值。

柱的箍筋体积配箍率 ρ_v 按下式计算

$$\rho_v = \sum \frac{\alpha_k l_k}{l_1 l_2 s} \tag{5-49}$$

式中，α_k 为箍筋单肢截面面积；l_k 为对应于 α_k 的箍筋单肢总长度，重叠段按一肢计算；l_1、l_2 分别为柱核心区混凝土面积的两个边长（见图5-5）。

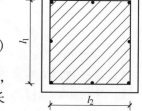

图5-5 柱核心区

② 对一、二、三、四级的框架柱，其箍筋加密区范围内箍筋的体积配筋率分别不应小于 0.8%、0.6%、0.4% 和 0.4%。

③ 剪跨比不大于 2 的柱宜采用复合螺旋箍或井字复合箍，其加密区体积配箍率不应小于 1.2%；设防烈度为 9 度时，不应小于 1.5%。

4）抗震设计时，柱箍筋设置应符合下列要求：

① 箍筋应有 135°弯钩，弯钩端部直段长度不应小于 10 倍的箍筋直径，且不小于 75mm。

② 箍筋加密区的箍筋肢距，一级不宜大于 200mm；二、三级不宜大于 250mm 和 20 倍箍筋直径的较大值，四级不宜大于 300mm。每隔一根纵向钢筋宜在两个方向有箍筋约束；采用拉筋组合箍时，拉筋宜紧纵向钢筋并勾住封闭箍。

③ 框架柱非加密区的箍筋，其体积配箍率不宜小于加密区的一半；其箍筋间距，不应大于加密区箍筋间距的 2 倍，且一、二级不应大于 10 倍纵向钢筋直径，三、四级不应大于 15 倍纵向钢筋直径。

5）柱的纵筋不应与箍筋、拉筋及预埋件等焊接。

6）当柱的纵向钢筋每边 4 根及 4 根以上时，宜采用井字形箍筋。

5.5 钢筋的连接与锚固

1. 非抗震设计的框架梁和次梁，其纵向钢筋的连接与锚固要求

1）当梁端实际受到部分约束但按简支计算时，应在支座区上部设置纵向构造钢筋。也可用梁上部架立钢筋取代该纵向钢筋，但其面积不应小于梁跨中下部纵向受力钢筋计算所需截面面积的四分之一，且不少于两根。该附加纵向钢筋自支座边缘向跨内的伸出长度不应少于 $0.2l_0$，l_0 为该跨梁的计算跨度。

2）在采用绑扎骨架的钢筋混凝土梁中，承受剪力的钢筋，宜优先采用箍筋。当设置弯起钢筋时，弯起钢筋的弯终点外应留有锚固长度，其长度在受拉区不应小于 $20d$，在受压区不应小于 $10d$。梁底层钢筋中角部钢筋不应弯起。梁中弯起钢筋的弯起角宜取 45°或 60°，弯起钢筋不应采用浮筋。

3）在梁的受拉区中，弯起钢筋的弯起点，可设在按正截面受弯承载力计算不需要该钢筋截面之前；但弯起钢筋与梁中心线的交点，应在不需要该钢筋的截面之外。同时，弯起点与按计算充分利用该钢筋的截面之间的距离，不应小于 $h_0/2$。

4）梁支座截面负弯矩纵向受拉钢筋不宜在受拉区截断。如必须截断时，应按以下规定进行：

① 当 $V \leqslant 0.7 f_t b h_0$ 时，应延伸至按正截面受弯承载力计算不需要该钢筋的截面以外不小于 $20d$ 处截断；且从该钢筋强度充分利用截面伸出的长度不应小于 $1.2 l_a$。

② 当 $V > 0.7 f_t b h_0$ 时，应延伸至按正截面受弯承载力计算不需要该钢筋的截面以外不小于 h_0 且不小于 $20d$ 处截断；且从该钢筋强度充分利用截面伸出的长度不应小于 $1.2 l_a + h_0$。

③ 若按上述规定确定的截断点仍位于与支座最大负弯矩对应的受拉区内，则应延伸至不需要该钢筋的截面以外不小于 $1.3 h_0$ 且不小于 $20d$；且从该钢筋强度充分利用截面伸出的延伸长度不应小于 $1.2 l_a + 1.7 h_0$。

5）非抗震设计时，受拉钢筋的最小锚固长度应取 l_a。钢筋接头可采用机械接头、搭接接头和焊接接头。受拉钢筋绑扎搭接接头的搭接长度应根据位于同一连接区段内搭接钢筋面积百分率按式（5-50）计算，且不应小于 300mm。

$$l_l = \xi l_a \tag{5-50}$$

式中，l_l 为受拉钢筋的搭接长度；l_a 为受拉钢筋的锚固长度，应按现行《混凝土结构设计规范》规定采用；ξ 为受拉钢筋搭接长度修正系数，应按表 5-11 采用。

表 5-11　纵向受拉钢筋搭接长度修正系数

纵向钢筋搭接头面积百分率(%)	≤25	50	100
ξ	1.2	1.4	1.6

2. 抗震设计时的框架梁，其纵向钢筋的锚固和连接要求

1）纵向受拉钢筋的最小锚固长度 l_{aE} 应按下列各式采用：

一、二级　　　　　　　　　　　$l_{aE} = 1.15 l_a$ 　　　　　　　　　　　(5-51)

三级　　　　　　　　　　　　　$l_{aE} = 1.05 l_a$ 　　　　　　　　　　　(5-52)

四级　　　　　　　　　　　　　$l_{aE} = 1.00 l_a$ 　　　　　　　　　　　(5-53)

2）当采用搭接接头时，其搭接长度 l_{lE} 应不小于下式的计算值

$$l_{lE} = \xi l_{aE} \tag{5-54}$$

3）受拉钢筋直径大于 28mm、受压钢筋直径大于 32mm 时，不宜采用搭接接头；现浇钢筋混凝土框架梁纵向受力钢筋的连接方法，应遵守下列规定：抗震等级的一级宜采用机械接头，为二～四级可采用搭接或焊接接头。当采用焊接接头时，应检查钢筋的焊接性；位于同一连接区段内的受力钢筋接头面积率不宜超过 50%；当接头位置无法避开梁端、柱端箍筋加密区时，应采用机械连接接头，且钢筋接头面积率不应超过 50%；钢筋机械接头、搭接接头及焊接接头，尚应遵守有关规定。

3. 非抗震设计时，框架梁、柱的纵向钢筋在框架节点区的锚固和搭接（见图5-6）

1）顶层中节点柱纵向钢筋和边节点柱内侧纵向钢筋应伸至柱顶；当从梁底边计算的直线锚固长度不小于 l_a 时，可不必水平弯折，否则应向柱内或梁、板内水平弯折，当充分利用柱纵向钢筋的抗拉强度时，其锚固段弯折前的竖向投影长度不应小于 $0.5l_a$，弯折后的水平投影长度不应小于12倍的柱纵向钢筋直径。

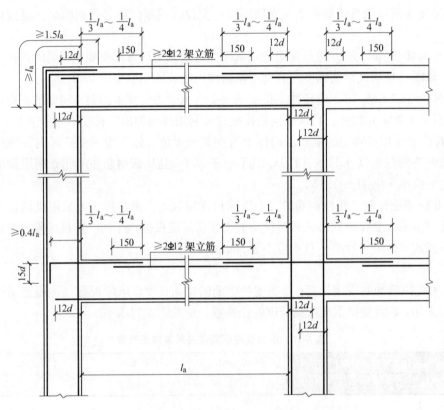

图5-6　非抗震设计时框架梁、柱纵筋在节点区的锚固

2）顶层端节点处，在梁宽范围以内的柱外侧纵向钢筋可与梁上部纵向钢筋搭接，搭接长度不应小于 $1.5l_a$；在梁宽范围以外的柱外侧纵向钢筋可伸入现浇板内，其伸入长度与伸入梁内的相同。当柱外侧纵向钢筋的配筋率大于 1.2% 时，伸入梁内的柱纵向钢筋宜分批截断，其截断点之间的距离不宜小于20倍的柱纵向钢筋直径。

3）梁上部纵向钢筋伸入端节点的锚固长度，直线锚固时不应小于 l_a，且伸过柱中心线的长度不宜小于5倍的梁纵向钢筋直径；当柱截面尺寸不足时，梁上部纵向钢筋应伸至节点对边并向下弯折，锚固段弯折前的水平投影长度不应小于 $0.4l_a$，弯折后的竖直投影长度应取15倍的梁纵向钢筋直径。

4）当计算中不利用梁下部纵向钢筋的强度时，其伸入节点内的锚固长度应取不小于12倍的梁纵向钢筋直径。当计算中充分利用梁下部钢筋的抗拉强度时，梁下部纵向钢筋可采用直线方式或向上90°弯折方式锚固于节点内，直线锚固时的锚固长度不应小于 l_a；弯折锚固时，锚固段的水平投影长度不应小于 $0.4l_a$，竖直投影长度应取15倍的梁纵向钢筋直径。另外，梁支座截面上部纵向受拉钢筋应向跨中延伸至$(1/4 \sim 1/3)l_n$（l_n 为梁的净跨）处，并与跨中的架立筋（不少于 $2\phi12$）搭接，搭接长度可取 150mm，如图 5-6 所示。

4. 抗震设计时，框架梁、柱的纵向钢筋在框架节点区的锚固和搭接（见图 5-7）

1）顶层中节点柱纵向钢筋和边节点柱内纵向钢筋应伸至柱顶；当从梁底计算的直线锚固长度不小于最小锚固长度 l_{aE} 时，可不必水平弯折，否则应向柱内或梁内、板内水平弯折，锚固段弯折前的竖向投影长度不应小于 $0.5l_{abE}$，弯折后的水平投影长度不应小于 12 倍的柱纵向钢筋直径。此处，l_{abE} 为抗震时钢筋的抗筋的基本锚固长度，一、二级时取 $1.15l_{ab}$，三、四级分别取 $1.05l_{ab}$ 和 $1.00l_{ab}$。

2）顶层端节点处，柱外侧纵向钢筋可与梁上部纵向钢筋搭接，搭接长度不应小于 $1.5l_{aE}$，且伸入梁内的柱外侧纵向钢筋截面面积不宜小于柱外侧全部纵向钢筋截面面积的 65%；在梁宽范围以外的柱外侧纵向钢筋可伸入现浇板内，其伸入长度与伸入梁内的相同。当柱外侧纵向钢筋的配筋率大于 1.2% 时，伸入梁内的柱纵向钢筋宜分两批截断，其截断点之间的距离不宜小于 20 倍的柱纵向钢筋直径。

3）梁上部纵向钢筋伸入端节点的锚固长度，直线锚固时不应小于 l_{aE}，且伸过柱中心线的长度不应小于 5 倍的梁纵向钢筋直径；当柱截面尺寸不足时，梁上部纵向钢筋应伸至节点对边并向下弯折，锚固段弯折前的水平投影长度不应小于 $0.4l_{abE}$，弯折后的竖向投影长度应取 15 倍的梁纵向钢筋直径。

4）梁下部纵向钢筋的锚固与梁上部纵向钢筋相同，但采用 $90°$ 弯折方式锚固时，竖直段应向上弯入节点内。

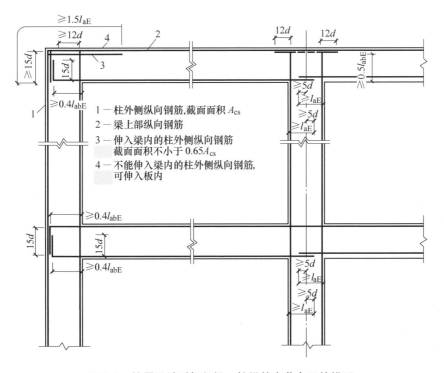

图 5-7　抗震设计时框架梁、柱纵筋在节点区的锚固

思考题

1. 框架结构中的填充墙易发生平面外失稳，所以抗震设计时，砌体填充墙应具有自身稳定性，同时，应满足哪些要求？

2. 影响框架结构节点核心区承载力和延性的因素有哪些？

3. 框架梁抗震设计时，对梁端计入受压钢筋的混凝土受压区高度和有效高度之比有何要求？对梁端底面和顶面纵向钢筋的配筋量的比值有何要求？

4. 查阅相关资料，结合本章内容对某高层框架结构梁、柱钢筋的配置、连接及锚固进行分析。

剪力墙结构内力计算 | 第6章

6.1 概述

6.1.1 剪力墙的分类和简化分析方法

剪力墙结构是由一系列竖向纵、横墙和水平楼板所组成的空间结构，承受竖向荷载以及风荷载和水平地震作用。在竖向荷载作用下，剪力墙主要产生压力，可不考虑结构的连续性，各片剪力墙承受的压力可近似按楼面传到该片剪力墙上的荷载以及墙体自重计算，或按总竖向荷载引起的剪力墙截面上的平均压应力乘以该剪力墙的截面面积求得。

剪力墙结构中的墙体，一般由于门窗设置和设备管道穿过的需要，都开有一定数量的孔洞，从而形成了各种类型的剪力墙，它们具有各自的受力特点和不同的内力、位移计算方法。

1. 剪力墙的分类

根据洞口的有无、大小、形状和位置等，剪力墙可划分为以下几类。

（1）**整截面墙** 当剪力墙无洞口，或虽有洞口但墙面洞口的总面积不大于剪力墙墙面总面积的15%，且洞口间的净距及洞口至墙边的距离均大于洞口长边尺寸时，可忽略洞口的影响，这类墙体称为整截面墙，如图6-1a所示。

（2）**整体小开口墙** 当剪力墙的洞口稍大一些，且洞口沿竖向成列布置，如图6-1b所示，洞口的面积超过剪力墙墙面总面积的15%，但洞口对剪力墙的受力影响仍较小，这类墙体称为整体小开口墙。在水平荷载作用下，由于洞口的存在，剪力墙的墙肢中已出现局部弯曲，其截面应力可认为由墙体的整体弯曲和局部弯曲二者叠加组成，截面变形仍接近于整截面墙。

（3）**联肢墙** 当剪力墙沿竖向开有一列或多列较大的洞口时，由于洞口较大，剪力墙截面的整体性大为削弱，其截面变形已不再符合平截面假定。这类剪力墙可看成是若干个单肢剪力墙或墙肢（左、右洞口之间的部分）由一系列连梁（上、下洞口之间的部分）联结起来组成，当开有一列洞口时称为双肢墙（见图6-1c）；当开有多列洞口时称为多肢墙。

（4）**壁式框架** 当剪力墙成列布置的洞口很大，且洞口较宽，墙肢宽度相对较小，连梁的刚度接近或大于墙肢的刚度时，剪力墙的受力性能与框架结构相类似，这类剪力墙称为壁式框架（见图6-1d）。

（5）**特殊剪力墙** 如错洞墙和叠合错洞墙，这类剪力墙受力较复杂，一般得不到解析解，通常借助于有限元法等数值计算方法进行仔细计算。

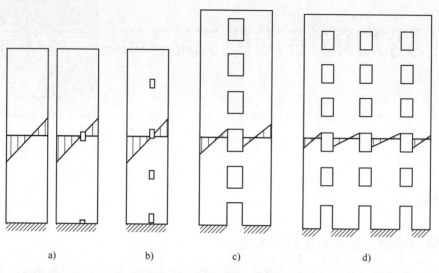

a)   b)   c)   d)

图 6-1   剪力墙分类示意图

2. 剪力墙的简化分析方法

根据剪力墙类型的不同，简化分析时一般采用以下计算方法：

1）材料力学分析法。对整截面墙和整体小开口墙，在水平荷载作用下，其计算简图可近似看作是一根竖向的悬臂杆件，因此可按照材料力学中的有关公式进行内力和位移的计算。

2）连梁连续化的分析方法。将每一楼层处的连梁假想为沿该楼层高度上均匀分布的连续连杆，根据力法原理建立微分方程进行剪力墙内力和位移的求解。该法比较适用于联肢墙的计算，可以得到解析解，具有计算简便、实用等优点。

3）带刚域框架的计算方法。将剪力墙简化为一个等效的多层框架，但由于墙肢和连梁的截面高度较大，节点核心区也较大，计算时将节点核心区内的墙肢和连梁视为刚度无限大，从而形成带刚域的框架。可按照 D 值法进行结构的内力和位移简化计算，也可按照矩阵位移法利用计算机进行较精确的计算。该法比较适用于壁式框架，也适用于联肢墙的计算。

6.1.2 　剪力墙结构简化分析的基本假定和计算单元

1. 基本假定

剪力墙结构体系是空间结构体系，这种结构体系的精确分析是十分复杂的。实用上为了简化计算，剪力墙结构体系在水平荷载作用下的内力和位移计算通常采用下列三项基本假定：

1）**楼层（板）在其自身平面内刚度无限大。** 楼盖在其自身平面内刚度很大，可视作无限大；而在平面外，由于刚度很小，可忽略不计。根据钢筋混凝土楼盖类型，当其横向剪力墙最大间距不超过建筑物宽度的某一倍数（见第1章）时，通常即认为可以采用上述刚性楼盖的假定。在水平荷载作用下的各片剪力墙通过楼层连在一起共同变形，在楼层处有相同的水平位移，楼盖在自身平面内只作刚体运动，并把水平荷载通过楼层有效地传递给各片剪力墙。因此，结构上总水平荷载可按照剪力墙的等效刚度比分配给各片剪力墙。

2）各片剪力墙在自身平面内的刚度很大，而平面外的刚度很小，可忽略不计。采用这项假定，剪力墙结构在水平外荷载作用下，各墙片只承受在其自身平面内的水平（剪）力，可以把不同方向的剪力墙结构分开，作为平面结构来处理，即将空间结构沿两个正交主轴划分为若干个平面剪力墙，每个方向的水平荷载由该方向的剪力墙承受，垂直于水平荷载方向的各片剪力墙不参加工作。在每个方向，各片剪力墙承担的水平荷载按楼盖水平位移线性分布的条件进行分配。当横向的水平荷载作用时，可只考虑横墙的抵抗作用，而不计纵墙的作用；反之亦然。需要指出的是，这里所谓"不计"另一方向剪力墙的影响，并非完全不计，而是将其影响体现在与它相交的另一方向剪力墙结构端部存在的翼缘，将翼缘部分作为剪力墙的一部分来处理。

3）水平荷载作用点与结构刚度中心重合，结构不发生扭转。结构无扭转，则可按同一楼层各片剪力墙水平位移相等的条件进行水平荷载的分配，即水平荷载按各片剪力墙的侧向刚度进行分配。

当剪力墙各墙段错开距离 a 不大于实体连接墙厚度的 8 倍，并且不大于 2.5m 时（见图 6-2a），整片墙可以作为整体平面剪力墙考虑；计算所得的内力应乘以增大系数 1.2，等效刚度应乘以折减系数 0.8。当折线形剪力墙的各墙段总转角不大于 15°时，可按平面剪力墙考虑（见图 6-2b）。除上述两种情况外，对平面为折线形的剪力墙，不应将连续折线形剪力墙作为平面剪力墙计算；当将折线形（包括正交）剪力墙分为小段进行内力及位移计算时，应考虑在剪力墙转角处的竖向变形协调。

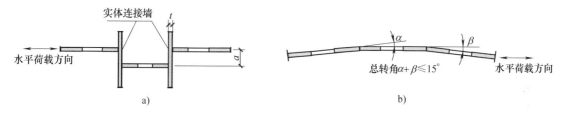

图 6-2　不在同一平面内的剪力墙

当剪力墙结构各层的刚度中心与各层水平荷载的合力作用点不重合时，应考虑结构扭转的影响。实际工程设计时，当房屋的体型比较规则，结构布置和质量分布基本对称时，为简化计算，通常不考虑扭转影响。

2. 剪力墙结构简化计算时的计算单元

根据《高层规程》的规定，计算剪力墙结构的内力和位移时，应考虑纵、横墙的共同工作，即纵墙的一部分可作为横墙的有效翼缘，横墙的一部分也可作为纵墙的有效翼缘。根据前面的假定，各片剪力墙只承受其自身平面内的水平荷载，这样可以将纵、横两个方向的剪力墙分开，把空间剪力墙结构简化为平面结构，即将空间结构沿两个正交的主轴划分为若干个平面抗侧力剪力墙，每个方向的水平荷载由该方向的各片剪力墙承受，垂直于水平荷载方向的各片剪力墙不参加工作，如图 6-3 所示。对于有斜交的剪力墙，可近似地将其刚度转换到主轴方向上再进行荷载的分配计算。

为使计算结果更符合实际，在计算剪力墙的内力和位移时，可以考虑纵、横向剪力墙的共同工作，纵墙（横墙）的一部分可以作为横墙（纵墙）的有效翼墙（见图 6-4），翼墙的有效长度，每一侧有效翼缘的宽度可取翼缘厚度的 6 倍、墙间距的一半和高度 1/20 三者中的最小值，且不大于至洞口边缘的距离，装配整体式剪力墙有效翼缘宽度宜适当折减后取用。

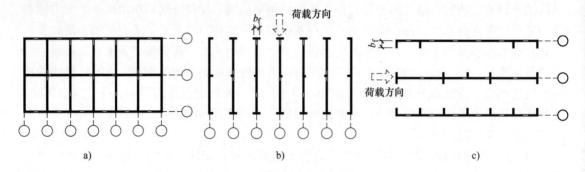

图6-3 剪力墙结构计算单元

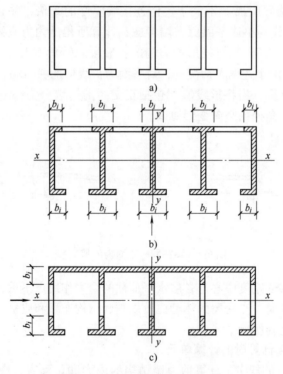

图6-4 纵横向剪力墙的翼缘

6.2 整体墙和小开口整体墙的计算

对于整体剪力墙（又称整截面墙），在水平荷载作用下，根据其变形特征（截面变形后仍符合平面假定），可视为一整体的悬臂弯曲杆件，用材料力学中悬臂梁的内力和变形的基本公式进行计算。

6.2.1　整体墙的计算

1. 内力计算

整体墙的内力可按上端自由，下端固定的悬臂构件，用材料力学公式，计算其任意截面的弯矩和剪力。总水平荷载可以按各片剪力墙的等效抗弯刚度分配，然后进行单片剪力墙的计算。

剪力墙的等效抗弯刚度（或叫等效惯性矩）就是将墙的弯曲、剪切和轴向变形之后的顶点位移，按顶点位移相等的原则，折算成一个只考虑弯曲变形的等效竖向悬臂杆的刚度。

对梁、柱等简单的构件，很容易确定其刚度的数值，如弯曲刚度 EI、剪切刚度 GA、轴向刚度 EA 等。但对高层建筑中的剪力墙等构件，通常用位移的大小来间接反映结构刚度的大小。在相同的水平荷载作用下，位移小的结构刚度大；反之，位移大的结构刚度小。这种用位移大小来间接表达结构的刚度称为等效刚度。如果剪力墙在某一水平荷载作用下的顶点位移为 Δ，而某一竖向悬臂受弯构件在相同的水平荷载作用下也有相同的水平位移 Δ_{eq}（见图 6-5），则可以认为剪力墙与竖向悬臂受弯构件具有相同的刚度，故可采用竖向悬臂受弯构件的刚度作为剪力墙的等效刚度，它综合反映了剪力墙弯曲变形、剪切变形和轴向变形等的影响。计算等效刚度时，

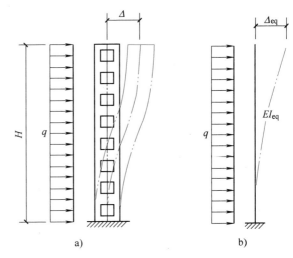

图 6-5　等效刚度计算

先计算剪力墙在水平荷载作用下的顶点位移，再按顶点位移相等的原则进行折算求得。

2. 位移计算

整体墙的位移，如墙顶端处的侧向位移，同样可以用材料力学的公式计算，但由于剪力墙的截面高度较大，故应考虑剪切变形对位移的影响。当开洞时，还应考虑洞口对位移增大的影响。

在水平荷载作用下，整截面墙考虑弯曲变形和剪切变形的顶点位移计算公式：

$$\Delta = \begin{cases} \dfrac{11}{60} \dfrac{V_0 H^3}{EI_{eq}}\left(1 + \dfrac{3.64\mu EI_{eq}}{H^2 GA_w}\right) & \text{（倒三角荷载）} \\[3mm] \dfrac{1}{8} \dfrac{V_0 H^3}{EI_{eq}}\left(1 + \dfrac{4\mu EI_{eq}}{H^2 GA_w}\right) & \text{（均布荷载）} \\[3mm] \dfrac{1}{3} \dfrac{V_0 H^3}{EI_{eq}}\left(1 + \dfrac{3\mu EI_{eq}}{H^2 GA_w}\right) & \text{（顶点集中荷载）} \end{cases} \tag{6-1}$$

式中，V_0 为基底总剪力，即全部水平力之和。

括号中后一项反映了剪切变形的影响。为了计算、分析方便，常将式（6-1）写成如下形式

$$\Delta = \begin{cases} \dfrac{11}{60}\dfrac{V_0H^3}{EI_{eq}} & \text{（倒三角荷载）} \\[2mm] \dfrac{1}{8}\dfrac{V_0H^3}{EI_{eq}} & \text{（均布荷载）} \\[2mm] \dfrac{1}{3}\dfrac{V_0H^3}{EI_{eq}} & \text{（顶点集中荷载）} \end{cases} \tag{6-2}$$

式中，EI_{eq} 称为等效刚度。如果取 $G = 0.4E$，近似可取

$$E_cI_{eq} = \frac{E_cI_w}{1 + \dfrac{9\mu I_w}{A_wH^2}} \tag{6-3}$$

式中，E_c 为混凝土的弹性模量；I_{eq} 为等效惯性矩；H 为抗震墙的总高度；μ 为截面形状系数，对矩形截面取 1.20，I 形截面 $\mu =$ 全面积/腹板面积，T 形截面的 μ 值见表 6-1；I_w 为抗震墙的惯性矩，取有洞口和无洞口截面的惯性矩沿竖向的加权平均值，即

$$I_w = \frac{\sum I_i h_i}{\sum h_i} \tag{6-4}$$

式中，I_i 为抗震墙沿高度方向各段横截面惯性矩（有洞口时要扣除洞口的影响）；h_i 为相应各段的高度。

式（6-3）中的 A_w 为抗震墙折算截面面积，对小洞口整截面墙取

$$A_w = \gamma_0 A = \left(1 - 1.25\sqrt{\frac{A_{op}}{A_f}}\right)A \tag{6-5}$$

式中，A 为墙截面毛面积；A_{op} 为剪力墙立面洞口面积；A_f 为剪力墙立面总面积，γ_0 为洞口削弱系数。

表 6-1　T 形截面剪应力不均匀系数 μ

B/t ＼ H/t	2	4	6	8	10	12
2	1.383	1.496	1.521	1.511	1.483	1.445
4	1.441	1.876	2.287	2.682	3.061	3.424
6	1.362	1.097	2.033	2.367	2.698	3.026
8	1.313	1.572	1.838	2.106	2.374	2.641
10	1.283	1.489	1.707	1.927	2.148	2.370
12	1.264	1.432	1.614	1.800	1.988	2.178
15	1.245	1.374	1.579	1.669	1.820	1.973
20	1.228	1.317	1.422	1.534	1.648	1.763
30	1.214	1.264	1.328	1.399	1.473	1.549
40	1.208	1.240	1.284	1.334	1.387	1.442

注：B 为翼缘宽度；t 为抗震墙厚度；H 为抗震墙截面高度。

6.2.2 整体小开口墙的计算

小开口整体墙是指门窗洞口沿竖向成列布置，洞口的总面积虽超过墙总面积的 16%，但仍属于洞口很小的开孔剪力墙。通过实验发现，小开口剪力墙在水平荷载作用下的受力性能接近整体剪力墙，其截面在受力后基本保持平面，正应力分布图形也大体保持直线分布，各墙肢中仅有少量的局部弯矩；沿墙肢高度方向，大部分楼层中的墙肢没有反弯点。在整体上，剪力墙仍类似于竖向悬臂杆件。这就为利用材料力学公式计算内力和侧移提供了前提，再考虑局部弯曲应力的影响，进行修正，则可解决小开口剪力墙的内力和侧移计算。

首先将整个小开口剪力墙作为一个悬臂杆件，按材料力学公式算出标高 x 处的总弯矩 $M_p(x)$、总剪力 $V_p(x)$ 和基底剪力 V_0。

小开口整体墙在水平荷载作用下，截面上的正应力不再符合直线分布，墙肢水平截面内的正应力可以看成是剪力墙整体弯曲所产生的正应力与各墙肢局部弯曲所产生的正应力之和，墙肢中存在局部弯矩。如果外荷载对剪力墙截面上的弯矩用 $M_p(x)$ 来表示，那么它将在剪力墙中产生整体弯曲弯矩 $M_u(x)$ 和局部弯曲弯矩 $M_l(x)$：

$$M_p(x) = M_u(x) + M_l(x) \qquad (6\text{-}6)$$

分析发现，局部弯曲弯矩在总弯矩 $M_p(x)$ 中所占的比重较小，一般不会超过 15%（见图 6-6）。

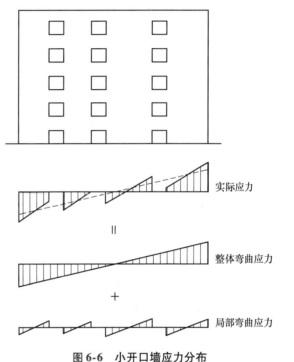

图 6-6 小开口墙应力分布

因此，可以按如下简化的方法计算：

1）墙肢弯矩

$$M_i(x) = 0.85 M_p(x)\frac{I_i}{I} + 0.15 M_p(x)\frac{I_i}{\sum I_i} \qquad (6\text{-}7)$$

2）由于局部弯曲并不在各墙肢中产生轴力，故各墙肢的轴力等于整体弯曲在各墙肢中所产生正应力的合力

$$N_{ij} = \overline{\sigma}_{ij} A_j \qquad (6\text{-}8)$$

$$\overline{\sigma}_{ij} = 0.85 M_p(x)\frac{y_i}{I} \qquad (6\text{-}9)$$

式中，$\overline{\sigma}_{ij}$ 为第 j 墙肢截面上正应力的平均值，等于该墙肢截面形心处的正应力；y_j 为第 j 墙肢形心轴至组合截面形心轴的距离（见图 6-7）。

墙肢轴力按下式计算

$$N_i = 0.85 M_p(x)\frac{A_i y_i}{I} \qquad (6\text{-}10)$$

3）墙肢剪力可以按墙肢截面积和惯性矩的平均值进行分配

$$V_i = \frac{1}{2}V_p\left(\frac{A_i}{\sum A_i} + \frac{I_i}{\sum I_i}\right) \tag{6-11}$$

式中，V_p 为外荷载对于剪力墙截面的总剪力。

有了墙肢的内力后，按照上下层墙肢的轴力差即可算得连梁的剪力，进而计算得连梁的端部弯矩。

需要注意的是，当小开口剪力墙中有个别细小的墙肢时（见图6-8），由于细小墙肢中反弯点的存在，需对细小墙肢的内力进行修正，修正后细小墙肢弯矩为

$$M_i'(x) = M_i(x) + V_j(x)h_j'/2 \tag{6-12}$$

式中，h_j' 为细小墙肢的高度，即洞口净高。

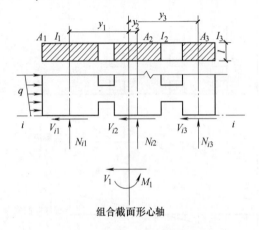

图 6-7　小开口墙计算简图

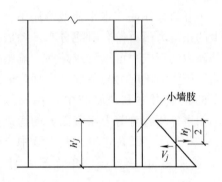

图 6-8　有细小墙肢的小开口墙

4）连梁内力。墙肢内力求得后，可按下式计算连梁的弯矩和剪力

$$\left.\begin{aligned}V_{bij} &= N_{ij} - N_{(i-1)j}\\ M_{bij} &= \frac{1}{2}l_{0bj}V_{bij}\end{aligned}\right\} \tag{6-13}$$

式中，l_{0bj} 为连梁的净跨，即洞口的宽度。

5）位移和等效刚度。试验研究和有限元分析表明，由于洞口的削弱，整体小开口墙的位移比按材料力学计算的组合截面构件的位移增大 20%，则整体小开口墙考虑弯曲和剪切变形后的顶点位移可按下式计算

$$\Delta = \begin{cases} 1.2 \times \dfrac{11}{60}\dfrac{V_0H^3}{EI_{eq}}\left(1 + \dfrac{3.64\mu EI_{eq}}{H^2GA_w}\right) & （倒三角荷载）\\[2mm] 1.2 \times \dfrac{1}{8}\dfrac{V_0H^3}{EI_{eq}}\left(1 + \dfrac{4\mu EI_{eq}}{H^2GA_w}\right) & （均布荷载）\\[2mm] 1.2 \times \dfrac{1}{3}\dfrac{V_0H^3}{EI_{eq}}\left(1 + \dfrac{3\mu EI_{eq}}{H^2GA_w}\right) & （顶点集中荷载）\end{cases} \tag{6-14}$$

如取 $G = 0.4E$，可将整体小开口墙的等效刚度写成如下统一公式

$$E_c I_{eq} = \frac{0.8 E_c I_w}{1 + \frac{9\mu I}{AH^2}} \tag{6-15}$$

故整体小开口墙的顶点位移仍可按式（6-2）计算。

6.3 联肢墙内力和位移计算

剪力墙上开有一列或多列洞口，且洞口尺寸相对较大，此时剪力墙的受力相当于通过洞口之间的连梁连在一起的一系列墙肢，故称联肢墙。联肢墙的墙肢的刚度一般比连梁的刚度大较多。联肢墙实际上相当于柱梁刚度比很大的一种框架，属于高次超静定结构，用一般的解法比较麻烦。双肢墙是只有两个墙肢由连梁联结在一起，为简化计算可采用连续化的分析方法求解。本节主要介绍双肢墙的内力和位移分析方法。

6.3.1 基本假定

图 6-9a 所示为双肢墙及其几何参数，墙肢可以为矩形、I 形、T 形或 L 形截面，但均以截面形心线作为墙肢的轴线，连梁一般取矩形截面。利用连续化分析方法计算双肢墙的内力和位移时基本假定如下：

1）每一楼层处的连梁简化为沿该楼层均匀连续分布的连杆，即将墙肢仅在楼层标高处由连梁接在一起的结构，变为墙肢在整个高度上由连续连杆连接在一起的连续结构，如图 6-9b 所示，从而为建立微分方程提供了条件。

2）忽略连梁的轴向变形，故两墙肢在同一标高处的水平位移相等。同时还假定，在同一标高两墙肢的转角和曲率亦相同。

3）**每层连梁的反弯点在梁的跨中。**

4）沿竖向墙肢和连梁的刚度及层高均不变，即层高、惯性矩、及截面面积等参数沿高度均为常数，从而使所建立的微分方程为常系数微分方程，便于求解。当沿高度截面尺寸或层高有变化时，可取几何平均值进行计算。若是很不规则，则本方法不适用。

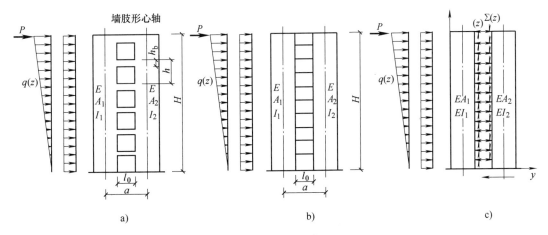

图 6-9 双肢墙的计算简图

本方法适用于层数较多的剪力墙计算，结果较好；层数越少，计算误差越大。

6.3.2 微分方程的建立和求解

将连续化后的连梁沿其跨中切开，可得到力法求解时的基本体系，如图 6-9c 所示。由于梁的跨中为反弯点，故在切开后的截面上只有剪力集度 $\tau(z)$ 和轴力集度 $\sigma(z)$，取 $\tau(z)$ 为多余未知力，根据变形连续条件，基本体系在外荷载、切口处轴力和剪力共同作用下，切口处沿未知力 $\tau(z)$ 方向的相对位移应为零，即

$$\delta_1 + \delta_2 + \delta_3 = 0 \tag{6-16}$$

（1）墙肢弯曲和剪切变形所产生的相对位移　在墙肢弯曲变形时，连杆要跟随着墙肢做相应转动，如图 6-10a 所示。假设墙肢的侧移曲线为 y_m，则相应的墙肢转角为

$$\theta_m = \frac{dy_m}{dx} \tag{6-17}$$

式中，θ_m 为由于墙肢弯曲变形所产生的转角，规定以顺时针方向为正，两墙肢的转角相等。

由墙肢弯曲变形产生的相对位移为（以位移方向与切应力 $\tau(x)$ 方向相同为正，以下同）

$$\delta_{1m} = -2c\theta_m = -2c\frac{dy_m}{dx} \tag{6-18}$$

式中，c 为两墙肢轴线间距离的一半。

当墙肢发生剪切变形时，只在墙肢的上、下截面产生相对水平错动，此错动不会使连梁切口处产生相对竖向位移，故由于墙肢剪切变形在切口处产生的相对位移为零，如图 6-10b 所示。这一点也可用结构力学中位移计算的图乘法予以证明。因此

$$\delta_1 = \delta_{1m} = -2c\theta_m = -2c\frac{dy_m}{dx} \tag{6-19}$$

式（6-19）中的负号表示相对位移与假设的未知剪力 $\tau(z)$ 方向相反。

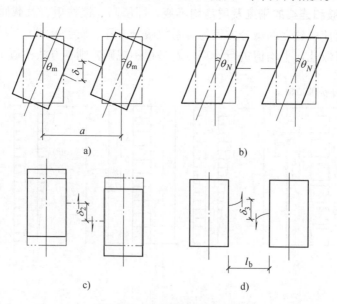

图 6-10　墙肢和连梁的变形

（2）墙肢轴向变形所产生的相对位移　这是指基本体系在外荷载、切口处轴力和剪力共同作用下，自两墙肢底至 z 截面处的轴向变形差为切口所产生的相对位移（见图 6-10c）。在水平力的作用下，两个墙肢的轴向力数值相等，一拉一压，其与连杆剪应力 $\tau(x)$ 的关系为

$$N(x) = \int_0^x \tau(x)\,\mathrm{d}x \tag{6-20}$$

式中，坐标原点取在剪力墙的顶点。

由轴向力产生的连杆切口相对位移为

$$\delta_2 = \int_x^H \frac{N(x)\,\mathrm{d}x}{EA_1} + \int_x^H \frac{N(x)\,\mathrm{d}x}{EA_2}$$

$$= \frac{1}{E}\left(\frac{1}{A_1} + \frac{1}{A_2}\right)\int_x^H N(x)\,\mathrm{d}x = \frac{1}{E}\left(\frac{1}{A_1} + \frac{1}{A_2}\right)\int_x^H \int_0^x \tau(x)\,\mathrm{d}x\,\mathrm{d}x \tag{6-21}$$

（3）连梁弯曲和剪切变形所产生的相对位移　连杆是连续分布的，取微段高度 $\mathrm{d}x$ 连杆进行分析，如图 6-10d 所示。该连杆的截面积为 $\frac{A_L}{h}\mathrm{d}x$，惯性矩为 $\frac{I_L}{h}\mathrm{d}x$，切口处剪力为 $\tau(x)\mathrm{d}x = \tau\mathrm{d}x$，连杆总长度为 $2a$，则

1）连杆弯曲变形产生的相对位移 δ_{3m}。顶部集中力作用下的悬臂杆件，顶点侧移为 $\Delta_m = \frac{PH^3}{3EI}$，则有

$$\delta_{3m} = 2\frac{\tau(x)\,\mathrm{d}x a^3}{3E\frac{I_L}{h}\mathrm{d}x} = 2\frac{\tau(x)h a^3}{3EI_L} \tag{6-22}$$

2）连杆剪切变形产生的相对位移 δ_{3V}。在顶部集中力作用下，由剪切变形产生的顶点侧移为 $\Delta_V = \frac{\mu PH}{GA}$，则有

$$\delta_{3V} = 2\frac{\mu\tau(x)\,\mathrm{d}x a}{G\frac{A_L}{h}\mathrm{d}x} = 2\frac{\mu\tau(x)h a}{GA_L} \tag{6-23}$$

那么

$$\delta_3 = \delta_{3m} + \delta_{3V} = \frac{2\tau(x)h a^3}{3EI_L}\left(1 + \frac{3\mu EI_L}{A_L Ga^2}\right) \tag{6-24}$$

式中，μ 为截面剪应力分布不均匀系数，矩形截面取 $\mu = 1.2$。

根据基本体系在连梁切口处的变形连续条件 $\delta_1 + \delta_2 + \delta_3 = 0$，将式（6-19）、式（6-21）、式（6-24）代入得

$$-2c\theta_m + \frac{1}{E}\left(\frac{1}{A_1} + \frac{1}{A_2}\right)\int_x^H \int_0^x \tau(x)\,\mathrm{d}x\,\mathrm{d}x + \frac{2\tau(x)h a^3}{3EI_L}\left(1 + \frac{3\mu EI_L}{A_L Ga^2}\right) = 0 \tag{6-25}$$

引入新符号 $m(x) = 2c\tau(x)$，并针对不同的水平荷载，式（6-25）通过两次微分、整理可以得到

$$m''(x) - \frac{\alpha^2}{H^2}m(x) = \begin{cases} -\dfrac{\alpha_1^2}{H^2}V_0\left[1 - \left(1 - \dfrac{x}{H}\right)^2\right] & (\text{倒三角荷载}) \\[3mm] -\dfrac{\alpha_1^2}{H^2}V_0\,\dfrac{x}{H} & (\text{均布荷载}) \\[3mm] -\dfrac{\alpha_1^2}{H^2}V_0 & (\text{顶部集中荷载}) \end{cases} \quad (6\text{-}26)$$

式中，$m(x)$ 为连杆两端对剪力墙中心约束弯矩之和；H 为剪力墙总高度；α_1 为连梁与墙肢刚度比（或为不考虑墙肢轴向变形时剪力墙的整体工作系数）；α 为考虑墙肢轴向变形的整体参数。

α_1、α 按下式计算

$$\alpha_1^2 = \frac{6H^2}{h\sum I_i}D, \quad \alpha^2 = \alpha_1^2 + \frac{3H^2D}{hcS}$$

$$S = \frac{2cA_1A_2}{A_1 + A_2}$$

式中，D 为连梁的刚度系数 $D = \dfrac{\bar{I}_L c^2}{a^3}$；$S$ 为双肢组合截面形心轴的面积矩；H，h 分别为剪力墙总高度和层高；$\bar{I}_L$ 为连梁的等效惯性矩，$\bar{I}_L = \dfrac{I_L}{1 + \dfrac{3\mu EI_L}{A_L Ga^2}}$，实际上是把连梁弯曲变形和剪切变形都按弯曲变形来表示的一种折算惯性矩。

式（6-26）就是双肢墙的基本微分方程。可以看出，S 越大，α 越小，整体性越差。

对式（6-26）作如下代换：$m(x) = \Phi(x)V_0\dfrac{\alpha_1^2}{\alpha^2}$，$\xi = \dfrac{x}{h}$，式（6-26）则变为

$$\Phi''(\xi) - \alpha^2\Phi(\xi) = \begin{cases} -\alpha^2\left[1 - (1-\xi)^2\right] & (\text{倒三角荷载}) \\[2mm] -\alpha^2\xi & (\text{均布荷载}) \\[2mm] -\alpha^2 & (\text{顶部集中荷载}) \end{cases} \quad (6\text{-}27)$$

微分方程的解由通解和特解两部分组成，式（6-27）的通解为

$$\Phi = C_1\cosh(\alpha\xi) + C_2\sinh(\alpha\xi) \quad (6\text{-}28)$$

其特解为

$$\Phi_t = \begin{cases} 1 - (1-\xi)^2 - \dfrac{2}{\alpha^2} & (\text{倒三角荷载}) \\[3mm] \xi & (\text{均布荷载}) \\[2mm] 1 & (\text{顶部集中荷载}) \end{cases} \quad (6\text{-}29)$$

引入边界条件：

1）墙顶部：$x = 0$，$\xi = 0$，剪力墙顶弯矩为零，即

$$\theta'_m = -\frac{\mathrm{d}^2 y_m}{\mathrm{d}x^2} = 0 \quad (6\text{-}30)$$

2）墙底部：$x = H$，$\xi = 1$，剪力墙底部转角为零，即

$$\theta_m = 0 \quad (6\text{-}31)$$

即可求得针对不同水平荷载时方程的解。

由式（6-27）~式（6-29）可知，Φ 为 α 和 ξ 两个变量的函数，为便于应用，根据荷载类型、参数 α 和 ξ，将 Φ 值进行表格化，可供使用时查取，也可将上述公式进行编程直接计算求得。

以上利用连续化方法，根据连杆切口处相对竖向位移为零，可求得 $\tau(z)$。还可以利用切口处相对水平位移为零的条件，求得 $\sigma(z)$，然后计算墙肢及连梁内力。但考虑到双肢墙的特点，通过整体考虑双肢墙的受力以求得墙肢及连梁内力。

6.3.3 内力和位移计算

1. 连梁内力计算

在分析过程中，将连梁离散化，那么连梁的内力就是一层之间连杆内力的组合（见图 6-11）。

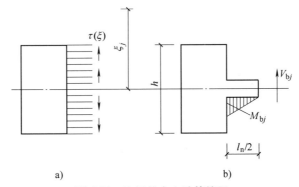

图 6-11 连梁的内力计算简图

a）连杆剪力 b）连梁剪力、弯矩

1）第 j 层连梁的剪力。取楼面处高度 ξ，按 $m(\xi) = \Phi(\xi) V_0 \dfrac{\alpha_1^2}{\alpha^2}$ 计算得到 $m_j(\xi)$，则 j 层连梁的剪力

$$V_{bj} = m_j(\xi) \frac{h}{2c} \tag{6-32}$$

2）第 j 层连梁端部弯矩

$$M_{bj} = V_{bj}a \tag{6-33}$$

2. 墙肢内力计算（见图 6-12）

1）墙肢轴力。墙肢轴力等于截面以上所有连梁剪力之和，一拉一压，大小相等，即

$$N_1 = N_2 = \sum_{s=j}^{n} V_{Ls} \tag{6-34}$$

2）墙肢弯矩、剪力的计算。墙肢弯矩、剪力可以按已求得的连梁内力，结合水平荷载进行计算，也可以根据上述基本假定，按墙肢刚度简单分配：

$$\left. \begin{array}{l} M_1 = \dfrac{I_1}{I_1 + I_2} M_j \\[3mm] M_2 = \dfrac{I_2}{I_1 + I_2} M_j \end{array} \right\} 墙肢弯矩 \tag{6-35}$$

式中，M_j 是剪力墙截面弯矩，$M_j = M_{pj} - N_1 \times 2c$，即

$$M_j = M_{pj} - \sum_{s=j}^{n} m_j(\xi) h \tag{6-36}$$

墙肢剪力
$$V_i = \frac{\bar{I}_i}{\sum \bar{I}_i} V_{pj} \tag{6-37}$$

式中，M_{pj}，V_{pj} 分别为剪力墙计算截面上由外荷载产生的总弯矩和总剪力；$\bar{I}_i$ 为考虑剪切变形后，墙肢的折算惯性矩

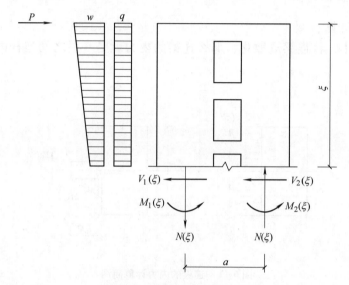

图 6-12　墙肢内力计算简图

$$\bar{I}_i = \frac{I_i}{1 + \dfrac{12\mu E I_i}{G A_i h^2}} \tag{6-38}$$

双肢墙的位移也由弯曲变形和剪切变形两部分组成，主要以弯曲变形为主。如果其位移以弯曲变形的形式来表示，相应惯性矩即为等效惯性矩。对应三种水平荷载的等效惯性矩为

$$I_{eq} = \begin{cases} \sum I_i / \left[(1-T) + T\psi_\alpha + 3.64\gamma^2 \right] & \text{（均布荷载）} \\[2mm] \sum I_i / \left[(1-T) + T\psi_\alpha + 4\gamma^2 \right] & \text{（倒三角荷载）} \\[2mm] \sum I_i / \left[(1-T) + T\psi_\alpha + 3\gamma^2 \right] & \text{（顶点集中荷载）} \end{cases} \tag{6-39}$$

式中，$T = \dfrac{\alpha_1^2}{\alpha^2}$ 为轴向变形影响系数；γ 为墙肢剪切变形系数，可以由下式计算而得

$$\gamma^2 = \frac{\mu E (I_1 + I_2)}{H^2 G (A_1 + A_2)} \tag{6-40}$$

ψ_α 是 α 的函数，可以按下式编程计算

$$\psi_\alpha = \begin{cases} \dfrac{8}{\alpha^2}\left(\dfrac{1}{2}+\dfrac{1}{\alpha^2}-\dfrac{1}{\alpha^2\cosh\alpha}-\dfrac{\sinh\alpha}{\alpha\cosh\alpha}\right) & （均布荷载）\\[4mm] \dfrac{60}{11}\dfrac{1}{\alpha^2}\left(\dfrac{2}{3}+\dfrac{2\sinh\alpha}{\alpha^3\cosh\alpha}-\dfrac{2}{\alpha^2\cosh\alpha}-\dfrac{\sinh\alpha}{\alpha\cosh\alpha}\right) & （倒三角荷载）\\[4mm] \dfrac{3}{\alpha^2}\left(1-\dfrac{\sinh\alpha}{\alpha\cosh\alpha}\right) & （顶点集中荷载） \end{cases} \qquad (6\text{-}41)$$

有了等效惯性矩以后，就可以按照整体悬臂墙来计算双肢墙顶点位移。

6.3.4 双肢墙内力和位移分布特点

图 6-13 给出了某双肢墙按连续连杆法计算的双肢墙肢侧移 $y(\xi)$、连梁剪力 $\tau(\xi)$、墙肢轴力 $N(\xi)$ 及弯矩 $M(\xi)$ 沿高度的分布曲线，由该曲线可知其内力和位移分布具有下述特点：

1）双肢墙的侧移曲线呈弯曲型。α 值越大，墙的刚度越大，位移越小。

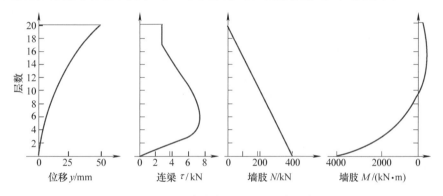

图 6-13 双肢墙内力和位移分布特点

2）连梁的剪力分布具有明显的特点。剪力最大（也是弯矩最大）的连梁不在底层，其位置和大小将随 α 值而改变。当 α 值较大时，连梁剪力加大，剪力最大的连梁位置向下移。

3）墙肢的轴力与 α 值有关。当 α 值增大时，连梁剪力增大，则墙肢轴力也加大。

4）墙肢弯矩也与 α 值有关。α 值增大，墙肢轴力增大，墙肢弯矩减小。

6.3.5 多肢墙内力及位移计算简介

多肢墙仍采用连续化方法进行内力和位移计算，其基本假定和基本体系的取法均与双肢墙类似。图 6-14a 所示为有 m 列洞口、$m+1$ 列墙肢的多肢墙，将其每列连梁沿全高连续化（见图 6-14b），并将每列连梁反弯点处切开，则切口处作用有剪力集度 $\tau(z)_j$ 和轴力集度 $\sigma(z)_j$，从而可得到多肢墙用力法求解的基本体系（见图 6-14c）。同双肢墙的求解一样，根据切口处的变形连续条件，可建立微分方程。

对于开有任意列孔洞的剪力墙，直接解微分方程组较冗繁。有一种近似解法，先将各墙肢合并在一起（将各种连梁和墙肢刚度叠加），设各排连梁切口处未知力之和为总未知力，在求出总未知力后再按一定比例分配到各排连杆，进而分别求得连梁和墙肢的内力。这种方法将多肢墙的结果表现为与双肢墙类似的形式，并且可以利用同样的数表，所以计算起来比较方便。

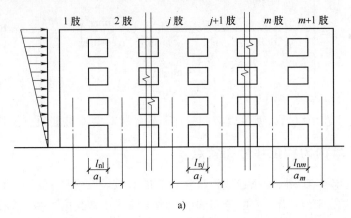

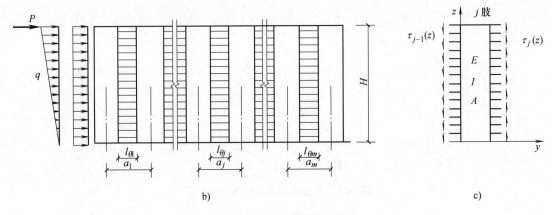

图6-14 多肢墙计算简图

6.4 壁式框架的内力和位移计算

当剪力墙的洞口尺寸较大，连梁的线刚度又大于或接近于墙肢的线刚度时，剪力墙的受力性能接近于框架。但由于墙肢和连梁的截面高度较大，节点区也较大，故计算时应将节点视为墙肢和连梁的刚域。因此，壁式框架的梁、柱实际上都是一种在端部带有刚域的杆件。按带刚域的框架（即壁式框架）进行分析，在水平荷载作用下，常用的分析方法有矩阵位移法和 D 值法等，本节仅介绍 D 值法。

6.4.1 计算简图

壁式框架的梁柱轴线取连梁和墙肢各自截面的形心线，如图 6-15a 所示。为简化计算，一般认为楼层层高与上下连梁的间距相等，计算简图如图 6-15b 所示。在梁柱相交的节点核心区，梁柱的弯曲刚度可认为无穷大而形成如图 6-16 所示的刚域。

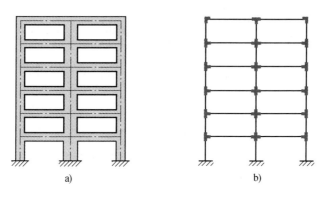

图 6-15 壁式框架计算简图

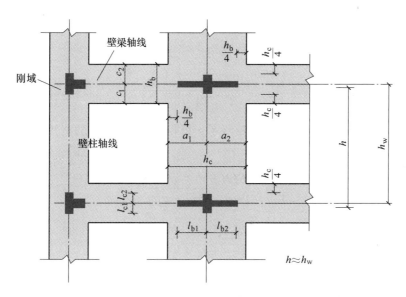

图 6-16 刚域示意图

刚域的长度可按下式计算

$$\left.\begin{aligned} l_{b1} &= a_1 - 0.25h_b \\ l_{b2} &= a_2 - 0.25h_b \\ l_{c1} &= c_1 - 0.25h_c \\ l_{c2} &= c_2 - 0.25h_c \end{aligned}\right\}$$ （6-42）

当按式（6-42）计算的刚域长度小于零时，可不考虑刚域的影响。

6.4.2 带刚域杆件的等效刚度

壁式框架与一般框架的区别主要有两点，其一是梁柱杆端均有刚域，从而使杆件的刚度增大；其二是梁柱截面高度较大，需考虑杆件剪切变形的影响。

图 6-17 所示为一带刚域杆件，当两端均产生单位转角 $\theta = 1$ 时所需的杆端弯矩称为杆端的转动刚度系数。现推导如下：

当杆端发生单位转角时，由于刚域作刚体转动，1′、2′两点除产生单位转角外，还产生

线位移 al 和 bl, 使杆发生弦转角

$$\varphi = \frac{al + bl}{l'} = \frac{a + b}{1 - a - b} \qquad (6-43)$$

式中, a、b 分别为杆件两端的刚域长度系数。

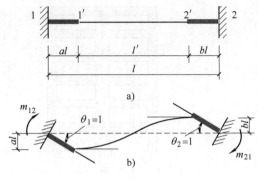

图 6-17 带刚域杆件计算简图

由结构力学可知, 当 $1'2'$ 杆件两端发生转角 $1 + \varphi$ 时, 考虑杆件剪切变形后的杆端弯矩为

$$S_{1'2'} = S_{2'1'} = \frac{6EI_0}{l} \frac{1}{(1 - a - b)^2 (1 + \beta)} \qquad (6-44)$$

$1'2'$ 杆件相应的杆端剪力为

$$V_{1'2'} = V_{2'1'} = \frac{12EI_0}{l^2} \frac{1}{(1 - a - b)^3 (1 + \beta)} \qquad (6-45)$$

根据刚域段的平衡条件, 如图 6-17b 所示, 可得到杆端 1、2 的弯矩, 即杆端的转动刚度系数

$$m_{12} = \frac{6EI(1 + a - b)}{l(1 - a - b)^3 (1 + \beta)} = 6ci \qquad (6-46)$$

$$m_{21} = \frac{6EI(1 - a + b)}{l(1 - a - b)^3 (1 + \beta)} = 6ci \qquad (6-47)$$

式中, β 为考虑杆件剪切变形影响的系数。

$$\beta = \frac{12\mu EI}{GAl^2} \qquad (6-48)$$

6.4.3 内力和位移计算

将带刚域杆件转换为具有等效刚度的等截面杆件后, 可采用 D 值法进行壁式框架的内力和位移计算。

1. 带刚域柱的侧移刚度 D 值

带刚域柱的侧移刚度可按下式计算

$$D = \alpha K_c \frac{12}{h^2} \qquad (6-49)$$

式中, K_c 为考虑刚域和剪切变形影响后的柱线刚度, 取 $K_c = \dfrac{EI}{h}$; EI 为带刚域柱的等效刚度, 按下式计算

$$EI = EI_0 \eta_v \left(\frac{l}{l'} \right)^3$$

$$\eta_v = \frac{1}{1+\beta} \tag{6-50}$$

α 为柱侧移刚度的修正系数，由梁柱刚度比按表4-2中的规定计算。计算时梁柱均取其等效刚度，即将表4-2中 i_1、i_2、i_3、i_4 用 k_1、k_2、k_3、k_4 来代替；k_1、k_2、k_3、k_4 分别为上、下层带刚域梁按等效刚度计算的线刚度。

2. 带刚域柱反弯点高度比的修正

壁柱反弯点高度按下式计算

$$y = a + sy_n + y_1 + y_2 + y_3 \tag{6-51}$$

式中，a 为柱子下端刚域长度系数；s 为壁柱扣除刚域部分柱子净高与层高的比值。

壁式框架在水平荷载作用下内力和位移计算的步骤与一般框架结构完全相同，壁式框架的侧移也由两部分组成：梁柱弯曲变形产生的侧移和柱子变形产生的侧移。轴向变形产生的侧移很小，可以忽略不计。

层间侧移 $$\delta_j = \frac{V_j}{\sum D_{ji}} \tag{6-52}$$

顶点侧移 $$\Delta = \sum \delta_j \tag{6-53}$$

6.5 框支剪力墙内力计算

框支剪力墙指的是结构中的部分剪力墙因建筑要求不能落地，直接落在下层框架梁（或者其他转换构件）上，再由框架梁将荷载传至框架柱上。除了在方案布置时有其特殊要求外，在截面设计和构造上也要采取一些措施，主要目的是加强落地墙底层，避免底层柱子出现破坏。落地剪力墙的底层是结构底层的主要抗侧力构件，绝大部分剪力（见图6-18中的 P）将通过楼板传递到落地剪力墙上，使落地剪力墙底层的剪跨比 M/Vh_{w0} 大大减小，增加了剪坏的可能。由于要使上层与底层的刚度尽量接近，底层墙厚加大，这对抗剪是有利的，但要注意避免斜压破坏，底层的剪跨比不宜太小。当剪跨比小于2.5时，应按前述规范要求调小剪压比。

在地震区，为了保证底层框支柱的安全，底层不能有大的层间位移，因此要避免落地剪力墙在底层出现塑性铰。设计时，可用增大底层承载力的方法，使底层墙的抗弯承载可靠度大于二层墙的抗弯可靠度，使塑性铰转移到二层。由弹性计算得到的底层墙弯矩应乘以增大系数 η。特一级、一级和二级落地剪力墙的增大系数分别为1.8、1.5和1.25。此外，由墙肢间内力重分

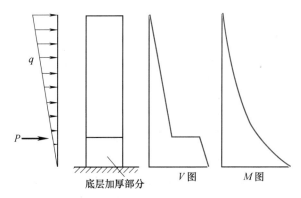

图6-18 框支剪力墙内力示意图

配使受压墙肢剪力加大，受压墙肢的剪力应再乘以前述的增大系数，再进行截面抗剪承载力计算。

6.5.1　转换梁的受力机理

框支剪力墙中，与框支柱相邻的上部剪力墙和转换梁受力比较复杂。图 6-19 是由平面有限元分析得到的在垂直荷载下墙体应力的分布图。

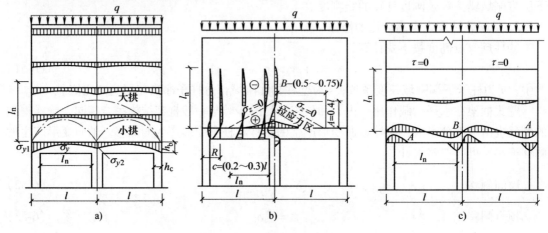

图6-19　墙体应力的分布图

a）竖向应力 σ_y 分布　b）水平应力 σ_z 分布　c）剪应力 τ 分布

可见，在转换梁与上部墙体的界面上，竖向压应力在支座处最大，在跨中截面处最小；转换梁中的水平应力为拉应力。形成这种受力状态的主要原因有两点：①拱的传力作用，即上部墙体上的大部分竖向荷载沿拱轴线直接传至支座，转换梁为拱的拉杆；②上部墙体与转换梁作为一个整体共同受力，转换梁处于整体弯曲的受拉区，由于上部剪力墙参与受力而使转梁承受的弯矩大大减小。因此，转换梁一般为偏心受力构件。

6.5.2　结构分析

梁式转换层结构有两种形式，即托墙形和托柱形。这里仅简要介绍托墙形梁式转换层结构的内力计算方法。

（1）整体结构分析方法　对带梁式转换层高层建筑结构，可直接用三维空间结构分析程序（如 TBSA、SDTB、TAT 等）进行整体结构内力分析。当采用杆系模型分析时，剪力墙墙肢作为柱单元考虑，转换梁按梁模型处理，在上部剪力墙和下部柱之间设置转换梁，墙肢与转换梁连接，如图 6-20 所示。

图 6-20 所示的杆系模型没有考虑转换梁与上部墙体的共同工作，按此模型分析得到的转换梁内力与按高精度平面有限元模型计算结果相差较大。为了合理地反映转换梁上部墙肢的传力途径，可采用图 6-20c 所示的计算模型。即在图 6-20b 所示杆系模型的基础上，增加"虚柱"单元，虚柱的截面宽度取转换梁上部墙体厚度，虚柱的截面高度取转换梁下部支承柱的截面高度，与虚柱相连接的梁为"刚性梁"（弯曲刚度为无限大）。这样，转换梁上部结构各楼层竖向荷载通过"刚性梁"按墙肢及虚柱刚度分配给各墙肢及虚柱，再向下部框支柱上传递。

（2）转换层结构局部应力分析　在上述整体空间分析基础上，考虑转换梁与上部墙体的共同工作，将转换梁以及上部 3～4 层墙体和下部 1～2 层框支柱取出，合理确定其荷载和边界条件，进行有限元分析。这时可采用下列平面有限元法：①全部采用高精度平面有限元法；②上部墙体和转换梁采用高精度平面有限元法，下部结构采用杆系有限元法；③采用分区混合有限元法。

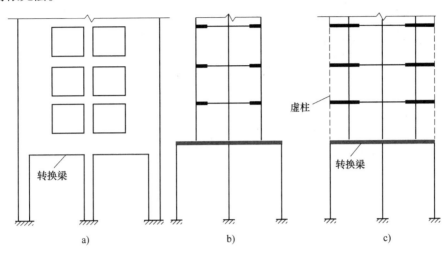

图 6-20 转换梁的杆系计算模型

（3）底部加强部位结构内力的调整　试验结果表明，对底部带转换层的高层建筑结构，当转换层位置较高时，落地剪力墙往往从其墙底部到转换层以上 1～2 层范围内出现裂缝，同时转换构件上部 1～2 层剪力墙也出现裂缝或局部破坏。因此，对这种结构其剪力墙底部加强部位的高度应从地下室顶板算起，宜取至转换层以上两层的高度且不小于房屋高度的 1/10。

高位转换对结构抗震不利。因此，对部分框支剪力墙结构，当转换层的位置设置在 3 层及 3 层以上时，其框支柱、剪力墙底部加强部位的抗震等级尚宜按表 2-14 和表 2-15 的规定提高一级采用，已经为特一级时可不再提高。而对底部带转换层的框架-核心筒结构和外围为密柱框架的筒中筒结构，因其受力情况和抗震性能比部分框支剪力墙结构有利，故其抗震等级不必提高。

带转换层的高层建筑结构属竖向不规则结构，其薄弱层的地震剪力应乘以 1.15 的增大系数。对抗震等级为特一级、一级、二级的转换结构构件，其水平地震内力应分别乘以增大系数 1.9、1.6 和 1.3；同时，9 度抗震设计时除考虑竖向荷载、风荷载或水平地震作用外，还应考虑竖向地震作用的影响。

在转换层以下，落地剪力墙的侧向刚度一般远远大于框支柱的侧向刚度，所以按计算结果，落地剪力墙几乎承受全部地震剪力，框支柱分配到的剪力非常小，考虑到实际工程中转换层楼面会有显著的平面内变形，框支柱实际承受的剪力可能会比计算结果大很多。此外，地震时落地剪力墙出现裂缝甚至屈服后刚度下降，也会使框支柱的剪力增加。因此，对带转换层的高层建筑结构，其框支柱承受的地震剪力标准值应按下列规定采用：

1）对每层框支柱的数目不多于 10 根的场合，当底部框支层为 1～2 层时，每根柱所承受的剪力应至少取基底剪力的 2%；当底部框支层为 3 层及 3 层以上时，每根柱所承受的剪力应至少取基底剪力的3%。

2）对每层框支柱的数目多于10根的场合，当底部框支层为1～2层时，每层框支柱所承受的剪力之和应取基底剪力的20%；当底部框支层为3层及3层以上时，每层框支柱承受的剪力之和应取基底剪力的30%。框支柱剪力调整后，应相应地调整框支柱的弯矩及与框支柱相交的梁端（不包括转换梁）的剪力和弯矩，框支柱的轴力可不调整。

思考题

1. 简述剪力墙的分类及其特点。
2. 何谓剪力墙的等效刚度？
3. 简述连续化分析方法进行双肢墙内力计算的基本假定，并绘出双肢墙的计算简图。
4. 简述双肢墙的内力和位移分布特点。
5. 简述转换梁的受力机理。

7.1 概述

7.1.1 框架-剪力墙特点

　　框架-剪力墙结构是在框架结构中适当位置布置适当数量剪力墙形成的结构体系。当剪力墙布置成筒体，又可称为框架-筒体结构体系，这种筒体的承载能力、侧向刚度和抗扭能力都较单片剪力墙大大提高，从而可以用于更高的建筑结构。在框架-剪力墙结构中，各榀框架和各片剪力墙是抗侧力构件，在竖向荷载作用下，两者（框架与剪力墙，此处指抗侧力构件）共同承担各自传递范围内的楼面荷载，其内力计算较为简单。在水平力作用下，各榀框架和各片剪力墙在楼盖的控制下共同工作、协调变形。在水平力作用下，各榀框架变形曲线的类型为剪切型，而各片剪力墙结构的变形类型属弯曲型。当刚性楼盖将它们联系在一起时，楼盖则迫使两者在同一楼层上必须保持相同的位移，从而共同工作，此即协同工作，如图7-1所示。图中在变形点 A 以下，剪力墙的侧移小于框架，剪力墙控制着框架，变形类型呈弯曲型；在变形点 A 以上，框架的侧移小于剪力墙的侧移，框架控制着剪力墙，变形类型呈剪切型。因此，整个框架-剪力墙结构的变形曲线类型上剪下弯，整体变形属于剪弯型。框架-剪力墙结构的变形曲线介于弯曲型和剪切型之间，变形曲线形状为反 S 形。

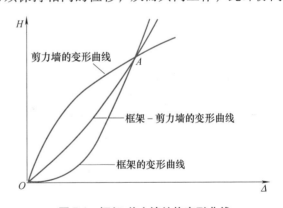

图 7-1　框架-剪力墙结构变形曲线

　　由于协同工作，框架-剪力墙中框架部分各层的层剪力趋于均匀，但框架-剪力墙中剪力墙部分各层剪力更加不均匀，框架部分与剪力墙部分各层层剪力的分配比例是变化的，但框架-剪力墙结构的层间侧移变得趋于均匀。

　　在框架结构中，层剪力按各柱的抗侧刚度在各柱间分配；在剪力墙结构中，层剪力按各片剪力墙的等效抗弯刚度在各片墙间分配；在框架-剪力墙结构中，水平力按协同工作进行分配。另有一点应予注意，当框架结构中带有钢筋混凝土电梯井时，也必须按框架-剪力墙结构进行计算，不能视为框架结构，否则将不能保证安全。

7.1.2 适用高度及高宽比

框架-剪力墙结构有两种类型：①由框架和单肢整截面墙、整体小开口墙、小筒体墙、双肢墙组成的一般性框架-剪力墙结构；②外边为柱距较大的框架和中部为封闭式剪力墙筒体组成的框架-筒体结构。这两种类型结构在进行内力和位移分析、构造处理时均按框架-剪力墙结构考虑。它们的高宽比限值在《高层规程》中有规定，见表2-5。

为了防止产生过大的侧向变形，减少非结构构件如填充墙、内隔墙、门窗和吊顶等的破坏，以及防止在强烈地震作用下或强台风袭击下房屋的整体倾覆，尤其是在软弱地基上的高层建筑，框剪结构房屋的高度不宜超过《高层规程》的规定，见表2-3及表2-4。

7.1.3 剪力墙数量的确定

剪力墙布置得多一些好，还是少一些好，一直是广大设计人员争论的焦点。但近40年来，多次地震中实际震害的情况表明：在钢筋混凝土结构中，剪力墙数量越多，地震灾害减轻得越多。日本曾分析十胜冲地震和福井地震中钢筋混凝土建筑物的震害，揭示了一个重要规律：墙越多，震害越轻。1978年罗马尼亚地震和1988年亚美尼亚地震都有明显的规律：框架结构在强震中大量破坏、倒塌，而剪力墙结构则震害轻微。

因此，一般来说，多设剪力墙对抗震是有利的。但是，剪力墙超过了必要的限度，是不经济的。剪力墙太多，虽然有较强的抗震能力，但由于刚度太大，周期太短，地震作用要加大，不仅使上部结构材料增加，而且带来基础设计的困难。另外，框剪结构中，框架的设计水平剪力有最低限值，剪力墙再增多，框架的材料消耗也不会再减少。所以，单从抗震的角度来说，剪力墙数量以多为好；从经济性来说，剪力墙则不宜过多，因此，有一个剪力墙的合理数量问题。在结构设计中，剪力墙的合理数量可参考表7-1决定。

表7-1　每一个方向剪力墙的刚度之和 $\sum EI$ 应满足的数值　（单位：$kN \cdot m^3$）

场地类别 设防烈度	I	II	III
7	55WH	83WH	193WH
8	110WH	165WH	385WH
9	220WH	330WH	770WH

7.1.4 剪力墙的布置

框架-剪力墙结构应设计成双向抗侧力体系。抗震设计时，结构两主轴方向均应布置剪力墙。主体结构构件之间除个别节点外（如为了调整个别梁的内力分布或为了避免由于不均匀沉降而产生过大内力等而采用铰接）应采用刚接，以保证结构整体的几何不变和刚度的发挥。梁与柱或柱与剪力墙的中线宜重合，使内力传递和分布合理且保证节点核心区的完整性。

剪力墙的布置，应遵循"均匀、分散、对称、周边"的原则。均匀、分散是指剪力墙宜片数较多，均匀、分散布置在建筑平面上。单片剪力墙底部承担的水平剪力不宜超过结构底部总水平剪力的30%。对称是指剪力墙在结构单元的平面上应尽可能对称布置,使水平力作用线尽可能靠近刚度中心,避免产生过大的扭转。周边是指剪力墙尽可能布置在建筑平面周边,以加大其抗扭转内臂,提高其抵抗扭转的能力;同时,在端部附近设剪力墙可以避免墙部楼板外挑长度过大。剪力墙宜贯通建筑物的全高,宜避免刚度突变。剪力墙开洞时,洞口宜上下对齐。抗震设计时,剪力墙的布置宜使结构各主轴方向的侧向刚度接近。

一般情况下,剪力墙宜布置在平面的下列部位:

1)竖向荷载较大处。增大竖向荷载可以避免墙肢出现偏心受拉的不利受力状态。

2)建筑物端部附近。减少楼面外伸段的长度,而且有较大的抗扭刚度。

3)楼梯、电梯间。楼梯、电梯间楼板开洞较大,设剪力墙予以加强。

4)平面形状变化处。在平面形状变化处应力集中比较严重,在此处设剪力墙予以加强,可以减少应力集中对结构的影响。

当建筑平面为长矩形或平面有一部分较长时,在该部位布置的剪力墙除应有足够的总体刚度外,各片剪力墙之间的距离不宜过大,宜满足表7-2的要求。若剪力墙之间的距离过大,剪力墙之间的楼盖会在自身平面内发生弯曲变形,造成处于该区间的框架不能与邻近的剪力墙协同工作而增加负担。当剪力墙之间的楼盖开有较大的洞口时,该区段楼盖的平面内刚度更小,故此时剪力墙的间距应再适当减小。另外,纵向剪力墙不宜布置在平面的两尽端,以避免房屋的两端被抗侧刚度较大的剪力墙锁住而造成中间部分的楼盖在混凝土收缩或温度变化时出现裂缝。

表7-2 剪力墙的间距

楼盖形式	非抗震设计(取较小值)	抗震设防烈度		
		6、7度(取较小值)	8度(取较小值)	9度(取较小值)
现浇	5.0B, 60	4.0B, 50	3.0B, 40	2.0B, 30
装配整体	3.5B, 50	3.0B, 40	2.5B, 30	—

注:1. 表中 B 为楼面宽度,单位为 m。

2. 装配整体式楼盖应设置厚度不小于 50mm 的钢筋混凝土现浇层。

3. 现浇层厚度大于 60mm 的叠合楼板可作为现浇板考虑。

4. 当房屋端部未布置剪力墙时,第一片剪力墙与房屋端部的距离,不宜大于表中剪力墙间距的1/2。

7.1.5 框架-剪力墙结构设计要点

1)合理确定剪力墙的数量,具体方法见7.1.3节。

2)剪力墙的布置原则为对称、均匀、周边、分散,具体方法见7.1.4节。

3)水平力分配的两个原则:第一,按协同工作分配;第二,按刚度分配。在框架结构及剪力墙结构中,由于两者均属于单一体系,在水平作用下,各榀框架或各道剪力墙的侧移曲线类似,故水平力系按刚度分配给各抗侧力构件。但在框架-剪力墙结构中,却存在两个分配原则,应注意区别。

4)对于高 $H<50m$,高宽比 $H/B<4$ 的框剪结构,采用简化计算方法时,一般不计轴向变形影响。

5)在协同分析后,框架剪力值需进行调整。

6）剪力墙应双向（纵横向）设置，横向剪力墙宜靠端部设置，纵向剪力墙不宜集中布置在两尽端。

7）框架-剪力墙应为边框剪力墙，剪力墙的水平钢筋应全部锚入边柱内，正截面计算的主要竖向受力钢筋应配在边框以内。

8）应优先采用现浇楼盖。

9）小震下内力和位移计算中，所有构件均可采用弹性刚度，但连梁的刚度在计算时，应考虑剪切变形予以折减，6度及7度时，折减系数 ≥ 0.8；8度及9度时，折减系数 ≥ 0.55。计算风荷载作用时不折减。

10）计算总框架、总剪力墙和总连梁时都不能跨越变形缝。

11）当连梁抗弯刚度较小，其转动约束可忽略不计时，可采用铰接计算简图。

7.2 框架-剪力墙结构按铰结体系的计算

7.2.1 基本微分方程的建立与求解

1. 概述

在竖向荷载下，框架-剪力墙结构中的框架部分和剪力墙部分，分别承受各自传递范围内的楼面荷载，其内力计算比较简单。在水平荷载下，刚性楼盖迫使变形特性各不相同的框架部分和剪力墙部分协同工作，变形协调，计算方法大体分为两类：一类为利用计算机的矩阵位移法，具体有多种软件可供选择；另一类则为简化方法，如微分方程法等，此处主要介绍微分方程法。

对大多数比较规则的结构应用简化方法计算时，计算精度能够较好地满足要求。在简化计算方法中，如果水平力有偏心，可先作平移下协同工作计算，然后再计算扭转效应。

2. 基本假定

1）楼盖在平面内刚度无穷大，平面外刚度忽略不计，框架部分和剪力墙部分之间无相对位移。

2）当结构大体规则，水平力的合力通过结构抗侧刚度中心时，不计扭转影响。

3）框架与剪力墙的刚度特征值沿结构高度方向均为常量。

基于以上假定，计算区段（不能跨越缝，诸如变形缝、防震缝等）内，在水平力作用下，同一楼面处框架部分和剪力墙部分侧移相同，这样，即可将所有框架等效为综合框架（也称总框架），将所有剪力墙等效为综合剪力墙（也称总剪力墙），并将综合框架与综合剪力墙移到同一平面内进行分析。在综合框架与综合剪力墙之间，用轴向刚度无穷大的连梁相连。

3. 基本微分方程

在图7-2所示的铰结计算简图中，所谓铰结指剪力墙部分与框架部分不在同一平面内，在两者之间没有弯矩的传递，只传递侧向力。当剪力墙部分与框架部分在同一平面内时，连杆（连梁）与框架及剪力墙之间为刚结，即刚结体系。有一点需指出，如果连梁截面尺寸小，即刚度小，则约束作用弱，此时可忽略其对墙肢的约束效果，视为铰结体系。

对于铰结计算简图，将连杆切断，在各楼层处框架和剪力墙间存在相互作用的集中力

F_{kj}，为计算方便，将集中力 F_{kj} 简化成连续的分布力 $p_F(x)$，如图 7-3 所示。

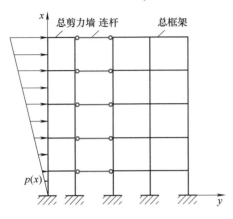

图 7-2　铰结计算简图

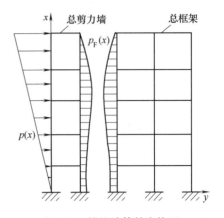

图 7-3　铰结计算基本体系

将连梁切开后，总剪力墙相当于弹性地基梁，总框架相当于弹性地基，框架和剪力墙之间的相互作用，相当于弹性地基和弹性地基梁之间的相互作用。切断连杆，脱离以后的总剪力墙，可视为底部固定的悬臂梁，承受外荷载 $p(x)$ 和总框架对它的弹性反力 $p_F(x)$，总框架承受总剪力墙传给它的力 $p_F(x)$。在计算刚度时，总剪力抗弯刚度为各片剪力墙等效抗弯刚度之和，即

$$EI_d = \sum_{j=1}^{m} (EI_{eq})_j \tag{7-1}$$

式中，EI_d 为总剪力墙的等效抗弯刚度；EI_{eq} 为一片剪力墙的等效抗弯刚度；m 为剪力墙的片数。

在计算总框架刚度时，设 C_F 为总框架的抗侧刚度（当框架高度大于 50m，或 $H/B > 4$ 时，应计及柱轴向变形对框架侧移的影响，按等效抗侧刚度 C_{F0} 来考虑）

$$C_{F0} = \sum C_{Fi0} \tag{7-2}$$

$$C_{Fi0} = \frac{\Delta_1}{\Delta_1 + \Delta_2} C_{Fi} \tag{7-3}$$

式中，Δ_1 为仅考虑梁柱弯曲变形产生的框架顶点侧移；Δ_2 为框架由各柱的轴向变形所产生的框架顶点侧移。

C_F 为使总框架产生单位剪切角 $dy/dz = 1$ 的框架顶部的水平力值。

$$C_F = \sum C_{Fi} \tag{7-4}$$

式中，C_{Fi} 为任一榀框架的抗侧刚度；$C_{Fi} = h\sum D$，h 为层高，$\sum D$ 为一个楼层的柱子抗剪刚度的总和，D 按下式计算

$$D = 12a\frac{i_c}{h^2} \tag{7-5}$$

按 C_F 的定义，总框架的剪力

$$V_F = C_F \frac{dy}{dz} \tag{7-6}$$

微分一次

$$\frac{dV_F}{dx} = C_F \frac{d^2 y}{d^2 x^2} = -p_F(x) \tag{7-7}$$

根据力学知识

$$M_{\mathrm{W}} = EI_{\mathrm{W}} \frac{\mathrm{d}^2 y}{\mathrm{d}x^2} \tag{7-8}$$

$$V_{\mathrm{W}} = -EI_{\mathrm{W}} \frac{\mathrm{d}^3 y}{\mathrm{d}x^3} \tag{7-9}$$

$$p_{\mathrm{W}} = p(x) - p_{\mathrm{F}}(x) = EI_{\mathrm{W}} \frac{\mathrm{d}^4 y}{\mathrm{d}x^4} \tag{7-10}$$

将式（7-7）代入式（7-10），可得到侧移 $y(x)$ 的微分方程

$$\frac{\mathrm{d}^4 y}{\mathrm{d}x^4} - \frac{C_{\mathrm{F}}}{EI_{\mathrm{W}}} \frac{\mathrm{d}^2 y}{\mathrm{d}x^2} = \frac{p(x)}{EI_{\mathrm{W}}} \tag{7-11}$$

令

$$\lambda = H \sqrt{C_{\mathrm{F}}/EI_{\mathrm{W}}} \tag{7-12}$$

$$\xi = X/H \tag{7-13}$$

则微分方程变为

$$\frac{\mathrm{d}^4 y}{\mathrm{d}\xi^4} - \lambda^2 \frac{\mathrm{d}^2 y}{\mathrm{d}\xi^2} = \frac{H^4}{EI_{\mathrm{W}}} p(\xi) \tag{7-14}$$

式中，λ 为框剪结构刚度特征值（系框架抗推刚度与剪力墙抗弯刚度之比值）；ξ 为相对坐标；H 为建筑物总高；y 为结构的侧移，是高度 x 的函数。

4. 微分方程求解

式（7-14）是一个四阶常系数非齐次线性微分方程，即框架-剪力墙结构协同工作的基本微分方程，其全解包含两部分：第一部分为相应于齐次方程的通解 y_1，第二部分是该方程的特解 y_2，即

$$y = C_1 + C_2\xi + A\sinh\lambda\xi + B\cosh\lambda\xi + y_2 \tag{7-15}$$

式中，y_2 为微分方程特解（由荷载形式确定）。

式（7-15）等号右边前四项称为通解（积分常数 A、B、C_1 与 C_2 由总剪力墙的边界条件确定）。

（1）通解 微分方程（7-14）的特征方程为

$$\gamma^4 - \lambda^2\gamma^2 = 0 \tag{7-16}$$

特征方程的解为

$$\gamma_1 = \gamma_2 = 0, \ \gamma_3 = \gamma, \ \gamma_4 = -\gamma$$

齐次方程通解为

$$y_1 = C_1 + C_2\xi + A\sinh\lambda\xi + B\cosh\lambda\xi \tag{7-17}$$

（2）特解 基本微分方程（7-14）的特解为 y_2，y_2 由荷载形式确定。现求均布荷载下的特解 y_2。

设均布荷载为 q，则有 $P(\xi) = q$，根据前式 $\gamma_1 = \gamma_2 = 0$，故假设 $y_2(\xi) = a\xi^2$，则 $\frac{\mathrm{d}^2 y_2}{\mathrm{d}\xi^2} = a$，$\frac{\mathrm{d}^4 y_2}{\mathrm{d}\xi^4} = 0$，将其代入式（7-14），有

$$\left. \begin{array}{l} a = \dfrac{qH^4}{2\lambda^2 EI_{\mathrm{W}}} = -\dfrac{qH^4}{2C_{\mathrm{F}}} \\[3mm] y_2(\xi) = -\dfrac{qH^2}{2C_{\mathrm{F}}}\xi^2 \end{array} \right\} \tag{7-18}$$

同理，可求出倒三角形荷载和顶点集中荷载下微分方程的特解。

$$
y_2(\xi) = \begin{cases} -\dfrac{qH^2}{2C_F}\xi^2 & \text{（均布荷载）} \\[3mm] -\dfrac{q_0H^2}{6C_F}\xi^3 & \text{（倒三角形荷载）} \\[3mm] 0 & \text{（顶点集中荷载）} \end{cases} \tag{7-19}
$$

式中，q_0 为倒三角形荷载的最大值。

（3）确定积分常数

1）当 $\xi=1$ 时，总剪力墙的弯矩应为零，即 $M_W=0$，故 $\dfrac{\mathrm{d}y^2}{\mathrm{d}\xi^2}=y''=0$；

2）当 $\xi=1$ 时，顶点处的剪力值应为

$$
V = V_W - V_F = \begin{cases} 0 & \text{（均布荷载）} \\ 0 & \text{（倒三角形荷载）} \\ F & \text{（顶点集中荷载）} \end{cases} \tag{7-20}
$$

式中，V_W 为剪力墙承受的剪力；V_F 为框架承受的剪力；F 为顶点集中荷载。

3）当 $\xi=0$ 时，结构底部转角为零

$$
\frac{\mathrm{d}y}{\mathrm{d}\xi}=0，y'=0
$$

4）当 $\xi=0$ 时，结构底部侧移为零

$$
y=0
$$

对于均布荷载，根据上述边界条件，可确定积分常数如下

$$
A = \frac{qH^2}{C_F\lambda} \tag{7-21}
$$

$$
B = \frac{qH^2}{C_F\lambda^2}\left(\frac{\lambda\sinh\lambda+1}{\cosh\lambda}\right) \tag{7-22}
$$

$$
C_1 = -B = -\frac{qH^2}{C_F\lambda^2}\left(\frac{\lambda\sinh\lambda+1}{\cosh\lambda}\right) \tag{7-23}
$$

$$
C_2 = \frac{qH^2}{C_F} \tag{7-24}
$$

同理可得到倒三角荷载和顶点集中荷载作用下的积分参数（略）。

（4）基本微分方程的解　将各种荷载作用下求解得到的 $y_1(\xi)$ 和积分常数代入式（7-15），则可到框架-剪力墙结构在三种荷载下的位移计算公式，即基本微分方程的解。

$$y(\xi) = \begin{cases} \dfrac{qH^4}{EI_{\mathrm{W}}\lambda^4}\Big[\Big(\dfrac{\lambda\sinh\lambda+1}{\cosh\lambda}\Big)(\cosh\lambda-1)-\lambda\sinh\lambda\xi+\lambda^2\Big(\xi-\dfrac{\xi^2}{2}\Big)\Big] & \text{(均布荷载)} \\[3mm] \dfrac{q_{\max}H^4}{EI_{\mathrm{W}}\lambda^2}\Big[\Big(\dfrac{\sinh\lambda}{2\lambda}-\dfrac{\sinh\lambda}{\lambda^3}+\dfrac{1}{\lambda^2}\Big)\Big(\dfrac{\cosh\lambda\xi-1}{\cosh\lambda}\Big)+\Big(\xi-\dfrac{\sinh\xi}{\lambda}\Big)\Big(\dfrac{1}{2}-\dfrac{1}{\lambda^2}\Big)-\dfrac{\xi^3}{6}\Big] & \text{(倒三角形荷载)} \\[3mm] \dfrac{FH^3}{EI_{\mathrm{W}}}\Big[\dfrac{\sinh\lambda}{\lambda^3\cosh\lambda}(\cosh\lambda\xi-1)-\dfrac{\sinh\lambda\xi}{\lambda^3}+\dfrac{\xi}{\lambda^2}\Big] & \text{(顶点集中荷载)} \end{cases}$$

$$(7\text{-}25)$$

7.2.2　总剪力墙和总框架的内力及侧移

$y(\xi)$ 为框架-剪力墙的变形曲线，$y(\xi=1)$ 为顶点的侧移，根据前面侧移与内力间的微分关系，即有

$$\left.\begin{aligned} M_{\mathrm{W}} &= -EI_{\mathrm{W}}\dfrac{\mathrm{d}^2y(x)}{\mathrm{d}x^2}=-\dfrac{EI_{\mathrm{W}}}{H^2}\dfrac{\mathrm{d}^2y(\xi)}{\mathrm{d}\xi^2} \\[2mm] V_{\mathrm{W}} &= -EI_{\mathrm{W}}\dfrac{\mathrm{d}^3y(x)}{\mathrm{d}x^3}=-\dfrac{1}{H}\dfrac{\mathrm{d}M_{\mathrm{W}}}{\mathrm{d}\xi}=-\dfrac{EI_{\mathrm{W}}}{H^3}\dfrac{\mathrm{d}^3y(\xi)}{\mathrm{d}\xi^3} \\[2mm] V_{\mathrm{F}} &= C_{\mathrm{F}}\dfrac{\mathrm{d}y(x)}{\mathrm{d}x}=\dfrac{C_F}{H}\dfrac{\mathrm{d}y(\xi)}{\mathrm{d}\xi} \end{aligned}\right\}$$

$$(7\text{-}26)$$

式（7-26）前两式给出了总剪力墙位移与内力 M_{W} 及 V_{W} 的关系，将侧移公式（7-25）代入式（7-26），则有三种典型荷载作用下的计算公式：

均布荷载作用下

$$\left.\begin{aligned} y &= \dfrac{qH^4}{EI_{\mathrm{W}}\lambda^4}\Big[\dfrac{\lambda\sinh\lambda+1}{\cosh\lambda}(\cosh\lambda\xi-1)-\lambda\sinh\lambda\xi+\lambda^2\Big(\xi-\dfrac{\xi^2}{2}\Big)\Big] \\[2mm] M_{\mathrm{W}} &= \dfrac{qH^2}{\lambda^2}\Big[\Big(\dfrac{\lambda\sinh\lambda+1}{\cosh\lambda}\Big)\cosh\lambda\xi-\lambda\sinh\lambda\xi-1\Big] \\[2mm] V_{\mathrm{W}} &= \dfrac{qH}{\lambda}\Big[\lambda\cosh\lambda\xi-\Big(\dfrac{\lambda\sinh\lambda+1}{\cosh\lambda}\Big)\sinh\lambda\xi\Big] \\[2mm] V_{\mathrm{F}} &= (1-\xi)qH-V_{\mathrm{W}} \end{aligned}\right\}$$

$$(7\text{-}27)$$

倒三角形荷载作用下

$$\left.\begin{aligned} y &= \dfrac{q_{\max}H^4}{EI_{\mathrm{W}}\lambda^2}\Big[\Big(\dfrac{\sinh\lambda}{2\lambda}-\dfrac{\sinh\lambda}{\lambda^3}+\dfrac{1}{\lambda^2}\Big)\Big(\dfrac{\cosh\lambda\xi-1}{\cosh\lambda}\Big)+\Big(\xi-\dfrac{\sinh\lambda\xi}{\lambda}\Big)\Big(\dfrac{1}{2}-\dfrac{1}{\lambda^2}\Big)\lambda\sinh\lambda\xi-\dfrac{\xi}{6}\Big] \\[2mm] M_{\mathrm{W}} &= \dfrac{q_{\max}H^2}{\lambda^2}\Big[\Big(1+\dfrac{1}{2}\lambda-\dfrac{\sinh\lambda}{\cosh\lambda}\Big)\dfrac{\cosh\lambda\xi}{\cosh\lambda}-\Big(\dfrac{\lambda}{2}-\dfrac{1}{\lambda}\Big)\sinh\lambda\xi-\xi\Big] \\[2mm] V_{\mathrm{W}} &= \dfrac{-q_{\max}H}{\lambda^2}\Big[\Big(1+\dfrac{\lambda\sinh\lambda}{2}-\dfrac{\sinh\lambda}{\lambda}\Big)\dfrac{\lambda\sinh\lambda\xi}{\cosh\lambda}-\Big(\dfrac{\lambda}{2}-\dfrac{1}{\lambda}\Big)\lambda\cosh\lambda\xi-1\Big] \\[2mm] V_{\mathrm{F}} &= (1-\xi^2)\dfrac{q_{\max}H}{2}-V_{\mathrm{W}} \end{aligned}\right\}$$

$$(7\text{-}28)$$

顶点集中荷载作用下

$$
\left.\begin{aligned}
y &= \frac{FH^4}{EI_W}\left[\frac{\sinh\lambda}{\lambda^3\cosh\lambda}(\cos\lambda\xi - 1) - \frac{\sinh\lambda\xi}{\lambda^3} + \frac{\xi}{\lambda^2}\right] \\[2ex]
M_W &= FH\left(\frac{\sinh\lambda}{\lambda\cosh\lambda}\cosh\lambda\xi - \frac{1}{\lambda}\sinh\lambda\xi\right) \\[2ex]
V_W &= F\left(\cosh\lambda\xi - \frac{\sinh\lambda}{\cosh\lambda}\sinh\lambda\xi\right) \\[2ex]
V_F &= F - V_W
\end{aligned}\right\}
\tag{7-29}
$$

为了使用方便，现分别将三种典型荷载下的位移、弯矩、剪力绘制成曲线，如图 7-4 ~ 图 7-12 所示，图 7-4 ~ 图 7-12 中并没有直接给出位移、弯矩和剪力的值，而是位移系数 $y(\xi)/f_H$、弯矩系数 $M_W(\xi)/M_0$ 和剪力系数 $V_W(\xi)/V_0$，这里 f_H 为剪力墙单独承受外荷载时的顶部侧移，最后按下式求总剪力墙和总框架的内力

$$
\left.\begin{aligned}
M_W(\xi) &= \left[\frac{M_W(\xi)}{M_0}\right]M_0 \\[2ex]
V_W(\xi) &= \left[\frac{V_W(\xi)}{V_0}\right]V_0 \\[2ex]
y(\xi) &= \left[\frac{y(\xi)}{f_H}\right]f_H \\[2ex]
V_F(\xi) &= V_P(\xi) - V_W(\xi)
\end{aligned}\right\}
\tag{7-30}
$$

$V_P(\xi)$ 可由外荷载直接求出。

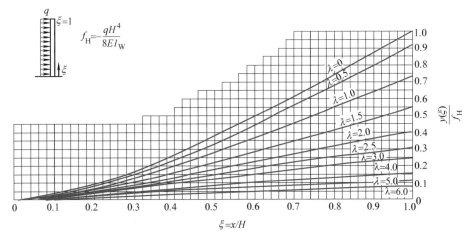

图 7-4 均布荷载作用下剪力墙的位移系数

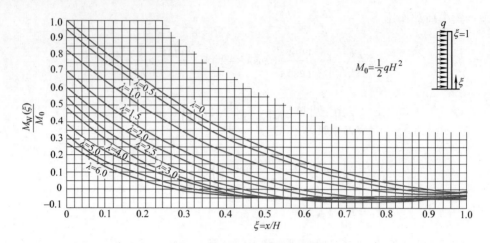

图 7-5 均布荷载作用下剪力墙的弯矩系数

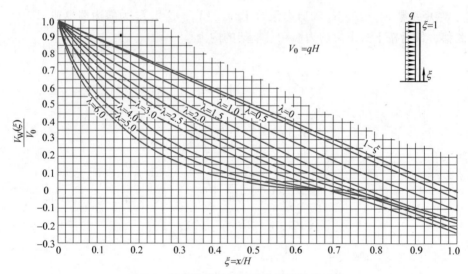

图 7-6 均布荷载作用下剪力墙的剪力系数

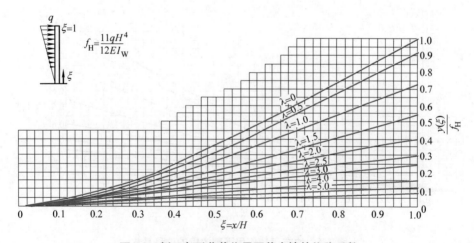

图 7-7 倒三角形荷载作用下剪力墙的位移系数

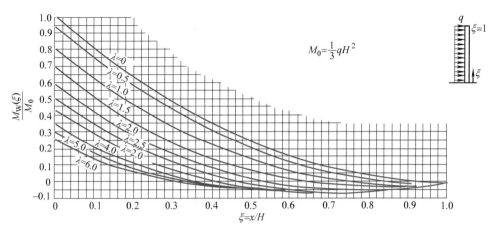

图 7-8 倒三角形荷载作用下剪力墙的弯矩系数

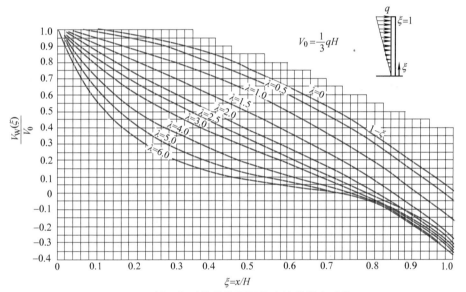

图 7-9 倒三角形荷载作用下剪力墙的剪力系数

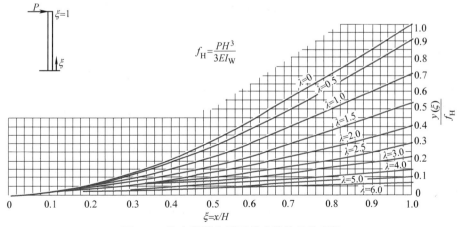

图 7-10 集中荷载作用下剪力墙的位移系数

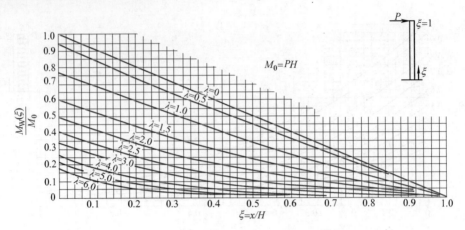

图7-11　集中荷载作用下剪力墙的弯矩系数

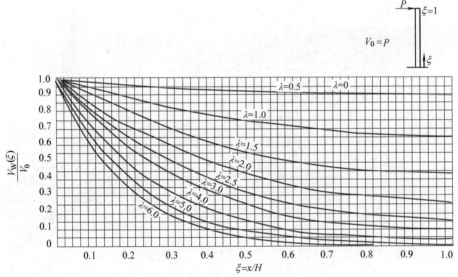

图7-12　集中荷载作用下剪力墙的剪力系数

7.3　框架-剪力墙结构按刚结体系的计算

7.3.1　刚结连杆杆端约束弯矩

在框架-剪力墙铰结体系中，连杆对墙肢没有约束作用，当剪力墙和框架之间的连梁线刚度较大时，需考虑连梁端对剪力墙转动约束的影响，此时，框架-剪力墙结构的计算简图为图7-13所示的刚结体系。

铰结体系与刚结体系的相同处是：总剪力墙与总框架通过连杆传递水平轴向力；不同之处是在刚结体系中，连杆对总剪力墙的弯曲有约束作用。在刚结体系中，将连杆切开后，连杆中除有轴力外，在连梁反弯点处还有剪力 V_i，若将 V_i 移至剪力墙轴线上，将产生集中力矩 M_i，再将 M_i 化为分布的线力矩 $M(x)$。由图7-13可见，刚结体系与铰结体系相比，不同之处在于剪力墙上有连梁作用的约束弯矩 $M(x)$。

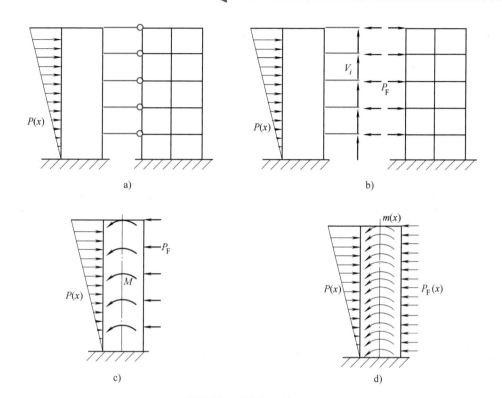

图 7-13　刚结体系的分析

a）框架-剪力墙　b）切开后的受力　c）墙的受力　d）墙受力连续化

　　框架-剪力墙刚结体系的连梁有两种情况：一种是在墙肢与框架之间；另一种是在墙肢与墙肢之间。这两种情况都可以简化为带刚域的梁，如图 7-14 所示。利用壁式框架部分的知识，可知

　　两端有刚域杆的约束弯矩系数如下式

$$m_{12} = \frac{6EI(1 + a - b)}{(1 + \beta)(1 - a - b)^3 l} \tag{7-31a}$$

$$m_{21} = \frac{6EI(1 - a + b)}{(1 + \beta)(1 - a - b)^3 l} \tag{7-31b}$$

式中，β 为考虑连梁剪切变形影响的附加系数，$\beta = \dfrac{12\mu EI}{GAl^2}$。

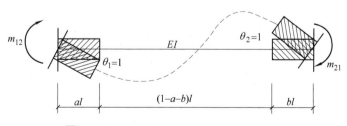

图 7-14　刚结体系中的连续梁是带刚域的梁

　　在式（7-31a、b）中，令 $b = 0$，即得仅在有刚域的梁端约束弯矩系数

$$m_{12} = \frac{6EI(1+a)}{(1+\beta)(1-a)^3 l} \tag{7-32}$$

另一端约束弯矩系数 m_{21} 也易求出，由于在刚结连杆的计算中不用，故予省略。

在实际工程中，按此法计算的连梁弯矩较大，梁配筋很多，为减少配筋，允许对梁弯矩进行塑性调幅。塑性调幅方法是降低连梁刚度，即乘以不小于 0.55 的刚度折减系数。有了梁端约束弯矩系数，即可求出梁端转角为 θ 时梁端约束弯矩

$$M_{12} = m_{12}\theta \tag{7-33a}$$

$$M_{21} = m_{21}\theta \tag{7-33b}$$

式 (7-33a)、式 (7-33b) 给出的梁端约束弯矩为集中约束弯矩，为便于用微分方程求解，需简化为沿层高 h 均布的分布弯矩

$$m_i(x) = \frac{M_{abi}}{h} = \frac{m_{abi}}{h}\theta(x) \tag{7-34}$$

某一层内总约束弯矩为

$$m(x) = \sum_{i=1}^{n} m_i(x) = \sum_{i=1}^{n} \frac{m_{abi}}{h}\theta(x) \tag{7-35}$$

式中，n 为同一层内连杆总数；$\sum_{i=1}^{n} \frac{m_{abi}}{h}$ 为连杆总约束刚度，m_{ab} 中下标分别代表 "1" 或 "2"，即当连梁两端与墙肢相连时，m_{ab} 是指 m_{12} 或 m_{21}。

如果框架部分的层高及杆件截面沿结构高度不变化，则连梁的约束刚度是常数，但实际结构中各层的 m_{ab} 是不同的，这时应取各层约束刚度的加权平均值。

7.3.2 基本方程及求解

在刚结体系计算简图中，连梁线性约束弯矩在总剪力墙 x 高度的截面处产生的弯矩为

$$M_{\rm W} = EI_{\rm W}\frac{{\rm d}^2 y}{{\rm d}x^2} \tag{7-36}$$

$$V_{\rm W} = -\frac{{\rm d}M_{\rm W}}{{\rm d}x} + m(x) = -EI_{\rm W}\frac{{\rm d}^3 y}{{\rm d}x^3} + m(x) \tag{7-37}$$

$$P_{\rm W} = -\frac{{\rm d}V_{\rm W}}{{\rm d}x} = -EI_{\rm W}\frac{{\rm d}^4 y}{{\rm d}x^4} + \frac{{\rm d}m(x)}{{\rm d}x} \tag{7-38}$$

由于总框架受力仍与铰结体系相同，可得到微分方程如下

$$\frac{{\rm d}^4 y}{{\rm d}x^4} - \frac{C_{\rm F} + \sum\frac{m_{abi}}{h}}{EI_{\rm W}}\frac{{\rm d}^2 y}{{\rm d}x^2} = \frac{p(x)}{EI_{\rm W}} \tag{7-39}$$

令

$$\lambda = H\sqrt{\frac{C_{\rm F} + \sum\frac{m_{abi}}{h}}{EI_{\rm W}}} \tag{7-40}$$

$$\xi = \frac{x}{H}$$

则有

$$\frac{\mathrm{d}^4 y}{\mathrm{d}x^4} - \lambda^2 \frac{\mathrm{d}^2 y}{\mathrm{d}\xi^2} = \frac{p(\xi)H^4}{EI_\mathrm{w}} \tag{7-41}$$

上式即为刚结体系的微分方程，此式与铰结体系所对应的微分方程是完全相同的，因此铰结体系微分方程的解及图 7-4 ~ 图 7-12 对刚结体系也都适用，但应用时应注意下列问题：

1）λ 值计算不同，刚结体系计算时采用式（7-40）。

2）内力表达式不同。在刚结体系中，由结构任意高度处水平方向力的平衡条件得到下列各式

$$V_\mathrm{P} = V'_\mathrm{w} + m + V_\mathrm{F} \tag{7-42}$$
$$\overline{V}_\mathrm{F} = m + V_\mathrm{F} = V_\mathrm{P} - V'_\mathrm{w} \tag{7-43}$$
$$V_\mathrm{w}(\xi) = m(\xi) + V'_\mathrm{w}(\xi) \tag{7-44}$$

式中，V_P 为外荷载产生的总剪力；V'_w 为由铰结体系图标中查得的剪力墙剪力；V_F 为由铰结体系图标中查得的框架剪力；m 为连杆总约束弯矩；V_w 为刚结体系中总剪力墙总剪力；$\overline{V}_\mathrm{F}$ 为框架广义剪力。

刚结体系计算步骤如下：

1）由刚结体系的 λ 值及 ξ 值，查表并计算确定 V'_w。

2）根据式（7-43）计算总框架广义剪力 $\overline{V}_\mathrm{F}$。

3）将总框架广义剪力，按总框架抗侧刚度及总连梁约束刚度比例分配，得出框架总剪力及连梁总约束弯矩为

$$V_\mathrm{F} = \frac{C_\mathrm{F}}{C_\mathrm{F} + \sum \dfrac{m_{abi}}{h}} \overline{V}_\mathrm{F} \tag{7-45}$$

$$m = \frac{\sum \dfrac{m_{abi}}{h}}{C_\mathrm{F} + \sum \dfrac{M_{abi}}{h}} \overline{V}_\mathrm{F} \tag{7-46}$$

由式（7-44）计算总剪力墙剪力 V_w。

7.4 框架与剪力墙的内力分配与调整

7.4.1 剪力墙和框架柱内力计算

当求得总剪力墙和总框架的内力后，总剪力墙的内力 M_w、V_w 按各片剪力墙的等效抗弯刚度分配给每一片剪力墙，即得到各片剪力墙的内力

$$M_{Wij} = \frac{EI_{Wj}}{\sum\limits_{k=1}^{n} EI_{Wk}} M_{Wi} \qquad (7\text{-}47)$$

$$V_{Wij} = \frac{EI_{Wj}}{\sum\limits_{k=1}^{n} EI_{Wk}} V_{Wi} \qquad (7\text{-}48)$$

式中，M_{Wij} 和 V_{Wij} 为第 i 层第 j 个墙肢分配到的弯矩和剪力；n 为墙肢的总数。

由框架-剪力墙协同工作关系确定总框架所承担的总剪力 V_F，然后按各柱的抗侧刚度 D 值把 V_F 分配到各柱。这里的 V_F 应当是柱反弯点标高处的剪力，但实际计算中为简化计算，常近似地取各层柱的中点为反弯点的位置，用各楼层上、下两层楼板标高处的柱剪力的平均值作为该层柱子中点处的剪力。因此，第 i 层第 j 个柱子的剪力为

$$V_{Cij} = \frac{D_{ij}}{\sum\limits_{k=1}^{q} D_{ik}} \frac{V_{Pi} + V_{P(i+1)}}{2} \qquad (7\text{-}49)$$

式中，q 为第 i 层柱子的总数；$V_{P(i+1)}$ 和 V_{Pi} 为第 i 层柱柱顶与柱底楼板标高处框架的总剪力。

7.4.2　刚结连梁的内力计算

式（7-46）给出的连梁约束弯矩 m 是沿结构高度连续分布的，在计算刚结连梁的内力时首先应该把层高范围内的约束弯矩集中成弯矩 M 作用在连梁上，再根据刚结连梁的梁端刚度系数将 M 按比例分配给各连梁。如果第 i 层有 n 个刚结点，即有 n 个梁端与墙肢相连，则第 j 个梁端的弯矩为

$$M_{ijab} = \frac{m_{jab}}{\sum\limits_{j=1}^{n} m_{jab}} m_i \left(\frac{h_i + h_{i+1}}{2} \right) \qquad (7\text{-}50)$$

式中，h_i 和 h_{i+1} 为第 i 层和第 $i+1$ 层的层高；m_{jab} 为第 j 个梁端的 m_{j12} 或 m_{j21}。

由式（7-50）计算出的弯矩是连梁在剪力墙轴线处的弯矩，而连梁的设计内力应该取剪力墙边界处的值，因此还应该把式（7-46）给出的弯矩换算到墙边界处，如图 7-15 所示。由比例关系可确定连梁设计弯矩

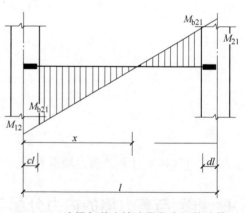

$$M_{b12} = \frac{x - cl}{x} M_{12} \qquad (7\text{-}51)$$

$$M_{b21} = \frac{l - x - dl}{l - x} M_{21} \qquad (7\text{-}52)$$

式中，x 为连梁反弯点到左侧墙肢轴线的距离。

图 7-15　连梁与剪力墙边界处弯矩的计算

$$x = \frac{m_{12}}{m_{12} + m_{21}} l \qquad (7\text{-}53)$$

连梁剪力设计值可以用连梁在墙边处的弯矩表示为

$$V_b = \frac{M_{b12} + M_{b21}}{l} \tag{7-54}$$

也可以用连梁在剪力墙轴线处的弯矩来表示

$$V_b = \frac{M_{12} + M_{21}}{l} \tag{7-55}$$

式（7-54）和式（7-55）是完全等价的。

在框架-剪力墙协同工作计算体系中，组成总剪力墙的各片剪力墙常含有双肢墙，下面简要介绍一下双肢墙的一种简化计算步骤：

1）在双肢墙与框架协同工作分析时，可近似按顶点位移相等的条件求出双肢墙换算为无洞口墙的等效刚度，再与其他墙和框架一起协同计算。

2）由协同计算求得双肢墙的基底弯矩，可按基底等弯矩求倒三角形分布的等效荷载，然后求出双肢墙各部分的内力。按基底等弯矩求等效荷载时，基底剪力应与实际剪力值相近，如相差太大则可按两种荷载分布情况求等效荷载然后叠加。

3）由等效荷载求各层连梁的剪力及连梁对墙肢的约束弯矩。

4）计算墙肢各层截面内的弯矩。

5）双肢墙内力按各墙肢的等效抗弯刚度在两肢间分配。

7.4.3 框架部分设计的调整

抗震设计时，结构中产生的地震倾覆力矩由框架和剪力墙共同承受。若在基本振型地震作用下，框架部分承受的地震倾覆力矩大于结构总地震倾覆力矩的50%但不大于80%时，框架部分在结构中处于主要地位，为了加强其抗震能力的储备，其框架部分的抗震等级应按框架结构采用；当框架部分承受的地震倾覆力矩大于总地震倾覆力矩的80%时，柱轴压比的限值宜按框架结构的规定采用，其最大适用高度和高宽比的限值可比框架结构适当增加，即可取框架结构和剪力墙结构之间的值，具体可视框架部分承担总倾覆力矩的百分比而定。

抗震设计时，框架-剪力墙结构对应于地震作用标准值的各层框架总剪力应符合下列要求：

1）框架部分承担的总地震剪力满足下式要求的楼层，其框架总剪力不必调整；不满足该式要求的楼层，其框架总剪力应按$0.2V_0$和$1.5V_{fmax}$两者的较小值采用。

$$V_f \geq 0.2V_0 \tag{7-56}$$

式中，V_0为对框架柱数量从下至上基本不变的规则建筑，应取对应于地震作用标准值的结构底部总剪力，对框架柱数量从下至上分段有规律变化的结构，应取每段最下一层结构对应于地震作用标准值的总剪力；V_f为对应于地震作用标准值且未经调整的各层（或某一段内各层）框架承担的地震总剪力；V_{fmax}对框架柱数量从下至上基本不变的规则建筑，应取对应于地震作用标准值且未经调整的各层框架承担的地震总剪力中的最大值，对框架柱数量从下至上分段有规律变化的结构，应取每段中对应于地震作用标准值且未经调整的各层框架承担的地震总剪力中的最大值。

2）各层框架所承担的地震总剪力按第1）条调整后，应强调整前、后总剪力的比值调整每根框架柱和与之相连框架梁的剪力及端部弯矩标准值，框架柱的轴力可不予调整。

3）按振型分解反应谱法计算地震作用时，为便于操作，第1）条中所规定的调整可在振型组合之后、并满足表 3-29 的前提下进行。

思 考 题

1. 简述框架-剪力墙的变形特点。
2. 剪力墙的布置原则是什么？哪些部位宜布置剪力墙？
3. 分别绘出框架-剪力墙结构按铰结体系和按刚结体系分析的简图。

剪力墙结构的截面 设计与构造要求 第8章

8.1 一般规定

8.1.1 墙体承重方案

剪力墙结构体系是由钢筋混凝土墙体相互连接构成的承载墙结构体系，用以承担竖向重力荷载和水平的风荷载及地震作用，同时也兼任建筑物的外围护墙和内部房间的分隔墙。工程设计中有几种常见的墙体承重方案：

1）小开间横墙承重。每开间设置一道钢筋混凝土承重横墙，间距为 2.7～3.9m，横墙上放置预制空心板。这种方案适用于住宅、旅馆等使用上要求小开间的建筑。其优点是一次完成所有墙体，省去砌筑隔墙的工作量；采用短向楼板，节约钢筋等。但此种方案的横墙数量多，墙体的承载力未充分利用，建筑平面布置不灵活，房屋自重及侧向刚度大，自振周期短，水平地震作用大。

2）大开间横墙承重。每两开间设置一道钢筋混凝土承重横墙，间距一般为 6～8m。楼盖多采用钢筋混凝土梁式板或无粘结预应力混凝土平板。其优点是使用空间大，建筑平面布置灵活；自重较轻，基础费用相对较少；横墙配筋率适当，结构延性增加。但这种方案的楼盖跨度大，楼盖材料增多。

3）大间距纵、横墙承重。仍是每两开间设置一道钢筋混凝土横墙，间距为 8m 左右。楼盖或采用钢筋混凝土双向板，或在每两道横墙之间布置一根进深梁，梁支承于纵墙上，形成纵、横墙混合承重。从使用功能、技术经济指标、结构受力性能等方面来看，大间距方案比小间距方案优越。因此，目前趋向于采用大间距、大进深、大模板、无粘结预应力混凝土楼板的剪力墙结构体系，以满足对多种用途和灵活隔断等的需要。

8.1.2 剪力墙的布置

剪力墙结构在布置时除了满足本书第 2 章中的一些原则外，另外还有一些具体的要求。

1）剪力墙宜沿两个主轴方向或其他方向双向或多向布置，不同方向的剪力墙宜分别联结在一起，应尽量拉通、对直，以具有较好的空间工作性能；抗震设计时，应避免仅单向有墙的结构布置形式，宜使两个方向侧向刚度接近，两个方向的自振周期宜相近。剪力墙墙肢截面宜简单、规则。

2）剪力墙的侧向刚度及承载力均较大，为充分利用剪力墙的能力，减轻结构自重，增大结构的可利用空间，剪力墙不宜布置得太密，使结构具有适宜的侧向刚度；若侧向刚度过大，不仅加大自重，还会使地震力增大，对结构受力不利。

3）剪力墙宜自下到上连续布置，避免刚度突变；允许沿高度改变墙厚和混凝土强度等级，或减少部分墙肢，使侧向刚度沿高度逐渐减小。剪力墙沿高度不连续，将造成结构沿高度刚度突变，对结构抗震不利。

4）细高的剪力墙（高宽比大于2）容易设计成弯曲破坏的延性剪力墙，从而可避免发生脆性的剪切破坏。因此，当剪力墙的长度很长时，为了满足每个墙段高宽比不宜小于3的要求，可通过开设洞口将长墙分成长度较小、较均匀的若干独立墙段。每个独立墙段可以是整截面墙，也可以是联肢墙，墙段之间宜采用弱连梁连接（如楼板或跨高比大于6的连梁），因弱连梁对墙肢内力的影响可以忽略，则可近似认为分成了若干独立墙段（见图8-1）。此外，当墙段长度较小时，受弯产生的裂缝宽度较小，而且墙体的配筋又能充分发挥作用，因此墙段的长度不宜大于8m。

图 8-1　较长剪力墙划分示意图

5）剪力墙洞口的布置，会极大地影响剪力墙的力学性能。因此，剪力墙的门窗洞口宜上下对齐，成列布置，能形成明确的墙肢和连梁，应力分布比较规则，又与当前普遍应用的计算简图较为符合，设计结果安全可靠。错洞剪力墙和叠合错洞墙都是不规则开洞的剪力墙，其应力分布比较复杂，容易造成剪力墙的薄弱部位，常规计算无法获得其实际应力，构造比较复杂，因此宜避免使用错洞墙和叠合错洞墙。图8-2a所示为错洞剪力墙，其洞口错开，且洞口之间距离较大；图8-2b、c所示为叠合错洞墙，其特点是洞口错开距离很小，甚至叠合，不仅墙肢不规则，而且洞口之间易形成薄弱部位，其受力比错洞墙更为不利。抗震设计时，一、二、三级抗震等级剪力墙的底部加强部位不宜采用上下洞口不对齐的错洞墙；其他情况如无法避免错洞墙时，洞口错开的水平距离不宜小于2m，且设计时应仔细计算分析，并在洞口周边采取有效构造措施；一、二、三级抗震等级的剪力墙均不宜采用叠合错洞墙，当无法避免叠合错洞墙布置时，应按有限元方法仔细计算分析并在洞口周边采取加强措施（见图8-2b），或采用其他轻质材料填充将叠合洞口转化为计算上规则洞口的剪力墙或框架结构（见图8-2c），图中阴影部分即为轻质材料填充。

6）剪力墙的特点是平面内刚度及承载力大，而平面外刚度及承载力都相对很小。当剪力墙与平面外方向的梁连接时，会造成墙肢平面外弯矩，而一般情况下并不验算墙的平面外刚度及承载力。因此应控制剪力墙平面外的弯矩。当剪力墙墙肢与其平面外方向的楼面梁连接，且梁截面高度大于墙厚时，可通过设置与梁相连的剪力墙、增设扶壁柱或暗柱、墙内设置与梁相连的型钢等措施以减小梁端部弯矩对墙的不利影响；除了加强剪力墙平面外的抗弯刚度和承载力外，还可采取减小梁端弯矩的措施。对截面较小的楼面梁可设计为铰接或半刚接，减小墙肢平面外的弯矩。

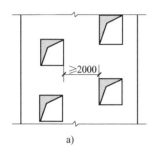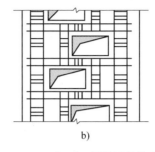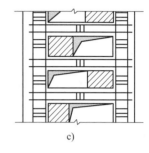

a)　　　　　　　　　　b)　　　　　　　　　　c)

图8-2　不规则开洞及配筋构造

7）短肢剪力墙是指截面厚度不大于300mm，各肢截面高度与厚度之比的最大值大于4但不大于8的剪力墙，由于其有利于减轻结构自重和建筑布置，在住宅建筑中应用较多。但由于短肢剪力墙抗震性能较差，地震区应用经验不多，为安全起见，抗震设计时，高层建筑结构不应全部采用短肢剪力墙；B级高度高层建筑及抗震设防烈度为9度的A级高度高层建筑，不宜布置短肢剪力墙，不应采用具有较多短肢剪力墙的剪力墙结构。当短肢剪力墙较多时，应布置筒体（或一般剪力墙），形成短肢剪力墙与筒体（或一般剪力墙）共同抵抗水平力的剪力墙结构，在规定的水平地震作用下，短肢剪力墙承担的底部倾覆力矩不宜大于结构底部总地震倾覆力矩的50%。短肢剪力墙结构的最大适用高度比一般剪力墙结构应适当降低，7度、8度（0.2g）和8度（0.3g）时分别不应大于100m、80m和60m。

8.1.3　剪力墙的厚度和混凝土强度等级

剪力墙的厚度和混凝土强度等级一般根据结构的刚度和承载力要求确定，此外墙厚还应考虑平面外稳定、开裂、减轻自重、轴压比的要求等因素。《高层规程》规定了剪力墙截面的最小厚度（见表8-1），其目的是保证剪力墙出平面的刚度和稳定性能。当墙平面外有与其相交的剪力墙时，可视为剪力墙的支承，有利于保证剪力墙出平面的刚度和稳定性能，因而可在层高及无支长度两者中取较小值计算剪力墙的最小厚度。无支长度是指沿剪力墙长度方向没有平面外横向支承墙的长度。

表8-1　剪力墙截面最小厚度　　　　　　　　　　　　　（单位：mm）

抗 震 等 级	剪力墙部位	最小厚度（两者中取较大值）			
		有端柱或翼墙		无端柱或无翼墙	
一、二级	底部加强部位	$H/16$	200	$h/12$	220
	其他部位	$H/20$	160	$h/15$	180
三、四级	底部加强部位	$H/20$	160	$H/20$	180
	其他部位	$H/25$	160	$H/25$	160
非抗震设计		$H/25$	160	$H/25$	160

注：表内符号 H 为层高或无支长度，两者中取较小值； h 为层高。

若剪力墙的截面厚度不满足表8-1的要求，应进行墙体的稳定计算。

在剪力墙井筒中，分隔电梯井或管道井的墙肢截面厚度可适当减小，但不宜小于160mm。

剪力墙结构的混凝土强度等级不应低于C20，带有筒体和短肢剪力墙的剪力墙结构，其混凝土强度等级不应低于C25，为了保证剪力墙的承载能力及变形性能，混凝土强度等级不宜太低。

8.1.4　剪力墙的加强部位

通常剪力墙的底部截面弯矩最大，可能出现塑性铰，底部截面钢筋屈服以后，由于钢筋和混凝土的粘结力破坏，钢筋屈服的范围扩大而形成塑性铰区。同时，塑性铰区也是剪力最大的部位，斜裂缝常常在这个部位出现，且分布在一定的范围，反复荷载作用就形成交叉裂缝，可能出现剪切破坏。在塑性铰区要采取加强措施，称为剪力墙的加强部位。

抗震设计时，为保证剪力墙出现塑性铰后具有足够的延性，该范围内应当加强构造措施，提高其抗剪破坏的能力。《高层规程》规定，一般剪力墙结构底部加强部位的高度可取墙体总高度的1/10和底部两层二者的较大值；部分框支剪力墙结构底部加强部位的高度应从地下室顶板算起，宜取至转换层以上两层且不小于房屋高度的1/10。

8.1.5　剪力墙内力设计值的调整

一级抗震等级的剪力墙，应按照设计意图控制塑性铰的出现部位，在其他部位则应保证不出现塑性铰。因此，对一级抗震等级的剪力墙各截面的弯矩设计值，应符合下列规定（见图8-3）：

1）底部加强部位及其上一层应按墙底截面组合弯矩计算值采用。

2）其他部位可按墙肢组合弯矩计算值的1.2倍，组合剪力设计值的1.3倍。

对于双肢剪力墙，如果有一个墙肢出现小偏心受拉，该墙肢可能会出现水平通缝而失去受剪承载力，则由荷载产生的剪力将全部转移给另一个墙肢，导致其受剪承载力不足，因此在双肢墙中墙肢不宜出现小偏心受拉。当墙肢出现大偏心受拉时，墙肢会出现裂缝，使其刚度降低，剪力将在两墙肢中进行重分配，此时，可将另一墙肢按弹性计算的弯矩设计值和剪力设计值乘以增大系数1.25，以提高其承载力。

抗震设计时，为了体现强剪弱弯的原则，剪力墙底部加强部位的剪力设计值要乘以增大系数，底部加强部位剪力墙截面的剪力设计值，一、二、三级时应按式（8-1）调整，9度一级剪力墙应按式（8-2）调整；二、三级的其他部位及四级时可不调整。

$$V = \eta_{vw} V_w \qquad (8-1)$$

$$V = 1.1 \frac{M_{wua}}{M_w} V_w \qquad (8-2)$$

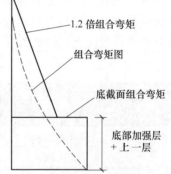

图8-3　一级抗震等级设计的剪力墙

式中，V 为底部加强部位剪力墙截面剪力设计值；V_w 为底部加强部位剪力墙截面考虑地震作用组合的剪力计算值；M_{wua} 为剪力墙正截面抗震受弯承载力，应考虑承载力抗震调整系数

γ_{RE}、采用实配纵筋面积、材料强度标准值和组合的轴力设计值等计算，有翼墙时应计入墙两侧各一倍翼墙厚度范围内的纵向钢筋；M_w为底部加强部位剪力墙底截面弯矩的组合计算值；η_{vw}为剪力增大系数，一级取1.6，二级取1.4，三级取1.2。

8.2 剪力墙正截面强度设计

在正常使用及风荷载作用下，剪力墙应当处于弹性工作阶段，不出现裂缝或仅有微小裂缝。因此，采用弹性方法计算结构内力及位移，限制结构变形并选择控制截面进行抗弯和抗剪承载力计算，满足截面尺寸的最小要求及配筋构造要求，就可以保证剪力墙的安全。在地震作用下，以小震作用进行弹性计算及截面设计；在中等地震作用下，剪力墙将进入塑性阶段，剪力墙应当具有延性和耗散地震能的能力，因此应当按照地震等级进行剪力墙构造及截面验算，以满足延性剪力墙要求。钢筋混凝土剪力墙应进行平面内的偏心受压或偏心受拉、平面外轴心受压承载力以及斜截面受剪承载力计算。在集中荷载作用下，墙内无暗柱时还应进行局部受压承载力计算。一般情况下主要验算剪力墙平面内的承载力，当平面外有较大弯矩时，还应验算平面外的受弯承载力。

无地震作用组合时，矩形、T形、I形截面偏心受压剪力墙的正截面承载力可按现行《混凝土结构设计规范》的有关规定计算，也可按下面的方法计算。

墙肢在轴力、弯矩和剪力共同作用下属于偏心受压或偏心受拉构件，和柱截面一样，墙肢破坏形态也分为大偏压、小偏压、大偏拉和小偏拉四种情况。其正截面承载力计算方法与偏心受压或偏心受拉柱相同，区别在于剪力墙截面的宽度和高度相差较大，是一种片状结构。墙肢内的竖向分布筋对正截面抗弯有一定的作用，应予以考虑。另外，剪力墙的墙肢除在端部配置竖向抗弯钢筋外，还在端部以外配置竖向和横向分布钢筋，竖向分布钢筋参与抵抗弯矩，横向分布钢筋抵抗剪力。大量试验表明，剪力墙腹部内的竖向分布钢筋起了一定的抵抗弯矩作用；在受压区内的腹部分布钢筋，当墙体发生破坏时，其受压应力小，为了使设计偏于安全，可以不考虑竖向分布钢筋在受压区的作用。

8.2.1 大偏压承载力计算（$\xi \leqslant \xi_b$）

当$\xi \leqslant \xi_b$时，构件为大偏心受压。破坏形式为拉区钢筋屈服后压区混凝土压碎破坏，压区纵筋一般能达到受压屈服。ξ_b值按下式计算

$$\xi_b = \frac{\beta_1}{1 + \dfrac{f_y}{E_s \varepsilon_{cu}}} \tag{8-3}$$

式中，β_1为混凝土强度降低系数，当混凝土强度等级不超过C50时，取0.8，当混凝土强度等级为C80时，取0.74，当混凝土强度等级在C50和C80之间时，可按线性内插取值；ε_{cu}为非均匀受压时混凝土极限压应变，按现行《混凝土结构设计规范》采用。

大偏压极限状态下截面应变状态如图8-4所示。

端部受拉纵筋应力达到屈服，竖向分布筋直径较小，受压时不能考虑其作用；在拉区，靠近中和轴时竖向分布筋应力也较低，只考虑$h_{w0} - 1.5x$范围内的竖向分布筋。以矩形截面为例，按照力、力矩的平衡，可以写出基本公式，式子中各符号见图中所注，$e_0 = \dfrac{M}{N}$为偏

心距。

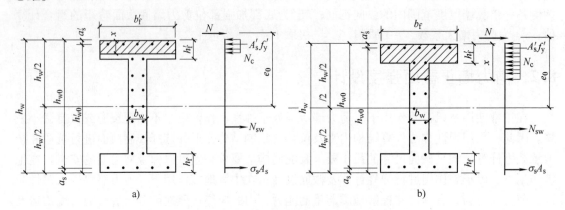

图 8-4　剪力墙正截面承载力计算简图（大偏心受压）

$$N = \alpha_1 f_c b_w x + A'_s f_y - A_s f_y - (h_{w0} - 1.5x) \frac{A_{sw}}{h_{w0}} f_{yw} \tag{8-4}$$

$$N\left(e_0 + \frac{h_w}{2} - a_s\right) = A_s f_y\left(h_{w0} - \frac{x}{2}\right) + A'_s f_y\left(\frac{x}{2} - a'_s\right) + (h_{w0} - 1.5x)\frac{A_{sw} f_{yw}}{h_{w0}}\left(\frac{h_{w0}}{2} + \frac{x}{4}\right) \tag{8-5}$$

在对称配筋时，$A_s = A'_s$，由式（8-4）可得

$$\xi = \frac{x}{h_{w0}} = -\frac{N + A_{sw} f_{yw}}{\alpha_1 f_c b_w h_{w0} + 1.5 A_{sw} f_{yw}} \tag{8-6}$$

将式（8-6）代入式（8-5），忽略 x^2 项，整理可得

$$M = \frac{A_{sw} f_{yw}}{2} h_{w0}\left(1 - \frac{x}{h_{w0}}\right)\left(1 + \frac{N}{A_{sw} f_{yw}}\right) + A'_s f_y(h_{w0} - a'_s) = M_{sw} + A'_s f_y(h_{w0} - a'_s) \tag{8-7}$$

即

$$A_s = A'_s \geqslant \frac{M - M_{sw}}{f_y(h_{w0} - a'_s)} \tag{8-8}$$

设计中，一般按构造要求选定竖向分布筋 A_{sw} 及 f_{yw}，进而求出端部纵筋面积。

8.2.2　小偏压承载力计算（$\xi > \xi_b$）

剪力墙小偏心受压时破坏形态与一般小偏心受压柱相同。小偏心受压时，剪力墙墙肢截面全部或部分受压，在压应力较大的一侧，混凝土达到抗压强度，端部钢筋及分布钢筋均达到抗压强度；在离轴向力较远的一侧，端部钢筋及分布筋或为受拉，或为受压，但均未屈服。因此，小偏心受压时墙肢内分布筋的作用均不予考虑。忽略所有分布钢筋的作用，截面极限状态应力分布（见图8-5）、计算公式、计算步骤与小偏心受压柱完全相同。

根据图示应力状态，可以建立基本公式

$$N = \alpha_1 f_c b_w x + A'_s f_y - A_s \sigma_s \tag{8-9}$$

$$N\left(e_0 + \frac{h_w}{2} - a_s\right) = \alpha_1 f_c b_w x\left(h_{w0} - \frac{x}{2}\right) + A'_s f_y(h_{w0} - a'_s) \tag{8-10}$$

受拉钢筋应力可用近似式子计算

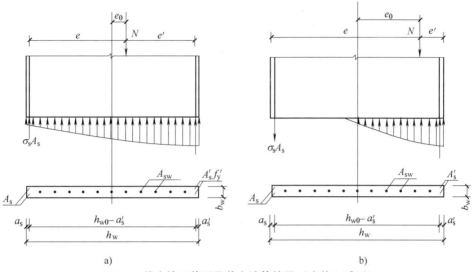

a)   b)

图 8-5 剪力墙正截面承载力计算简图（小偏心受压）

$$\sigma_{s} = \frac{f_{y}}{\xi_{b} - 0.8}(\xi - \beta_{1}) \tag{8-11}$$

求解上述方程组，即可求出有关钢筋面积。

需要注意的是，在小偏心受压时需要验算剪力墙平面外的稳定。此时可以按轴心受压构件计算，可不考虑弯矩的作用。墙体平面外的承载力应满足

$$N \leqslant \varphi(\alpha_{1}f_{c}b_{w}h_{w} + A_{s}f_{y} + A'_{s}f'_{y}) \tag{8-12}$$

式中，N 为墙肢截面纵向轴力设计值；φ 为剪力墙在平面外的纵向弯曲系数，由表 8-2 查得。

表 8-2 墙体纵向弯曲系数 φ

h_{w}/b_{w}	<4	4	6	8	10	12	14	16	18	20	22	24	26	28	30
φ	1.00	0.98	0.96	0.91	0.86	0.82	0.77	0.72	0.68	0.63	0.59	0.55	0.51	0.47	0.44

8.2.3 偏心受拉承载力计算

当墙肢截面承受轴向拉力时，大、小偏拉按下式判断

$$e_{0} \geqslant \frac{h_{w}}{2} - a_{s} \quad 大偏拉$$

$$e_{0} < \frac{h_{w}}{2} - a_{s} \quad 小偏拉$$

在大偏心受拉情况下，截面大部分处于拉应力状态，仅有小部分截面处于压应力状态，如图 8-6 所示，其极限状态下的截面应力分布与大偏心受压情况相同。计算时考虑在受压区高度 1.5 倍

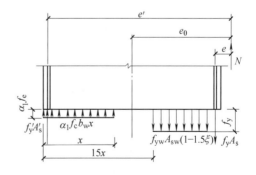

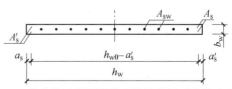

图 8-6 剪力墙正截面承载力计算简图（大偏心受拉）

165

之外的竖向分布钢筋参加工作，承受拉力，同时忽略受压竖向分布钢筋的作用。大偏心受拉情况下的计算公式与大偏心受压相似，只是轴力的方向与大偏心受压相反。

若考虑墙肢内一般为对称配筋，$A_s = A'_s$，则承载力计算的基本公式为

$$N = f_{yw} A_{sw} \frac{h_{w0} - 1.5x}{h_{w0}} - \alpha_1 f_c b_w x$$

$$N \cdot e = \alpha_1 f_c b_w x \left(h_{w0} - \frac{x}{2} \right) + A'_s f'_y (h_{w0} - a'_s) - f_{yw} A_{sw} \frac{(h_{w0} - 1.5x)^2}{2h_{w0}}$$

(8-13)

式中，$e = e_0 + \frac{h_w}{2} - a'_s$，若墙肢内竖向分布钢筋的配筋率为已知，则由基本公式可解得受压区高度 x 及端部钢筋面积 $A_s = A'_s$。

由式（8-13）可知，给定的分布钢筋除应满足构造要求外，还必须满足式（8-10），才能保证截面上存在受压区。

$$A_{sw} \geqslant \frac{N}{f_{vw}}$$

(8-14)

在小偏拉情况下，或大偏拉而混凝土压区高度很小时（$x \leqslant 2a'_s$），按全截面受拉计算配筋。采用对称配筋时，按下面近似公式校核其承载力

$$N \leqslant \frac{1}{\dfrac{1}{N_{0u}} + \dfrac{e_0}{M_{wu}}}$$

(8-15)

式中，$N_{0u} = 2A_s f_y + A_{sw} f_{yw}$，$M_{wu} = A_s f_y (h_{w0} - a'_s) + 0.5 h_{w0} A_{sw} f_{yw}$。

还需注意，在内力组合中考虑地震作用时，本节承载力的验算公式的右边应考虑抗震承载力调整系数，即在上述承载力公式的右边除以 γ_{RE}。

8.3 剪力墙斜截面抗剪强度设计

8.3.1 剪力墙斜截面的破坏形式和机理

斜裂缝出现后墙肢的剪切破坏形式有三种，第一种是剪拉破坏，当水平分布钢筋（简称腹筋）没有或很少时发生。斜裂缝一出现就很快形成一条主裂缝，使墙肢劈裂而丧失承载能力。第二种是剪压破坏，当腹筋配置合适时，腹筋可以抵抗斜裂缝的开展。随着斜裂缝的进一步扩大，混凝土受剪区域逐渐减小，最后在压、剪应力的共同作用下剪压区混凝土压碎。剪力墙的水平分布筋的计算主要依据这种破坏形式。第三种是当剪力墙截面过小或混凝土等级过低时，即使在墙肢中配置了过多的腹筋，当腹筋应力还没有充分发挥作用时，混凝土已被剪压破碎了，在设计时对剪压比的限制就是为了防止这种形式的破坏。

剪力墙中斜裂缝有两种情况：一是弯剪斜裂缝，斜裂缝先是由弯曲受拉边缘出现水平裂缝，然后斜向发展形成斜裂缝；二是腹剪斜裂缝，腹板中部主拉应力超过混凝土的抗拉强度后开裂，然后裂缝斜向向构件边缘发展。试验表明，钢筋混凝土剪力墙的抗剪性能主要与墙体水平抗剪钢筋数量、混凝土强度等级和墙体的剪跨比有关。在水平荷载和竖向荷载共同作

用下的剪力墙，其受剪破坏的主要形态与受弯梁相似。

8.3.2 受剪承载力计算

剪力墙中的竖向、水平分布筋对斜裂缝的开展都有约束作用。但是在设计中，常将二者的功能分开：竖向分布筋抵抗弯矩，水平分布筋抵抗剪力。墙肢水平截面内的剪力只考虑由混凝土和水平分布钢筋共同承担，剪力墙的斜截面受剪承载力还受到墙肢内轴向压力或轴向拉力的影响。轴向压力的存在会增大截面的受压区范围，这对混凝土抗剪是有利的；当轴向力为拉力时，墙肢截面的受压区范围会缩小，轴向拉力的存在会加大截面裂缝，这对混凝土抗剪是不利的。下列公式中已经考虑了轴向力 N 对混凝土抗剪能力的影响。

斜截面抗剪承载力公式为

持久、短暂设计状况

$$V_{\mathrm{w}} \leqslant \frac{1}{\lambda - 0.5}\left(0.5f_{\mathrm{t}}b_{\mathrm{w}}h_{\mathrm{w0}} \pm 0.13N\frac{A_{\mathrm{w}}}{A}\right) + f_{\mathrm{yh}}\frac{A_{\mathrm{sh}}}{s}h_{\mathrm{w0}} \tag{8-16}$$

地震设计状况

$$V_{\mathrm{w}} \leqslant \frac{1}{\gamma_{\mathrm{RE}}}\left[\frac{1}{\lambda - 0.5}\left(0.4f_{\mathrm{t}}b_{\mathrm{w}}h_{\mathrm{w0}} \pm 0.1N\frac{A_{\mathrm{w}}}{A}\right) + 0.8f_{\mathrm{yh}}\frac{A_{\mathrm{sh}}}{s}h_{\mathrm{w0}}\right] \tag{8-17}$$

式中，A 为混凝土计算截面全面积；A_{w} 为墙肢截面的腹板面积；N 为与剪力相对应的轴向压力或拉力，要求 $N \leqslant 0.2f_{\mathrm{c}}b_{\mathrm{w}}h_{\mathrm{w0}}$，当 N 为压力时取 "$+$"，拉力时取 "$-$"；A_{sh}、f_{yh}、s 为水平分布钢筋的总截面面积、设计强度、间距；λ 为截面剪跨比，按 $\lambda = \dfrac{M_{\mathrm{w}}}{V_{\mathrm{w}}h_{\mathrm{w}}}$ 计算，当 $\lambda < 1.5$ 时取 $\lambda = 1.5$，当 $\lambda > 2.2$ 时取 $\lambda = 2.2$，计算截面与墙底之间的距离小于 $0.5h_{\mathrm{w0}}$ 时，λ 应按距墙底 $0.5h_{\mathrm{w0}}$ 处的弯矩值与剪力值计算。

当轴向拉力使得公式右边第一项小于 0 时，即不考虑混凝土的作用，取其等于 0，公式变为

$$V_{\mathrm{w}} \leqslant f_{\mathrm{yh}}\frac{A_{\mathrm{sh}}}{s}h_{\mathrm{w0}} \tag{8-18}$$

$$V_{\mathrm{w}} \leqslant \frac{1}{\gamma_{\mathrm{RE}}}\left(0.8f_{\mathrm{yh}}\frac{A_{\mathrm{sh}}}{s}h_{\mathrm{w0}}\right) \tag{8-19}$$

8.4 剪力墙连梁截面的计算和设计

墙肢之间的连梁是剪力墙的重要组成部分，对剪力墙结构的抗震性能影响较大，同时连梁本身的受力状态也是十分复杂的。连梁的特点是跨高比小，在侧向力作用下，连梁比较容易出现剪切斜裂缝。按照延性剪力墙的强墙弱梁要求，连梁屈服应先于墙肢屈服，即连梁应首先形成塑性铰耗散地震能量；同时，连梁应设计为强剪弱弯，使连梁的抗剪承载力大于其抗弯承载力，避免连梁过早出现脆性的剪切破坏，使连梁成为延性连梁。这样，当连梁屈服后，仍可以吸收地震能量，同时又能继续起到约束墙肢的作用，使联肢墙的刚度和承载力维持在一定水平。

《高层规程》规定，剪力墙开洞形成的跨高比小于 5 的连梁，竖向荷载作用下的弯矩所占比例较小，水平荷载作用下产生的反弯使其对剪切变形十分敏感，容易出现剪切裂缝。为此，对剪力墙开洞形成的跨高比小于 5 的连梁，应按本节的方法计算；否则，宜按框架梁进

行设计。

剪力墙中的连梁受有弯矩、剪力、轴力的共同作用，可能发生正截面受弯破坏，也可能发生斜截面受剪破坏。因此，连梁截面承载力计算包括正截面受弯和斜截面受剪两部分。一般情况下，轴力较小，多按受弯构件设计。

8.4.1 受弯承载力

连梁的正截面受弯承载力可按一般受弯构件的要求计算。由于连梁通常都采用对称配筋 $A_s = A'_s$，故其正截面受弯承载力可按下式计算

$$M \leqslant f_y A_s (h_{b0} - a'_s) \tag{8-20}$$

有地震作用组合时

$$M \leqslant \frac{1}{\gamma_{RE}} f_y A_s (h_{b0} - a'_s) \tag{8-21}$$

式中，M 为连梁的弯矩设计值；A_s 为受力纵向钢筋截面面积；h_{b0} 为连梁截面有效高度；a'_s 为受压区纵向钢筋合力点至受压边缘的距离；γ_{RE} 为承载力抗震调整系数，取 $\gamma_{RE} = 0.75$。

在抗震设计中，要求做到"强墙弱梁"，即连梁端部塑性铰要早于剪力墙，为做到这一点，可以将连梁端部弯矩进行塑性调幅，方法是将弯矩较大的几层连梁端部弯矩均取为连梁最大弯矩的80%。为了保持平衡，可将弯矩较小的连梁端部弯矩相应提高。

8.4.2 受剪承载力

多数情况下，连梁的跨高比都比较小，属于深梁。但是，其受力特点与垂直荷载下的深梁却大不相同。在水平荷载下，连梁两端作用着符号相反的弯矩，剪切变形较大，容易出现剪切裂缝。尤其是在地震反复荷载作用下，斜裂缝会很快扩展到对角，形成交叉的对角剪切破坏。其中跨高比小于2.5时连梁受剪承载力更低。连梁抗剪承载力公式为

持久、短暂设计状况
$$V_b \leqslant 0.7 f_t b_b h_{b0} + f_{yv} \frac{A_{sv}}{S} h_{b0} \tag{8-22}$$

地震设计状况

当 $l_n / h_b > 2.5$ 时
$$V_b \leqslant \frac{1}{\gamma_{RE}} \left(0.42 f_t b_b h_{b0} + f_{yv} \frac{A_{sv}}{S} h_{b0} \right) \tag{8-23}$$

当 $l_n / h_b \leqslant 2.5$ 时
$$V_b \leqslant \frac{1}{\gamma_{RE}} \left(0.38 f_t b_b h_{b0} + 0.9 f_{yv} \frac{A_{sv}}{S} h_{b0} \right) \tag{8-24}$$

当连梁不满足式（8-20）、式（8-21）或式（8-23）、式（8-24）的要求时，可做如下处理：减小连梁截面高度，加大连梁截面宽度；对连梁的弯矩设计值进行调幅，以降低其剪力设计值；当连梁破坏对承受竖向荷载无大影响时，可考虑在大震作用下该连梁不参与工作，按独立墙肢进行第二次多遇地震作用下结构内力分析，墙肢应按两次计算所得的较大内力进行配筋设计；采用斜向交叉配筋方式配筋。

8.4.3 剪压比限制

连梁对剪力墙结构的抗震性能有较大的影响。研究表明，若连梁截面的平均剪应力过

大，箍筋就不能充分发挥作用，连梁就会发生剪切破坏，尤其是在连梁跨高比较小的情况下。为此，应限制连梁截面的平均剪应力。为了避免连梁中斜裂缝过早出现，体现强剪弱弯，连梁截面尺寸应符合下列要求：

持久、短暂设计状况

$$V_b \leqslant 0.25\beta_c f_c b_b h_{b0} \qquad (8-25)$$

地震设计状况

当 $l_n/h_b > 2.5$ 时

$$V_b \leqslant \frac{1}{\gamma_{RE}}(0.2\beta_c f_c b_b h_{b0}) \qquad (8-26)$$

当 $l_n/h_b \leqslant 2.5$ 时

$$V_b \leqslant \frac{1}{\gamma_{RE}}(0.15\beta_c f_c b_b h_{b0}) \qquad (8-27)$$

式中，β_c 为混凝土强度影响系数，应按《高层规程》第6.2.6条规定采用。

8.4.4 剪力设计值的调整

同样考虑"强剪弱弯"的要求，保证连梁在塑性铰的转动过程中不发生剪切破坏，连梁的剪力设计值应按下列规定计算：

1）无地震作用组合及有地震作用组合的四级抗震，连梁的剪力设计值取考虑水平荷载组合的剪力设计值。

2）有地震作用组合的一、二、三级抗震时，连梁的剪力设计值应按下式进行调整

$$V_b = \eta_{Vb} \frac{M_b^l + M_b^r}{l_n} + V_{Gb} \qquad (8-28)$$

9度抗震设计时尚应符合

$$V_b = 1.1 \frac{M_{bua}^l + M_{bua}^r}{l_n} + V_{Gb} \qquad (8-29)$$

式中，l_n 为连梁的净跨；V_{Gb} 为在重力荷载代表值（9度时还应包括竖向地震作用标准值）作用下，按简支梁计算的梁端截面剪力设计值；M_b^l、M_b^r 分别为梁左、右端顺时针或反时针方向考虑地震作用组合的弯矩设计值，对一级抗震等级且两端均为负弯矩时，绝对值较小一端的弯矩应取为零；M_{bua}^l、M_{bua}^r 分别为梁左、右端顺时针或反时针方向的实配的受弯承载力所对应的弯矩值，应按实配钢筋面积（计入受压钢筋）和材料强度标准值考虑承载力抗震调整系数计算；η_{Vb} 为连梁剪力的增大系数，一级为1.3，二级为1.2，三级为1.1。

8.5 剪力墙构造

8.5.1 轴压比限值

当偏心受压剪力墙轴力较大时，受压区高度增大，与钢筋混凝土柱相同，其延性降低。研究表明，剪力墙的边缘构件（暗柱、明柱、翼柱）有横向钢筋的约束，可改善混凝土的受压性能，增大延性。为了保证在地震作用下的钢筋混凝土剪力墙具有足够的延性，《高层规程》规定，抗震设计时，一、二、三级抗震等级剪力墙的底部加强部位，在重力荷载代表值作用下的轴压比不宜超过表8-3的限值。

表8-3　剪力墙轴压比限值

等级或烈度	一级（9度）	一级（6、7、8度）	二、三级
轴压比限值	0.4	0.5	0.6

注：墙的平均轴压比指重力荷载代表值 N 与 A_w 和混凝土轴心抗压强度设计值 f_c 乘积之比。

延性不仅与轴压比有关，而且还与截面的形状有关。在相同的轴压力作用下，带翼缘的剪力墙延性较好，一字形截面剪力墙最为不利。上述规定没有区分工字形、T形和一字形截面，因此，设计时对一字形截面剪力墙墙肢应从严掌握其轴压比。

8.5.2　墙肢分布钢筋配筋要求

抗震墙厚度大于160mm时，竖向和横向钢筋应双排布置；双排分布钢筋间拉筋的间距不应大于600mm，直径不应小于6mm；在底部加强部位，边缘构件以外的拉筋间距应适当加密。

剪力墙竖向、横向分布钢筋的配筋率应符合下列要求：

1）一、二、三级时水平和竖向分布钢筋最小配筋率均不应小于 **0.25%**，四级和非抗震设计不应小于 **0.20%**；直径不应小于8mm，间距不宜大于300mm，且应双排配置。

2）部分框支剪力墙墙结构的落地剪力墙墙底部加强部位墙板的纵向及横向分布钢筋配筋率均不应小于0.3%，钢筋间距不应大于200mm。

3）钢筋直径不宜大于墙厚的1/10。

8.5.3　约束边缘构件和构造边缘构件

对延性要求比较高的剪力墙，在可能出现塑性铰的部位应设置约束边缘构件，其他部位可设置构造边缘构件。约束边缘构件的截面尺寸及配筋都比构造边缘构件要求高，其长度及箍筋配置量都需要通过计算确定。

《高层规程》规定，剪力墙两端和洞口两侧应设置边缘构件，并应符合下列要求：

1）全部落地的剪力墙结构，一、二、三级剪力墙底部加强部位在重力荷载代表值作用下墙体平均轴压比不小于表8-4的规定值时，应设置约束边缘构件（要求见后）；平均轴压比小于表8-4的规定值时，以及一、二级剪力墙底部加强部位以上的一般部位和三、四级剪力墙，应设置构造边缘构件。

表8-4　剪力墙可不设置约束边缘构件的最大平均轴压比

等级或烈度	一级（9度）	一级（6、7、8度）	二、三级
轴压比	0.1	0.2	0.3

2）部分框支剪力墙结构的落地剪力墙的底部加强部位，两端应有翼墙或端柱，并应设置约束边缘构件；不落地的剪力墙可设置构造边缘构件。

3）小开口墙的洞口两侧，可设置构造边缘构件。

剪力墙的约束边缘构件包括暗柱、端柱和翼墙（见图8-7），它们应符合下列要求：①约束边缘构件沿墙肢的长度和配箍特征值应符合表8-5的要求，竖向钢筋的最小量应符合表8-6的要求。②约束边缘构件应向上延伸到底部加强部位以上不小于约束边缘构件竖向钢筋锚固长度的高度。

表8-5 约束边缘构件范围 l_c 及其配箍特征值 λ_v

项 目	一级(9度)		一级(6、7、8度)		二、三级	
	$\mu_N \leqslant 0.2$	$\mu_N > 0.2$	$\mu_N \leqslant 0.3$	$\mu_N > 0.3$	$\mu_N \leqslant 0.4$	$\mu_N > 0.4$
l_c(暗柱)	$0.20h_w$	$0.25h_w$	$0.15h_w$	$0.20h_w$	$0.15h_w$	$0.20h_w$
l_c(翼墙或端柱)	$0.15h_w$	$0.20h_w$	$0.10h_w$	$0.15h_w$	$0.10h_w$	$0.15h_w$
λ_v	0.12	0.20	0.12	0.20	0.12	0.20

注：1. μ_N 为墙肢在重力荷载代表值作用下的轴压比，h_w 为墙肢的长度。

2. 剪力墙的翼墙长度小于翼墙厚度的3倍或端柱截面边长小于2倍墙厚时，按无翼墙、无端柱查表。

3. l_c 为约束边缘构件沿墙肢的长度，对暗柱不应小于墙厚和400mm的较大值；有翼墙或端柱时，不应小于翼墙厚度或端柱沿墙肢主向截面高度加300mm。

表8-6 剪力墙构造边缘构件的配筋要求

抗震等级	底部加强部位			其 他 部 位		
	竖向钢筋最小量（取较大值）	箍筋		竖向钢筋最小量 c（取较大值）	拉筋	
		最小直径/mm	沿竖向最大间距/mm		最小直径/mm	沿竖向最大间距/mm
一级	$0.010A_c$,6φ16	8	100	$0.008A_c$,6φ14	8	150
二级	$0.008A_c$,6φ14	8	150	$0.006A_c$,6φ12	8	200
三级	$0.006A_c$,6φ12	6	150	$0.005A_c$,4φ12	6	200
四级	$0.005A_c$,4φ12	6	200	$0.004A_c$,4φ12	6	250

注：1. A_c 为构造边缘的截面面积，即图8-8剪力墙截面的阴影部分。

2. 对其他部位，拉筋的水平间距不应大于竖向钢筋间距的2倍，转角处宜用箍筋。

3. 当端柱承受集中荷载时，其竖向钢筋、箍筋直径和间距应满足柱的相应要求。

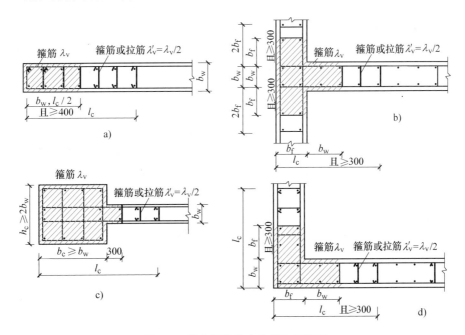

图8-7 剪力墙的约束边缘构件范围

剪力墙的构造边缘构件的范围，宜按图8-8采用。构造边缘构件的配筋应满足受弯承载力要求，并应符合表8-6的要求。

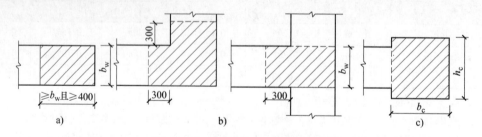

图8-8 剪力墙的构造边缘构件范围

8.5.4 钢筋的连接和锚固

非抗震设计时，剪力墙要求的钢筋最小锚固长度为 l_a；抗震设计时，剪力墙要求的钢筋最小锚固长度为 l_{aE}。剪力墙水平和竖向分布钢筋的搭接连接如图8-9所示。

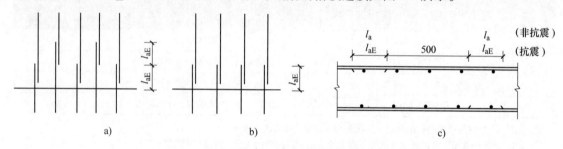

图8-9 剪力墙水平和竖向分布钢筋的连接

一、二级抗震等级剪力墙的加强部位，接头位置应错开，每次连接的钢筋数量不宜超过总数量的50%，错开的净距不宜小于500mm；其他情况剪力墙的钢筋可在同一部位连接。非抗震设计时，分布钢筋的搭接长度不应小于 $1.2l_a$；抗震设计时，不应小于 $1.2l_{aE}$。暗柱及端柱内纵向钢筋连接和锚固要求宜与框架柱相同。

8.5.5 连梁和剪力墙开洞时的构造要求

当开洞较小，在整体计算中不考虑其影响时，除了将切断的分布钢筋集中在洞口边缘补足外，还要有所加强，以抵抗洞口处的应力集中。连梁是剪力墙的薄弱部位，应对连梁中开洞后的截面受剪承载力进行计算和采取构造加强措施。

当剪力墙墙面开有非连续小洞口（其各边长度小于800mm），且在整体计算中不考虑其影响时，应将洞口处被截断的分布钢筋分别集中配置在洞口上、下和左、右两边（见图8-10），且钢筋直径不应小于12mm。

穿过连梁的管道宜预埋套管，洞口上、下的有效高度不宜小于梁高的1/3，且不宜小于200mm，洞口处宜配置补强钢筋，被洞口削弱的截面应进行承载力计算（见图8-11）。

一、二级抗震等级的各类剪力墙结构中的连梁，当跨高比 $l_0/h \leqslant 2$，且连梁截面宽度不小于200mm时，除配置普通箍筋外，宜另设斜向交叉构造钢筋，以提高其抗震性能和抗剪性能（见图8-12）。

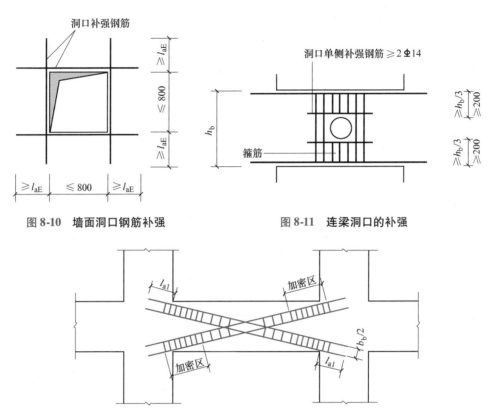

图 8-10　墙面洞口钢筋补强　　　　图 8-11　连梁洞口的补强

图 8-12　连梁斜向交叉构造钢筋

连梁顶面、底面纵向受力钢筋伸入墙内的锚固长度，抗震设计时不应小于 l_{aE}，非抗震设计时不应小于 l_a，且不应小于600mm。

抗震设计时，沿连梁全长箍筋的构造应按框架梁梁端加密区箍筋的构造要求采用；非抗震设计时，沿连梁全长的箍筋直径不应小于6mm，间距不应大于150mm。

顶层连梁纵向钢筋伸入墙体的长度范围内应配置间距不宜大于150mm的构造箍筋，箍筋直径应与该连梁的箍筋直径相同（见图8-13）。

墙体水平分布钢筋应作为连梁的腰筋在连梁范围内拉通连续配置；当连梁截面高度大于700mm时，其两侧面沿梁高范围设置的腰筋直径不应小于8mm，间距不应大于200mm；对跨高比不大于2.5的连梁，梁两侧腰筋的面积配筋率不应小于0.3%。

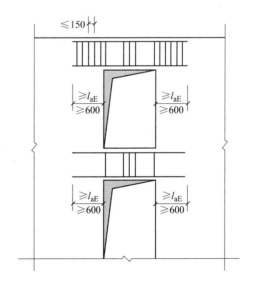

图 8-13　连梁配筋构造图

【例 8-1】 已知剪力墙 $b = 180\text{mm}$，$h = 4020\text{mm}$，采用混凝土强度等级为 C25，$f_c = 11.9\text{N/mm}^2$。配有竖向分布钢筋 $2\phi8@250\text{mm}$，$f_{yv} = 210\text{N/mm}^2$。墙肢两端 200mm 范围内配置纵向钢筋，采用 HRB335 级钢筋，$f_y = 300\text{kN/mm}^2$，$\xi_b = 0.55$。作用在墙肢计算截面上的内力设计值为 $M = 1600\text{kN}\cdot\text{m}$，$N = 4370\text{kN}$（压）。试确定墙肢内的纵向钢筋截面面积 A_s，A'_s。

【解】 （1）确定计算数据。

已知纵向钢筋集中配在两端的 200mm 范围内，故合力中心点到边缘的距离 $a_s = a'_s = 100\text{mm}$，则

$$h_0 = h - a_s = (4020 - 100)\text{mm} = 3920\text{mm}$$

沿截面腹部均匀配置竖向分布钢筋区段的长度为

$$h_{sw} = h_0 - a'_s = (3920 - 100)\text{mm} = 3820\text{mm}$$

$$\omega = \frac{h_{sw}}{h_0} = \frac{3820}{3920} = 0.974$$

竖向钢筋的排数 $n = \dfrac{4020 - 2 \times 200}{250} + 1 = 15.48$，取 16 排，则

$$A_{sw} = 2 \times 16 \times 50.3\text{mm}^2 = 1610\text{mm}^2$$

竖向分布钢筋的配筋率 $\rho = \dfrac{1610}{3820 \times 180} = 0.00234 > \rho_{min} = 0.002$

满足构造要求。

（2）求偏心距。

$$e_0 = \frac{M}{N} = \frac{1600 \times 10^6}{4370 \times 10^3}\text{mm} = 366\text{mm} < 0.3h_0 = 1176\text{mm}$$

$$e_a = \frac{4020}{30}\text{mm} = 134\text{mm}$$

$$e_i = e_0 + e_a = (366 + 134)\text{mm} = 500\text{mm}，\text{ 取 } \eta = 1$$

$$\eta e_i = 500\text{mm}$$

$$e = \eta e_i + h/2 - a_s = (500 + 4020/2 - 100)\text{mm} = 2410\text{mm}$$

（3）判断大小偏心受压。

采用对称配筋

$$\xi = \frac{N - f_{yw}A_{sw}(1 - 2/\omega)}{\alpha_1 f_c b h_0 + \dfrac{f_{yw}A_{sw}}{0.5\beta_1\omega}} = \frac{4370000 - 210 \times 1610 \times (1 - 2/0.974)}{1 \times 11.9 \times 180 \times 3920 + \dfrac{210 \times 1610}{0.5 \times 0.8 \times 0.974}}$$

$$= 0.510 < \xi_b = 0.55$$

为大偏心受压。

（4）校核 ξ 值。

$$\frac{2a'_s}{h_0} = 2(1 - \omega) = 2 \times (1 - 0.974) = 0.052 < \xi = 0.511$$

（5）求 M_{sw}。

$$M_{sw} = \left[0.5 - \left(\frac{\xi - \beta_1}{\beta_1 \omega} \right)^2 \right] f_{yw} A_{sw} h_{sw} = \left[0.5 - \left(\frac{0.51 - 0.8}{0.8 \times 0.974} \right)^2 \right] \times 210 \times 1610 \times 3820 \times N \cdot mm$$

$$= 466.9 \times 10^6 N \cdot mm$$

（6）求 A_s，A_s'。

$$A_s = A_s' = \frac{Ne - \alpha_1 f_c b h_0^2 \xi (1 - 0.5\xi) - M_{sw}}{f_y (h_0 - a_s')}$$

$$= \frac{4370000 \times 500 - 1 \times 11.9 \times 180 \times 3920^2 \times 0.51 \times (1 - 0.5 \times 0.51) - 466.9 \times 10^6}{300 \times (3920 - 100)} mm^2$$

$$= -9413.5 mm^2$$

$$A_s = A_s' < 0$$

按构造配筋：选用 $4\phi12$ 的钢筋 $A_s = A_s' = 452 mm^2$，满足要求。

8.6　框架-剪力墙结构截面设计与构造

抗震设计的框架-剪力墙结构，应根据在规定的水平力作用下结构底层框架部分承受的地震倾覆力矩与结构总地震倾覆力矩的比值，确定的相应的设计方法，并应符合下列规定：

1）框架部分承受的地震倾覆力矩不大于结构总地震倾覆力矩的 10% 时，按剪力墙结构进行设计，其中的框架部分应按框架-剪力墙结构的框架进行设计。

2）当框架部分承受的地震倾覆力矩大于结构总地震倾覆力矩的 10% 但不大于 50% 时，按框架-剪力墙结构进行设计。

3）当框架部分承受的地震倾覆力矩大于结构总地震倾覆力矩的 50% 但不大于 80% 时，按框架-剪力墙结构进行设计，其最大适用高度可比框架结构适当增加，框架部分的抗震等级和轴压比限值宜按框架结构的规定采用。

4）当框架部分承受的地震倾覆力矩大于结构总地震倾覆力矩的 80% 时，按框架-剪力墙结构进行设计，但其最大适用高度宜按框架结构采用，框架部分的抗震等级和轴压比限值应按框架结构的规定采用。当结构的层间位移角不满足框架-剪力墙结构的规定时，可按《高层规程》的有关规定进行结构抗震性能分析和论证。

8.6.1　内力组合

框架-剪力墙结构中框架梁、柱内力组合及调整等与框架结构相同，剪力墙内力组合及调整等与剪力墙结构相同，连梁内力组合及调整方法与剪力墙结构中连梁的内力组合及调整方法相同。内力调整时，框架与剪力墙的抗震等级一般应按框架-剪力墙结构确定。

8.6.2　截面设计及构造要求

框架-剪力墙结构应设计成双向抗侧力体系；抗震设计时，结构两主轴方向均应布置剪力墙。

框架-剪力墙结构中框架梁、柱截面设计及构造要求与框架结构相同，剪力墙的截面设计及构造要求与剪力墙结构相同。

每层有梁、周边带柱的剪力墙也称为带边框剪力墙，它比矩形截面的剪力墙具有更高的承载能力和更好的抗震性能，其构造要求也与普通剪力墙稍有不同。

1. 周边有梁、柱的剪力墙的受力性能

对于一般高层框架-剪力墙结构中带边框的剪力墙，在正常的配筋情况下，一般发生弯曲破坏。在水平荷载作用下，墙肢内首先出现水平向裂缝，当受拉侧边柱的纵筋达到屈服应力时，剪力墙即进入屈服阶段。随着荷载的继续增加，墙板中纵向分布筋逐渐屈服，裂缝不断加大，受压区高度不断减小，最后由于受压侧混凝土被压碎而导致整个构件的破坏。试验结果表明，结构的极限位移约为屈服位移的7倍，表明这类剪力墙具有较好的变形能力。

研究结果表明，带边框剪力墙的抗震性能明显优于矩形截面的剪力墙。设置端柱特别是加密端柱的约束箍筋，可以延缓剪力墙内受压纵筋的压屈，提高端柱核心区混凝土的抗压强度，增强剪力墙的受弯承载力，提高结构的延性和耗能能力。

设置于每层楼盖结构标高处的横梁则可作为剪力墙的加劲肋，可有效地阻止墙体内斜裂缝的开展，提高剪力墙的抗剪能力。同时，端柱和横梁所形成的边框加强了剪力墙的稳定性，当在墙体内出现交叉斜裂缝以后，边框梁、柱仍可支持墙体裂而不倒，共同工作至最后极限状态。对比试验的结果表明，取消边框柱后，剪力墙的极限承载力将下降30%；取消边框梁后，剪力墙的极限承载力将下降10%；带边框剪力墙与矩形截面剪力墙相比，极限受剪承载力提高42.5%，极限层间位移提高110%。

2. 周边有梁、柱的剪力墙的设计要点

（1）截面尺寸要求　周边有梁、柱的剪力墙，厚度不应小于160mm，且不小于墙净高的1/20，其混凝土强度等级与边柱相同。剪力墙中线与墙端边柱中线宜重合，防止偏心。梁的截面宽度不小于2倍剪力墙厚度，梁的截面高度不小于3倍剪力墙厚度；柱的截面宽度不小于2.5倍剪力墙厚度，柱的截面高度不小于柱的宽度。若剪力墙周边仅有柱而无梁时则应设置暗梁。

（2）配筋计算　周边有梁、柱的现浇剪力墙（包括现浇柱、预制梁的剪力墙），当剪力墙与梁、柱有可靠连接时，其截面设计可按普通剪力墙的截面设计方法进行。这里端柱可视作剪力墙截面的翼缘，计算所得的纵向受力钢筋应配置在柱截面内。

剪力墙内的边框梁相当于墙体的加强肋，可不必进行专门的截面设计。有边柱但边梁做成暗梁时，暗梁的配筋可按构造配置且应符合一般框架梁的最小配筋要求；边柱的配筋应符合一般框架柱配筋的规定。

（3）配筋构造要求　剪力墙应沿水平向和竖向分别布置分布钢筋，分布钢筋沿墙厚方向均应双排配置，即形成两片竖向的钢筋网。剪力墙水平和竖向分布钢筋的配筋率、最大间距和最小直径应符合剪力墙分布钢筋配置的要求；分布钢筋直径不应小于8mm，间距不应大于300mm。同时，剪力墙水平和竖向分布钢筋配筋率，非抗震设计时均不应小于0.2%，抗震设计时均不应小于0.25%，并应至少双排布置。各排分布钢筋之间应设置拉筋，拉筋的直径不应小于6mm，间距不应大于600mm。墙板的水平钢筋应全部锚入边柱内，锚固长度不应小于l_{aE}（抗震设计）或l_a（非抗震设计）。剪力墙端柱筋按剪力墙端部暗柱、底部加强区的要求配置。

思考题

1. 常用的墙体承重方案有哪几种？各有何特点？
2. 绘图说明错洞墙和叠合错洞墙，并说明其受力特点。
3. 《高层规程》对剪力墙底部加强部位的高度有何规定。
4. 剪力墙斜截面剪切破坏的形式有哪几种？
5. 《高层规程》对剪力墙连梁的设计有何规定？
6. 抗震设计时，框架-剪力墙结构的设计方法如何确定？

9.1 概述

筒体结构具有良好的空间受力性能，并兼有造型美观、使用灵活以及整体性强等优点，适用于较高的高层建筑。目前全世界最高的 100 幢高层建筑约 2/3 采用筒体结构，国内 100m 以上的高层建筑约有 1/2 采用筒体结构。筒体结构可以是由剪力墙组成的空间薄壁筒体，也可以是由密柱深梁形成的框筒组成，水平力由一个或多个空间受力的竖向筒体承受。

9.1.1 筒体结构的分类

筒体结构的类型很多，按构件形式分，可以分为实腹筒、框筒及桁架筒。用剪力墙围成的筒体称为实腹筒（见图 9-1a）。在实腹筒的墙体上开出许多规则的窗洞所形成的开孔筒体称为框筒（见图 9-1b），它实际上是由密排柱和刚度很大的窗裙梁形成的密柱深梁框架围成的筒体。如果筒体的四壁是由竖杆和斜杆形成的桁架组成，则成为桁架筒（见图 9-1c）。与框筒相比，桁架筒具有更大的抗侧移刚度。

按筒的组合形式、布置方式和数目的多少，可以分为框筒、筒中筒、束筒结构以及框架-核心筒结构等（见图 9-2）。其中框架-核心筒结构虽然都有筒体，但是这种结构与框筒、筒中筒、束筒结构的组成和传力体系有很大区别，需要认识它们的异同，掌握不同的受力特点和设计要求。

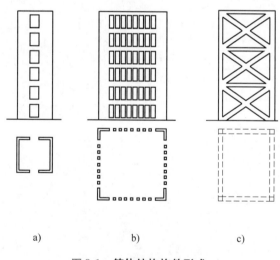

a)   b)   c)

图 9-1　筒体结构构件形式

筒中筒结构体系是由内筒和外筒两个筒体组成的结构体系。内筒通常是由剪力墙围成的实腹筒，而外筒一般采用框筒或桁架筒。

由两个或两个以上的框筒在竖向并行组成的结构体系称为束筒结构体系。框筒可以是钢框筒，也可以是钢筋混凝土框筒。该结构体系空间刚度极大，能适应很高的高层建筑的受力要求。构成筒束的每一单元筒能够单独形成一个筒体结构，所以沿建筑物高度方向，可以中断某些单元筒。通过单元筒的平面组合，可以形成不同的平面形状，或形成很大的楼面面积，以满足建筑使用要求。最著名的束筒结构是芝加哥的 110 层、高度 443m 的西尔斯塔楼，采用筒束钢结构。

当实腹筒布置在周边框架内部时，形成框架-核心筒结构，它是目前高层建筑中广为应用的一种体系，它与筒中筒结构在平面形式上可能相似，但受力性能却有很大区别。

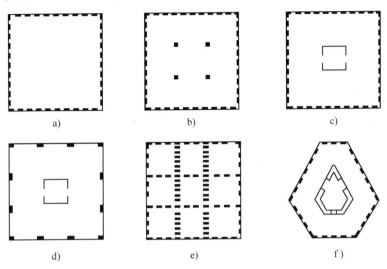

图 9-2　筒体结构的平面布置形式

9.1.2　筒体结构的受力性能

筒体最主要的特点是它的空间受力性能。无论哪一种筒体，在水平力的作用下都可以看成是固定于基础上的悬臂结构，比单片平面结构具有更大的抗侧移刚度和承载能力，因而适宜建造高度更高的超高层建筑。同时，由于筒体的对称性，筒体结构具有很好的抗扭刚度。

由于结构形式的不同，不同的筒体受力性能上也有很大不同。比如实腹筒作为封闭的箱形截面空间结构，由于各层楼面结构的支撑作用，整个结构呈现很强的整体工作性能。在承受水平力时，不仅平行于水平力方向的腹板参与工作，与腹板垂直的翼缘墙板也充分的参与工作，这是和前几章提到的其他结构体系不同的。

对由密柱深梁形成的框筒结构，由于空间作用，在水平荷载作用下其翼缘框架柱承受很大的轴力；当柱距加大，裙梁的跨高比加大时，会产生明显的"剪力滞后"现象（见图9-3）。这种现象原来是指当箱形结构处于水平力作用下时，产生的一种应力不均匀的现象，在高层建筑中由于框筒中各柱之间存在剪力，剪力使联系柱子的窗裙梁产生剪切变形，从而使柱之间的轴力传递减弱。因此，在框筒的翼缘框架中，远离腹板框架的各柱轴力越来越小；在框筒的腹板框架中，远离翼

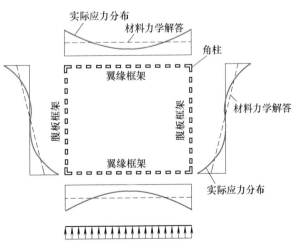

图 9-3　框筒结构的剪力滞后现象

缘框架各柱轴力的递减速度比按直线规律递减的要快。但当柱距增大到与普通框架相似时，除角柱外，其他柱的轴力将很小，由量变到质变，通常就可忽略沿翼缘框架传递轴力的作用，按平面结构进行分析。框筒中剪力滞后现象越严重，参与受力的翼缘框架柱越少，空间受力性能越弱。设计中应设法减少剪力滞后现象，使各柱尽量受力均匀。

筒体结构的平面外形宜选用圆形、正多边形、椭圆形或矩形，内筒宜居中。研究表明，筒中筒结构在侧向荷载作用下，其结构性能与外框筒的平面外形有关。对正多边形来讲，边数越多，剪力滞后现象越不明显，结构的空间作用越好；反之，边数越少，结构的空间作用越差。

框架-核心筒结构，因为有实腹筒存在，《高层规程》将其归入筒体结构，但就其受力性能来说，框架-核心筒结构更接近于框架-剪力墙结构，与筒中筒结构有很大的区别。框架-核心筒结构中实腹筒是主要抗侧力部分，而筒中筒结构中抵抗剪力以实腹筒为主，抵抗倾覆力矩则以外框筒为主。设置楼板大梁的框架-核心筒结构传力体系与框架-剪力墙结构类似。楼板大梁增加了结构的抗侧刚度，周期缩短，顶点位移和层间位移减小。由于翼缘框架柱承受了较大的轴力，周边框架承受的倾覆力矩加大，核心筒承受的倾覆力矩减少；由于大梁使核心筒反弯，核心筒承受的剪力略有增加，而周边框架承受的剪力反而会减少。

在筒中筒结构中，侧向力所产生的剪力主要由外筒的腹板框架和内筒的腹板部分承担。外力所产生的总剪力在内外筒之间的分配与内外筒之间的抗侧刚度比有关。且在不同的高度，侧向力在内外筒之间的分配比例是不同的。一般来说，在结构底部，内筒承担了大部分剪力，外筒承担的剪力很小。例如，在深圳国贸中心大厦的底层，外筒承担的剪力占外荷载总剪力的27%，内筒承担的剪力占总剪力的73%。侧向力所产生的弯矩则由内外筒共同承担。由于外筒柱离建筑平面形心较远，故外筒柱内的轴力所形成的抗倾覆弯矩极大。在外筒中，翼缘框架又占了其中的主要部分，角柱也发挥了十分重要的作用。而外筒腹板框架柱及内筒腹板墙肢的局部弯曲所产生的弯矩极小。例如，在深圳国贸中心大厦的底层，为平衡侧向力所产生的弯矩，外框筒柱内轴力所形成的弯矩占50.4%，内筒墙肢轴力所形成的弯矩占40.3%，而外框筒柱和内筒墙肢的局部弯曲所产生的弯矩仅占2.7%和6.6%。

9.2 筒体结构的简化计算方法

筒体结构是空间整体受力，而且由于薄壁筒和框筒都有剪力滞后现象，受力情况非常复杂。为了保证计算精度和结构安全，筒体结构整体计算宜采用能反映空间受力的结构计算模型，以及相应的计算方法。一般可假定楼盖在自身平面内具有绝对刚性，采用三维空间分析方法通过计算机进行内力和位移分析。空间结构计算方法通常是按空间杆系（含厚壁杆），用矩阵位移法求解，通过程序由计算机实现。

本节主要介绍几个简化的手算方法，目的在于了解筒体结构的受力和变形特征，作为工程人员进行概念设计的依据。

1. 等效槽形截面方法

考虑剪力滞后的影响，可以仅取邻近腹板框架的部分翼框架，视作"有效翼缘"，如图9-4 所示。

等效槽形截面的翼缘有效宽度取下列三者的最小值：框筒腹板框架宽度的1/2，框筒翼缘框架宽度的 1/3，框筒总高度的 1/10。与准确分析结果比较，采用上述的等效翼缘宽度，所得到的框筒柱内力，一般是偏于安全的。由两个槽形产生的抵抗倾覆力矩，在槽形内的密排柱中产生轴向力，同时在连接柱子的窗裙墙梁中产生剪力。选定等效翼缘宽度后，框筒的梁、柱内力就可按材料力学的公式进行估算。

框筒的第 i 个柱内轴力 N_{ci} 可由下式作初步估算

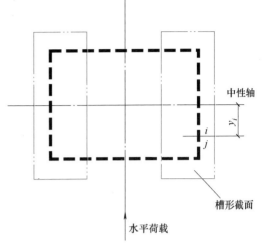

图 9-4　等效槽形截面

$$N_{ci} = \frac{My_i}{I_e}A_{ci} \qquad (9-1)$$

式中，M 为水平外荷载产生的悬臂弯矩；y_i 为所求轴力的柱距中性轴的距离；I_e 为两个等效槽形框筒截面对中性轴的惯性矩；A_{ci} 为第 i 个柱的横截面面积。

框筒的第 j 个梁内剪力 V_{bj} 可由下式作初步估算

$$V_{bj} = \frac{VS_j}{I_e}h \qquad (9-2)$$

式中，V 为水平外荷载产生的悬臂剪力；S_j 为第 j 个梁中心以外的平面面积对中性轴的面积矩；h 为楼层高度。窗间墙梁的端弯矩可由梁的剪力 V_b 导出。柱的剪力可根据楼层剪力，假设仅由两个腹板框架柱（包括角柱）按 D 值分配而求得，由此可进一步求得柱的弯矩。

上述的等效槽形截面方法，可以用于初步设计的粗略估算。

2. 将框筒展开成为等效平面框架的分析方法

框筒结构比较准确的分析方法之一，是把框筒展开成为一个等效的平面框架结构，然后按框架结构的分析方法进行分析。这个分析方法概念明确，运算也不很复杂，而且可以利用一般框架分析的现成程序稍加变通，即可进行计算。

框筒结构的受力和变形特点是腹板框架承受框架平面内的水平剪力和倾覆力矩，引起梁柱弯曲、剪切和轴向变形。正面和背面翼缘框架主要受轴力，产生轴向变形；翼缘框架与腹板框架之间的整体作用，主要是通过角柱传递的竖向力及角柱处竖向位移的协调来实现的。

各框架平面外的刚度很小，可忽略不计。

框筒结构通常有两个对称面，故可仅取 1/4 筒体来计算，如图 9-5a 所示。这时，水平荷载亦仅取整个筒体所承受的水平荷载的 1/4。把 1/4 框筒展开成平面框架，其计算简图如图 9-5b 所示。此时，根据其变形特点选择边界约束，翼缘框架的中点水平位移和弯矩为零，竖向有位移，因而选用滚动支座。腹板框架中点的竖向位移为零，但有弯曲及水平位移，因而选用滚动铰支承节点。

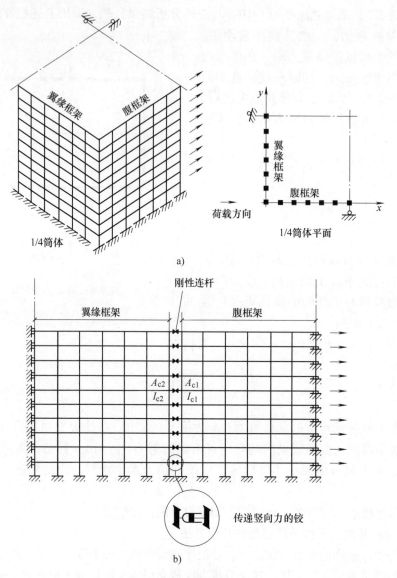

图 9-5 等效平面框架分析方法

腹板框架和翼缘框架之间通过虚拟剪切梁相连，此虚拟梁只能传递腹板框架和翼缘框架间通过角柱传递的竖向作用力，并保证腹板框架和翼缘框架在角柱处的竖向位移的协调。角柱分别属于腹板框架和翼缘框架。在两片框架中，计算角柱的轴向刚度时，截面面积可各取真实角柱面积的1/2；当计算弯曲刚度时，惯性矩可取各自方向上的值。

9.3 筒体结构主要构造要求

筒体结构应采用现浇混凝土结构，混凝土强度等级不宜低于C30；框架节点核心区的混凝土强度等级不宜低于柱的混凝土强度等级，且应进行核心区斜截面承载力计算；特殊情况下不应低于柱混凝土强度等级的70%，但应进行核心区斜截面和正截面承载力验算。

由于剪力滞后，框筒结构中各柱的竖向压缩量不同，角柱压缩变形最大，因而楼板四角下沉较多，出现翘曲现象。设计楼板时，外角板宜设置双层双向附加构造钢筋（见图9-6），对防止楼板角部开裂具有明显效果，其单层单向配筋率不宜小于0.3%，钢筋的直径不应小于8mm，间距不应大于150mm，配筋范围不宜小于外框架（或外筒）至内筒外墙中距的1/3和3m。

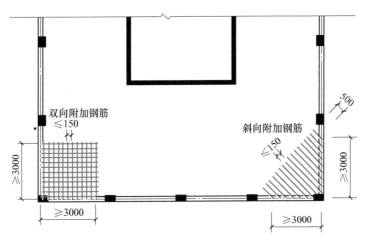

图9-6 板角附加钢筋

核心筒由若干剪力墙和连梁组成，其截面设计和构造措施还应符合剪力墙结构的有关规定，各剪力墙的截面形状应尽量简单；截面形状复杂的墙体应按应力分布配置受力钢筋。此外，考虑到核心筒系筒体结构的主要承重和抗侧力结构，筒角又是保证核心筒整体作用的关键部位，其边缘构件应适当加强，底部加强部位约束边缘构件沿墙肢的长度不应小于墙肢截面高度的1/4，约束边缘构件范围内应全部采用箍筋。

外框筒梁和内筒连梁的截面尺寸应符合下列规定：

1）持久、短暂设计状况

$$V_b \leqslant 0.25\beta_c f_c b_b h_{b0} \tag{9-3}$$

2）地震设计状况

跨高比大于2.5时

$$V_b \leqslant \frac{1}{\gamma_{RE}}(0.20\beta_c f_c b_b h_{b0}) \tag{9-4}$$

跨高比不大于2.5时

$$V_b \leqslant \frac{1}{\gamma_{RE}}(0.15\beta_c f_c b_b h_{b0}) \tag{9-5}$$

式中，V_b 为外框筒梁或内筒连梁剪力设计值；b_b 为外框筒梁或内筒连梁截面宽度；h_{b0} 为外框筒梁或内筒连梁截面的有效高度；β_c 为混凝土强度影响系数，应按《高层规程》第6.2.6条规定采用。

外框筒梁和内筒连梁的构造配筋，非抗震设计时，箍筋直径不应小于8mm，间距不应大于150mm；抗震设计时，箍筋直径不应小于10mm，箍筋间距沿梁长不变，且不应大于100mm，当梁内设置交叉暗撑时，箍筋间距不应大于200mm；框筒梁上、下纵向钢筋的直径均不应小于16mm，腰筋的直径不应小于10mm，间距不应大于200mm。

跨高比不大于2的框筒梁和内筒连梁宜采用交叉暗撑，跨高比不大于1的框筒梁和内筒连梁应采用交叉暗撑，要求梁的截面宽度不宜小于400mm，全部剪力应由暗撑承担（见图9-7）。每根暗撑应由4根纵向钢筋组成，纵筋直径不应小于14mm，其总面积应按下列公式计算

持久、短暂设计状况 $\qquad A_s \geqslant \dfrac{V_b}{2f_y \sin\alpha}$ （9-6）

地震设计状况 $\qquad A_s \geqslant \dfrac{\gamma_{RE} V_b}{2f_y \sin\alpha}$ （9-7）

式中，α 为暗撑与水平线的夹角；V_b 为外框筒或内筒连梁的剪力设计值。

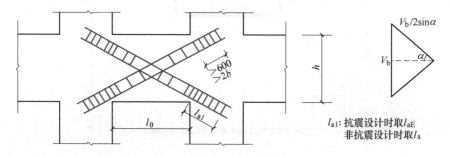

l_{a1}：抗震设计时取 l_{aE}
非抗震设计时取 l_a

图 9-7　梁内交叉暗撑的配筋

两个方向暗撑的纵向钢筋均应采用矩形箍筋或螺旋箍筋绑成一体，箍筋直径不应小于8mm，间距不应大于150mm及梁截面宽度的一半；端部加密区的箍筋间距不应大于100mm，加密区长度不应小于600mm及梁截面宽度的2倍；纵筋伸入竖向构件的长度，非抗震设计时为 l_a，抗震设计时宜取 $1.15l_a$，其中 l_a 为钢筋的锚固长度。

核心筒外墙的截面厚度不应小于层高的1/20及200mm，对一、二级抗震设计的底部加强部位不宜小于层高的1/16及200mm，不满足时，应进行墙体稳定计算，必要时可增设扶壁柱或扶壁墙；在满足承载力要求以及轴压比限值（仅对抗震设计）时，核心筒内墙可适当减薄，但不应小于160mm；核心筒墙体的水平、竖向配筋不应少于两排；抗震设计时，核心筒的连梁，宜通过配置交叉暗撑、设水平缝或减小梁截面的高宽比等措施来提高连梁的延性。

思 考 题

1. 筒体结构分为哪些类型？
2. 简述筒体结构的受力特点。
3. 简述等效平面框架法的原理，并绘出计算简图。
4. 外框筒梁和内筒连梁的构造配筋有何要求？
5. 查阅相关资料，或在你所在城市现场调查，了解筒体结构的特点。

高层建筑结构基础设计 | 第10章

10.1 概述

高层建筑中常用的基础形式有交叉梁基础、筏形基础、箱形基础、桩基础（桩筏、桩箱）等。对于筏形基础及箱形基础，基础平面形心宜与上部结构竖向永久荷载的重心重合，当不能重合时，在荷载效应准永久组合下其偏心距 $e \leqslant 0.1W/A$（W 为与偏心距方向一致的基础底面边缘抵抗矩，A 为基底面积）；同时，要求高宽比大于 4 的高层建筑的基础底面不宜出现零应力区，要求高宽比不大于 4 的高层建筑的基础底面与地基之间零应力区面积也不得超过基础底面面积的 15%，与裙房相连且采用天然地基的高层建筑，在地震作用下主楼基础底面不宜出现零应力区。

高层建筑的埋置深度应根据实际情况合理选择，对天然地基或复合地基，埋置深度不小于房屋高度的 1/15；对桩基础，埋置深度不小于房屋高度的 1/18（桩长不计在内）。

高层部分与裙房之间基础是否断开，应根据地基土质、基础形式、建筑平面体形等具体情况区别对待；当地基土质较好或采用桩基础，高层部分和裙房基础可不设置沉降缝，此时为了减小差异沉降引起的结构内力，可采用施工后浇带的措施。

地基、基础和上部结构三者构成一个整体，高层建筑基础应根据上部结构和地质状况进行设计，宜考虑地基、基础与上部结构相互作用的影响，即须考虑上部结构刚度、基础刚度和地基条件等对基础内力的影响。高层建筑筏形与箱形基础的地基设计应进行承载力和地基变形计算，对建在斜坡上的高层建筑，应进行整体稳定性验算。

10.2 筏形基础设计

10.2.1 筏形基础设计概述

1. 筏形基础的选用原则

1）在软土地基上，当采用柱下条形基础或柱下十字交叉条形基础不能满足上部结构对变形的要求和地基承载力的要求时，可采用筏形基础。

2）当建筑物的柱距较小而柱的荷载又很大，或柱的荷载相差较大将会产生较大的沉降差需要增加基础的整体刚度以调整不均匀沉降时，可采用筏形基础。

3）当建筑物有地下室或大型贮液结构（如水池、油库等）时，结合使用要求，筏形基础将是一种理想的基础形式。

4）对风荷载及地震荷载起主要作用的建筑物，要求基础要有足够的刚度和稳定性时，可采用筏形基础。

2. 筏形基础的分类

筏形基础根据其构造分为平板式和梁板式两种，应根据地基土质、上部结构体系、柱距、荷载大小及施工条件等确定。

（1）平板式 它的底板是一块厚 $0.5 \sim 2.5m$ 的钢筋混凝土平板。平板式基础适用于柱荷载不大、柱距较小且等柱距的情况。当荷载较大时，可适当加大柱下的板厚。底板的厚度可以按每一层楼 50mm 初步确定但不应小于 500mm，然后校核抗弯、抗冲切、抗剪强度。

平板式基础如图 10-1 所示，混凝土用量较多但它不需要模板，施工简单，建造速度快，常被采用。

（2）梁板式 筏形基础大多采用梁板式，当柱网间距大时，可适当增加肋梁使基础刚度增大。它又分成单向肋和双向肋两种。

1）单向肋：是将两根或两根以上的柱下条形基础中间用底板将其联结成一个整体，以扩大基础的底面积并加强基础的整体刚度，如图 10-2a 所示。

2）双向肋：在纵、横两个方向上的柱下都布置肋梁，有时也可在柱网之间再布置次肋梁以减少底板的厚度，如图 10-2b 所示。

图 10-1 平板式筏形基础

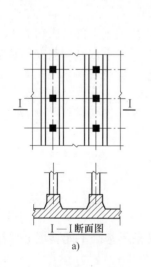

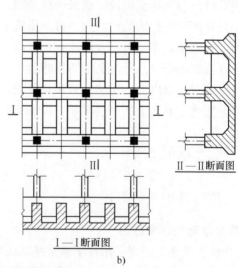

图 10-2 梁板式筏形基础

a）单向肋 b）双向肋

本章主要采用的规范：JGJ 6—2011《高层建筑筏形与箱形基础技术规范》，简称为《筏形与箱形基础规范》。

10.2.2 筏形基础的设计原则

1. 基础底面积的确定

1）应满足基础持力层上的地基承载力要求。如果将坐标原点置于筏形基础底板形心处，则基底反力可按下式计算

$$p_k(x,y) = \frac{F_k + G_k}{A} \pm \frac{M_x y}{I_x} \pm \frac{M_y x}{I_y} \tag{10-1}$$

式中，F_k 为相应于荷载效应的标准组合时筏形基础上由墙或柱传来的竖向荷载总和（kN）；G_k 为筏形基础自重（kN）；A 为筏形基础底面面积（m²）；M_x 和 M_y 分别为竖向荷载 F_k 对通过筏形基础底面形心的 x 轴和 y 轴的力矩（kN·m）；I_x 和 I_y 分别为筏形基础底面积对 x 轴和 y 轴的惯性矩（m⁴）；x、y 分别为计算点的 x 轴和 y 轴的坐标（m）。

基底反力应满足以下要求

$$p_k \leqslant f_a, p_{kmax} \leqslant 1.2 f_a \tag{10-2}$$

式中，p_k 和 p_{kmax} 分别为平均基底压力和最大基底压力（kPa）；f_a 为基础持力层土的地基承载力特征值（kPa）。

2）尽可能使荷载合力重心与筏形基础底面形心相重合。如果偏心较大，或者不能满足式（10-2）第二式要求，可将筏形基础外伸悬挑，以减少偏心距和扩大基底面积。

3）如有软弱下卧层，应验算软弱下卧层强度，验算方法与天然地基浅基础相同。

2. 基础的沉降

基础的沉降值应小于建筑物的允许沉降值，可按分层总和法或按《建筑地基基础设计规范》规定的方法计算。如果基础埋置较深，应适当考虑由于基坑开挖所引起的回弹变形。当预估沉降量大于 120mm 时，宜增强上部结构的刚度。

10.2.3 筏形基础的构造

1. 筏形基础板厚度

梁板式筏形基础的板厚度不应小于 400mm，且板厚与最大双向板格的短边净跨之比不应小于 1/14，并由抗冲切强度和抗剪强度验算确定。梁板式筏形基础梁的高跨比不宜小于 1/6。筏形基础悬挑墙外的长度，横向一般不宜大于 1000mm，纵向一般不宜大于 600mm。筏形基础的混凝土强度等级不应低于 C30。

2. 筏形基础的配筋

筏形基础的配筋由计算确定，按双向配筋，并考虑下述原则：

1）平板式筏形基础按柱上板带和跨中板带分别计算配筋，下筋采用柱上板带的正弯矩计算，上筋采用跨中板带的负弯矩计算，跨中板带的下筋采用柱上和跨中板带正弯矩的平均值计算。

2）肋梁式筏形基础在用四边嵌固双向板计算跨中和支座弯矩时，配筋应适当予以折减。对肋梁取柱上板带宽度等于柱距，按 T 形梁计算，肋板也应适当地挑出 1/6～1/3 柱距。

对于双向悬臂挑出但基础梁不外伸的筏形基础，应在板底布置 5～7 根放射状附加钢筋，附加钢筋直径与边跨主筋相同，间距不大于 200mm。

筏形基础配筋除符合计算要求外，纵横方向支座钢筋尚应分别有 0.15%、0.10% 配筋率连通，跨中钢筋按实际配筋率全部连通。底板受力钢筋的最小直径不宜小于 8mm。当有

垫层时，钢筋的保护层厚度不宜小于35mm。

3. 地下室底层柱、剪力墙与梁板式筏形基础梁连接的构造

10.2.4 筏形基础内力简化计算方法

筏形基础受荷载作用后，可视其为一置于弹性地基上的弹性板，是一个空间问题，如应用弹性理论精确求解，计算工作量非常繁重。工程设计中，大多采用简化计算方法（见表10-1），即将筏形基础看作平面楼盖，将基础板下地基反力作为作用在筏形基础上的荷载，然后如同平面楼盖那样分别进行板、次梁及主梁的内力计算。其中，合理地确定基底反力分布是问题的关键。

表10-1　筏形基础常用内力简化计算方法分类

计 算 方 法	包括方法名称	适 用 条 件	特 　 点
刚性法 （倒楼盖法）	板条法 双向板法	柱荷载相对均匀（相邻柱荷载变化不超过20%），柱距相对比较一致（相邻柱距变化不超过20%），柱距小于1.75/λ，或者具有刚性上部结构时	不考虑上部结构刚度作用，不考虑地基、基础的相互作用，假定地基反力按直线分布
弹性地基基床系数法	经典解析法 数值分析法 等带交叉弹性地基梁法	不满足刚性板法条件时	仍不考虑上部结构刚度作用，仅考虑地基与基础（梁板）的相互作用

注：λ 为基础梁的柔度特征值。

筏形基础的内力计算可根据上部结构刚度及筏形基础刚度的大小分别采用刚性法或弹性地基基床系数法进行。

当上部结构刚度与筏形基础刚度都较小时，应考虑地基基础共同作用的影响，而筏形基础内力可采用弹性地基基床系数法计算，即将筏形基础看成弹性地基上的薄板，采用数值方法计算其内力。

当上部结构整体刚度较大，筏形基础下的地基土层分布均匀时，可不考虑整体弯曲而只计局部弯曲产生的内力。当持力层压缩模量 $E_s \leqslant 4\mathrm{MPa}$ 或板厚大于1/6墙间距离时，可以认为基底反力呈直线或平面分布。符合上述条件的筏形基础的内力可按刚性法计算。以下仅对刚性法做介绍。

采用刚性法时，基础底面的地基净反力可按下式计算

$$\frac{p_{j\max}}{p_{j\min}} = \frac{\sum N}{A} \pm \frac{\sum Ne_y}{W_x} \frac{\sum Ne_x}{W_y} \tag{10-3}$$

式中，$p_{j\max}$ 和 $p_{j\min}$ 分别为基底的最大和最小净反力（kPa）；$\sum N$ 为作用于筏形基础上的竖向荷载之和（不计基础板自重，kN）；e_x 和 e_y 分别为 $\sum N$ 在 x 方向和 y 方向上与基础形心的偏心距（m）；W_x 和 W_y 分别为筏形基础底面对 x 轴 y 轴的截面抵抗矩（m^3）；A 为筏形基础底面面积（m^2）。

采用刚性法计算时，在算出基底地基净反力后，常使用倒楼盖法和刚性板条法计算筏形基础的内力。

1. 倒楼盖法

倒楼盖法计算基础内力的步骤是将筏形基础作为楼盖，地基净反力作为荷载，底板按连

续单向板或双向板计算。采用倒楼盖法计算基础内力时，在两端第一、二开间内，应按计算增加 10% ~20% 的配筋量且上下均匀配置。

2. 刚性板条法

框架体系下的筏形基础也可按刚性板条法计算筏板内力。其计算步骤如下：先将筏形基础在 x、y 方向从跨中到跨中划分成若干条带，如图 10-3 所示，然后对每一条带进行分析。

设某条带的宽度为 b，长度为 L，条带内柱的总荷载为 $\sum N$，条带内地基净反力平均值为 $\bar{p}_j$，计算两者的平均值 $\bar{p}$ 为

$$\bar{p} = \frac{\sum N + \bar{p}_j bL}{2} \quad (10\text{-}4)$$

计算柱荷载的修正系数 α，并按修正系数调整柱荷载

$$\alpha = \frac{\bar{p}}{\sum N} \quad (10\text{-}5)$$

调整基底平均净反力，调整值为

$$\bar{p}_j^* = \frac{\bar{p}}{bL} \quad (10\text{-}6)$$

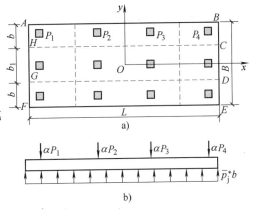

图 10-3 筏形基础的刚性板条划分图

最后采用调整后柱荷载及基底净反力，按独立的柱下条形基础计算基础内力。

【例 10-1】 筏形基础平面尺寸为 $21.5\text{m} \times 16.5\text{m}$，厚 0.8m，柱距和柱荷载如图 10-4 所示，试采用刚性板条法计算基础内力。

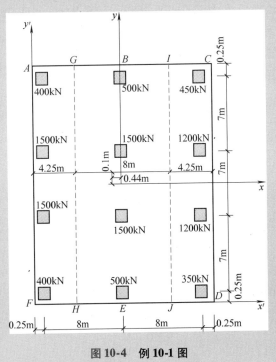

图 10-4 例 10-1 图

【解】 将筏形基础在 y 轴方向从跨中到跨中划分三条板带 $AGHF$、$GIJH$ 和 $ICDJ$，分别计算其内力。

(1) 求解基底净反力。由式（10-3），不计算基础自重 G 得各点净反力如表 10-2 所示。

表 10-2 计算点基底净反力

计算点	A	B	C	D	E	F
基底净反力/kPa	36.81	36.81	26.91	25.91	30.14	35.09

(2) 计算板条 $AGHF$ 的内力。

基底平均净反力 $\overline{p}_j = 0.5 \times (p_{jA} + p_{jF}) = 0.5 \times (36.81 + 35.09)\text{kPa} = 35.95\text{kPa}$

基底总反力 $\overline{p}_j bL = 35.95 \times 4.25 \times 21.5 \text{kN} = 3285 \text{kN}$

柱荷载总和 $\sum N = (400 + 1500 + 1500 + 400)\text{kN} = 3800\text{kN}$

基底反力与柱荷载的平均值

$$\overline{P} = 0.5 \times (\sum N + \overline{p}_j bL) = 0.5 \times (3800 + 3285)\text{kN} = 3542.5\text{kN}$$

柱荷载修正系数

$$\alpha = \overline{P}/\sum N = 3542.5/3800 = 0.9322$$

各柱荷载的修正值如图 10-5a 所示。

修正的基底平均净反力

$$\overline{p}_j^* = \overline{P}/(bL) = 3542.5/(4.25 \times 21.5)\text{kN} = 38.768\text{kPa}$$

单位长度基底平均净反力为 $\overline{p}_j^* b = 38.768 \times 4.25\text{kN/m} = 164.76\text{kN/m}$。最后，按柱下条形基础计算内力。本例按静力平衡法计算各截面的弯矩和剪力，如图 10-5b、c 所示。板带 $GIJH$ 和 $ICDJ$ 计算从略。

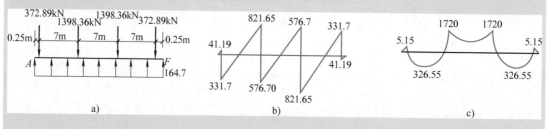

图 10-5 板带 $AGHF$ 的荷载与内力

a) 荷载 b) 剪力 V（单位：kN） c) 弯矩 M（单位：kN·m）

【例 10-2】 如一幢建造在非抗震区的 9 层办公楼，层高为 3.0m，上部采用现浇框架结构，柱网布置如图 10-6 所示，地质勘查报告提供的地基剖面见表 10-3，地基承载力特征值 $f_a = 130\text{kPa}$（在 2m 深处）。采用平板式筏形基础，试确定筏形基础的埋深、底面积和板厚。

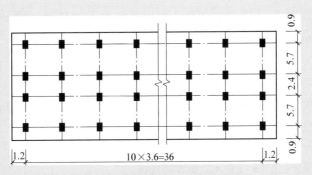

图 10-6 例 10-2 图（尺寸：m）

表 10-3 地 基 情 况

土 层 名 称	土层厚度/m	E_s/MPa	土 层 名 称	土层厚度/m	E_s/MPa
耕土	1.0	—	细砂	2.4	9.0
粉质黏土	0.8	5.5	中砂	2.5	10.0
粉质黏土	2.8	4.0	粗砂	3.0	18.0
粉土	4.0	7.0	黏土		9.0

表 10-4 结构单位面积重力荷载估算表

结 构 类 型	填 充 墙 类 型	重力荷载（包括活荷载）/kPa
框架	轻质填充墙	10 ~ 12
	机制砖填充墙	12 ~ 14
框架剪力墙	轻质填充墙	12 ~ 14
	机制砖填充墙	14 ~ 16
剪力墙、筒体	混凝土墙体	15 ~ 18

【解】 （1）基础埋置深度。筏形基础的埋置深度，当采用天然地基时不宜小于建筑物地面以上高度的 1/12，对于非抗震设计的建筑物或抗震设防烈度为 6 度时，筏形基础的埋置深度可适当减少。由此当室内外高差为 0.6m 时，筏形基础的埋置深度 H_1 可取

$$H_1 = \frac{1}{12} \times (3 \times 9 + 0.6)m = 2.3m，取 2.0m$$

（2）筏形基础面积确定。筏形基础面积的大小与上部结构的荷载和地基承载能力有关。本例地基承载力特征值由地质勘察报告提供，在 2m 深处粉质黏土层有 $f_a = 130kPa$，上部框架结构的荷载值根据表 10-4 提供的经验数值估算得到，即 12kPa。

中柱 $$F = 12 \times 3.6 \times \frac{(2.4 + 5.7)}{2} \times 9kN = 1574.64kN$$

边柱 $$F = 12 \times 3.6 \times \frac{5.7}{2} \times 9kN = 1108.08kN$$

上部结构传至基础顶部处的竖向力设计值为

$$\sum F = (1574.64 + 1108.08) \times 2 \times 10kN = 53654.4kN$$

当基础埋置深度取2m、基础面积取A时，基础自重和基础上覆土的重力为G（基础和覆土的混合重度可近似地取20kN/m³）。于是，基础的面积为

$$A = (\sum F + G)/f_a = (53654.4 + 40A)/130 \, m^2$$

$$A = 53654.4/(130 - 40) \, m^2 = 596.16 \, m^2$$

基础平面尺寸初选时应考虑在纵向两端各外挑开间的1/3（即1.2m）、横向两端各外挑0.9m。于是基础的平面尺寸为

纵向 $L = (3.6 \times 10 + 1.2 \times 2) \, m = 38.4 \, m$

横向 $B = (5.7 \times 2 + 2.4 + 0.9 \times 2) \, m = 15.6 \, m$

面积 $A = L \times B = 38.4 \times 15.6 \, m^2 = 599.04 \, m^2 > 596.16 \, m^2$

（3）基础厚度的确定。筏形基础选用平板式，并视其为刚性薄板，根据规定，当 $E_s \leqslant 4MPa$ 时，基础厚度宜取大于等于1/6的开间，即有 $h \geqslant 1/6 \times 3.6 \, m = 0.6 \, m$。

当选用平板式筏形基础、并视其为弹性薄板时，基础厚度可按建筑物楼层层数，每层取50mm，而梁的高度应视上部柱距和荷载大小而定。在高层民用建筑设计时，一般取柱距的1/4～1/6左右为梁的初选高度。本例系办公用房，荷载不大，且仅为9层高度，故初选主框架下的基础梁高度 $H = (1/6 \sim 1/5) \times 5.7 \, m = 0.95 \sim 1.14 \, m$，取 $H = 1.1 \, m$。

10.3 箱形基础设计

10.3.1 箱形基础设计概述

箱形基础是高层建筑中常用的基础形式之一，它是由钢筋混凝土顶、底板和内外纵横向墙组成的具有相当大刚度的空间结构（见图10-7a）。空间部分可结合建筑使用功能设计成地下室（图10-7b）。

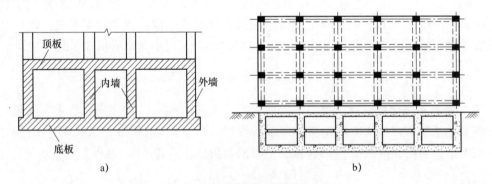

图10-7 箱形基础的组成与布置

a）箱形基础的组成 b）箱体的布置

箱形基础具有刚度大、整体性好的特点，能抵抗并协调由于荷载大、地基较弱产生的不均匀沉降。建筑物下部设置箱形基础，不仅可以加深基础的埋置深度，而且可以使建筑物的重心下移，同时四周又有土体协同作用，从而增强了建筑物的整体稳定性。因此，在荷载

大、地基较弱的情况下，特别是在地震区设计高层建筑时，箱形基础应是优先考虑的结构形式。

1. 设计要求

箱形基础上部结构多为钢筋混凝土框架、剪力墙或框剪结构。这些结构自重很大，由于建筑物很高，风荷载及地震作用较一般建筑物大。因此，在设计时，除应考虑地基的允许承载力之外，还要考虑建筑物的允许变形及倾斜要求，以及地下水对基础的影响（如水的浮力、侧壁水压力、水的侵蚀性、施工时的排水等问题）。为此在拟建的建筑物场地内，应进行详细的地质勘探工作，查明该场地内的工程地质及水文地质情况。

2. 施工要求

箱形基础埋置深度较深，属于深基坑。开挖基坑时，一般都有地下水出现。因此，在开挖基坑之前，要认真地研究地质勘探资料及水文资料，然后仔细地进行施工组织设计。施工应严格按有关规定执行。

10.3.2 箱形基础埋深及构造要求

1. 箱形基础埋深

作为高层建筑或重型建筑物的基础，箱形基础的埋置深度除应满足一般基础埋置深度有关规定外还应满足抗倾覆和抗滑移稳定性要求，并综合考虑箱基使用功能（如作为人防、抗爆、防辐射等）要求来确定。箱形基础的埋置深度一般取高层建筑物总高度的 1/8 ~ 1/12，或箱形基础长度的 1/16 ~ 1/18，并不小于 3m。在地震区，除岩石地基外，天然地基上的箱形基础埋深不宜小于高层建筑物总高度的 1/15；桩箱基础的埋置深度（不计桩长）不宜小于建筑物高度的 1/18。一般要进行抗倾覆等稳定性验算确定合理的埋深。因为箱形基础的埋置深度比一般基础大得多，既有利于对地基承载力的提高，挖去的土方重力远比箱形基础大，相应的基底附加应力值会得到减小，所以箱形基础是一种理想的补偿基础。采用箱形基础不但可以提高地基土的承载力，而且在同样的上部结构荷载的情况下，基础的沉降要比其他类型天然地基的基础小。

2. 箱形基础的构造要求

1）箱形基础的平面尺寸。箱形基础的平面尺寸应根据地基强度、上部结构的布局和荷载分布等条件确定。在地基均匀的条件下，基础平面形心应尽可能与上部结构竖向永久荷载重心相重合，当偏心较大时，可使箱形基础底板四周伸出不等长的悬臂以调整底面形心位置；如不可避免产生偏心，偏心距不宜大于 0.1ρ，其中 $\rho = W/A$（W 为基础平面的抵抗矩，A 为箱基底面积）。根据设计经验，也可根据设计经验控制偏心距不大于偏心方向基础边长的 1/60。

2）箱形基础的高度。箱形基础的高度是指基底底面到顶板顶面的外包尺寸，如图 10-8 所示，应满足结构强度、结构刚度和使用要求。箱形基础的高度不宜小于箱形基础长度（不包括底板悬挑部分）的 1/20，且不宜小于 3m。

3）箱形基础的顶、底板厚度。箱形基础的顶、底板厚度应按跨度、荷载和反力大小确定，并应进行斜截面抗剪强度、正截面受弯承载力和冲切验算。顶板厚度不宜小于 200mm，底板厚度不应小于 400mm，且板厚与最大双向板格的短边净跨之

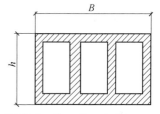

图 10-8 箱形基础的外包尺寸

比不应小于1/14。当箱形基础兼作人防地下室时，要考虑爆炸荷载及坍塌荷载的作用，所需厚度由计算确定。楼梯部位应予以加强，以保证箱基具有足够的刚度。底板厚度根据工程实践经验，当混凝土强度等级为C20～C25，且配筋率为（0.17～1.17）%时，底板厚度参照表10-5执行。采用表10-5中尺寸可不进行抗剪强度计算，否则需要抗剪强度计算，底板厚度通常取400～500mm，但也有大于1m的。

表10-5 底板厚度参考尺寸

基底平均压力/（kN/m²）	底板厚度/mm	基底平均压力/（kN/m²）	底板厚度/mm
150～200	$L/14$～$L/10$	300～400	$L/8$～$L/6$
200～300	$L/10$～$L/8$	400～500	$L/7$～$L/5$

4）箱形基础的墙体。箱形基础的墙体是保证箱形基础整体刚度和纵、横向抗剪强度的重要构件。外墙沿建筑物四周布置，厚度不应小于250mm；内墙一般沿上部结构柱网和剪力墙纵横均匀布置，厚度不宜小于200mm。墙体布置要有足够的密度，要求平均每平方米基础面积上墙体长度不得小于400mm，或墙体水平截面面积不得小于基础面积的1/10，其中纵墙配置不得小于墙体总布置量的3/5，且有不少于三道纵墙贯通全长。当墙满足上述要求时，墙距可能仍很大，建议墙的间距不宜大于10m（基础底面积不包括底部挑出部分，墙体长度或水平面积不扣除洞口长度或面积）。

5）箱形基础的墙体开洞要求。箱形基础的墙体应尽量不开洞或少开洞，并应避免开偏洞或边洞、高度大于2m的高洞及宽度大于1.2m的宽洞，一个柱距内不宜开两个以上洞，也不宜在内力最大的断面上开洞。两相邻洞口最小净间距不宜小于1m，否则洞间墙体应按柱子计算，并采取构造措施。开口系数 μ 应符合 $\mu = \sqrt{\dfrac{A_h}{A_w}} \leqslant 0.4$，其中 A_h 为开口面积，A_w 为墙面积（指柱距与箱形基础全高的乘积）。

6）箱形基础的顶、底板以及内外墙。钢筋混凝土箱形基础的顶、底板以及内外墙的钢筋应按计算确定，墙体一般采用双面钢筋，横、竖向钢筋直径不应小于10mm，间距不应大于200mm，除上部剪力墙外，内、外墙的墙顶宜配置两根直径不小于20mm的通长钢筋。

7）箱形基础墙体局部承压强度。在底层柱与箱形基础交接处，应验算墙体的局部承压强度，当承压强度不能满足时，应增加墙体的承压面积，且墙边与柱边、或柱角与八字角之间的净距不宜小于50mm。

8）底层现浇柱主筋伸入箱形基础的深度。对三面或四面与箱形基础墙相连的内柱，除四角钢筋直通基底外，其余钢筋伸入箱形基础底面以下的长度不应小于其直径的35倍。外柱与剪力墙相连的柱及其他内柱应直通到基础底板的底面。

9）预制长柱与箱形基础的连接。当首层为预制长柱时，箱形基础顶部设有杯口，如图10-9所示。对于两面或三面与顶板连接的杯口，其临空面的杯四壁顶部厚度应符合高杯口的要求，且不应小于200mm；对于四面与顶板连接的杯口，杯口壁顶部厚度不应小于150mm，杯口深度取 $L/2 + 50$mm（L为预制长度），且不得小于柱主筋直径的35倍。杯口配筋按计算确定，并应符合构造要求。

10）箱形基础施工缝设置。箱形基础在相距40m左右处应设置一道施工缝，并应设在柱距三等分的中间范围内，施工缝构造要求如图 10-10 所示。

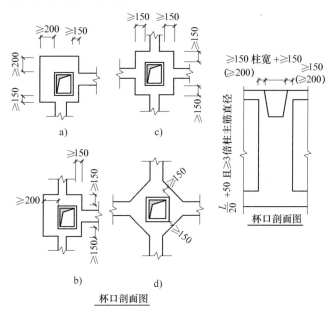

图 10-9　预制长柱与箱形基础的连接

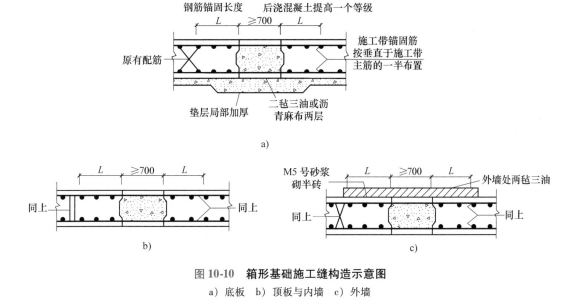

图 10-10　箱形基础施工缝构造示意图

a）底板　b）顶板与内墙　c）外墙

11）箱形基础的混凝土强度等级。箱形基础的混凝土强度等级不应低于 C25，并应采用密实混凝土刚性防水。箱基底板应置于坚实的混凝土垫层上，垫层混凝土等级不低于 C10，厚度不小于 100mm。

10.3.3　箱形基础基底反力

基底反力的分布规律和大小是箱形基础计算的关键，因为基底反力的分布规律和大小不仅影响箱基内力的数值，还可能改变内力的正负号。

基底反力是地基反作用于基础底面的作用力；基底压力是基础传给地基的压力；基底压力与基底反力大小相等，方向相反。

影响基底反力的因素主要有土的性质、上部结构和基础的刚度、荷载的分布和大小、基础的埋深、基底尺寸和形状及相邻基础的影响等。要确定箱形基础的基底反力的精确值是一个不容易解决的问题，过去的做法是将箱形基础看做置于文克尔地基或弹性半空间地基上的空心梁或板，用弹性地基上的梁板理论计算，其结果与实际差别较大，至今尚没有一个可靠而又实用的计算方法。因而，探索箱形基础基底反力实测分布规律对我们具有重要指导意义。20 世纪 70 年代我国曾在北京、上海等地对数幢高层建筑进行基底反力的量测工作。实测结果表明，对软土地区，纵向基底反力一般是马鞍形（见图 10-11a），反力最大值离基础端部约为基础边长的 1/8 ~ 1/9，反力最大值为平均值的 1.06 ~ 1.34 倍；对第四纪黏性土地区，纵向基底反力分布曲线一般呈抛物线形（见图 10-11b），反力最大值为平均值的 1.25 ~ 1.37 倍。

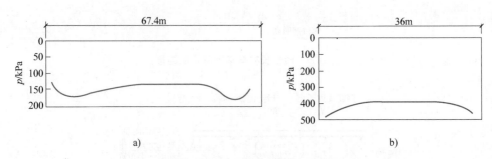

图 10-11　箱形基础纵向基底反力实测分布

a）软土地区　b）第四纪黏性土地区

通过在对大量实测资料整理统计和分析的基础上，提出了高层建筑箱形基础基底反力实用计算方法，并列入《筏形与箱形基础规范》中，具体方法如下：

将基础底面划分成 40 个区格（纵向 8 格、横向 5 格或纵向 5 格、横向 8 格，如图 10-12 所示），第 i 区格基底反力 p_i 按下式确定

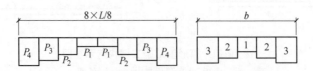

图 10-12　箱形基础基底反力分布分区示意图

$$P_i = \frac{P}{BL}\alpha_i \tag{10-7}$$

式中，P 为相应荷载效应基本组合式的上部结构竖向荷载加箱形基础重（kN）；B 和 L 分别为箱形基础的宽度和长度（m）；α_i 为相应于 i 区格的基底反力系数，箱形基础基底反力系数 α_i 见表 10-6。

表 10-6　箱形基础基底反力系数 α_i

适用范围	L/B	纵向横向	P_4	P_3	P_2	P_1	P_1	P_2	P_3	P_4
第四纪黏性土	3～4	3	1.282	1.043	0.987	0.976	0.976	0.987	1.043	1.282
		2	1.143	0.930	0.881	0.870	0.870	0.881	0.930	1.143
		1	1.129	0.919	0.869	0.859	0.859	0.869	0.919	1.129
		2	1.143	0.930	0.881	0.870	0.870	0.881	0.930	1.143
		3	1.282	1.043	0.987	0.976	0.976	0.987	1.043	1.282
第四纪黏性土	4～6	3	1.229	1.042	1.014	1.003	1.003	1.014	1.042	1.229
		2	1.096	0.929	0.904	0.895	0.895	0.904	0.929	1.096
		1	1.082	0.918	0.893	0.884	0.884	0.893	0.918	1.082
		2	1.096	0.929	0.904	0.895	0.895	0.904	0.929	1.096
		3	1.229	1.042	1.014	1.003	1.003	1.014	1.042	1.229
	6～8	3	1.215	1.053	1.013	1.008	1.008	1.013	1.053	1.215
		2	1.083	0.939	0.903	0.899	0.899	0.903	0.939	1.083
		1	1.070	0.927	0.892	0.888	0.888	0.892	0.927	1.070
		2	1.083	0.939	0.903	0.899	0.899	0.903	0.939	1.083
		3	1.215	1.053	1.013	1.008	1.008	1.013	1.053	1.215
软黏土		3	0.906	0.966	0.814	0.738	0.738	0.814	0.966	0.906
		2	1.124	1.197	1.009	0.914	0.914	1.009	1.197	1.124
		1	1.235	1.314	1.109	1.006	1.006	1.109	1.314	1.235
		2	1.124	1.197	1.009	0.914	0.914	1.009	1.197	1.124
		3	0.906	0.966	0.814	0.738	0.738	0.814	0.966	0.906

注：1. 表中 L、B 包括底板悬挑部分。

2. 本表适用于上部结构及其荷载比较均匀对称，基底底板悬挑不超过 0.8m，地基比较均匀，不受相邻建筑物的影响，并基本满足各项构造要求的单幢建筑物。

3. 若上部结构及其荷载略为不对称时，应求出由于偏心产生纵横方向力矩所引起的不均匀反力，此反力按直线分布计算并由反力系数表计算的反力分布进行叠加。

4. 表中软黏土指淤泥质黏土及淤泥质亚黏土。

在分析箱基内力时，视箱形基础为静定梁，在基底反力作用下求出各梁上各点的内力 (M，V)，然后再求出箱形基础所承担的弯矩 M_g，此时基底反力用平均反力系数 $\overline{p_i}$ 求得。箱形基础平均反力系数 $\overline{p_i}$ 见表 10-7、表 10-8。

表 10-7　箱形基础纵向平均反力系数

适用范围	L/B	$\overline{p_4}$	$\overline{p_3}$	$\overline{p_2}$	$\overline{p_1}$	$\overline{p_1}$	$\overline{p_2}$	$\overline{p_3}$	$\overline{p_4}$
一般第四纪黏性土	3～4	1.196	0.973	0.921	0.910	0.910	0.921	0.973	1.196
	4～6	1.146	0.972	0.946	0.936	0.936	0.946	0.972	1.146
	6～8	1.133	0.982	0.945	0.940	0.940	0.945	0.982	1.133
软黏土	3～5	1.059	1.128	0.951	0.862	0.862	0.951	1.128	1.059

表 10-8 箱形基础横向平均反力系数

适 用 范 围	$\overline{p}_3$	$\overline{p}_2$	$\overline{p}_1$	$\overline{p}_2$	$\overline{p}_3$
一般第四纪黏性土	1.072	0.956	0.944	0.956	1.072
软黏土	0.856	1.061	1.166	1.061	0.856

用平均反力系数计算各段的平均反力

$$\left. \begin{array}{l} P_1 = \overline{p}_1 (\sum N + G)/L \\ P_2 = \overline{p}_2 (\sum N + G)/L \\ P_3 = \overline{p}_3 (\sum N + G)/L \\ P_4 = \overline{p}_4 (\sum N + G)/L \end{array} \right\} \tag{10-8}$$

式中，$\sum N$ 为上部结构传来的轴力（kN）；G 为箱形基础自重（kN）。

在设计箱基时，要扣除箱形基础自重，用基底净反力，即

$$\left. \begin{array}{l} P_{1j} = P_1{}' - G/L \\ P_{2j} = P_2 - G/L \\ P_{3j} = P_3 - G/L \\ P_{4j} = P_4 - G/L \end{array} \right\} \tag{10-9}$$

10.3.4 箱形基础的地基验算

箱形基础面积大、埋置深、刚度大，地基受力相对趋于均匀，有较高的承载能力。由于箱形基础埋置较深，与地基土及回填土结合起来，能较好地发挥基础与周围土体的协同作用，所以稳定性也较好。但由于高层建筑上部结构荷载大，因此沉降总是存在的。在风荷载比较大以及地震地区，不仅要考虑强度、变形、稳定等问题，还要考虑整体倾斜问题。箱形基础整体倾斜主要还是地基沉降不均匀所致。

1. 箱形基础的地基承载力验算

（1）非地震区箱基地基承载力验算 箱形基础地基承载力要满足下列条件

$$\left. \begin{array}{l} p \leqslant f \\ p_{max} \leqslant 1.2f \\ p_{min} \geqslant 0 \end{array} \right\} \tag{10-10}$$

式中，f 为修正后的地基承载力特征值（kPa）；p_{max} 和 p_{min} 分别为基底承受的最大、最小压力（kPa）。

箱形基础埋置较深，一般都会出现地下水。当箱形基础部分或全部处于地下水位以下时，计算基底压力还要考虑地下水的浮力。若地下水有季节性变化，则应按最不利情况考虑基底压力，即地下水位降到基底以下，计算地基压力时不考虑地下水的浮力。

箱形基础考虑地下水浮力之后，基底压力应满足下式

$$\left. \begin{array}{l} p - \gamma_w h_w \leqslant f \\ p_{max} - \gamma_w h_w \leqslant 1.2f \\ p_{min} - \gamma_w h_w \geqslant 0 \end{array} \right\} \tag{10-11}$$

式中，γ_w 为水的重度，通常取 $\gamma_w = 10\mathrm{kN/m^3}$；$h_w$ 为地基以上箱形基础浸水高度（m）。

（2）地震区箱形基础地基承载力　地震区箱形基础的地基承载力、荷载组合均要按抗震设计规范的要求进行计算。除满足非地震区的有关计算公式外，基底最大压力还要满足下式

$$p_{\max} \leq \psi f_{ak} + \eta_b \gamma (b - 3) + \eta_d r_d (d - 0.5) \tag{10-12}$$

式中，ψ 为地基承载力特征值修正系数；η_b 和 η_d 分别为宽度和深度修正系数。

当 $f_{ak} \leq 120\mathrm{kPa}$ 时，取 $\psi = 1.0$；当 $f_{ak} \geq 300\mathrm{kPa}$ 时，取 $\psi = 1.7$；当 $120 \leq f_{ak} \leq 300\mathrm{kPa}$ 时，按内插法确定。对于岩石、碎土、砂土，取 $\psi = 1.25$。

2. 箱形基础地基变形验算

箱形基础沉降过大，将对周围建筑物产生不可忽视的影响。其具体表现为：引起室外道路凹凸不平，造成雨天积水、下水管道污水倒流、管道变形、甚至断裂，从而可能发生漏水、漏气等灾害。因此，在设计多层、高层建筑时，对沉降量要有一个控制值。由于各地区的土质不尽相同，目前全国尚没有统一的控制值。根据对许多工程的调查发现，许多工程的沉降量尽管很大，但对建筑物本身没有什么危害，只是对毗邻的建筑物有较大影响，过大的沉降会造成室内外高差，影响建筑物的正常使用。因此，箱形基础的允许沉降量应根据建筑物的使用要求和可能产生的对相邻建筑物的影响按地区经验确定，也可参考《地基基础规范》中的高耸结构取用。有些地区对软土地带建议控制在 400mm 左右，但最终平均沉降值不宜大于 350mm。

由于箱形基础面积大，埋深也大，基础底土由于开挖和后继加载与回填，故其沉降变形包括回弹与再压缩变形以及由附加应力产生的固结沉降变形两部分组成。

目前，计算较大埋深的箱形及筏形基础的沉降主要有三种方法：

（1）《地基基础规范》推荐的分层总和法　箱形基础的沉降计算现在仍采用分层总和法。但由于箱形基础具有荷载大、基础底面积大、埋置深度大、地基压缩层影响范围大等特点，因此在计算总沉降量时，与一般工业与民用建筑结构相比，略有差别。

（2）《筏形与箱形基础规范》推荐的压缩模量法　当采用土的压缩模量计算箱形和筏形基础的最终沉降量时，可按下式计算

$$s = \sum_{i=1}^{n} \left(\psi' \frac{p_c}{E'_{si}} + \psi_s \frac{p_0}{E_{si}} \right) (z_i \overline{\alpha_i} - z_{i-1} \overline{\alpha_{i-1}}) \tag{10-13}$$

式中，s 为最终沉降量；ψ' 为考虑回弹影响的沉降计算经验系数，无经验时取 1；ψ_s 为沉降计算经验系数，按地区经验采用，当缺乏地区经验时，可按《地基基础规范》有关规定采用；p_c 为基础底面处地基土的自重应力标准值；p_0 为相应于荷载效应的准永久组合时的基底附加压力值；E'_{si} 和 E_{si} 分别为基础底面下第 i 层土的回弹再压缩模量和压缩模量；n 为沉降计算深度范围内所划分的地基土层数；z_i 和 z_{i-1} 分别为基础底面至第 i 层、第 $i-1$ 层底面的距离；$\overline{\alpha_i}$ 和 $\overline{\alpha_{i-1}}$ 分别为基础底面计算点至第 i 层、第 $i-1$ 层底面范围内的平均附加应力系数，按《箱形与筏形基础规范》附录 A 采用。

沉降计算深度可按现行《地基基础规范》确定。

（3）《筏形与箱形基础规范》推荐的变形模量法　当采用土的变形模量计算箱形和筏形基础的最终沉降量 s 时，可按下式计算

$$s = p_k b \eta \sum_{i=1}^{n} \frac{\delta_i - \delta_{i-1}}{E_{0i}} \tag{10-14}$$

式中，p_k 为相应于荷载效应的准永久组合时的基底平均基底压力值；b 为基础底面宽度；δ_i 和 δ_{i-1} 分别为与基础长度比 l/b 及基础底面至第 i 层和第 $i-1$ 层土底面的距离深度有关的无因次系数，可按《筏形与箱形基础规范》附录 B 中的表 B 确定；E_{0i} 为基础底面下第 i 层土变形模量，通过试验或按地区经验确定；η 为修正系数，可按表 10-9 采用。

表 10-9　修正系数

m	$0 < m \leqslant 0.5$	$0.5 < m \leqslant 1$	$1 < m \leqslant 2$	$2 < m \leqslant 3$	$3 < m \leqslant 5$	$5 < m \leqslant \infty$
η	1.00	0.95	0.90	0.80	0.75	0.7

注：$m = 2z_n/b$。

沉降计算深度 z_n，宜按下式计算

$$z_n = (z_m + \xi b)\beta \tag{10-15}$$

式中，z_m 为与基础长宽比有关的经验值，按表 10-10 确定；ξ 为折减系数，按表 10-10 确定；β 为调整系数，按表 10-11 确定。

表 10-10　z_m 值和折减系数 ξ

l/b	$\leqslant 1$	2	3	4	$\geqslant 5$
z_m	11.6	12.4	12.5	12.7	13.2
ξ	0.42	0.49	0.53	0.60	1.00

表 10-11　调整系数 β

土 类	碎 石	砂 土	粉 土	黏 性 土	软 土
β	0.30	0.50	0.60	0.75	1.00

3. 箱形基础整体倾斜验算

影响高层建筑整体倾斜的因素有很多，主要有上部结构荷载的偏心、地基土层分布的不均匀性、建筑物的高度、地震烈度、相邻建筑物的影响及施工因素等。在地基均匀的条件下，应尽量使上部结构荷载的重心与基底形心相重合。当整体倾斜超过一定数值时，直接影响建筑物的稳定性，使上部结构产生过大的附加应力，造成人们的心理恐慌。此外，还会影响建筑物的正常使用，如电梯导轨的偏斜将影响电梯的正常运转等，在地震区影响更大。因此，箱形基础设计中对整体倾斜的问题应引起足够的重视。

目前还没有统一的整体倾斜的计算方法，比较简单易行的方法是按分层总和法计算各点的沉降，再根据各点的沉降差估算整体倾斜值。一般情况下，常对横向整体倾斜进行控制，例如对矩形的箱形基础，以分层总和法计算基础纵向边缘中点的沉降值，两点的沉降差除以基础的宽度，即得横向整体倾斜值。

确定横向整体倾斜允许值的主要依据是保证建筑物的稳定性和正常使用，目的是不造成人们心理恐慌，与此相关的主要因素是建筑物的高度 H 和箱形基础的宽度 b。在非地震区，横向整体倾斜计算值应符合下式要求

$$\alpha \leqslant \frac{b}{100 H_{\mathrm{g}}} \tag{10-16}$$

式中，b 为基础宽度（m）；H_{g} 为建筑物高度，指室外地坪至屋面（不包括突出屋面的电梯间、水箱间等局部附属建筑）的高度（m）。

根据对京沪两地 10 幢高层建筑的调查研究，其中 9 个工程的实测横向整体倾斜满足公式的要求。因此，将整体倾斜限制在 $b/(100 H_{\mathrm{g}})$ 以内是适宜的，也可根据当地经验确定。有些地区的经验认为该值可控制在 0.3% ~ 0.4% 以内。

对于地震区，目前还没有明确的横向整体倾斜允许值，可按地区经验并参考一些工程的实测值确定。

4. 箱形基础稳定验算

高层建筑在承受地震作用、风荷载或其他水平荷载时，筏形与箱形基础的抗滑移稳定性（图 10-13）应符合下式的要求

$$K_{\mathrm{s}} Q \leqslant F_1 + F_2 + (E_{\mathrm{p}} - E_{\mathrm{a}}) l \tag{10-17}$$

式中，F_1 为基底摩擦力合力（kN）；F_2 为平行于剪力方向的侧壁摩擦力合力（kN）；E_{a}、E_{p} 为垂直于剪力方向的地下结构外墙面单位长度上主动土压力合力、被动土压力合力（kN/m）；l 为垂直于剪力方向的基础边长（m）；Q 为作用在基础顶面的风荷载、水平地震作用或其他水平荷载（kN），风荷载、地震作用分别按现行国家标准《建筑结构荷载规范》GB 50009、《建筑抗震设计规范》GB 50011 确定，其他水平荷载按实际发生的情况确定；K_{s} 为抗滑移稳定性安全系数，取 1.3。

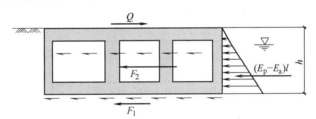

图 10-13　抗滑移稳定性验算示意图

高层建筑在承受地震作用、风荷载、其他水平荷载或偏心竖向荷载时，筏形与箱形基础的抗倾覆稳定性应符合下式的要求

$$K_{\mathrm{r}} M_{\mathrm{c}} \leqslant M_{\mathrm{r}} \tag{10-18}$$

式中，M_{r} 为抗倾覆力矩（kN·m）；M_{c} 为倾覆力矩（kN·m）；K_{r} 为抗倾覆稳定性安全系数，取 1.5。

当地基内存在软弱土层或地基土质不均匀时，应采用极限平衡理论的圆弧滑动面法验算地基整体稳定性。其最危险的滑动面上诸力对滑动中心所产生的抗滑力矩与滑动力矩应符合下式规定

$$K M_{\mathrm{S}} \leqslant M_{\mathrm{R}}$$

式中，M_{R} 为抗滑力矩（kN·m）；M_{S} 为滑动力矩（kN·m）；K 为整体稳定性安全系数，取 1.2。

当建筑物地下室的一部分或全部在地下水位以下时，应进行抗浮稳定性验算。抗浮稳定性验算应符合下式的要求

$$F'_k + G_k \geq K_f F_f$$

式中，F'_k为上部结构传至基础顶面的竖向永久荷载（kN）；G_k为基础自重和基础上的土重之和（kN）；F_f为水浮力（kN），在建筑物使用阶段按与设计使用年限相应的最高水位计算，在施工阶段，按分析地质状况、施工季节、施工方法、施工荷载等因素后确定的水位计算；K_f为抗浮稳定安全系数，可根据工程重要性和确定水位时统计数据的完整性取 1.0～1.1。

10.3.5 箱形基础内力计算方法

1. 箱形基础荷载计算

箱形基础埋藏于地下，承受各种荷载（见图10-14），这些荷载主要有：

地面堆载产生的侧压力 $\quad \sigma_1 = q_x \tan^2\left(45° - \dfrac{1}{2}\varphi\right)$ （10-19）

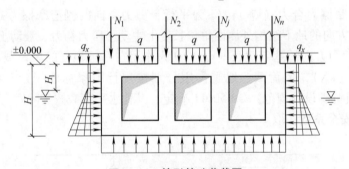

图 10-14 箱形基础荷载图

地下水位以上土的侧压力 $\quad \sigma_2 = \gamma H_1 \tan^2\left(45° - \dfrac{1}{2}\varphi\right)$ （10-20）

浸于地下水位中（$H - H_1$）高度土的侧压力

$$\sigma_3 = \gamma(H - H_1)\tan^2\left(45° - \frac{1}{2}\varphi\right)$$ （10-21）

地下水产生的侧压力 $\quad \sigma_4 = \gamma_w(H - H_1)$ （10-22）

地基净反力 $\quad \sigma_5 = p_j + \gamma_w(H - H_1)$ （10-23）

式中，γ为土的重度（kN/m³）；γ_w为水的重度，通常取$\gamma_w = 10\text{kN/m}^3$；$\gamma'$为浸入水中的土重度（浮重度），$\gamma' = \gamma_{sat} - \gamma_w$，$\gamma_{sat}$为土的饱和重度（kN/m³）；$H_1$为地表面到地下水面的深度（m）；$H$为地表面到箱形基础底面的高度（m）；$\varphi$为土的内摩擦角。

另外，还有顶板荷载以及上部结构传来的集中力等。

2. 箱形基础内力计算

箱形基础在上部结构传来的荷载、地基反力及箱形基础四周土的侧压力共同作用下，将发生弯曲变形，这种弯曲变形称为整体弯曲。顶板在荷载作用下将发生局部弯曲。底板在地基反力作用下也将发生局部弯曲。因此，在设计箱形基础时，必须按结构的实际情况，分别

分析箱形基础的整体弯曲和局部弯曲所产生的内力,然后将配筋量叠加。

高层建筑上部结构大致可分为框架、剪力墙、框剪及框筒四种结构类型。根据上部结构情况,可采用以下两种方案计算箱形基础内力。

(1) 上部结构为剪力墙、框架-剪力墙体系 当地基压缩层深度范围内的土层在竖向和水平方向较均匀,且上部结构为平面、立面布置较为规则的剪力墙、框架-剪力墙体系时,由于上部结构的刚度相当大,箱基的整体弯曲小到可以忽略不计,箱形基础的顶、底板可仅按局部弯曲计算,即顶板按实际荷载、底板按均布基底反力作用的周边固定双向连续板分析。考虑到整体弯曲可能的影响,钢筋配置量除符合计算要求外,纵横向支座钢筋尚应分别有 0.15% 和 0.10% 配筋率连通配置,跨中钢筋按实际配筋率全部连通。

【例 10-3】 有一箱形基础,如图 10-15a 所示,已知上部结构传来的活荷载为 37kPa (不包括顶板活荷载),上部结构传来的恒荷载为 42kPa (不包括顶板及内外墙体的自重)。顶板活荷载为 20kPa,地面堆载为 20kPa。顶板厚度为 300mm,底板厚为 500mm。地下水在 $-0.3m$ 处,土的重度 $\gamma = 18kN/m^3$ 内摩擦角 $\varphi = 30°$。试按局部弯曲计算顶板、底板和内外墙的内力。

【解】 顶、底板按双向板计算,内、外墙按连续梁计算。活荷载分项系数取 1.3,恒荷载分项系数取 1.2。

(1) 顶板计算

顶板荷载 活荷载 $p = 1.3 \times 20kPa = 26kPa$

恒荷载 $q = 1.2 \times 0.3 \times 25kN/m^3 = 9kPa$

$$p_j = p + q = 35kPa$$

顶板为两列双向板,可按图 10-15e 内力计算简图进行。$\lambda = l_y/l_x = 9/6 = 1.5$,由混凝土结构双向板内力计算表可查得 φ_{ix}、φ_{iy}、x_{ix} 等值,计算结果见表 10-12、表 10-13。

表 10-12 顶板跨中弯矩 M_x、M_y 计算表

板 号	φ_x	φ_y	$M_x = +\varphi_x p_j l_x^2/(kN \cdot m)$	$M_y = +\varphi_y p_j l_y^2/(kN \cdot m)$
3	0.0485	0.0096	+61.11	+27.22
4	0.0337	0.0057	+42.46	+16.16

表 10-13 顶板支座弯矩计算表

x_{3x}	x_{3y}	x_{4x}	x_{4y}	$M_a/(kN \cdot m)$	$M_b/(kN \cdot m)$	$M_c/(kN \cdot m)$	$M_d/(kN \cdot m)$
0.835	0.165	0.910	0.090	-113.5	-95.6	-58.5	-31.9

注:$M_a = -\left(\dfrac{x_{3x}}{16} + \dfrac{x_{4x}}{24}\right)p_j l_x^2$;$M_b = -\dfrac{x_{4x}}{12}p_j l_x^2$;$M_c = -\dfrac{x_{3x}}{8}p_j l_y^2$;$M_d = -\dfrac{x_{4x}}{8}p_j l_y^2$。

(2) 底板计算

活荷载 上部结构传来 37kPa,顶板传来 26kPa,共 $p = (37 + 26)kPa = 63kPa$。

恒荷载 上部结构传来 42kPa,顶板自重传来 9kPa,箱形基础墙体自重取外墙 350mm 内墙 300mm,则墙体自重为 q' 为

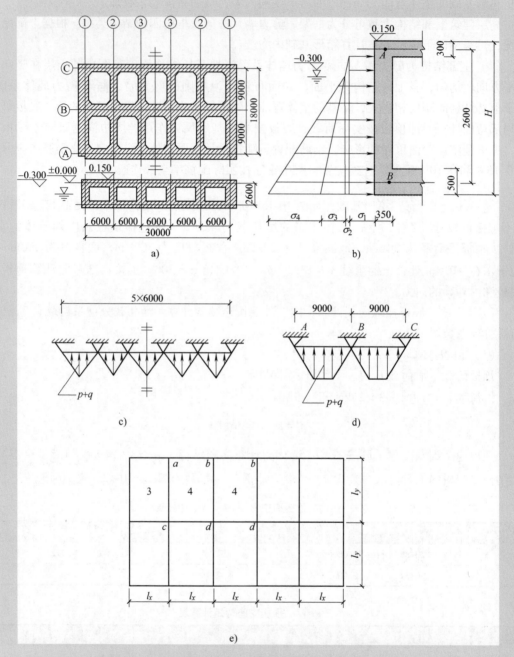

图 10-15 【例 10-3】图

a）箱形基础简图 b）外墙计算图 c）内纵墙计算图 d）内横墙计算图 e）内力计算简图

外墙 $2 \times (0.35 \times 30.35 + 0.35 \times 18.35) \times 2.2 \times 25 \times 1.2 \text{kN} = 2249.94 \text{kN}$

内墙 $4 \times (0.3 \times 17.65 \times 2.2 \times 25 \times 1.2 + 0.3 \times 29.65 \times 2.2 \times 25 \times 1.2) \text{kN} = 1985.95 \text{kN}$

$$q' = \frac{2249.94 + 1985.95}{30 \times 18} \text{kPa} = 7.4 \text{kPa}$$

恒荷载共有 $q = (42 + 9 + 7.4) \text{kPa} = 58.4 \text{kPa}$

水的上浮力 $q_1 = 10 \times (2.6 + 0.15 + 0.25 - 0.2 - 0.3) \text{kPa} = 25 \text{kPa}$

$$p_j = p + q = (58.4 + 63) \text{kPa} = 121.4 \text{kPa}$$

$$p' = p_j + q_1 = (121.4 + 25) \text{kPa} = 146.4 \text{kPa}$$

底板跨中弯矩及支座弯矩计算见表 10-14、表 10-15。

表 10-14　底板跨中弯矩计算表

板号	φ_x	φ_y	$M_x = -\varphi_x p_j l_x^2 /(\text{kN} \cdot \text{m})$	$M_y = -\varphi_y p_j l_y^2 /(\text{kN} \cdot \text{m})$
3	0.0485	0.0096	−255.6	−113.8
4	0.0337	0.0057	−177.6	−67.6

注：$\lambda = l_y/l_x = 1.5$。

表 10-15　底板支座弯矩计算表

x_{3x}	x_{3y}	x_{3y}	x_{4y}	$M_a /(\text{kN} \cdot \text{m})$	$M_b /(\text{kN} \cdot \text{m})$	$M_c /(\text{kN} \cdot \text{m})$	$M_d /(\text{kN} \cdot \text{m})$
0.835	0.165	0.910	0.090	474.9	399.7	244.6	133.4

注：$M_a = \left(\dfrac{x_{3x}}{16} + \dfrac{x_{4x}}{24}\right) p' l_x^2$；$M_b = \dfrac{x_{4x}}{12} p' l_x^2$；$M_c = \dfrac{x_{3x}}{8} p' l_y^2$；$M_d = \dfrac{x_{4x}}{8} p' l_y^2$。

(3) 外墙计算

取土的内摩擦角 $\varphi = 30°$，外墙简化为两端固定的墙板（见图 10-15b）。取出一板条按两端固定梁计算。荷载计算：恒荷载取分项系数为 1.2，活荷载取为 1.3。根据式 (10-22)、(10-23) 可得

地面堆载 q_x 对外墙产生的侧向压力为

$$\sigma_1 = 20 \times 1.3 \times \tan^2(45° - 30°/2) \text{kPa} = 8.67 \text{kPa}$$

地下水位以上土的侧压力

$$\sigma_2 = 18 \times 0.3 \times 1.2 \tan^2(45° - 30°/2) \text{kPa} = 2.16 \text{kPa}$$

地下水位以下土的侧压力

$$\sigma_3 = (18 - 10) \times (2.6 - 0.3) \tan^2(45° - 30°/2) \times 1.2 \text{kPa} = 7.36 \text{kPa}$$

地下水产生侧压力

$$\sigma_4 = 10 \times (2.6 - 0.3) \text{kPa} = 23 \text{kPa}$$

将上述荷载叠加成均匀分布荷载 p_1 及三角形荷载 p_2，$p_1 = \sigma_1 = 8.67 \text{kPa}$

$p_2 = \sigma_2 + \sigma_3 + \sigma_4 = 32.52 \text{kPa}$，取 1m 宽的板带计算，则有

$$M_{中} = \frac{1}{24} p_1 H^2 + \frac{1}{48} p_2 H^2$$

$$= \left(\frac{1}{24} \times 8.67 \times 2.6^2 + \frac{1}{48} \times 32.52 \times 2.6^2\right) \text{kN} \cdot \text{m/m} = 7.02 \text{kN} \cdot \text{m/m}$$

$$M_A = -\frac{1}{12} p_1 H^2 - \frac{1}{30} p_2 H^2$$

$$= \left(-\frac{1}{12} \times 8.67 \times 2.6^2 - \frac{1}{30} \times 32.52 \times 2.6^2\right) \text{kN} \cdot \text{m/m} = -12.21 \text{kN} \cdot \text{m/m}$$

$$M_B = -\frac{1}{12} p_1 H^2 - \frac{1}{20} p_2 H^2 = \left(-\frac{1}{12} \times 8.67 \times 2.6^2 - \frac{1}{20} \times 32.52 \times 2.6^2\right) \text{kN} \cdot \text{m/m}$$

$$= -15.87 \text{kN} \cdot \text{m/m}$$

（4）内纵墙计算

内纵墙按连续梁承受地基净反力及水压力，两边均有三角形荷载传来（见图10-15c）。
活荷载上部结构传来37kPa，顶板传来26kPa，则

$$p = (37 + 26) \times \frac{l_x}{2} \times 2 = 63 \times 6 \text{kN/m} = 378 \text{kN/m}$$

恒荷载上部结构传来42kPa，顶板传来9kPa，则

$$q = (42 + 9) \times \frac{l_x}{2} \times 2.51 \times 6 \text{kN/m} = 306 \text{kN/m}$$

恒荷载按满铺，活荷载按最不利的荷载组合求弯矩及剪力，由此得跨中弯矩

$$M_{12} = -0.053 q l_x^2 - 0.067 p l_x^2$$
$$= (-0.053 \times 306 \times 6^2 - 0.067 \times 378 \times 6^2) \text{kN} \cdot \text{m/m} = -1495.58 \text{kN} \cdot \text{m/m}$$

$$M_{23} = -0.026 q l_x^2 - 0.055 p l_x^2$$
$$= (-0.026 \times 306 \times 6^2 - 0.055 \times 378 \times 6^2) \text{kN} \cdot \text{m/m} = -1034.86 \text{kN} \cdot \text{m/m}$$

$$M_{33} = -0.034 q l_x^2 - 0.059 p l_x^2$$
$$= (-0.034 \times 306 \times 6^2 - 0.059 \times 378 \times 6^2) \text{kN} \cdot \text{m/m} = -1177.42 \text{kN} \cdot \text{m/m}$$

支座弯矩

$$M_2 = 0.066 q l_x^2 + 0.075 p l_x^2$$
$$= (0.066 \times 306 \times 6^2 + 0.075 \times 378 \times 6^2) \text{kN} \cdot \text{m/m} = 1747.66 \text{kN} \cdot \text{m/m}$$

$$M_3 = 0.049 q l_x^2 + 0.070 p$$
$$= (0.049 \times 306 \times 6^2 + 0.070 \times 378) \text{kN} \cdot \text{m/m} = 1492.34 \text{kN} \cdot \text{m/m}$$

（5）内横墙计算

内横墙承受梯形荷载，受力如图10-15d所示。根据钢筋混凝土等效荷载转换方法，梯形荷载可化成均匀的等效荷载，然后按均匀荷载作用查系数表求支座弯矩。

$$\overline{p_j} = p_j (1 - 2\alpha^2 + \alpha^3) ; \alpha = H/l_y = 3/9 = 1/3$$

$$\overline{p_j} = (378 + 306) \times [1 - 2 \times (1/3)^2 + (1/3)^3] \text{kN/m} = 557.3 \text{kN/m}$$

支座弯矩

$$M_B = 0.125 \overline{p_j} l_y^2 = 0.125 \times 557.3 \times 9^2 \text{kN} \cdot \text{m} = 5642.66 \text{kN} \cdot \text{m}$$

跨中弯矩

$$M_{\max} = [-(3 \times 9^2 - 6^2) \times (378 + 306)/24 + 0.4 \times 5642.66] \text{kN} \cdot \text{m} = -3642.4 \text{kN} \cdot \text{m}$$

（2）上部结构为框架体系　上部结构为纯框架结构时，刚度较小，此时箱形基础在土压力、水压力及上部结构传来的荷载共同作用下，将发生整体弯曲。因此，箱基的内力应同时考虑整体弯曲和局部弯曲作用。在计算整体弯曲产生的弯矩时，先将上部结构的刚度折算成等效抗弯刚度，然后将整体弯曲产生的弯矩按基础刚度占总刚度的比例分配到基础。基底反力可参照基底反力系数法或其他有效方法确定。由局部弯曲产生的弯矩应乘以0.8的折减系数，再与整体弯曲的弯矩叠加，其具体方法是：

1）上部结构的等效抗弯刚度。1953年Meyerhof首次提出了框架结构等效刚度计算公

式，后经修改，列入我国《高层建筑筏形与箱形基础技术规范》中，对于图 10-16 所示框架结构，等效刚度计算公式如下

$$E_{B}I_{B} = \sum_{i=1}^{n}\left[E_{b}I_{bi}\left(1 + \frac{K_{ui} + K_{li}}{2K_{bi} + K_{ui} + K_{li}}m^2\right)\right] + E_{w}I_{w}$$

$$(10\text{-}24)$$

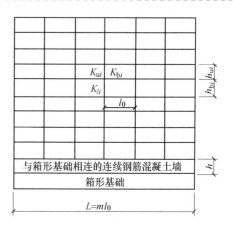

图 10-16　等效刚度框架结构图

式中，$E_{B}I_{B}$ 为上部结构框架折算的等效抗弯刚度；E_{b} 为梁、柱的混凝土弹性模量；I_{bi} 为第 i 层梁的截面惯性矩（m^4）；K_{ui}、K_{li} 和 K_{bi} 分别为第 i 层上柱、下柱和梁的线刚度；n 为建筑物层数，当 $n \geqslant 5$ 时，取 $n = 5$；m 为建筑物弯曲方向的节间数，$m = L/l_0$；E_{w} 和 I_{w} 分别为在弯曲方向与箱形基础相连的连续钢筋混凝土墙的弹性模量和惯性矩，$I_{w} = \dfrac{b_{w}h_{w}^3}{12}$（$b_{w}$、$h_{w}$ 分别为墙的厚度和高度）。

上柱、下柱和梁的线刚度分别按下列各式计算

$$K_{ui} = \frac{I_{ui}}{h_{ui}}, \quad K_{li} = \frac{I_{li}}{h_{li}}, \quad K_{bi} = \frac{I_{bi}}{l_0} \qquad (10\text{-}25)$$

式中，I_{ui}、I_{li} 和 I_{bi} 分别为第 i 层上柱、下柱和梁的截面惯性矩；h_{ui} 和 h_{li} 分别为上柱、下柱的高度；l_0 为框架结构的柱距。

2）箱形基础的整体弯曲弯矩　从整体体系来看，上部结构和基础是共同作用的，因此，箱形基础所承担的弯矩 M_g 可以将整体弯曲产生的弯矩 M 按基础刚度占总刚度的比例分配，即

$$M_{g} = \frac{E_{g}I_{g}}{E_{g}I_{g} + E_{b}I_{b}}M = \beta M, \quad \beta = \frac{E_{g}I_{g}}{E_{g}I_{g} + E_{b}I_{b}} \qquad (10\text{-}26)$$

式中，M_g 为箱形基础承担的整体弯矩（kN·m）；M 为由整体弯曲产生的弯矩，可按静定梁分析或采用其他有效方法计算（kN·m）；I_g 为箱形基础横截面的惯性矩，按工字形截面计算，上、下翼缘宽度分别为箱形基础顶、底板全宽，腹板厚度为箱形基础在弯曲方向墙体厚度；$E_{b}I_{b}$ 为框架结构的等效抗弯刚度。

3）局部弯曲弯矩，顶板按实际承受的荷载，底板按扣除底板自重后的基底反力作为局部弯曲计算的荷载，并将顶、底板视为周边固定的双向连续板计算局部弯曲弯矩。顶、底板的总弯矩为局部弯曲弯矩乘以 0.8 折减系数后与整体弯曲弯矩叠加。

在箱形基础顶、底板配筋时，应综合考虑承受整体弯曲的钢筋与局部弯曲的钢筋配置部位，以充分发挥各截面钢筋的作用。

10.3.6　箱形基础构件强度计算

1. 顶板与底板计算

箱形基础顶板、底板厚度除根据荷载与跨度大小按正截面抗弯强度确定外，其斜截面抗剪强度应符合下式要求

单向板　　　　　　　　　　　　$V_s \leqslant 0.7\beta_{hs}f_t bh_0$

双向板
$$V_s \leqslant 0.7\beta_{hs}f_t(l_{n2} - 2h_0)h_0 \tag{10-27}$$

式中，V_s 为相应于荷载效应的基本组合时剪力设计值（kN），板所承受的剪力减去刚性角范围内的荷载（刚性角为45°）为板面荷载，或板底反力与图10-17中阴影部分面积的乘积；f_t 为混凝土轴心抗拉强度设计值（N/mm^2）；β_{hs} 为受剪承载力截面高度影响系数，$\beta_{hs} = (800/h_0)^{1/4}$，当 $h_0 \leqslant 800$mm 时，取 $h_0 = 800$mm，当 $h_0 > 2000$mm 时，取 $h_0 = 2000$mm；b 为单向板计算所取的宽度（m）；l_{n2} 为双向板格长边的净长度（m）；h_0 为板的有效高度（m）。

箱形基础的底板厚度应根据实际受力情况、整体刚度及防水要求确定，底板厚度不应小于400mm，且板厚与最大双向板格的短边净跨之比不应小于1/14。底权除应满足正截面受弯承载力的要求外，尚应满足受冲切承载力的要求（图10-18）。当底板区格为矩形双向板时，底板的截面有效高度 h_0 应符合下式规定

$$h_0 \geqslant \frac{(l_{n1} + l_{n2}) - \sqrt{(l_{n1} + l_{n2})^2 - \dfrac{4p_n l_{n1} l_{n2}}{p_n + 0.7\beta_{hp}f_t}}}{4} \tag{10-28}$$

式中，p_n 为扣除底板及其上填土自重后，相应于荷载效应基本组合的基底平均净反力设计值（kPa）；l_{n1}、l_{n2} 为计算板格的短边和长边的净长度（m）；β_{hp} 为受冲切承载力截面高度影响系数，当 $h \leqslant 800$mm 时，$\beta_{hp} = 1.0$，当 $h \geqslant 2000$mm 时，取 $\beta_{hp} = 0.9$，其间按线性内插法取值。

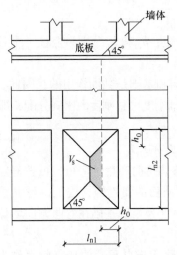

图10-17　V_s 计算方法示意图

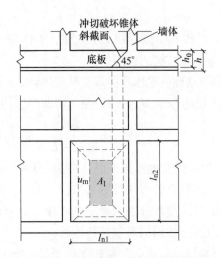

图10-18　底板冲切强度计算的截面位置

2. 内墙与外墙

箱形基础的内、外墙，除与剪力墙连接外，其墙身受剪截面应按下式验算

$$V \leqslant 0.25\beta_c f_c A \tag{10-29}$$

式中，V 为相应于荷载效应的基本组合时的墙身截面承受的剪力（kN）；β_c 为混凝土强度影响系数，对基础所采用的混凝土，一般为1.0；A 为墙身竖向有效截面积（m^2）；f_c 为混凝土轴心抗压强度设计值（kPa）。

对于承受水平荷载的内外墙，尚需进行受弯计算，此时将墙身视为顶、底部固定的多跨连续板，作用于外墙上的水平荷载包括土压力、水压力和由于地面均布荷载引起的侧压力，土压力一般按静止土压力计算。

3. 洞口

（1）洞口过梁正截面抗弯承载力计算　墙身开洞时，计算洞口处上、下过梁的纵向钢筋，应同时考虑整体弯曲和局部弯曲的作用，过梁截面的上、下钢筋，均按下列公式求得的弯矩配筋

上梁
$$M_1 = \mu V_b \frac{l}{2} + \frac{q_1 l^2}{12} \tag{10-30}$$

下梁
$$M_2 = (1 - \mu) V_b \frac{l}{2} + \frac{q_2 l^2}{12} \tag{10-31}$$

式中，V_b 为洞口中点处的剪力值（kN）；q_1、q_2 分别为作用在上、下过梁上的均布荷载（kPa）；l 为洞口的净宽（m）；μ 为剪力分配系数。

剪力分配系数按下式计算

$$\mu = \frac{1}{2} \left(\frac{b_1 h_1}{b_1 h_1 + b_2 h_2} + \frac{b_1 h_1^3}{b_1 h_1^3 + b_2 h_2^3} \right) \tag{10-32}$$

式中，h_1 和 h_2 分别为上、下过梁截面高度（m）。

（2）洞口过梁截面抗剪强度验算　洞口上、下过梁的截面，应分别符合以下公式要求

当 $h_i/b \leqslant 4$ 时　$V_i \leqslant 0.25 f_c A_i (i = 1$，为上过梁，$i = 2$，为下过梁$)$ （10-33）

当 $h_i/b \geqslant 6$ 时　$V_i \leqslant 0.25 f_c A_i (i = 1$，为上过梁，$i = 2$，为下过梁$)$ （10-34）

当 $4 < h_i/b < 6$ 时，按线性内插法确定。

式中，A_1、A_2 分别为洞口上、下过梁的计算有效截面面积，按图 10-19a、b 所示的阴影部分面积计算，取其中较大值；V_1、V_2 分别为洞口上、下过梁的剪力设计值（kN），按下列公式计算

$$V_1 = \mu V_b + \frac{q_1 l}{2} \tag{10-35}$$

$$V_2 = (1 - \mu) V_b + \frac{q_2 l}{2} \tag{10-36}$$

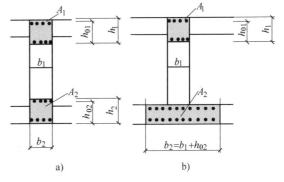

图 10-19　洞口上、下过梁计算截面示意图
a）计算方案之一　b）计算方案之二

洞口上、下过梁的截面除按上式验算外，还应进行斜截面抗剪强度验算。

（3）洞口加强钢筋　箱形基础墙体洞口周围应设置加强钢筋，钢筋面积可按以下近似公式验算

$$\left. \begin{array}{l} M_1 \leqslant f_y h_1 (A_{s1} + 1.4 A_{s2}) \\ M_2 \leqslant f_y h_2 (A_{s1} + 1.4 A_{s2}) \end{array} \right\} \tag{10-37}$$

式中，M_1、M_2 分别为洞口过梁上梁、下梁的弯矩（kN·m）；h_1、h_2 分别为上、下过梁截面高度（m）；A_{s1} 为洞口每侧附加竖向钢筋总面积（mm）；A_{s2} 为洞角附加斜钢筋面积（mm²）；f_y 为钢筋抗拉强度设计值（N/mm²）。

洞口加强钢筋除应满足上述公式要求外，每侧附加钢筋面积应不小于洞口宽度内被切断钢筋面积的一半，且不小于 $2\phi14$，此钢筋应从洞口边缘处向外延长 $40d$。洞口每个角落各加 $2\phi12$ 斜筋，长度不小于 1.0m（见图 10-20）。

4. 箱形基础设计步骤

箱形基础计算内容较多，其基本设计步骤是：在初步确定结构尺寸之后，先进行倾斜、稳定、滑移、抗倾覆验算，满足这些条件之后，再进行结构计算，结构计算主要有以下内容：

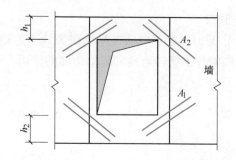

图 10-20　洞口两侧及每个角的加强钢筋示意

1）计算箱形基础抗弯刚度 $E_g I_g$。E_g 为箱基混凝土弹性模量；I_g 为箱基惯性矩，将箱形基础化成等效工字形截面，如图 10-21 所示。箱形基础顶、底板尺寸作为工字形截面上、下翼缘尺寸，箱形基础各墙体宽度总和作为工字形截面腹板的厚度，即

$$d = \delta_1 + \delta_2 + \cdots + \delta_n = \sum_{i=1}^{n} \delta_i \qquad (10\text{-}38)$$

根据一般方法求等效截面的形心位置，再用平行移轴方法求 I_g。

2）求上部结构总折算刚度 $E_B I_B$。上部结构总折算刚度由连续混凝土墙、上部结构的柱、梁等的刚度所组成。按下列步骤计算：①求弯曲方向与箱形基础相连接的连续混凝土的抗弯刚度 $E_w I_w$；②求各层梁的线刚度 K_{bi}；③求各层上、下柱的线刚度 K_{ui}，K_{li}；④将上述结果代入式（10-24）求 $E_B I_B$。

3）按式（10-26）求刚度分配系数 β，$\beta = E_g I_g / (E_g I_g + E_B I_B)$。

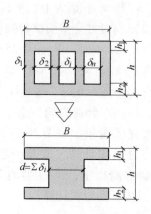

图 10-21　箱形基础等效截面图

4）根据外荷载及反力系数表画箱基受力的计算草图，求各截面的 M、V，绘出 M、V 图。

5）整体弯矩计算，按式（10-26）求出箱基承受的整体弯矩 M。

6）构件强度计算，构件有顶板、底板、内墙、外墙。按各构件受力情况分别计算抗弯、抗剪、抗冲切、抗拉所需的钢筋，要注意构造要求，以保证洞口处上、下过梁的强度。

7）整理绘施工图，列钢筋表。

10.4　桩基础设计

确定建筑物地基基础方案时，从安全、合理、经济角度出发，应优先选择天然地基浅基础。但高层建筑基础、重型设备基础一般采用天然地基深基础方案。桩基础（图 10-22）就是天然地基深基础方案之一。

本章主要采用 JGJ 94—2008《建筑桩基础技术规范》，

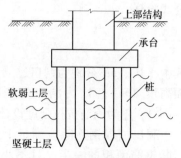

图 10-22　低承台桩基础示意图

以下简称为《桩基规范》，并对现行《地基基础规范》中的桩基础内容加以简单的介绍。

10.4.1　桩基础设计的一般规定

1. 建筑桩基设计等级

根据建筑规模、功能特征、对差异变形的适应性、场地地基和建筑物体形的复杂性以及由于桩基问题可能造成建筑破坏或影响正常使用的程度，在进行桩基设计时，应根据表 10-16 所列的三个等级进行设计。

表 10-16　建筑桩基设计等级

设 计 等 级	建 筑 类 型
甲级	(1) 重要的建筑； (2) 30 层以上或高度超过 100m 的高层建筑； (3) 体型复杂且层数相差超过 10 层的高低层（含纯地下室）连体建筑； (4) 20 层以上框架-核心筒结构及其他对差异沉降有特殊要求的建筑； (5) 场地和地基条件复杂的 7 层以上的一般建筑及坡地、岸边建筑； (6) 对相邻既有工程影响较大的建筑
乙级	除甲级、丙级以外的建筑
丙级	场地和地基条件简单、荷载分布均匀的 7 层及 7 层以下的一般建筑

2. 桩基础极限状态设计方法

桩基础应按下列两类极限状态设计：

1）承载能力极限状态：桩基达到最大承载能力、整体失稳或发生不适于继续承载的变形。

2）正常使用极限状态：桩基达到建筑物正常使用所规定的变形限值或达到耐久性要求的某项限值。

桩基应根据具体条件分别进行下列承载能力计算和稳定性验算：

1）应根据桩基的使用功能和受力特征分别进行桩基的竖向承载力计算和水平承载力计算。

2）应对桩身和承台结构承载力进行计算；对于桩侧土不排水抗剪强度小于 10kPa 且长径比大于 50 的桩，应进行桩身压屈验算；对于混凝土预制桩，应按吊装、运输和锤击作用进行桩身承载力验算；对于钢管桩，应进行局部压屈验算。

3）当桩端平面以下存在软弱下卧层时，应进行软弱下卧层承载力验算。

4）对位于坡地、岸边的桩基，应进行整体稳定性验算。

5）对于抗浮、抗拔桩基，应进行基桩和群桩的抗拔承载力计算。

6）对于抗震设防区的桩基，应进行抗震承载力验算。

下列建筑桩基应进行沉降计算：

① 设计等级为甲级的非嵌岩桩和非深厚坚硬持力层的建筑桩基。

② 设计等级为乙级的体形复杂、荷载分布显著不均匀或桩端平面以下存在软弱土层的建筑桩基。

③ 软土地基多层建筑减沉复合疏桩基础。

对受水平荷载较大，或对水平位移有严格限制的建筑桩基，应计算其水平位移。

应根据桩基所处的环境类别和相应的裂缝控制等级，验算桩和承台正截面的抗裂和裂缝宽度。

3. 桩基设计作用效应组合

桩基设计时，所采用的作用效应组合与相应的抗力应符合下列规定：

1）确定桩数和布桩时，应采用传至承台底面的荷载效应标准组合；相应的抗力应采用基桩或复合基桩承载力特征值。

2）计算荷载作用下的桩基沉降和水平位移时，应采用荷载效应标准永久组合；计算水平地震作用、风载作用下的桩基水平位移时，应采用水平地震作用、风载效应标准组合。

3）验算坡地、岸边建筑桩基的整体稳定性时，应采用荷载效应标准组合；抗震设防区，应采用地震作用效应和荷载效应的标准组合。

4）在计算桩基结构承载力、确定尺寸和配筋时，应采用传至承台顶面的荷载效应基本组合。当进行承台和桩身裂缝控制验算时，应分别采用荷载效应标准组合和荷载效应准永久组合。

5）桩基结构安全等级、结构设计使用年限和结构重要性系数 γ_0 应按现行有关建筑结构规范的规定采用，除临时性建筑外，重要性系数 γ_0 应不小于 1.0。

6）对桩基结构进行抗震验算时，其承载力调整系数 γ_{RE} 应按现行国家标准《建筑抗震设计规范》GB 50011 的规定采用。

4. 变刚度调平设计

桩筏基础以减小差异沉降和承台内力为目标的变刚度调平设计，宜结合具体条件按下列规定实施：

1）对于主裙楼连体建筑，当高层主体采用桩基时，裙房（含纯地下室）的地基或桩基刚度宜相对弱化，可采用开然地基、复合地基、疏桩或短桩基础。

2）对于框架-核心筒结构高层建筑桩基，应强化核心筒区域桩基刚度（如适当增加桩长、桩径、桩数、采用后注浆等措施），相对弱化核心筒外围桩基刚度（采用复合桩基，视地层条件减小桩长）。

3）对于框架-核心筒结构高层建筑天然地基承载力满足要求的情况下，宜于核心筒区域局部设置增强刚度、减小沉降的摩擦型桩。

4）对于大体量筒仓、储罐的摩擦型桩基，宜按内强外弱原则布桩。

5）对上述按变刚度调平设计的桩基，宜进行上部结构—承台—桩—土共同工作分析。

软土地基上的多层建筑物，当天然地基承载力基本满足要求时，可采用减沉复合疏桩基础。

10.4.2 竖向荷载作用下单桩工作性能

1. 单桩在竖向荷载作用下的荷载传递

1）当竖向荷载逐渐作用于单桩桩顶时，桩身材料发生压缩弹性变形，这种变形使桩与桩侧土体发生相对位移，而位移又使桩侧土对桩身表面产生向上的桩侧摩阻力，也称为正摩擦力；当桩顶竖向荷载 Q_0 较小时，桩顶附近的桩段压缩变形，相对位移在桩顶处最大，随着深度的增加而逐渐减小。

2）由于桩身侧表面受到向上的摩阻力后，会使桩侧土体产生剪切变形，从而使桩身荷载不断地传递到桩周土层中，造成桩身的压缩变形、桩侧摩阻力、轴力都随着土层深度变小。

3）从桩身的静力平衡来看，桩顶受到的竖向向下荷载与桩身侧面的向上摩阻力相平衡。随着桩顶竖向荷载逐渐加大，桩身压缩量和位移量逐渐增加，桩身下部桩侧摩阻力逐渐被调动并发挥出来。当桩侧摩阻力不足以抵抗向下的竖向荷载时，就会使一部分桩顶竖向荷载一直传递到桩底（桩端），使桩端土持力层受压变形，产生持力层土对桩端的阻力，称为桩端阻力 Q。此时，桩顶向下的竖向荷载 Q_0 与向上的桩侧摩阻力 Q_s 与桩端阻力 Q_p 之和相平衡，即

$$Q_0 = Q_s + Q_p$$

由此可知一般情况下，土对桩的阻力（支持力）是由桩侧摩阻力和桩端阻力两部分组成，桩土之间的荷载传递过程就是桩侧阻力与桩端阻力的发挥过程。

2. 桩侧摩阻力、轴力与桩身位移

综上所述，竖向荷载作用下单桩的桩、土荷载传递过程可以简述为：桩身的位移 $S(z)$ 和桩身轴力 $Q(z)$ 随深度的增加而逐渐变小（见图 10-23）。

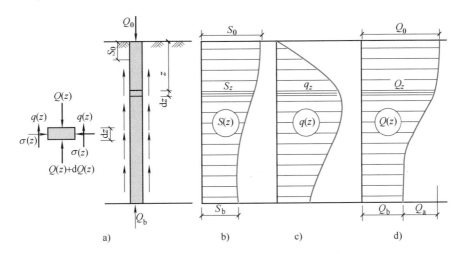

图 10-23　竖向荷载作用下单桩的桩、土荷载传递图
a）单桩的受力图及微段桩受力图　b）桩截面位移图　c）桩侧摩阻力分布图　d）轴力分布图

（1）桩侧摩阻力　由图 10-23 可见，设桩身长度为 l，桩的截面周长为 u，从深度 z 处取长为 dz 的微桩，画受力图并研究其静力平衡条件可得 $\sum Z = 0$，即

$$Q(z) - \left[Q(z) + \mathrm{d}Q(z) \right] - q(z) u \mathrm{d}z = 0$$

解之得

$$q(z) = -\frac{1}{u} \frac{\mathrm{d}Q(z)}{\mathrm{d}z} \tag{10-39}$$

（2）桩身轴力　研究微段桩的压缩变形，由材料力学轴向拉伸及压缩变形公式：坐标 z 处桩的轴力是 $Q(z)$，则桩在任意 z 坐标处的桩微段竖向压缩变形 $\mathrm{d}S(z)$ 为

$$\mathrm{d}S(z) = \frac{Q(z)\mathrm{d}z}{AE_p} \tag{10-40}$$

可导出

$$Q(z) = AE_p \frac{\mathrm{d}S(z)}{\mathrm{d}z} \tag{10-41}$$

式中，E_p 为桩材料的弹性模量（$\mathrm{N/mm^2}$）；A 为桩身横截面面积（$\mathrm{m^2}$）。

对式（10-41）两端同时微分，得到

$$\frac{\mathrm{d}Q(z)}{\mathrm{d}z} = AE_\mathrm{p}\frac{\mathrm{d}S^2(z)}{\mathrm{d}z^2} \tag{10-42}$$

将式（10-42）代入式（10-39）可得

$$q(z) = -\frac{1}{u}AE_\mathrm{p}\frac{\mathrm{d}S^2(z)}{\mathrm{d}z^2} \tag{10-43}$$

式（10-43）是桩土荷载传递的基本微分方程。可以采用实测的方法，测出桩身的位移曲线 $s(z)$，由式（10-41）得到轴力分布曲线，由式（10-39）得到桩侧摩阻力 $q(z)$ 分布曲线。

由式（10-39）可得 $\mathrm{d}Q(z) = -uq(z)\mathrm{d}z$，对其两端积分得任一深度 z 坐标处，桩身截面轴力 $Q(z)$ 为

$$Q(z) = Q_0 - u\int_0^z q(z)\mathrm{d}z \tag{10-44}$$

桩的轴力随桩侧摩阻力而发生变化，桩顶处轴力最大，$Q(z) = Q_0$，而在桩底处轴力最小，$Q(z) = Q_\mathrm{b}$，轴力图如图 10-23d 所示。注意：只有桩侧摩阻力为零的端承桩，其轴力图从桩顶到桩底才均匀不变，保持常数，$Q(z) = Q_0$。

（3）桩身位移　任一深度 z 坐标处，桩身截面相应的竖向位移 $S(z)$ 为桩顶竖向位移 S_0 与 z 深度范围内的桩身压缩量之差，所以

$$S(z) = S_0 - \frac{1}{E_\mathrm{p}A_\mathrm{p}}\int_0^z Q(z)\mathrm{d}z \tag{10-45}$$

式中，S_0 为桩顶竖向位移值（m）。

由式（10-45）可见，当 $z = 0$ 时，$S(z) = S_0$ 为桩顶竖向位移，数值最大。

桩身竖向位移图如图 10-23b 所示，由图可见，桩身竖向位移也在桩顶处最大，随着深度的增加而逐渐减小。

3. 桩侧负摩阻力

当桩周土层相对于桩侧向下位移时，产生向下的摩阻力称为负摩阻力。桩身受到负摩阻力作用时，即在桩身上施加了一个竖向向下的荷载，而使桩身的轴力加大，桩身的沉降增大，桩的承载力降低。

（1）桩侧负摩阻力的计入条件　符合下列条件之一的桩基，当桩周土层产生的沉降超过基桩的沉降时，在计算基桩承载力时应计入桩侧负摩阻力：

1）桩穿越较厚松散填土、自重湿陷性黄土、欠固结土、液化土层进入相对较硬土层时。

2）桩周存在软弱土层，邻近桩侧地面承受局部较大的长期荷载，或地面大面积堆载（包括填土）时。

3）由于降低地下水位，使桩周土有效应力增大，并产生显著压缩沉降时。

（2）单桩产生负摩阻力的荷载传递　随着深度的增加，桩土之间的位移逐渐减少，使负摩阻力相应减少。由于桩周土层的固结是随着时间而发展的，所以土层竖向位移和桩身压缩变形都是时间的函数。如图 10-24 所示，b、c、d 分别表示桩截面位移、桩侧摩阻力、桩身轴力的分布情况。

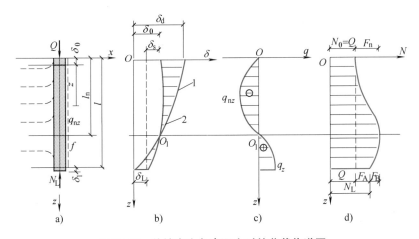

图 10-24 单桩产生负摩阻力时的荷载传递图

a) 单桩的受力图 b) 桩截面位移曲线图 c) 桩侧摩阻力分布曲线图 d) 桩身轴力分布图

1—土层竖向位移曲线 2—桩截面位移曲线

1）中性点。在 z 深度处，桩周土沉降与桩身压缩变形相等，两者无相对位移发生，其桩侧摩阻力为零，这一位置称为中性点。由图 10-24d 可见，在中性点截面，桩身轴力 $N = Q + F_n$，且此处轴力最大。中性点的特点是上下摩阻力方向相反。中性点的位置与桩长、桩径、桩的刚度、桩周土的性质、桩顶荷载等有关，与引起负摩阻力的因素有关。

2）中性点的确定。中性点的位置由中性点深度确定，该深度按桩周土层沉降与桩的沉降相等的条件确定，也可参考表 10-17 确定。

表 10-17 中性点深度比

持力层土类	黏性土、粉土	中密以上砂土	砾石、卵石	基岩
中性点深度比 l_n/l_0	0.5 ~ 0.6	0.7 ~ 0.8	0.9	1.0

注：1. l_n、l_0 分别为中性点深度和桩周沉降变形土层极限深度。

2. 桩穿越自重湿陷性黄土时，按表列值增大 10%（持力层为基岩除外）。

3. 当桩周土层固结与桩基固结沉降同时完成时，取 $l_n = 0$。

4. 当桩周土层计算沉降量小于 20mm 时，l_n 应按表列值乘以 0.4 ~ 0.8 折减。

（3）桩侧负摩阻力的计算和应用

1）单桩桩侧负摩阻力。计算影响单桩桩侧负摩阻力的因素很多，因此要精确计算单桩负摩阻力是很困难的。一般单桩负摩阻力的计算可参考《桩基规范》所给出的负摩阻力系数法计算。单桩桩侧负摩阻力可按下式计算

$$q_{si}^n = \xi_n \sigma_i' \tag{10-46}$$

式中，q_{si}^n 为第 i 层土单桩桩侧的负摩阻力标准值（kPa）；ξ_n 为桩周土负摩阻力系数；σ_i' 为桩周土第 i 层土平均竖向有效应力（kPa）。

ξ_n 可按桩周土取值：饱和软土 $\xi_n = 0.15 ~ 0.25$；黏性土、粉土 $\xi_n = 0.25 ~ 0.40$；砂土 $\xi_n = 0.35 ~ 0.50$；自重湿陷性黄土 $\xi_n = 0.20 ~ 0.35$。应注意的是：①同一类土中，打入桩或沉管灌注桩取较大值，钻、挖孔灌注桩取较小值；②填土按土的类别取较大值；③当 q_{si}^n 计算值大于正摩阻力时，取正摩阻力值。

当降低地下水位时 $\sigma_i' = \gamma_i' z_i$；当地面有均布荷载时 $\sigma_i' = p + \gamma_i' z_i$。其中 γ_i' 为桩周土第 i 层底面以上，按桩周土厚度计算的加权平均有效重度（kN/m^3）；z_i 为从地面算起的第 i 层土中点的深度（m）；p 为地面均布荷载（kPa）。

对于砂类土，可按下式估算负摩阻力标准值

$$q_{si}^n = \frac{N_i}{5} + 3 \tag{10-47}$$

式中，N_i 为桩周第 i 层土经钻杆长度修正后的平均标准贯入试验击数。

2）群桩负摩阻力计算。对于群桩基础，当桩距较小时，其基桩（群桩中的任意桩）的负摩阻力因群桩效应而降低，故《桩基规范》推荐基桩的下拉荷载标准值 Q_g^n 计算公式如下

$$Q_g^n = \eta_n \mu \sum_{i=1}^{n} q_{ni} l_i \tag{10-48}$$

$$\eta_n = \frac{s_{ax} s_{ay}}{\pi d \left(\dfrac{q_n}{\gamma_m} + \dfrac{d}{4} \right)}$$

式中，n 为中性点以上土层数；l_i 为中性点以上各土层的厚度（m）；η_n 为负摩阻力群桩效应系数；s_{ax}、s_{ay} 分别为纵、横向桩的中心距（m）；q_n 为中性点以上桩的平均负摩阻力标准值（kPa）；γ_m 为中性点以上桩周土加权平均有效重度（kN/m^3）（地下水位以下取源重度）。

3）桩侧负摩阻力应用。桩侧负摩阻力主要应用于桩基础的承载力和沉降计算中。对于摩擦型桩基，负摩阻力相当于对桩体施加下拉荷载，使持力层压缩量加大，随之引起桩基础沉降。桩基础沉降一旦出现，土相对于桩的位移又会减少，反而使负摩阻力降低，直到转化为零。因此，一般情况下对摩擦型桩基，可近似看成中性点以上桩侧负摩阻力为零来计算桩基础承载力。对于端承型桩基，由于其桩端持力层较坚硬，负摩阻力引起下拉荷载后不至于产生沉降或沉降量较小，此时负摩阻力将长期作用于桩身中性点以上侧表面。因此，应计算中性点以上负摩阻力形成的下拉荷载，并将下拉荷载作为外荷载的一部分来验算桩基础的承载力。

10.4.3 单桩竖向承载力的确定

1. 单桩在竖向荷载作用下的破坏形式

单桩在竖向荷载作用下的破坏形式有两种：一种是桩身材料发生破坏；另一种是地基土发生破坏。

（1）桩身材料发生破坏 当桩身较长，桩端支撑于很坚硬的持力层上，而桩侧土又十分软弱对桩身没有约束作用，此时桩是典型的端承桩，桩身像一根细长的受压柱，可能突然发生纵向弯曲，造成失稳破坏。

（2）地基土发生破坏 当桩穿越软弱土层，支撑在硬持力土层，其地基破坏类似于浅基础下地基的整体剪切破坏。如果桩端持力层为中强度土或软弱土时，在竖向荷载作用下的桩可能出现刺入破坏形式。

一般情况下，随着桩顶竖向荷载的逐渐加大，桩端地基发生破坏所需要的竖向荷载比桩身材料发生破坏所需要的竖向荷载小，因此单桩竖向承载力的大小往往取决于地基土对桩的支持力。

2. 按桩身材料强度确定单桩竖向承载力

钢筋混凝土轴心受压桩正截面受压承载力应符合下列规定：

1）当桩顶以下 $5d$（d 为桩径）范围的桩身螺旋式箍筋间距不大于 $100mm$ 时

$$N \leqslant \psi_c f_c A_{\mathrm{ps}} + 0.9 f'_y A'_s \tag{10-49}$$

2）当桩身配筋不符合上述规定时

$$N \leqslant \psi_c f_c A_{\mathrm{ps}} \tag{10-50}$$

式中，N 为荷载效应基本组合下的桩顶轴向压力设计值；ψ_c 为基桩成桩工艺系数；f_c 为混凝土轴心抗压强度设计值；f'_y 为纵向主筋抗压强度设计值；A'_s 为纵向主筋截面面积。

基桩成桩工艺系数 ψ_c 应按下列规定取值：

1）混凝土预制桩、预应力混凝土空心桩：$\psi_c = 0.85$。

2）干作业非挤土灌注桩：$\psi_c = 0.90$。

3）泥浆护壁和套管护壁非挤土灌注桩、部分挤土灌注桩、挤土灌注桩：$\psi_c = 0.7 \sim 0.8$。

4）软土地区挤土灌注桩：$\psi_c = 0.6$。

3. 按土对桩的支承力确定单桩竖向极限承载力

按土对桩的支承力确定单桩承载力的方法主要有：静载荷试验法、经验参数法、原位测试成果的经验方法及静力分析计算法等。以下主要介绍两种方法：静载荷试验方法、经验参数法。

（1）按静载荷试验确定单桩竖向极限承载力标准值 Q_{uk}　在评价单桩承载力的诸多方法中静载荷试验法是最为直观和可靠的方法，这种方法不仅考虑了地基土的支承能力，还考虑了桩身材料强度对单桩承载力的影响。

1）单桩的静载荷试验适用条件。对于一级建筑物，必须通过静载荷试验；对于地基条件复杂、桩的施工质量可靠性低、所确定的单桩竖向承载力的可靠性低、桩数多的二级建筑物，也必须通过静载荷试验。

在同一条件下的试桩的数量，不宜少于总桩数的 1%，且不少于 3 根。工程总桩数在 50 根以内时，其试桩不应少于 2 根。

单桩的静载荷试验类型有多种，本节介绍其中一种：单桩竖向抗压静载荷试验，该静载荷试验适用于确定单桩竖向极限承载力标准值 Q_{uk}。

2）单桩的竖向静载荷试验。试验装置主要由加载系统和量测系统组成（见图 10-25）。

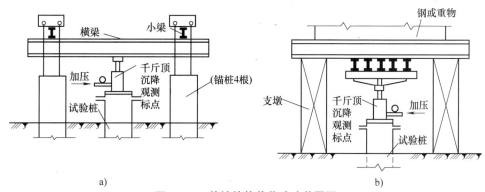

a)　　　　　　　　　　　　　　　　　　b)

图 10-25　单桩的静载荷试验装置图

a）锚桩横梁反力式装置　b）压重平台反力式装置

加载系统一般由液压千斤顶及反力系统装置组成，千斤顶施加的竖向荷载一方面传给试桩，一方面通过反力式装置来平衡。

3）静载荷试验要点。试验加载方法一般采用慢速维持加载法，即逐级加载，每加一级荷载达到相对稳定后测读其沉降量，然后再加下一级荷载，直到试桩破坏。试验时加载应分级进行，每级加载为预估极限荷载的1/15～1/10，第一级可按2倍分级荷载加荷。

① 沉降观测：每级加载后，按5min、10min、15min各测读一次，以后每隔15min读一次，累计1h后每隔30min测读一次。沉降相对稳定的标志：桩的沉降量连续两次在每小时内小于0.1mm，即可认为已经达到相对稳定，并可以进行下一级加载。

② 终止加载条件：当出现下列情况之一时，即可终止加载：当某级荷载作用下，桩的沉降量为前一级荷载作用下沉降量的5倍；某级荷载作用下，桩的沉降量大于前一级荷载作用下沉降量的2倍，而且24h尚未达到相对稳定；已达到试桩最大抗拔力或压重平台的最大重量时。

③ 绘制曲线：需要绘制的曲线主要有荷载-沉降（Q-S）曲线（见图10-26）、各级荷载作用下的沉降-时间曲线（见图10-27）。

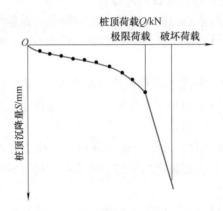

图10-26 桩在荷载作用下的荷载-沉降曲线

4）单桩竖向极限承载力实测值Q_u的确定。由上述试验结果曲线，采用下述方法综合确定单桩竖向极限承载力实测值Q_u。

① 根据沉降随荷载的变化特征确定Q_u。在图10-26的Q-S曲线中，在陡降型曲线上，取曲线发生明显陡降的起始点所对应的荷载为单桩竖向极限承载力实测值Q_u。

② 根据沉降量确定Q_u。对于缓变型Q-S曲线，一般可取$S = 40 \sim 60$mm所对应的荷载值为Q_u；对于大直径桩可取$S = 0.03D \sim 0.06D$（D为桩端直径，大桩径取低值，小桩径取高值）所对应的荷载值为Q_u；对于细长桩（$l/D > 80$）可取$S = 60 \sim 80$mm对应的荷载值。

③ 根据沉降随时间的变化特征确定Q_u。（见图10-27）。取S-$\lg t$曲线尾部出现明显向下弯曲的前一级荷载值。

5）单桩竖向极限承载力标准值Q_{uk}的确定。测出每根试桩的实测的单桩竖向极限承载力值Q_u后，可通过统计计算确定单桩竖向极限承载力的标准值Q_{uk}。

① 按下式计算n根试桩的实测极限承载力平均值Q_{um}

$$Q_{um} = \frac{1}{n} \sum_{i=1}^{n} Q_{ui} \tag{10-51}$$

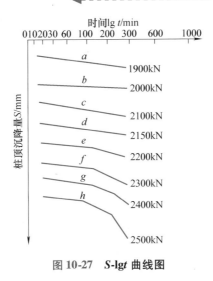

图 10-27　$S\text{-}\lg t$ 曲线图

式中，Q_{ui} 为第 i 根试桩的实测极限承载力值（kN），下标 i 根据 Q_{ui} 值由小到大的顺序确定。

② 按下式计算每根试桩的极限承载力实测值与平均值之比 α_i 曲线

$$\alpha_i = \frac{Q_{ui}}{Q_{um}}$$

③ 按下式计算 α_i 的标准差 S_n

$$S_n = \sqrt{\frac{\sum\limits_{i=1}^{n}(\alpha_i - 1)^2}{n - 1}} \tag{10-52}$$

④ 确定单桩竖向极限承载力标准值 Q_{uk}：当 $S_n \leqslant 0.15$ 时，$Q_{uk} = Q_{um}$；当 $S_n > 0.15$ 时，$Q_{uk} = \lambda Q_{um}$，式中，λ 为单桩竖向极限承载力标准值折减系数，可根据变量 α_i 的分布及试桩数 n，查《桩基规范》附录 C 进行确定。

（2）按经验参数法确定单桩竖向极限承载力标准值 Q_{uk}　一般情况下土对桩的支承作用由桩尖处土的端阻力和桩侧四周土的摩阻力两部分组成。单桩的竖向荷载是通过桩端阻力及桩侧摩阻力来平衡的。

《桩基规范》在大量经验及资料积累的基础上，针对不同的常用桩型，推荐如下单桩竖向极限承载力标准值的估算经验参数公式。

一般的预制桩及中小直径的灌注桩

$$Q_{uk} = Q_{sk} + Q_{pk} = u\sum q_{sik}l_i + q_{pk}A_p \tag{10-53}$$

式中，Q_{sk} 为单桩总极限侧阻力标准值（kN）；Q_{pk} 为单桩总极限端阻力标准值（kN）；q_{sik} 为桩侧第 i 层土的极限侧阻力标准值（kPa），无当地经验值时，可参考表 10-18 取值；q_{pk} 为桩端持力层极限端阻力标准值（kPa），无当地经验值时，可参考表 10-19 取值；u 为桩的截面周长（m）；l_i 为按土层划分的第 i 层土的桩长（m）。

表 10-18、表 10-19 是《桩基规范》给出的混凝土预制桩及钻（冲）桩在常见土层中的摩阻力及端阻力经验值，这是在收集全国各地的大量试桩资料之后，进行统计分析后得到的。这里值得注意的是：由于全国各地的地基性质差别很大，全部套用上述表格来设计桩基础，是具有一定的局限性的，采用各地方或各区域自己的承载力参数表更为合理。

表 10-18　桩的极限侧阻力标准值 q_{sik}　　　　　　（单位：kPa）

土 的 名 称	土 的 状 态	混凝土预制桩	泥浆护壁钻(冲)孔桩	干作业钻孔桩
填土		20～30	20～28	20～28
淤泥		14～20	12～18	12～18
淤泥质土		22～30	20～28	20～28
黏性土	$I_L>1$	24～40	21～38	21～38
	$0.75<I_L\leqslant1.0$	40～55	38～53	38～53
	$0.50<I_L\leqslant0.75$	55～70	53～68	53～66
	$0.25<I_L\leqslant0.50$	70～86	68～84	66～82
	$0<I_L\leqslant0.25$	86～98	84～96	82～94
	$I_L\leqslant0$	98～105	96～102	94～104
红黏土	$0.7<\alpha_w\leqslant1.0$	13～32	12～30	12～30
	$0.5<\alpha_w\leqslant0.7$	32～74	30～70	30～70
粉土	$e>0.9$	26～46	24～42	24～42
	$0.75\leqslant e\leqslant0.9$	46～66	42～62	42～62
	$e<0.75$	66～88	62～82	62～82
粉细砂	稍密	24～48	22～46	22～46
	中密	48～66	46～64	46～64
	密实	66～88	64～86	64～86
中砂	中密	54～74	53～72	53～72
	密实	74～95	72～94	72～94
粗砂	中密	74～95	74～95	76～98
	密实	95～116	95～116	98～120
砾砂	中密、密实	116～138	116～130	112～130

注：1. 对于尚未完成自重固结的填土和以生活垃圾为主的杂填土，不计其侧阻力。

2. 含水比 $\alpha_w=w/w_L$。

表 10-19　桩的极限端阻力标准值 q_{pk}　　　　　　（单位：kPa）

土名称			混凝土预制桩桩长 l/m				泥浆护壁钻（冲）孔桩桩长 l/m				干作业钻孔桩桩长 l/m		
	土的状态	桩型	$l\leqslant9$	$9<l$ $\leqslant16$	$16<l$ $\leqslant30$	$l>30$	$5\leqslant l$ <10	$10\leqslant l$ <15	$15\leqslant l$ <30	$30\leqslant l$	$5\leqslant l$ <10	$10\leqslant l$ <15	$15\leqslant l$
黏性土	软塑	$0.75<I_L$ $\leqslant1$	210～850	650～1400	1200～1800	1300～1900	150～250	250～300	300～450	300～450	200～400	400～700	700～950
	可塑	$0.50<I_L$ $\leqslant0.75$	850～1700	1400～2200	1900～2800	2300～3600	350～450	450～600	600～750	750～800	500～700	800～1100	1000～1600
	硬可塑	$0.25<I_L$ $\leqslant0.50$	1500～2300	2300～3300	2700～3600	3600～4400	800～900	900～1000	1000～1200	1200～1400	850～1100	1500～1700	1700～1900
	硬塑	$0<I_L$ $\leqslant0.25$	2500～3800	3800～5500	5500～6000	6000～6800	1100～1200	1200～1400	1400～1600	1600～1800	1600～1800	2200～2400	2600～2800

（续）

土名称	土的状态	桩型	混凝土预制桩桩长 l/m				泥浆护壁钻（冲）孔桩桩长 l/m				干作业钻孔桩桩长 l/m		
			$l\leq 9$	$9<l\leq 16$	$16<l\leq 30$	$l>30$	$5\leq l<10$	$10\leq l<15$	$15\leq l<30$	$30\leq l$	$5\leq l<10$	$10\leq l<15$	$15\leq l$
粉土	中密	$0.75\leq e\leq 0.9$	950~1700	1400~2100	1900~2700	2500~3400	300~500	500~650	650~750	750~850	800~1200	1200~1400	1400~1600
	密实	$e<0.75$	1500~2600	2100~3000	2700~3600	3600~4400	650~900	750~950	900~1100	1100~1200	1200~1700	1400~1900	1600~2100
粉砂	稍密	$10<N\leq 15$	1000~1600	1500~2300	1900~2700	2100~3000	350~500	450~600	600~700	650~750	500~950	1300~1600	1500~1700
	中密、密实	$N>15$	1400~2200	2100~3000	3000~4500	3800~5500	600~750	750~900	900~1100	1100~1200	900~1000	1700~1900	1700~1900
细砂	中密、密实	$N>15$	2500~4000	3600~5000	4400~6000	5300~7000	650~850	900~1200	1200~1500	1500~1800	1200~1600	2000~2400	2400~2700
中砂			4000~6000	5500~7000	6500~8000	7500~9000	850~1050	1100~1500	1500~1900	1900~2100	1800~2400	2800~3800	3600~4400
粗砂			5700~7500	7500~8500	8500~10000	9500~11000	1500~1800	2100~2400	2400~2600	2600~2800	2900~3600	4000~4600	4600~5200
砾砂		$N>15$	6000~9500	9000~10500			1400~2000	2000~3200			3500~5000		
角砾、圆砾	中密、密实	$N_{63.5}>10$	7000~10000	9500~11500			1800~2200	2200~3600			4000~5500		
碎石、卵石		$N_{63.5}>10$	8000~11000	10500~13000			2000~3000	3000~4000			4500~6500		
全风化软质岩		$30<N\leq 50$	4000~6000				1000~1600				1200~2000		
全风化硬质岩		$30<N\leq 50$	5000~8000				1200~2000				1400~2400		
强风化软质岩		$N_{63.5}>10$	6000~9000				1400~2200				1600~2600		
强风化硬质岩		$N_{63.5}>10$	7000~11000				1800~2800				2000~3000		

注：1. 砂土和碎石类土中桩的极限端阻力取值，宜综合考虑土的密实度，桩端进入持力层的深径比 h_b/d，土越密实，h_b/d 越大，取值越高。

2. 预制桩的岩石极限端阻力指桩端支承中、微风化基岩表面或进入强风化岩、软质岩一定深度条件下极限端阻力。

3. 全风化、强风化软质岩和全风化、强风化硬质岩指其母岩分别为 $f_{rk}\leq 15MPa$、$f_{rk}>30MPa$ 的岩石。

（3）单桩竖向承载力特征值 R_a 应按下式确定

$$R_a = \frac{1}{K}Q_{uk} \tag{10-54}$$

式中，K 为安全系数，取 $K=2$。

【例10-4】 如图10-28所示，已知桩基础承台埋深2m，桩长10m（从承台底面算起，不包括桩尖），桩的入土深度采用桩长，采用截面边长400mm×400mm的方形钢筋混凝土预制桩。求：

（1）桩端极限端阻力标准值 q_{pk}。

（2）单桩竖向极限承载力标准值 Q_{uk}。

（3）单桩竖向承载力特征值 R_a。

【解】 查表10-18求各层土的桩侧极限侧阻力标准值 q_{sik}。由图10-28可见，该桩穿越黏性土层及粉质黏土层，查表10-18得

黏性土层：$I_L = 0.75$，在 $0.5 < I_L \le 0.75$ 范围，取 $q_{s1k} = 55kPa$；

粉质黏土层：$I_L = 0.6$，在 $0.5 < I_L \le 0.75$ 范围，由内插法得 $q_{s2k} = 61kPa$；

桩端位于粉质黏土中，$I_L = 0.6$，由桩的入土深度在 $9 \le l \le 16m$ 范围内，查表10-19得桩的极限端阻力标准值 q_{pk} 为 $1400 \sim 2200kPa$，查取 $q_{pk} = 1743kPa$。

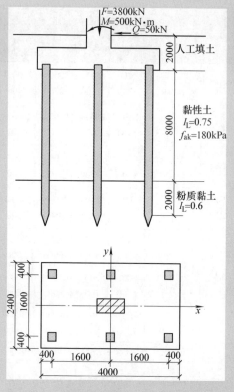

图10-28　例10-4图

由经验公式（10-53）得单桩竖向极限承载力标准值 Q_{uk}

$$Q_{uk} = Q_{sk} + Q_{pk} = u \sum q_{sik} l_i + q_{pk} A_p$$

$$Q_{uk} = 0.4 \times 4 \times (q_{s1k} \times 8 + q_{s2k} \times 2) + q_{pk} \times 0.42$$

$$= 0.4 \times 4 \times (55 \times 8 + 61 \times 2)kN + 1743 \times 0.42kN$$

$$= 1631.26kN$$

由式（10-54）得 $R_a = Q_{uk}/k = 1631.26kN/2 = 815.63kN$

10.4.4　桩基础设计

1. 桩基础常规设计内容及步骤

桩基础的设计应力求选型恰当、经济合理、安全适用。桩和承台应有足够的强度、刚度、耐久性，对桩端持力层地基则应有足够的承载力并避免产生过大的变形。桩基础设计和计算步骤如下：

1）收集设计资料。进行调查研究及场地勘察，收集相关资料。

2）确定持力层。根据收集的资料，结合相关的地质勘察情况、建筑物荷载、使用要求、上部结构条件等，确定桩基础持力层。

3）选择桩材，确定桩型、桩的截面形式及外形尺寸和构造，初步确定承台埋深。

4）确定单桩承载力设计值。

5）确定桩的数量并布桩，从而初步确定承台类型及尺寸。

6）验算单桩荷载，包括竖向荷载及水平荷载等。

7）验算群桩承载力，必要时验算桩基础的变形。桩基础承载力验算包括竖向承载力和水平承载力；桩基础变形包括竖向沉降及水平位移；对有软弱下卧层的桩基，尚需验算软弱下卧层承载力。

8）桩身内力分析及桩身结构设计等。

9）承台的抗弯、抗剪、抗冲切及抗裂等强度计算及结构设计等。

10）绘制桩基础结构施工图及详图，编写施工设计说明。

2. 收集设计资料

收集的桩基础设计资料要力求详尽、全面，以确保桩基础的合理性。一般应包括以下几方面：

1）建筑物本身的资料：主要包括建筑物类型、规模、使用要求、平面布置、结构类型、荷载分布情况、建筑安全等级及抗震要求等。

2）建筑场地、建筑环境资料：主要包括建筑场地和周围的平面布置，空中电线与地下管道设施的分布，相邻建筑物基础类型、埋深与安全等级资料，水、电和相关建筑材料的供应条件，周围环境对振动、噪声、地基水平位移等的敏感性，以及污水、泥浆的排泄条件，废土的处理条件等。

3）工程地质勘察资料：工程地质、水文地质勘察资料对桩基础设计是十分重要的，主要包括岩土的物理性质及埋藏条件，持力层及软弱下卧层的厚度及埋藏深度等情况，地下水的变化及埋藏深度等情况，并要注意地下水对桩身材料有无腐蚀性等。具体要求可参考现行《桩基规范》《岩土工程勘察规范》及其他相应规范，并尽可能了解当地使用桩基础的经验。

4）施工条件：包括施工机械设备条件、沉桩条件、材料供应条件、动力条件，施工对周围环境的影响程度，施工机械设备的进出场及现场运行条件等。

3. 确定持力层

持力层的选择，是桩基础设计的重要一步。应选择有足够承载力且压缩性低的土层作为桩端持力层，同时根据收集的资料及相关地质勘察情况、建筑物荷载、使用要求、上部结构条件等各方面因素综合确定。当地基中存在多层可供选择的持力层，在考虑上述因素的同时，应根据技术经济因素及成桩的可能性来选择持力层。

4. 桩型、桩长、桩截面尺寸的选择

（1）桩型的选择　桩型的选择是桩基础设计的最基本环节之一。桩型选择要因地制宜，经济合理。应考虑如下因素：

1）工程地质和水文地质条件。工程地质和水文地质条件是选择桩型的首要条件，所选择的桩型要适应工程地质和水文地质条件。

2）工程特点。包括建筑物的结构类型、荷载大小及分布、对沉降的敏感性等。荷载大小、施工及设备条件等是选择桩型时考虑的重要条件。如上部结构传来的荷载较大，应选择承载力较大的桩型，同时要考虑施工能力、打桩设备等因素，综合选择桩型。

3）施工对周围环境的影响。桩基础在沉桩过程中容易对周围环境造成振动、噪声、污水、泥浆、地面隆起、土体位移等不良影响，甚至影响周围的建筑物、地下管线设施等安全。在居民生活、工作区周围应尽可能避免使用锤击、振动法沉桩的桩型，当周围环境存在市政管线或危旧房屋，或对挤土效应较敏感时，则应尽量避免使用挤土桩。

4）考虑工程造价及工期的要求。若选择桩型时，如果有多种满足承载力的桩型，则应选择既能保证工期又经济合理的桩型，从根本上降低工程造价。

5）经济条件。综合分析上述条件，对所选择的桩型经过经济性、工期、施工的可行性、安全性等比较之后，最后选定桩型要由经济性决定。

（2）桩长的选择 桩的长度主要取决于桩端持力层的选择，持力层确定后，桩长也就初步确定了。同时，桩长的选择与桩的材料、施工工艺等因素有关。

1）桩端持力层应选择较硬土层。原则上桩端最好进入坚硬土层或岩层，采用嵌岩桩或端承桩；当岩层埋藏很深时，则可考虑采用摩擦桩基，桩端应尽量达到较难压缩的土层上。

2）桩端进入持力层的深度。对于黏性土、粉土，不宜小于 $2d$（d 为桩径）；砂类土不宜小于 $1.5d$；碎石类土不宜小于 $1d$。当存在软弱下卧层时，桩端以下硬持力层厚度不宜小于 $3d$。对于嵌岩桩，嵌岩深度应综合荷载、上覆土层、基岩、桩径、桩长诸因素确定；对于嵌入倾斜的完整和较完整岩的全断面深度不宜小于 $0.4d$ 且不小于 $0.5m$，倾斜度大于30%的中风化岩，宜根据倾斜度及岩石完整性适当加大嵌岩深度；对于嵌入平整、完整的坚硬岩和较硬岩的深度不宜小于 $0.2d$，且不应小于 $0.2m$。

3）桩端进入持力层某一深度后，桩端阻力不再随深度的增长而增大，则该深度为临界深度。当硬持力层较厚、施工条件允许时，为了提高桩端阻力，应可能使桩端进入持力层的深度达到桩端阻力的临界深度。砾、砂的临界深度值为 $(3\sim6)d$，粉土、黏性土的临界深度值为 $(5\sim10)d$。

4）同一建筑物应避免出现不同桩型的桩。一般情况下，同一建筑物应尽可能地采用相同桩型基桩（当建筑物平面范围内的荷载分布很不均匀时，也可根据荷载和地基的地质条件采用不同直径的基桩）。

（3）桩的截面尺寸及承台埋深的选择 桩型及桩长初步确定后，可根据相关规范定出桩的截面尺寸，并初步确定承台底面标高。一般情况下，承台埋深的选择主要从结构要求和冻胀要求考虑，并不得小于600mm。对于季节性冻土，承台埋深既要考虑冻胀要求，又要考虑是否采用相应的防冻害措施。对于膨胀土，承台埋深要考虑土的膨胀性影响。

5. 桩数及桩位布置

（1）桩数 n 先假设承台底面的尺寸之后，初步确定单桩竖向承载力特征值 R_a 后，再初步确定桩的数量 n。由中心受荷桩基础 $N_k = \dfrac{F_k + G_k}{n} \leqslant R_a$ 得

$$n \geqslant \frac{(F_k + G_k)}{R_a} \tag{10-55}$$

式中，F_k 为荷载效应标准组合下，作用于桩基承台顶面上的竖向力设计值（kN）；G_k 为承台及承台上填土自重标准值（kN），对稳定的地下水位以下的部分应扣除水的浮力。

在偏心竖向受压荷载作用下，按下式估算桩的数量 n

$$n \geqslant \mu \frac{F_k + G_k}{R_a} \qquad (10\text{-}56)$$

式中，μ 为偏心竖向荷载作用下，桩数的经验系数，可取 $\mu = 1.1 \sim 1.2$。

计算桩的数量 n 时，要注意的几个问题：

1）无论轴心还是偏心受压，对于桩数超过 3 根的非端承桩桩基础，应按前面的相关内容重新计算单桩竖向承载力特征值 R_a 后，再重新估算桩数 n。所选的桩数是否合适，尚待验算各桩受力后决定。如有必要，还要通过桩基础软弱下卧层承载力和桩基础沉降验算后，才能最终确定桩数。

2）偏心受压时，若桩的布置使得群桩横截面的重心与荷载合力作用点相重合时，这种情况下的桩基础，仍按中心受压基础来考虑，故桩的数量按式（10-55）计算。

3）承受水平荷载的桩基础，确定桩的数量时，除了满足上述公式之外，还应满足桩的水平承载力要求。

4）对于灵敏度高的软弱黏土中，应采用桩距大、桩数少的桩基础。

（2）桩的中心距　桩的中心距（桩距）过大，会增加承台的体积，使之造价提高；反之，桩距过小，给桩基础的施工造成困难，如是摩擦型群桩，还会出现应力重叠，使得桩的承载力不能充分发挥作用。因此，《桩基规范》规定：基桩的最小中心距应满足表 10-20 的要求。

表 10-20　桩的最小中心距

土类与成桩工艺		排数不少于 3 排且桩数不少于 9 根的摩擦型桩桩其	其 他 情 况
非挤土灌注桩		3.0d	3.0d
部分挤土桩	非饱和土、饱和非黏性土	3.5d	3.0d
	饱和黏性土	4.0d	3.5d
挤土桩	非饱和土、饱和非黏性土	4.0d	3.5d
	饱和黏性土	4.5d	4.0d
钻、挖孔扩底桩		2D 或 $D+2.0\text{m}$（当 $D>2\text{m}$）	1.5D 或 $D+1.5\text{m}$（当 $D>2\text{m}$）
沉管夯扩、钻孔挤扩桩	非饱和土、饱和非黏性土	2.2D 且 4.0d	2.0D 且 3.5d
	饱和黏性土	2.5D 且 4.5d	2.2D 且 4.0d

注：1. d 为圆桩设计直径或方桩设计边长，D 为扩大端设计直径。

2. 当纵横向桩距不相等时，其最小中心距应满足"其他情况"一栏的规定。

3. 当为端承桩时，非挤土灌注桩的"其他情况"一栏可减小至 2.5d。

（3）桩位的布置　桩位在平面的布置简称布桩。单独基础下的桩基础可采用方形、三角形、梅花形等布桩方式，如图 10-29a 所示；对于条形基础下的桩基础，可采用单排或双排布置方式，如图 10-29b 所示，有时可采用不等距的形式。布桩是否合理，对桩的受力及承载力的充分发挥，减少沉降量，特别是减少不均匀沉降量，具有相当重要的作用。

布桩的一般原则是：

1）布桩要紧凑，尽可能减小承台面积，使各桩充分发挥作用。

2）尽可能使各桩受力均匀。布桩时应尽可能使上部荷载的中心与群桩的截面形心重合或接近，这样，接近于轴心受力，使每根桩的受力均匀。

3）增加群桩基础的抗弯能力。当作用于桩基础承台底面的弯矩较大时，增加群桩截面的惯性矩。

对于柱下单独基础和整片式的桩基础，宜采用外密内疏不等距的布桩方式；对于横墙下桩基础，可在外纵墙之外布设

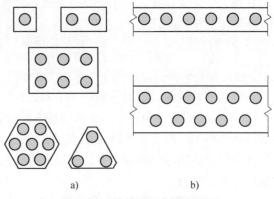

图10-29 桩的平面布置示例图
a）单独基础布桩 b）条形基础布桩

1～2根"探头"桩，如图10-30所示。在有门洞的墙下，布桩应将桩设置在门洞的两侧；对于梁式或板式基础下的群桩，布桩时应尽量减少梁板中的弯矩，应多在柱、墙下布桩，以减少梁和板跨中的桩数，从而减少弯矩。

6. 桩身结构设计和计算

钢筋混凝土预制桩和灌注桩的桩身结构设计和计算需考虑整个施工阶段和使用阶段的各种最不利受力状态。一般情况下，对于钢筋混凝土预制桩，在吊运和沉桩过程中所产生的内力往往在桩身结构计算中起到控制作用；而对于灌注桩在施工结束后成桩，桩身结构设计由使用荷载确定。

（1）钢筋混凝土预制桩

1）构造要求。预制桩的混凝土强度等级不宜低于C30，预应力混凝土桩的混凝土强度等级不应低于C40。

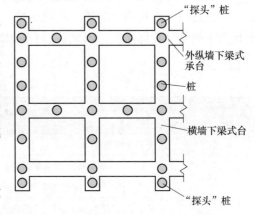

图10-30 横墙下"探头桩"的布置图

预制桩内的纵向主筋通常都是沿桩长均匀分布，应按计算确定。一般选用4～8根直径为14～25mm的钢筋，最小配筋率ρ_{min}不宜小于0.8%，一般为1%左右，静压法沉桩时不宜小于0.6%，主筋直径不宜小于14mm，打入桩桩顶以下4～5倍桩径长度范围内箍筋应加密，并设置钢筋网片。

如图10-31所示，用打入法沉桩时，直接受到锤击的桩顶应放置间距为50mm的三层钢筋网。桩尖的所有主筋应焊接在一根圆钢上，桩尖处用钢板加固。主筋的混凝土保护层不宜小于30mm；桩上需埋设吊环，起吊位置由计算确定。必须在混凝土强度满足要求时才可以起吊和搬运。

2）设计计算。钢筋混凝土预制桩作为一种构件，需经过预制、起吊、运输、吊立、打桩、使用等环节，每一环节对桩身结构强度都有相应的要求，因此，需作相应的设计计算。一般钢筋混凝土预制桩在施工过程中的最不利受力状态，出现在吊运和锤击沉桩时，故钢筋混凝土预制桩的配筋主要按桩身吊运计算确定。

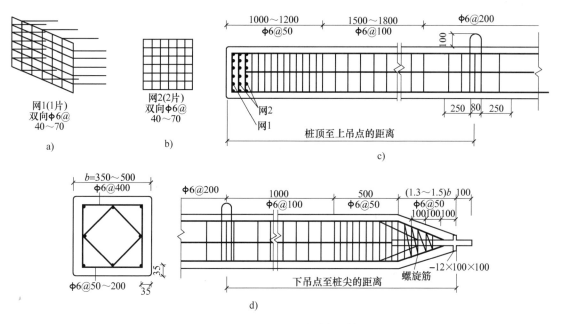

图 10-31　混凝土预制桩桩身配筋图

钢筋混凝土预制桩吊运和吊立时，桩的受力状态与梁相同，桩在自重作用下产生的弯曲应力与吊点的数量和位置有关。桩长在 20m 以下的桩，起吊时一般采用双点吊或单点吊；在用打桩龙门架式起重机吊立时，采用单点吊。吊点位置按吊点间的正弯矩和吊点处的负弯矩相等的条件确定（见图 10-32）。图中最大弯矩计算式中 q 为桩单位长度的重力，K 为考虑冲击和振动而取的动力系数，一般取 1.3。桩在运输或堆放时的支点应放在起吊吊点处。

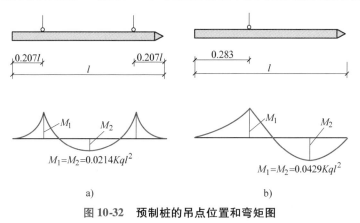

图 10-32　预制桩的吊点位置和弯矩图

a）双点起吊时　b）单点起吊时

沉桩常用的方法有锤击法和静压法两种。静压法在正常沉桩过程中，其桩身应力一般小于吊运运输过程和使用阶段的应力，故不必验算。锤击法沉桩的冲击力在桩身中产生了应力波，应力波一直传递到桩端，然后再反射回来。桩身受到锤击周期性的拉压应力作用，桩身上端常出现环向裂缝，故需要进行桩身结构的动应力计算。对于一级建筑桩基础、桩身有抗裂要求和处于腐蚀性土质中的打入式预制混凝土桩和钢桩，锤击的拉（压）应力应小于桩身材料的轴心抗拉（压）强度设计值（钢桩为屈服强度值）计算分析表明，预应力混凝土桩的主筋常取决于锤击拉应力。

（2）灌注桩的构造要求　灌注桩应按下列规定配筋：

1）配筋率。当桩身直径为 300～2000mm 时，正截面配筋率可取 0.65%～0.2%（小直径桩取高值）；对受荷载特别大的桩、抗拔桩和嵌岩端承桩应根据计算确定配筋率，并不应小于上述规定值。

2）配筋长度：

① 端承型桩和位于坡地、岸边的基桩应沿桩身等截面或变截面通长配筋。

② 摩擦型灌注桩配筋长度不应小于 2/3 桩长；当受水平荷载时，配筋长度尚不宜小于 4.0/α（α 为桩的水平变形系数）。

③ 对于受地震作用的基桩，桩身配筋长度应穿过可液化土层和软弱土层，进入稳定土层的深度不应小于《桩基规范》第 3.4.6 条的规定。

④ 受负摩阻力的桩、因先成桩后开挖基坑而随地基土回弹的桩，其配筋长度应穿过软弱土层并进入稳定土层，进入的深度不应小于（2～3）d。

⑤ 抗拔桩及因地震作用、冻胀或膨胀力作用而受拔力的桩，应等截面或变截面通长配筋。

3）对于受水平荷载的桩，主筋不应小于 8ϕ12；对于抗压桩和抗拔桩，主筋不应少于 6ϕ10；纵向主筋应沿桩身周边均匀布置，其净距不应小于 60mm。

4）箍筋应采用螺旋式，直径不应小于 6mm，间距宜为 200～300mm；受水平荷载较大的桩基、承受水平地震作用的桩基以及考虑主筋作用计算桩身受压承载力时，桩顶以下 5d 范围内的箍筋应加密，间距不应大于 100mm；当桩身位于液化土层范围内时箍筋应加密；当考虑箍筋受力作用时，箍筋配置应符合现行国家标准《混凝土结构设计规范》GB 50010 的有关规定；当钢筋笼长度超过 4m 时，应每隔 2m 设一道直径不小于 12mm 的焊接加劲箍筋。

桩身混凝土及混凝土保护层厚度应符合下列要求：

1）桩身混凝土强度等级不得小于 C25，混凝土预制桩尖强度等级不得小于 C30。

2）灌注桩主筋的混凝土保护层厚度不应小于 35mm，水下灌注桩的主筋混凝土保护层厚度不得小于 50mm。

3）四类、五类环境中桩身混凝土保护层厚度应符合国家现行标准《港口工程混凝土结构设计规范》JTJ 267、《工业建筑防腐蚀设计规范》GB 50046 的相关规定。

7. 承台设计和计算

承台常用类型主要有：柱下独立承台、柱下或墙下条形承台（梁式承台）、十字交叉条形承台、筏板承台和箱形承台等。承台的作用是使桩成为一个整体，并把上部结构的荷载传到桩上。因此，承台应有足够的强度和刚度。

承台设计的内容包括确定承台的材料、承台埋深、外形尺寸（平面尺寸、剖面形状、高度）及承台配筋。承台计算内容：局部抗压强度计算、抗冲切计算、抗剪计算、抗弯计算（配筋），必要时还要验算承台的抗裂性或变形，且应符合构造要求。

（1）承台的设计及构造要求

1）承台的平面尺寸。承台平面尺寸一般由上部结构、桩数及布桩形式决定。通常，墙下桩基础宜做成条形承台即梁式承台；柱下桩基础宜做成板式承台（矩形或三角形），如图 10-33 所示，其剖面形状可做成锥形、台阶形或平板形。

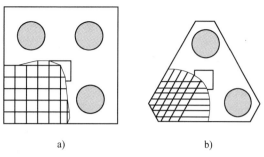

2）承台构造。承台混凝土强度等级应满足结构混凝土耐久性要求，对设计使用年限为 50 年的承台，根据现行《混凝土结构设计规范》的规定，当环境类别为二 a 类时不应低于 C25，二 b 类时不应低于 C30。有抗渗要求时，其混凝土的抗渗等级

图 10-33　柱下独立桩基承台配筋示意图

a）矩形承台　b）三桩承台

应符合有关标准的要求。承台钢筋的混凝土保护层厚度无垫层时不应小于 70mm，有混凝土垫层时，不应小于 50mm。柱下独立桩基承台宽度不宜小于 500mm，承台边缘到边桩中心距离不宜小于桩的直径或边长，承台边缘挑出部分不宜小于 150mm，对于墙下条形承台梁边缘挑出部分不宜小于 75mm。条形承台和柱下独立承台的厚度应不宜小于 300mm。承台的配筋按计算确定，对于矩形承台板配筋宜按双向均匀配置（见图 10-33a），钢筋直径不应小于 10mm，间距不应大于 200mm；对于三桩承台，应按三向板带均匀配置，最里面的三根钢筋相交围成的三角形应位于柱截面范围以内（见图 10-33b）。承台梁的纵向主筋不应小于 12mm，直径不应小于 10mm，箍筋直径不应小于 6mm。筏形、箱形承台板的厚度应满足整体刚度、施工条件及防水要求。

3）桩与承台连接。为保证桩与承台之间连接的整体性，桩顶应嵌入承台一定长度，对于大直径桩不宜小于 100mm；对于中直径桩不宜小于 50mm。混凝土桩的桩顶主筋应深入承台，其锚固长度不宜小于 35 倍主筋直径，对于抗拔桩，其锚固深度应按现行《混凝土结构设计规范》确定。

（2）承台弯矩计算　大量的模型试验表明，柱下独立承台产生弯曲破坏，其破坏特征呈梁式破坏。如四桩承台破坏时屈服线（见图 10-34），最大弯矩产生于屈服线处（柱边处）。承台正截面弯矩计算如下：

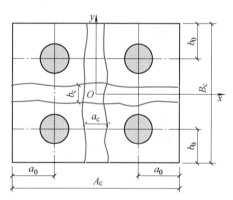

图 10-34　四桩承台弯曲破坏模式示意图

1）柱下多桩矩形承台弯矩计算截面应取在柱边或承台高度变化处（杯口外侧或台阶边缘），按下式计算

$$M_x = \sum N_i y_i, \quad M_y = \sum N_i x_i \qquad (10\text{-}57)$$

式中，M_x、M_y 分别为垂直于 x、y 轴方向计算截面处的弯矩设计值（kN·m）；x_i、y_i 分别为从桩的中心到相应计算截面的距离坐标（m，见图 10-35）；N_i 为扣除承台和承台上土自重设计值后第 i 桩竖向净反力设计值，当不考虑承台效应时，则为 i 桩竖向总反力设计值（kN）。

2）柱下三桩三角形承台弯矩　计算截面应取在柱边，如图 10-36 所示，按下式计算

$$M_x = \sum N_i y, \quad M_y = \sum N_i x \qquad (10\text{-}58)$$

当计算弯矩截面不与主筋方向正交时，应该对主筋方向角进行配筋面积换算。

承台的受弯计算，可按上述方法根据承台类型求其弯矩，然后按现行《混凝土结构设计规范》验算其正截面抗弯承载力及配筋计算，计算方法见一般的梁板。

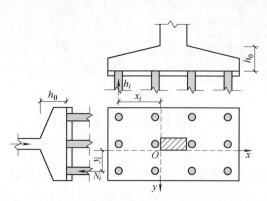

图 10-35　柱下独立矩形承台正截面弯矩
计算示意图

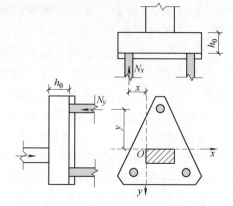

图 10-36　三桩三角形承台正截面弯矩
计算示意图

（3）承台高度及强度计算　承台的高度可按冲切及剪切条件确定，一般先按构造要求及经验初设承台高度，然后进行冲切、剪切强度验算，复核初设的承台高度是否满足要求，并进行调整。

1）冲切计算。当桩基础承台的有效高度不足时，承台将产生冲切破坏。承台冲切破坏的方式有两种：沿柱（墙）边和承台变阶处对承台冲切破坏；角桩顶部对承台的冲切破坏。

① 沿柱（墙）边或承台变阶处的冲切计算。柱（墙）边或承台变阶处冲切破坏锥体斜面与承台底面的夹角不宜小于 45°，该斜面的上周边位于柱与承台交接处或承台变阶处，下周边位于相应的桩顶内边缘处（见图 10-37）。

承台抗冲切承载力与冲切锥角有关，可采用冲跨比 λ 表示。

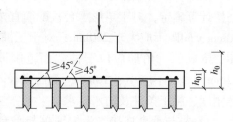

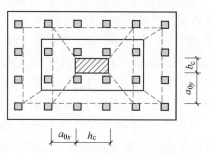

图 10-37　柱下承台的冲切示意图

沿柱（墙）边或承台变阶处对承台的冲切验算

$$F_l \leqslant \beta_{hp}\beta_0 f_t u_m h_0 \tag{10-59}$$

$$F_l = F - \sum N_i \tag{10-60}$$

$$\beta_0 = \frac{0.84}{\lambda + 0.2} \tag{10-61}$$

式中，F_l 为不计承台及其上土重，在荷载效应基本组合下作用于冲切破坏锥体上的冲切力设计值；F 为不计承台及其上土重，在荷载效应基本组合下作用于柱（墙）底的竖向荷载设计值；β_{hp} 为承台受冲切承载力截面高度影响系数，当 $h \leqslant 800mm$ 时，取 $\beta_{hp} = 1.0$，$h \geqslant 2000mm$ 时，β_{hp} 取 0.9，其间按线性内插法取值；$\sum N_i$ 为冲切破坏锥体范围内各基桩净反力（不计承台和承台上土的自重）设计值之和；f_t 为承台混凝土抗拉强度设计值；u_m 为冲切破坏锥体一半有效高度处的周长；h_0 为承台冲切锥体的有效高度；β_0 为冲切系数；λ 为冲跨比，$\lambda = a_0/h_0$，a_0 为柱（墙）边或承台变阶处到桩边的水平距离，当 $\lambda < 0.25$ 时，取 $\lambda = 0.25$，当 $\lambda > 1$ 时，取 $\lambda = 1$。

柱下矩形独立承台，承受柱边冲切时可以按下式计算

$$F_l \leq 2 \left[\beta_{0x}(b_c + a_{0y}) + \beta_{0y}(h_c + a_{0x}) \right] \beta_{hp} f_t h_0 \tag{10-62}$$

式中，β_{0x}、β_{0y} 为冲切系数，$\beta_{0x} = \dfrac{0.84}{\lambda_{0x} + 0.2}$，$\beta_{0y} = \dfrac{0.84}{\lambda_{0y} + 0.2}$，其中 $\lambda_{0x} = \dfrac{a_{0x}}{h_0}$，$\lambda_{0y} = \dfrac{a_{0y}}{h_0}$；$a_{0x}$ 为自柱长边到最近桩边的水平距离；a_{0y} 为自柱短边到最近桩边的水平距离；h_c、b_c 分别为柱截面长、短边尺寸。

② 角桩的冲切计算。对位于柱（墙）边的冲切锥体外的基桩，尚应考虑单一的基桩对承台的冲切作用，并按四桩承台、三桩承台等不同情况进行基桩（这里基桩是位于承台底面的拐角处，称为角桩）冲切计算。

四桩（含四桩）以上承台受角桩冲切的承载力计算，按下式计算

$$N_l \leq \left[\beta_{1x} \left(c_2 + \frac{a_{1y}}{2} \right) + \beta_{1y} \left(c_1 + \frac{a_{1x}}{2} \right) \right] \beta_{hp} f_t h_0 \tag{10-63}$$

式中，N_l 为不计承台及其上土重，在荷载效应基本组合作用下角桩反力设计值；h_0 为承台外边缘的有效高度；β_{1x}、β_{1y} 为角桩冲切系数，$\beta_{1x} = \dfrac{0.56}{\lambda_{1x} + 0.2}$，$\beta_{1y} = \dfrac{0.56}{\lambda_{1y} + 0.2}$，$\lambda_{1x}$、$\lambda_{1y}$ 为角桩冲跨比，其值为 0.25 ~ 1.0；c_1、c_2 为从角桩内边缘到承台外边缘的距离；a_{1x}、a_{1y} 为从承台底角桩内边缘引 45° 冲切线与承台顶面相交点到角桩内边缘的水平距离，当柱或承台变阶处位于 45° 线以内时，则取由柱边或变阶处与桩内边缘连线为冲切锥体的锥线，如图 10-38 所示。

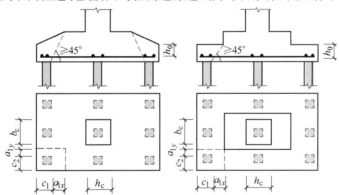

图 10-38　四桩以上承台的角桩冲切验算示意图

三桩三角形承台受角桩冲切的承载力计算，按下式计算

底部角桩

$$N_l \leq \beta_{11}(2c_1 + a_{11}) \beta_{hp} \tan \frac{\theta_1}{2} f_t h_0 \tag{10-64}$$

其中

$$\beta_{11} = \frac{0.56}{\lambda_{11} + 0.2}$$

顶部角桩

$$N_l \leq \beta_{12}(2c_2 + a_{12}) \beta_{hp} \tan \frac{\theta_2}{2} f_t h_0 \tag{10-65}$$

其中

$$\beta_{12} = \frac{0.56}{\lambda_{12} + 0.2}$$

式中，β_{11}、β_{12}为角桩冲切系数；λ_{11}、λ_{12}为角桩冲跨比，$\lambda_{11} = a_{11}/h_0$，$\lambda_{12} = a_{12}/h_0$；$a_{11}$、$a_{12}$为从承台底角桩内边缘向相邻承台边引45°冲切线与承台顶面相交点到角桩内边缘的水平距离（m），当柱位于45°线以内时，则取柱边与桩内边缘连线为冲切锥体的锥线，如图10-39所示。

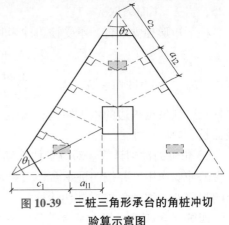

图10-39 三桩三角形承台的角桩冲切验算示意图

2）剪切计算。桩基础承台斜截面受剪承载力计算同一般混凝土结构计算大体相同，但由于桩基础承台的剪跨比大多较小（$\lambda < 1.40$），故需将混凝土结构所限制的剪跨比（$1.40 \sim 3.0$）延伸到0.3的范围。承台高度应满足抗剪要求。柱下桩基础独立承台应分别对柱边及承台变阶处和桩边连线形成的斜截面进行抗剪计算，如图10-45所示。当柱边外有多排桩形成多个剪切斜截面时，此时每个斜截面都应进行验算。

对于等厚度承台斜截面承载力可以按下式计算

$$V \leqslant \beta_{hs}\alpha f_t b_0 h_0 \tag{10-66}$$

$$\alpha = \frac{1.75}{\lambda + 1}, \quad \beta_{hs} = \left(\frac{800}{h_0}\right)^{1/4}$$

式中，V为不计承台及其上土重，在荷载效应基本组合下斜截面的最大剪力设计值（kN）；f_t为混凝土轴心抗拉强度设计值（kPa）；α为剪切系数；b_0为承台计算截面的计算宽度（m），对等厚度承台，$b_0 = b$（承台短边）；h_0为承台计算截面处的有效高度（m）；λ为计算截面的剪跨比，$\lambda_x = a_x/h_0$，$\lambda_y = a_y/h_0$，a_x、a_y为柱（墙）边或承台变阶处到x、y方向计算一排桩的桩边水平距离，当$\lambda < 0.25$时，取$\lambda = 0.25$，当$\lambda > 3$时，取$\lambda = 3$；β_{hs}为受剪切承载力截面高度影响系数，当$h_0 < 800\text{mm}$时，取$h_0 = 800\text{mm}$，当$h_0 > 2000\text{mm}$时，取$h_0 = 2000\text{mm}$，其间按内插法取值。

3）局部受压计算。对于柱下桩基础承台，当承台的混凝土强度等级低于柱的强度等级时，应按现行《混凝土结构设计规范》验算承台的局部受压承载力。对承台的抗震验算时，应根据现行《建筑抗震设计规范》规定对承台的受弯、受剪承载力进行抗震调整。

思 考 题

1. 筏形基础分为哪几类？

2. 筏形基础的常用内力简化方法有哪几种？各有何特点？

3. 如何确定箱形基础上部结构等效抗弯刚度？试绘制计算简图予以说明。

4. 如何验算箱形基础抗滑移稳定性？试绘制计算简图予以说明。

5. 在哪些情况下必须进行桩基的承载力和稳定性验算？

6. 绘图说明竖向荷载作用下单桩的桩、土荷载传递。

7. 在哪些情况下必须计入桩侧负摩阻力？

8. 简述单桩静载荷试验的要点，以及单桩竖向极限承载力实测值的确定方法。

9. 简述桩基设计步骤。

10. 试绘制柱下承台、四桩以上承台的角桩、三桩三角形承台的角桩的冲切验算示意图。

高层建筑结构设计软件应用 第11章

目前，高层建筑结构日趋复杂，规模越来越大，高度越来越高，传统的简化计算分析方法（包括手算及近似方法计算）已不能很好地进行复杂结构的计算分析。另外，随着计算机技术迅速发展，结构计算分析与设计软件不断地改进，为高层建筑结构计算和设计提供了强大的技术条件。因此，采用结构设计软件通过计算机进行高层建筑结构计算和设计已成为当前高层建筑结构计算分析与设计的主要方法。

11.1 结构程序设计的基本原理

高层建筑结构的计算及设计程序计算机分析方法，从原理上可分为三种：①将高层建筑结构离散为杆单元，再将杆单元集合成结构体系，采用矩阵位移法计算（或称为杆件有限元法）；②将高层建筑结构离散为杆单元、平面或空间的墙、板单元，然后将这些单元集合成结构体系进行分析，称为组合结构法（或称为组合有限元法）；③将高层建筑结构离散为平面或空间的连续条元，并将这些条元集合成结构体系进行分析，称为有限条法。在上述三种方法中，矩阵位移法应用的最为广泛，比如 PKPM 中多高层建筑结构三维分析软件 TAT；有限条法应用较少；组合有限元法近年来应用较多，被认为是对高层建筑结构进行较精确计算的通用方法，比如 PKPM 中多高层建筑结构空间有限元分析软件 SATWE。

鉴于在工程实际中，主要采用杆件有限元法及组合结构法进行高层建筑结构计算分析与设计，故本节只介绍前两种计算机分析方法的基本原理。

11.1.1 杆件有限元法

1. 分析基本假定

高层建筑是非常复杂的空间结构体系，对不同结构形式或要求不同的计算精度时，可采用不同的计算基本假定。

（1）弹性楼板或刚性楼板假定 在高层建筑的各层楼盖及屋盖处，楼板把各个抗侧力构件联系在一起，共同受力。在水平荷载作用下，楼板相当于水平支撑在各个抗侧力构件上的水平梁，它在自身平面内具有一定刚度，因而会产生水平方向的变形，即楼板一般为弹性楼板。如果按弹性楼板考虑，则同一楼板平面内的杆件两端有相对位移，结点的计算自由度都是独立的，整个结构体系的自由度数目和计算工作量均很大。如果假定楼板在自身平面内为无限刚性，则在水平荷载作用下楼板不会产生平面内变形，此即刚性楼板假定。在刚性楼板假定下，同一楼板平面内的杆件两端没有相对位移，即平移自由度不独立，耦合在一起，可大大减少计算自由度数目及计算工作量。当建筑物的楼盖面积较大，且楼板上无洞口或洞口（包括凹槽）面积较小时，楼板在自身平面内的实际变形很小，刚性楼板假定是符合实际的。因而在实际工程计算中，大多数采用刚性楼板假定。

（2）空间结构或平面结构假定　将高层建筑结构视为空间结构时，该空间结构均由空间杆件组成，空间杆件在平面内和平面外均具有刚度。对于一般梁、柱等空间杆件，每个杆端节点有6个自由度，即沿3个轴的线位移 u、v、w 和绕3个轴的角位移（即转角）θ_x、θ_y、θ_z，如图 11-1a 所示。

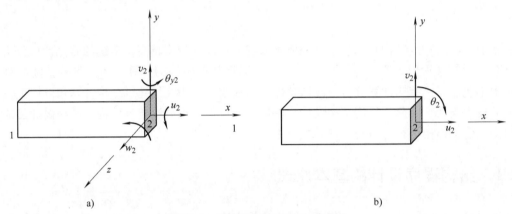

图 11-1　空间及平面杆件力学模型

对于剪力墙，如将其简化为带刚域杆件，则每个结点仍为6个自由度（见图 11-1a）；如将其简化为空间薄壁杆件，则每个结点除上述的6个自由度外，还要增加一个翘曲自由度（即扭转角 θ_v），总共有7个自由度 u、v、w、θ_x、θ_y、θ_z 和 θ_v，如图 11-2b 所示。截面翘曲自由度对应着截面上的第七个内力——双力矩，如图 11-2b 所示，当剪力墙这样截面尺寸较大的薄壁杆件受扭时，截面总弯矩为零，总轴力也为零；但由于截面大，截面翘曲在翼缘上产生正应力——翘曲正应力，这些正应力总合力为零，总合力矩也为零，但在截面许多部位其应力都不为零。为考虑薄壁杆件受扭时的这一特点，引入截面翘曲自由度及其对应的内力——双力矩，其中双力矩以力矩 M 乘以其距离 l 来表示。

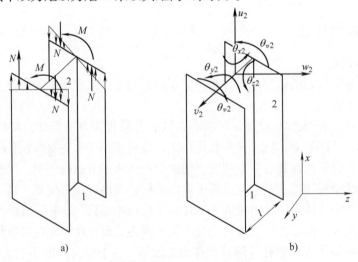

图 11-2　空间薄壁杆件力学模型

高层建筑结构按空间结构计算，比较符合实际情况，但结构的计算自由度和计算工作量比平面结构均大幅度增加。对某些结构平面和立面布置比较规则的高层建筑结构，当减少计算工作量且计算精度降低不多时，可假定其为平面结构，即假定位于同一平面内的杆件组成的结构为平面结构，结构只在平面内具有刚度，平面外的刚度为零，结构是二维的，杆件的每个结点有 3 个独立的位移 u、v 和 θ，如图 11-1b 所示。

（3）杆件具有轴向、弯曲、剪切和扭转刚度　对于高层建筑结构，构件轴向和弯曲变形一般应予以考虑；对剪力墙等截面高度较大的构件，其剪切变形的影响不宜忽略。因此，计算高层建筑结构的内力和位移时，一般应考虑杆件的轴向、弯曲、剪切和扭转变形。相应地，杆件应具有轴向、弯曲、剪切和扭转刚度。当采用平面结构的计算假定时，杆件仅具有轴向、弯曲和剪切刚度。

2. 计算分析模型

（1）平面协同计算模型　将高层建筑结构离散为杆单元后，高层建筑结构都是由来自不同方向的杆件组成的空间结构，能抵抗来自任意方向的荷载。对于一般的框架、剪力墙和框架-剪力墙结构，为简化计算，其在水平荷载作用下的内力和位移计算可采用以下两条假定：

1）楼板在自身平面内为绝对刚性，在平面外的刚度为零。按此假定，在水平荷载作用下整个楼面在自身平面内做刚体移动和转动，各轴线上的抗侧力结构在同一楼层处具有相同的位移参数。

2）各轴线上的抗侧力结构在自身平面内的刚度远大于平面外刚度，即假定各抗侧力平面结构只在其平面内具有刚度，不考虑其平面外刚度。按此假定，整个结构体系可划分为若干个正交或斜交的平面抗侧力结构进行计算。

如果结构的平面布置有两个对称轴，且水平荷载也对称分布，则各方向水平荷载的合力 F_x 和 F_y 均作用在对称平面内，如图 11-3 所示。此时，楼面在 F_x 作用下只产生沿 x 方向的位移，在 F_y 作用下只产生沿 y 方向的平移，即在水平荷载作用方向每个楼层只有一个位移未知量，结构不产生扭转。因此，结构体系有 n 个楼层，就会有 n 个基本未知量，两个方向的平面结构各自独立，可分别计算。由于此法假定与荷载作用方向正交的构件不受力，所以也称为平面协同计算。这种计算方法与近似的手算方法类似，与荷载作用方向相垂直的杆件不受力。尽管这种方法比手算方法稍微精确一些，但由于不能考虑结构的扭转效应，不能用于平面复杂的高层建筑结构计算分析。

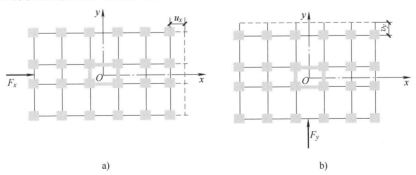

a)　　　　　　　　　　　　　　　　b)

图 11-3　平面协同计算模型荷载下的位移

（2）空间协同计算模型 采用平面协同计算模型考虑了两条假定，即楼板平面内无限刚性的假定及各个抗侧力平面结构只在其平面内具有刚度，不考虑其平面外刚度的假定。如果结构的平面布置不对称，或每个方向水平荷载的合力 F_y 和 F_x 不作用在对称平面内，则各层楼面将不仅产生刚体线位移，而且将产生在自身平面内的刚体转动角位移。因此，此时每个楼层具有 3 个自由度，即沿两个主轴方向的平动线位移 u、v 和绕结构刚度中心的转动角位移 θ，各平面抗侧力结构在同一楼层处的侧移一般都不相等，但仍用相同的位移参数 u、v 和 θ 表示侧移与转动。如对于图 11-4 所示的平面不对称结构，其刚度中心位置会发生变化，因此一般假定结构的第 i 层质量中心为坐标原点，如图 11-4 中 O_i 点。当第 i 楼层有刚体位移 v_i、u_i、θ_i 时，v_i 和 u_i 与坐标轴一致为正，θ_i 以逆时针转动为正，该结构由坐标原点 O_i 点移至点 O_i'，则由几何关系可以得到各个抗侧力结构的侧移与楼层刚体位移的关系

$$v_i^j = v_i + x_j\theta_i \tag{11-1a}$$

$$u_i^j = u_i - y_j\theta_i \tag{11-1b}$$

式中，u_i^j 为沿 x 轴方向抗侧力构件 j 在 i 楼层的侧移；v_i^j 为沿 y 轴方向抗侧力构件 j 在 i 楼层的侧移；x_j 为 x 轴方向抗侧力构件 j 与坐标原点之间的距离；y_j 为 y 轴方向抗侧力构件 j 与坐标原点之间的距离。

此法假定与水平荷载作用方向正交的平面结构只参与抗扭，故称为空间协同计算方法。

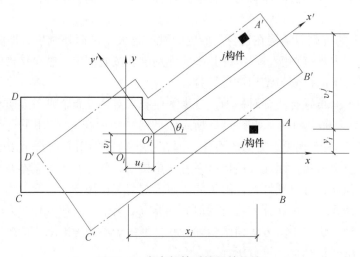

图 11-4　考虑扭转时楼层的位移

空间协同工作计算方法的优点是基本未知量为楼层的位移 v、u 和 θ，对于有 n 个楼层的高层建筑结构，共有 $3n$ 个基本未知量；不考虑结构扭转效应时，仅有 $2n$ 个未知量，计算简单，比较适合采用中小型计算机进行计算与分析。其主要缺点是仅考虑了各个抗侧力结构在楼层处水平位移和转角的协调，未考虑各抗侧力结构在竖直方向的位移协调。因此，协同工作计算方法可用于计算平面布置不对称的框架、剪力墙和框架-剪力墙结构在水平荷载作用下的内力和位移，比平面协同计算方法适用面广。但由于采用了抗侧力平面结构假定，因此该方法只适用于结构必须能分解为许多榀抗侧力平面结构的情况，不能用于空间作用很强的框筒结构（竖向位移协调必须考虑）、曲边和多边结构以及结构体型复杂的结构等的计算。

（3）空间杆-薄壁杆系计算模型　将高层建筑结构视为空间结构体系，梁、柱、支撑等一般均采用空间杆件单元，剪力墙可以采用薄壁空间杆件单元。如在对筒中筒结构和框架-核心筒结构计算分析时，框筒和框架部分可离散为一般的空间杆件单元，内筒和核心筒则可离散为薄壁空间杆件单元。一般空间杆件单元的每个结点有6个位移分量（即3个线位移和3个角位移），薄壁空间杆件的每个结点有7个位移分量，即除了上述的6个位移分量外，还有1个扭转角分量，如图11-2所示。由于每个结点有6个（或7个）独立的位移，计算自由度及未知量很多，需要求解大型的线性方程组。为减小结构求解的自由度数目，采用楼板在自身平面内无限刚性假定，则每个楼层只有三个公共自由度（v、u和θ），根据结点处的变形协调条件（杆端位移等于节点位移）和平衡条件，可建立每个结点位移与楼层位移之间的关系，则梁、柱、薄壁等空间构件的独立自由度数目都减小，大大减小了结构计算的自由度和未知量。

空间杆-薄壁杆系计算方法虽然也采用了楼板在自身平面内为绝对刚性的假定，但它不同于空间协同计算方法，因为它满足了空间的变形协调条件，即结构中相交的各构件都是相互关联，相交于同一结点的杆件在结点处的变形必须相同，杆端的竖向位移也必然相同。但是，由于假定楼板在自身平面内为绝对刚性，在楼板平面内的杆件两端没有相对位移，所以无法计算这些杆件的轴向变形和内力。实际工程中的大多数建筑结构，楼板平面内无限刚性假定与实际比较符合，计算结果的误差很小，楼板平面内杆件的轴向力也很小，可以忽略。因此，这是目前实际工程中应用较广泛的一种计算模型，适用于各种结构平面布置，可得到梁、柱、剪力墙等构件的全部变形和内力，又可以考虑结构扭转，是一种比较精细的计算方法，适用于分析、设计结构竖向质量和刚度不大，剪力墙平面竖向变化不复杂，荷载基本均匀的框架、框剪、剪力墙及筒体结构（事实上大多数实际工程结构都在此范围内）。特别是对于高度较大，结构布置（尤其是剪力墙布置）比较规则的结构，空间杆-薄壁杆系计算模型是较理想的模型；但对高度较低的多层结构或结构布置比较复杂的结构，则不再理想。

（4）空间组合结构计算模型　随着我国高层建筑功能的不断增多，结构的平面布置和竖向体型更趋复杂，对结构分析提出了更高的要求。如部分高层建筑的楼板开有大孔洞，从而使楼板在平面内无限刚性的假定不适用，应考虑楼板变形的影响；部分高层建筑具有复杂的空间剪力墙，如开有不规则的洞口、平面复杂的核心筒等；不少高层建筑使用了转换结构，包括转换大梁、转换桁架和转换厚板等。对于这些高层建筑，可采用空间组合结构计算模型，梁和柱均采用空间杆单元，剪力墙采用可开门洞和进行单元内部细分的空间墙元，为了考虑楼板的变形，用空间板壳单元来模拟楼板。这种计算模型在每个结点上均有六个自由度，可以对高层建筑进行更细致、更精确的结构分析，可以考虑空间扭转变形，也可以考虑楼板变形。但该法涉及更多的未知量，需求解大量的方程组，对计算条件也有更高的要求。这种计算模型几乎不受结构体型的限制，它为复杂体型结构的分析提供了强有力的手段。空间组合结构计算模型实际上是一种三维有限元计算模型，由于有限元模型具有丰富的并且正在不断完善的单元库，因而可以针对不同的结构，选择合适的单元，较为精确地描述结构的实际情况，从而可以更精确地进行高层建筑结构内力的计算。

高层建筑结构是复杂的三维空间受力体系，在选择计算模型和方法时，要结合结构的实际情况，根据需要和可能，选择能较准确地反映结构中各构件的实际受力状况的力学模型。在各类计算模型中，剪力墙和楼板模型的选取是关键，应针对不同的结构形式选择相应的计算模型。如能满足楼板平面内无限刚性假定的高层建筑结构，就可以选择空间杆-薄壁杆系计算模型，而不必为过分的追求计算精度选择空间组合结构计算模型。目前，在高层建筑结构计算中，除了一些简单规则的多层建筑结构仍采用平面或空间协同计算方法外，大多都采用空间组合结构计算模型。

3. 计算方法

采用杆件有限元法计算高层建筑结构的内力和位移时，以结点为分界点将结构体系划分为若干杆件。一般把每一杆件取为一个单元，建立局部坐标系中的单元刚度方程，并集合为整体坐标系中的结构整体刚度方程，求解方程可得结点位移，从而求得各杆件内力。计算方法如下：

1）将高层建筑结构离散为杆件单元（包括一般的梁、柱单元，带刚域杆件单元和薄壁杆件单元），在局部坐标系中建立单元刚度方程，即杆端力与杆端位移之间的关系

$$\overline{\boldsymbol{F}}^{e} = \overline{\boldsymbol{k}}^{e}\boldsymbol{\delta}^{e} \tag{11-2}$$

式中，$\overline{\boldsymbol{F}}^{e}$ 与 $\boldsymbol{\delta}^{e}$ 分别为单元在局部坐标系中的杆端力矢量及杆端位移矢量；$\overline{\boldsymbol{k}}^{e}$ 为单元在局部坐标系中的刚度矩阵。

2）将各杆件单元集合成整体结构体系，取结点位移为基本未知量，使结点处满足位移连续条件（使杆端位移等于结点位移）和平衡条件，建立整体坐标系中结构的整体刚度方程，即结构结点力与位移的平衡方程

$$\boldsymbol{F} = \boldsymbol{K}\boldsymbol{U} \tag{11-3}$$

式中，$\boldsymbol{F}$ 与 $\boldsymbol{U}$ 分别为整体坐标系中结构的结点力矢量和结点位移矢量；$\boldsymbol{K}$ 为结构的整体刚度矩阵。

3）引入支承条件或其他位移约束条件，对式（11-3）进行简化。

4）解式（11-3）得结点位移 $\boldsymbol{U}$，再将结点位移转化为杆端位移，最后由式（11-2）计算各杆杆端力。

11. 1. 2 空间组合结构计算方法

1. 关于剪力墙计算模型

剪力墙是高层建筑结构中的一种主要的抗侧力构件，同时也是一种基本的计算单元。在各种大型通用结构分析程序和高层建筑结构分析设计程序中，对剪力墙计算模型的选取不尽相同，计算结果也存在较大差异。

从理论上讲，剪力墙是一种平面单元，比较合理的计算方法是采用平面有限元法。但是对于体量很大的高层建筑结构体系，将剪力墙划分为平面单元后，结点数目及未知量太多，而且输出结果为单元应力和应变，对设计来讲也是不方便的，所以对剪力墙采用经典的平面有限元法计算是不合适的。

在杆件有限元法中，将剪力墙处理为带刚域杆件或薄壁杆件。对于开洞规则的联肢剪力墙，将其简化为带刚域杆件的壁式框架，计算简单，计算精度也较高。但如果剪力墙中的洞口错位或者无规律的排列，则壁式框架的轴线和刚域长度很难确定。另外，当剪力墙平面布置规则且洞口沿竖向对齐时，可根据具体情况，将剪力墙视为 L 形、Z 形、I 形、□形等形式的薄壁杆件，杆件上、下与楼板相连，取剪切中心为轴线与其他杆件构成空间结构，这可使整个结构体系的杆件数量减少，大大减少了总自由度数量。但实际上由于建筑功能要求，

剪力墙平面布置复杂，竖向布置也变化较大，所以用薄壁杆件来模拟复杂多变的剪力墙，有时会产生较大误差，甚至会得出错误的结果。

鉴于上述原因，需要寻求更精确的剪力墙计算分析模型。

2. 墙板和墙元模型

近年来用于模拟剪力墙受力性能的模型很多，下面仅介绍常用的两种分析模型。

（1）墙板模型　将剪力墙简化为平面单元，单元平面内有轴向、弯曲和剪切刚度，平面外刚度为零，称为墙板。工程中常用的主要有以下两种模型：

1）平面应力单元。在高层建筑结构中应用平面单元时，一般先把剪力墙按层分割为若干独立的板，每块板可根据精度要求再细分为更小的单元，单元分割越细，精度越高。如对于图 11-5a 所示的四层剪力墙，首先按层将其分割为四块板，每块板再细分为 12 个单元，如图 11-5b 所示。图 11-5c 所示为其中的一个单元，单元与单元之间用铰连接。在结点（铰）处，相连接的单元有相同的水平位移和竖向位移，保证位移协调。这实际上是一种比较粗糙的平面有限元法。

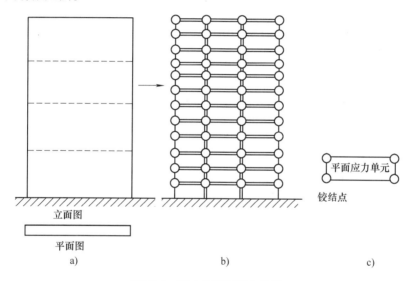

图 11-5　剪力墙平面应力单元

2）新型高精度剪力墙单元。对于图 11-6a 所示的三层剪力墙，首先按层将其分割为 3 块板，然后将每块板沿竖向划分为 2 个柱单元和 1 个墙单元（在无边框剪力墙中可设虚柱），最后用特殊的虚拟刚性梁将上、下层的墙、柱以刚性结点连接起来，如图 11-6b 所示。刚性梁在墙平面内的抗弯刚度、抗剪刚度为无穷大，轴向无变形，平面外刚度为零，它与墙单元的力学特性相协调，在力学性能上如同位于墙平面内的平面刚体。因此，这是一种考虑剪力墙受力特性的平面应力单元。

每层的 2 个柱单元具有一般柱的力学特性，墙单元仅有轴向刚度及墙平面内的抗弯、抗剪刚度，这与刚性梁的力学特性是相匹配的。由于特殊刚性梁的力学特性及用刚性结点来连接分割后的柱和墙，因而在各层交界处剪力墙整体仍保持平面变形，即柱 1、墙和柱 2 各水平边上全部点的水平、竖向位移和转角位移均满足位移协调，其位移协调情况比经典有限元法好得多，因而其计算精度也高。

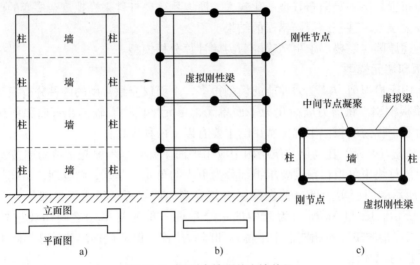

图 11-6 新型高精度剪力墙单元

（2）墙元模型 由于墙元既具有平面内刚度，又具有平面外刚度，所以用墙元模拟剪力墙可以较好地反映其实际受力状态。基于墙元理论的剪力墙分析模型，称为墙元模型，这是一种更为精确的剪力墙分析模型。中国建筑科学研究院 PKPMCAD 工程部编制的 SATWE 程序，其中的剪力墙就采用墙元模型。

SATWE 程序选用四结点等参薄壳单元。这种墙元为平面应力膜与板的叠加，每个结点有 6 个自由度，其中 3 个为膜自由度，另外 3 个为板自由度，可以方便地与空间杆单元连接，而不需要任何附加约束条件。

SATWE 程序用在墙元基础上凝聚而成的墙元模拟剪力墙。对于尺寸较大的剪力墙或带洞口的剪力墙，按照子结构的基本思路，由程序自动对其进行划分，形成若干小墙元（见图 11-7），然后计算每个小墙元的刚度矩阵并叠加，最后用静力凝聚方法将由于墙元细分而增加的内部自由度消去，只在墙的四角与梁、柱相连，从而保证墙元的精度和有限的出口自由度。按上述原则定义的墙元对剪力墙的洞口（仅考虑矩形洞口）大小及空间位置无限制，具有较好的适应性。

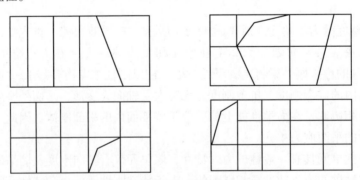

图 11-7 墙元模型及其细分示意图

3. 空间组合结构计算方法

空间组合结构计算法的计算要点与杆件有限元法相同，此法与杆件有限元法的主要区别是：将结构离散为有限单元时，对于一般的梁、柱单元，仍采用空间杆单元模型；对于剪力墙，视具体结构和计算要求，可采用墙板模型或墙元模型；对于楼板，采用墙元。

11.2　常用工程软件简介及选用原则

由于现代高层建筑向着体型复杂、功能多样的综合性发展，其结构复杂，体量很大，同时随着计算机软件技术的发展，现代结构工程的计算和设计很大程度上要依靠相关软件，可以这样说结构分析与设计软件是结构工程师的最重要的工具之一。目前现有的结构分析和设计软件很多，其计算模型和分析方法不尽相同，计算结果的表达方法也各异。所以，在进行结构分析和设计时，首先要了解现有结构分析和设计程序各自的特点，结合所设计结构的具体情况，选用合适的设计软件。本节根据我国当前建筑工程结构分析和设计软件的应用情况，介绍几种实用的结构分析和设计软件。

11.2.1　ANSYS 程序

ANSYS 软件是融结构、流体、电场、磁场、声场分析于一体的大型通用有限元分析软件，由美国 ANSYS 公司开发。它能与多数 CAD 软件接口，实现数据的共享和交换，是现代产品设计中的高级 CAD 工具之一。软件主要包括三部分：前处理模块、分析计算模块和后处理模块。前处理模块提供了一个强大的实体建模和网络划分工具，用户可以方便地构造有限元模型；分析计算模块包括结构分析（可进行线性分析、非线性分析和高度非线性分析）、流体动力学分析、电磁场分析、声场分析、压电分析以及多物理场的耦合分析，可模拟多种介质的相互作用，具有灵敏度分析和优化分析能力；后处理模块可以将计算结果以彩色等值线显示、梯度显示、矢量显示、立体切片显示、透明及半透明显示（可以看到结构内部）等方式显示出来，也可将计算结果以图表、曲线形式显示或输出。

ANSYS 软件提供了 100 多种单元类型，用来模拟工程中的各种结构和材料，如四边形壳单元、三角形壳单元、膜单元、三维实体单元、六面体厚壳单元、梁单元、杆单元、弹簧阻尼单元和质量单元等。每种单元类型又有多种算法供用户选择。

该软件目前有 100 余种金属和非金属材料模型可供选择，如弹性、弹塑性、超弹性、泡沫、玻璃、土壤、混凝土、流体、复合材料、炸药及起爆燃烧以及用户自定义材料，并可考虑材料失效、损伤、黏性、蠕变、与温度相关、与应变相关等性质。

由于 ANSYS 软件为大型通用有限元分析程序，程序中没有我国结构设计的相关规范，目前只能用于高层建筑结构设计前期的分析，根据分析的结果，工程设计人员再结合我国相关设计规范的规定进行结构设计，这使专业人员要花大量的时间来学习新规范，要做到各种结构规范能够融会贯通更是需要相当丰富的专业知识和工程实践经验。

11.2.2　MIDAS/Civil 程序

MIDAS/Civil 是个通用的空间有限元分析与设计软件，可适用于高层建筑结构、桥梁结构、地下结构、工业建筑、飞机场、大坝、港口等结构的分析与设计。特别是针对高层建筑结构，MIDAS/Civil 结合国内的规范与习惯，在建模、分析、后处理、设计等方面提供了很多的便利功能，目前已为各民用及工业设计院所采用。

MIDAS/Civil 的主要特点如下：

1）提供菜单、表格、文本、导入 CAD 和部分其他程序文件等灵活多样的建模功能，并尽可能使鼠标在画面上的移动量达到最少，从而使用户的工作效率达到最高。

2）提供静力分析（线性静力分析、热应力分析）、动力分析（自由振动分析、反应谱分析、时程分析）、静力弹塑性分析、动力弹塑性分析、动力边界非线性分析、几何非线性分析（P-delta 分析、大位移分析）、优化索力、屈曲分析、移动荷载分析（影响线/影响面分析）、支座沉降分析、热传导分析（热传导、热对流、热辐射）、水化热分析（温度应力、管冷）、施工阶段分析、联合截面施工阶段分析等功能。

3）在后处理中，可以根据设计规范自动生成荷载组合，也可以添加和修改荷载组合。

4）可以输出各种反力、位移、内力和应力的图形、表格和文本。提供静力和动力分析的动画文件；提供移动荷载追踪器的功能，可找出指定单元发生最大内力（位移等）时，移动荷载作用的位置；提供局部方向内力的合力功能，可将板单元或实体单元上任意位置的节点力组合成内力。

5）可在进行结构分析后对多种形式的梁、柱截面进行设计和验算。

6）提供中国、美国、英国、德国、欧洲、日本、韩国等国家的材料和截面数据库，以及混凝土收缩和徐变规范、移动荷载规范。

7）提供桁架、一般梁/边截面梁、平面应力/平面应变、只受拉/只受压、间隙、钩、索、加劲板轴对称、板（厚板/薄板、面内/面外厚度、正交各向异向）、实体单元（六面体、楔形、四面体）等工程实际中所需的各种有限元模型。

11.2.3 广厦软件结构 CAD 程序

广厦公司成立于 1996 年，是专业从事建筑结构设计 CAD 开发和销售的高新技术企业。以设计院背景研发的广厦结构 CAD 具有易学易用、出图快的特点，荣获 1999 年建设部科技成果重点推广项目、2000 年建设部科技成果推广转化指南项目、第五届工程设计优秀软件银奖、1999 年广东省建设系统科学技术进步奖一等奖和广东省科委科学技术进步奖银奖。该程序已经涵盖了中国高层建筑结构设计的相关规范，各专业模块包含的软件名称及基本特点如下：

1）广厦钢筋混凝土结构 CAD 是一个面向民用建筑的多高层结构 CAD，可以完成从建模、计算和施工图自动生成及处理一体化设计，结构计算包括空间薄壁杆系计算 SS 和空间墙元杆系计算 SSW。

2）广厦钢结构 CAD 结合了马鞍山钢铁设计研究院几十年钢结构设计和施工的经验，是唯一由设计院开发的钢结构 CAD，从实际应用出发，解决从建模、计算到施工图、加工图和材料表的整个设计过程。广厦钢结构分为：工厂钢结构 CAD（门式刚架、平面桁架和吊车梁 CAD）和网架网壳钢结构 CAD 两大部分。CAD 以 Autocad14 为图形平台，运行于 Windows 系统。

3）广厦打图管理系统 V4.0 可以进行单机和网络打图管理，网络支持 NOVELL 和 WINDOWS NT 两种网络系统，同时可进行 10 台绘图仪的管理，动态监测绘图仪的运行情况，计算设计人员或项目的出图成本，打印统计报表，加强各设计院打图管理和进行成本核算的工作。

4）广厦结构施工图设计实用图集与广厦 CAD 配套使用，该图集由广东省建筑设计研究院投入大量人力精心绘制，内含 70 张标准图，可减少设计图纸工作量 30% 以上，并减少设计错误，提高设计质量。该图集光盘版向用户提供标准图的 DWG 格式文件，使用户在 Autocad 下可任意修改、拼接、绘制新图。

11.2.4　TBSA 程序和 TBWE 程序

中国建筑科学研究院高层建筑技术开发部研制的 TBSA 和 TBWE 程序，是用来分析和设计多、高层建筑结构的专用程序。TBSA 程序采用空间杆-薄壁柱模型，即梁、柱、斜杆采用空间杆单元，每端 6 个自由度；剪力墙采用空间薄壁杆单元，考虑截面翘曲的影响，每端 7 个自由度。TBWE 程序采用空间杆-墙元模型，即剪力墙采用墙元模型（可参见第 11.1.2 节）。这两个程序不仅可以对框架结构、框架-剪力墙、剪力墙结构、筒体结构等常用的结构形式进行分析和配筋设计，还可用于分析和设计其他更复杂的结构体系。程序假定楼板在自身平面内刚度为无限大，多塔楼、错层结构采用分块楼板刚性假定，按广义楼层处理。独立杆和自由结点不受此限制。

程序的基本功能如下：

1）通过前处理程序可以自动形成结构分析的几何文件（工程名 . str）、设计信息文件（工程名 . des）和荷载文件（工程名 . lod），且可对这三个文件进行编辑。

2）可以分析普通单体结构、多塔楼结构、错层结构、连体结构等多种立面结构形式；梁单元和斜柱单元可以是固接或铰接；可以计算钢筋混凝土构件、型钢混凝土构件、钢管混凝土构件、异形柱及钢结构构件。

3）可以进行风荷载、双向水平地震作用和竖向地震作用分析，水平地震作用可考虑耦联或非耦联两种情况；可改变水平力作用方向，进行多方向水平力作用计算。

4）可按指定施工顺序考虑竖向荷载的施工模拟计算，可考虑 $P\text{-}\Delta$ 效应以及荷载偶然偏心的影响。

5）可考虑框支柱及角柱的不同设计要求及梁与柱偏心刚域的影响。

6）可以对框架（包括框支柱）-剪力墙结构、板柱-剪力墙结构、钢框架-钢筋混凝土核心筒结构进行内力调整。

7）具有完善的数据检查、图形检查功能；可输出结构平面简图、荷载简图、配筋简图、振型简图、轴压比简图、底层柱脚内力简图等；对梁可以进行裂缝验算，输出弹性和塑性挠度及指定梁的裂缝宽度。

11.2.5　ETABS 程序

ETABS 是由 CSI 公司开发研制的房屋建筑结构分析与设计软件，是美国乃至全球公认的高层结构计算程序，在世界范围内广泛应用，是房屋建筑结构分析与设计软件的业界标准。目前，ETABS 已经发展成为一个建筑结构分析与设计的集成化环境：系统利用图形化的用户界面来建立一个建筑结构的实体模型对象，通过先进的有限元模型和自定义标准规范接口技术来进行结构分析与设计，实现了精确的计算分析过程和用户可自定义的（选择不同国家和地区）设计规范来进行结构设计工作。

ETABS 除一般高层结构计算功能外，还可计算钢结构、钩、顶、弹簧、结构阻尼运动，斜板、变截面梁或腋梁等特殊构件和结构非线性计算（Pushover、Buckling、施工顺序加载等），甚至可以计算结构基础隔震问题，功能非常强大。

具有建筑结构分析与设计的集成化环境的 ETABS 程序，采用独特的图形操作界面系统（GUI），利用面向对象的操作方法来建模，编辑方式与 AutoCAD 类似，可以方便地建立各种复杂的结构模型，同时辅以大量的工程模板，大大提高了用户建模的效率，并且可以导入导出包括 AutoCAD 在内的常用格式的数据文件，极大地方便了用户的使用。在 ETABS 集成环境中，所有的工作都源自一个集成数据库中进行操作，基本的概念是用户只需创建一个由楼层和垂直及水平的结构系统就可以进行分析和设计整个建筑物。所需的功能都集成到一个通用的分析和设计系统的用户界面中，无需外部模块来维护且不需关心模块之间的数据传输。当更新模型时，结构的一部分变化导致另一部分的影响都是同时和自动的。ETABS 允许基于对象模型的钢结构和混凝土结构系统建模和设计，复杂楼板和墙的自动有限单元网格划分，在墙和楼板之间节点不匹配的网格进行自动位移插值，外加 Ritz 法进行动力分析，包含膜的弹性效应在分析中很有效。

ETABS 程序将框架和剪力墙都作为子结构来处理；采用刚性楼盖假定；梁考虑弯曲和剪切变形，柱考虑轴向、弯曲和剪切变形，剪力墙用带刚域杆件和墙板单元计算。可以对结构进行静力和动力分析，能计算结构的振型和频率，并按反应谱振型组合方法和时程分析方法计算结构的地震反应。在静力和动力分析中，考虑了 $P\text{-}\Delta$ 效应，在地震反应谱分析中采用了改进的振型组合方法（CQC 法）。

中国建筑标准设计研究所同美国 CSI 公司展开全面合作，将我国的相关设计规范全面地贯入到 ETABS 中，推出了中文版的 ETABS 软件。ETABS 中文版提供了混凝土和钢的材料特性、型钢库（工字钢、角钢、H 型钢等）；用户可以定义任意形状的截面以及如梁端有端板、带牛腿柱等变截面构件；可以定义恒荷载、活荷载、风荷载、雪荷载、地震作用等工况；可以施加温度荷载、支座移动等荷载；可按规范要求生成荷载组合。提供了多种楼板类型（如压型钢板加混凝土楼板、单向板和双向板等）以及线性、Maxwell 型黏弹性阻尼器、双向弹塑性阻尼器、橡胶支座隔震装置、摩擦型隔震装置等连接单元。针对建筑结构的特点，考虑了节点区、刚域、刚性楼板等特殊问题。该软件设置了钢框架结构、钢结构交错桁架、混凝土无梁楼盖、混凝土肋梁楼盖、混凝土井字梁楼盖等内置模块系统，只要输入简单的数据，就可快速建立计算模型。

ETABS 中文版的结构分析功能主要有：

1）反应谱分析。提供特征值、特征向量分析和 Ritz 向量分析求解振型，根据我国的地震反应谱进行地震反应分析，可以选择 SRSS 法、CQC 法进行振型组合，可以计算双向地震作用和偶然偏心以及竖向地震作用。

2）静力非线性分析。根据用户设定的塑性铰特性，对结构进行非线性 Pushover 分析，输出从弹性阶段到破坏为止的各个阶段的变形图和塑性铰开展情况以及各个阶段的内力，从而使设计人员可以了解结构的薄弱部位，便于进行合理的结构设计。

3）时程分析。可以对结构进行线性及非线性时程分析，可以同时考虑两个水平方向和一个竖直方向的三个方向的地震波输入，分析结果可以动画显示。

4）施工顺序加载分析。设计人员可以定义多个不同施工顺序工况以及施工顺序工况的荷载模式。并且可以考虑非线性 $P\text{-}\Delta$ 效应及大位移效应，使分析结果更接近实际情况。分析结果根据需要通过指定分阶段显示。

ETABS 中文版的推出，将有助于我们的设计单位逐步参与国际性的设计竞争，使我国的设计人员了解和使用国外的设计规范，提高我国的工程设计整体水平，同时也引入国外的设计规范供我国的设计和科研人员使用和参考研究，在工程设计领域逐步与发达国家接轨，具有重要意义。

11.2.6　SAP2000 程序

大型有限元结构分析与设计程序 SAP2000 是由美国加州大学 Berkely 分校的 Wilson 教授编制、美国 CSI（Computers and Structures，Inc.）公司开发的结构计算软件，在世界范围内享有盛名。历时 30 多年实际结构分析的检验，SAP2000 不断增加最新的有限元分析数值技术，已经发展到 SAP2000 V14 版本，是目前我国结构工程界应用较多的结构分析程序之一。

SAP2000 三维图形环境提供了多种建模、分析和设计选项，且完全在一个集成的图形界面内实现。SAP2000 已经被证实是最具集成化、高效率和实用的通用结构有限元分析与设计软件，适用于桥梁、工业建筑、输电塔、设备基础、电力设施、索膜结构、运动场所、演出场所等特种结构。具有框架单元、索单元、板单元、壳单元、平面单元、实体单元、连接单元、铰单元等单元，提供线性和非线性、静力和动力分析，可以进行静力分析、振型分析、反应谱分析、时程分析、屈曲分析、移动荷载分析、稳态分析、功能谱密度分析、静力 Pushover 分析、施工顺序加载分析等。工程师需要做的是将实际结构简化为合理的计算模型。对于非线性分析，选择不同的求解器、控制方法或者分析参数，计算结果会明显不同，因此工程师需要对非线性分析过程有一定的了解，并应具备一定的数值计算知识。下面主要剖析在土木工程行业特别是高层建筑结构分析设计及施工中常用的分析工况，并针对工程师遇到的常见问题做必要的解释说明。

1. 线性分析与非线性分析

在 SAP2000 中，静力分析与时程分析工况均可根据需要设定为线性或者是非线性分析，两者的区别见表 11-1。

表 11-1　线性分析与非线性分析的区别

类　　型	线　性　分　析	非　线　性　分　析
结构属性	结构属性（刚度、阻尼等）在分析中是恒定的	结构属性随时间、变形和荷载变化。非线性的大小与用户定义的属性、荷载以及指定的分析参数有关
初始状态	分析从零应力状态开始，即使是用到了先前的非线性分析的刚度	分析可以从一个先前的非线性分析继续，初始状态为先前分析的所有荷载、变形、应力等
结构响应	所有的结构响应，如位移、内力、应力等直接与荷载成正比。不同线性分析结果可以叠加	因结构属性可能发生变化，而且可能有初始非零应力状态，所以响应与荷载可能不成正比。不同的非线性分析结果一般不能叠加

非线性可能有以下几种情况：

1）$P\text{-}\Delta$（大应力）效应：当结构中有较大应力（或内力）时，即使变形很小，以初始的和变形后的几何形态建立的平衡方程的差别可能很大。

2）大变形效应：当结构经历大变形时，变形前后的平衡方程差别很大，即使应力较小时也是如此。

3）材料非线性：材料的应力-应变关系不是完全的线性，或者是塑性材料。

4）人为指定：如指定了拉压限值，结构中包含黏滞阻尼单元或者其他非线性单元等情况。

在定义分析工况时，如果要考虑第1）、2）种非线性，可在工况定义时设定。材料非线性在目前 SAP2000 版本中主要体现为各种形式的塑性铰，如轴力铰、剪力铰、PMM 铰等。铰的力学属性为刚塑性，出现铰意味着框架进入塑性阶段。带有铰的框架对象的弹性属性来自于框架单元本身的弹性。SAP2000 更高版本将会融入 Perform 系列程序，届时用户可以更加灵活地定义材料非线性。

2. Pushover 分析

Pushover 分析是一种静力非线性分析，用户定义侧向荷载来模拟地震水平作用，且通过不断增大侧向作用，追踪荷载-位移曲线，将这条曲线（能力曲线）与弹塑性反应谱曲线相结合，进行图解，得到一种对结构抗震性能的快速评估的方法，称为 Pushover 方法。可以将 Pushover 分析分成两个阶段：①以位移作为基本量，不断增大侧向作用，得到结构的抗侧能力；②将多自由度体系转换为单自由度体系，与反应谱曲线相结合，确定结构在预定地震水平下的反应。

一般来讲，第一阶段工程师需要根据实际情况选择侧向加载模式、确定在一个加载模式中荷载的比例关系、选择是否考虑重力带来的 P-Δ 效应等。比如地震分析中，若重力造成的 P-Δ 效应显著，则进行 Pushover 分析之前先要进行重力荷载的非线性分析，荷载大小一般取为重力荷载代表值，由于荷载大小已知，故采用荷载控制方法。定义 Pushover 分析工况时，初始条件选择来自于重力非线性工况。

第二阶段主要输入地震水平、确定初始的结构阻尼比及结构类型。在 Pushover 分析中如果包含非线性单元，则其刚度值依据等效线性刚度，阻尼值依据等效线性阻尼系数，程序会将等效线性阻尼系数自动计算到固有阻尼中。

3. 时程分析

SAP2000 提供的非线性动力时程分析方法有两种：FNA 方法，即快速非线性分析方法；直接积分方法。

FNA 方法是一种简单而有效的非线性分析方法。在这种方法中，非线性被作为外部荷载处理，形成考虑非线性荷载并进行修正的模态方程。该模态方程与结构线性模态方程相似，因此可对模态方程进行类似于线性振型分解处理，然后基于泰勒级数对解的近似表示，使用精确分段多项式积分对模态方程进行迭代求解。最后基于前面分析所得到的非线性单元的变形和速度计算非线性力矢量，并形成模态力矢量，形成下一步迭代新的模态方程并求解。FNA 方法与 LDR 算法结合使用，可以产生一组 LDR 矢量来精确捕捉这些力的效应。在 FNA 方法中，通过对于一个较小时间步长中力的线性变化处理，可以精确求解简化的模态方程组，并且没有引入数值阻尼和使用较大时间步长的积分误差。

FNA 方法是 CSI 系列产品的默认方法，相对于直接积分方法，求解速度快，且计算稳定。但需要用户将非线性属性线性化，这个过程需要试算和积累一定的经验。

在 SAP2000 中，也可对完整运动方程进行直接积分。直接积分方法有以下优点：①可考虑模态耦合的完全阻尼；②对产生大量模态的撞击和波传播问题更有效；③可在时程分析中考虑所有非线性，例如考虑材料弹塑性时不能用 FNA 方法。但直接积分结果对时间步长十分敏感，用户可用减小时间步长来运行，直至步长的大小使结果不再变化。

实际工程中要依据工程特点、非线性分析的因素来选择合适的方法。一般来讲含有少量非线性单元（如包含阻尼或隔震）的结构体系，优先推荐使用 FNA 方法。

4. 阶段施工分析

阶段施工即为定义一系列施工阶段，在每一个施工阶段里面能够增加或去除部分结构、选择性的施加部分荷载以及考虑龄期、收缩和徐变等时间相关的材料性能，以模拟结构在施工过程中结构刚度、质量、荷载等的不断变化。阶段施工是一种非线性静力分析，在分析过程中结构会发生变化，还可选择是否考虑材料和几何非线性。阶段施工也可为其他线性分析工况提供初始刚度。程序中，施工过程的每个阶段由一组称作有效组的构件来表示。当从一个阶段到下一个阶段分析结构发生变化时，根据用户的定义，SAP2000 会首先判断哪些构件是新添加的，哪些被删除了以及哪些是没有变化的。对于这几种不同的构件，进行不同的操作。

需要指出的是，SAP2000 中材料的收缩、徐变和龄期效应的计算是基于欧洲 CEB-FIP90 模式规范相应的条款。公路桥梁规范中材料的时间效应也是基于此规范。

由于 SAP2000 没有边界元，故用户对于施工过程中边界条件的变化应采用变通的方法。如桥梁施工过程中的满堂支架，在建模时不该在支架结点处指定约束，而应当将支架用框架单元模拟；在成桥阶段，移出支架单元。连续梁桥施工过程中支座由简支变连续可以通过下述方法进行模拟：简支支座用两个纵向有一段距离的结点约束模拟，即将连续梁桥在支座处断开，变成两座桥；简支变连续时，在模拟支座的两结点之间添加框架单元，两结点间的距离要相对较短，以模拟单支座的实际情况。

5. 稳定性分析

SAP2000 的屈曲分析工况是解决线性稳定问题，为线性分析，不考虑结构的非线性属性。对于非线性稳定分析，在 SAP2000 中可通过定义非线性静力分析工况，追踪荷载-位移曲线，分析得到稳定系数。求解此类问题有两种方法：①荷载增量法，即结构位移未知，不断增加荷载；②位移增量法，即结构位移已知，作用在结构上的荷载模式已知，但荷载大小未知，不断增加位移。此过程与 Pushover 方法类似。分析过程可以考虑几何非线性因素和材料非线性。

从 2003 年开始，北京金土木软件技术有限公司、中国建筑标准设计研究院同美国 CSI 公司展开全面合作，已经将中国设计规范全面地贯入到 SAP2000 中，已经开发了 SAP2000 中文版，该软件符合中国建筑结构设计规范的要求，能够处理各种复杂的结构体系，可以更好地提高我国结构设计的效率和水平，已经应用到我国一大批重点项目中，如 CCTV 新楼，奥运工程的"水立方""鸟巢"等。

11.2.7　PKPMCAD 系列程序

PKPM 系列 CAD 系统软件是目前国内建筑工程界应用最广、用户最多的一套计算机辅助设计系统。它是一套集建筑设计、结构设计、设备设计、工程量统计、概（预）算及施工软件等于一体的大型建筑工程综合 CAD 系统。PKPM 系列软件包含了结构、特种结构、建筑、设备、概（预）算及钢结构等 6 个主要专业模块，如图 11-8 所示。每个专业模块下，又包含了各自相关的若干软件。各个专业模块包含软件名称及基本功能见表11-2。本节主要对结构专业各个软件的主要功能及特点进行介绍。

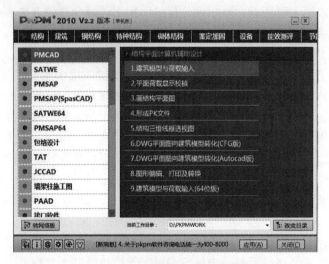

图 11-8   PKPM 功能主菜单

表 11-2   PKPM 系列 CAD 软件各模块名称及功能

专 业	模 块	包含软件	功 能
结构	S-1	PMCAD	结构平面计算机辅助设计
		PK	钢筋混凝土框排架及连续梁结构计算与施工图绘制
		TAT-8	8 层及 8 层以下建筑结构三维分析程序
		SATWE-8	8 层及 8 层以下建筑结构空间有限元分析软件
	S-2	TAT	高层建筑结构三维分析程序
		TAT-D	高层建筑结构动力时程分析
		FEQ	高精度平面有限元框支剪力墙计算及配筋
	S-3	SATWE	高层建筑结构空间有限元分析软件
		TAT-D	高层建筑结构动力时程分析
		FEQ	高精度平面有限元框支剪力墙计算及配筋
	S-4	LTCAD	楼梯计算机辅助设计
		JLQ	剪力墙计算机辅助设计
		GJ	钢筋混凝土基本构件计算
	S-5	JCCAD	独基、条基、桩基、筏基以及上述多种基础组合起来的大型混合基础设计
	PREC		预应力混凝土结构设计软件
	QIK		混凝土小型空心砌块 CAD 软件
	BOX		箱形基础计算机辅助设计
	EPDA		多层及高层建筑结构弹塑性动力时程分析软件
	PMSAP		特殊多、高层建筑结构分析软件
	STS		钢结构 CAD 软件

（续）

专业	模块	包含软件	功能
建筑	APM		三维建筑设计软件
装修	DEC		三维建筑造型及装修设计软件
设备	WPM		给排水设计软件
	HPM		建筑采暖设计软件和采暖能耗计算软件
	CPM		建筑通风空调设计软件
	EPM		建筑电气设计软件
	WNET		室外给水排水设计软件
	HNET		室外热网设计软件
	CHEC		夏热冬冷地区居住建筑节能分析软件
概(预)算	STAT1-3		建筑工程 概(预)算图形计算量与钢筋放样软件
	STAT4		建筑工程 概(预)算套价报表软件
施工	SG-1		建筑施工管理软件
	SG-2		建筑施工技术软件

1. 结构平面计算机辅助设计软件（PMCAD）

PMCAD 是整个结构 CAD 的核心，是剪力墙、楼梯施工图、高层空间三维分析和各类基础 CAD 的必备接口软件。PMCAD 也是建筑 CAD 与结构的必要接口。

1）用简便易学的人机交互方式输入各层平面布置及各层楼面的次梁、预制板、洞口、错层、挑檐等信息和外加荷载信息，在人机交互过程中提供随时中断、修改、复制、查询、继续操作等功能。

2）自动进行从楼板到次梁、次梁到承重梁的荷载传导并自动计算结构自重，自动计算人机交互方式输入的荷载，形成整幢建筑的荷载数据库，可由用户随时查询修改任何一部位数据。由此数据可自动给框架、空间杆系薄壁柱、砖混计算提供数据文件，也可为连续次梁和楼板计算提供数据。

3）绘制正交及斜交网格平面的框架、框剪、剪力墙及砖混结构的结构平面图。包括柱、梁、墙、洞口的平面布置、尺寸、偏轴、画出轴线及总尺寸线，画出预制板、次梁及楼板开洞布置，计算现浇楼板内力与配筋并画出板配筋图，画砖混结构圈梁构造柱节点大样图。

4）做砖混结构和底层框架上层砖房结构的抗震分析验算。

5）统计结构工程量，并以表格形式输出。

2. 钢筋混凝土框架、框排架、连续梁结构计算与施工图绘制软件（PK）

1）适用于工业与民用建筑中各种规则和复杂类型的框架结构、框排架结构、排架结构，剪力墙简化成的壁式框架结构及连续梁。规模在 30 层、20 跨以内。可处理梁柱正交或斜交、梁错层、抽梁抽柱、底层柱不等高、铰接屋面梁等各种情况，可在任意位置设置挑梁、牛腿和次梁，可绘制十几种截面形式的梁，可绘制折梁、加腋梁、变截面梁，矩形、工字梁、圆形柱或排架柱，柱箍筋形式多样。

2）可进行强柱弱梁、强剪弱弯、节点核心、柱轴压比，柱体积配箍率的计算与验算，还进行罕遇地震下薄弱层的弹塑性位移计算、竖向地震力计算和框架梁裂缝宽度计算。

3）可按照梁柱整体画、梁柱分开画、梁柱钢筋平面表示法和广东地区梁表柱表四种方式绘制施工图。

4）按规范和构造手册自动完成构造钢筋的配置。

5）具有很强的自动选筋、跨层剖面归并、自动布图等功能，同时又给设计人员提供多种方式干预选钢筋、布图、构造筋等施工图绘制结果。

6）在中文菜单提示下，提供丰富的计算简图及结果图形，提供模板图及钢筋材料表。

7）可与PMCAD软件连接，自动导荷并生成结构计算所需的数据文件。

8）可与三维分析软件TAT、SATWE接口，绘制100层以下高层建筑的梁柱图。

3. 多、高层建筑结构三维分析程序（TAT）

TAT是采用薄壁杆件原理的空间分析程序，它适用于分析设计各种复杂体型的多、高层建筑，不但可以计算钢筋混凝土结构，还可以计算钢-混凝土混合结构、纯钢结构、井字梁、平框及带有支撑或斜柱结构。其功能如下：

1）计算结构最大层数达100层。

2）可计算框架结构、框剪和剪力墙结构、筒体结构。对纯钢结构可作 P-Δ 效应分析。

3）可以进行水平地震、风力、竖向力和竖向地震力的计算和荷载效应组合及配筋。

4）可以与PMCAD连接生成TAT的几何数据文件及荷载文件，直接进行结构计算。

5）可以与动力时程分析程序TAT-D接力运行进行动力时程分析，并可以按时程分析的结果计算结构的内力和配筋。

6）对于框支剪力墙结构或转换层结构，可以自动与高精度平面有限元程序FEQ接力运行，其数据可以自动生成，也可以人工填表，并可指定截面配筋。

7）可以接力PK绘制梁柱施工图，接力JLQ绘制剪力墙施工图，接力PMCAD绘制结构平面施工图。

8）可以与JCCAD、EF、ZJ、BOX等基础CAD连接进行基础设计。

9）TAT与本系统其他软件密切配合，形成了一整套多、高层建筑结构设计计算和施工图辅助设计系统，为设计人员提供了一个良好的全面的设计工具。

4. 高层建筑结构空间有限元分析软件（SATWE）

SATWE是我国适应现代高层建筑发展的要求，专门为高层结构分析与设计而开发的基于壳元理论的三维组合结构有限元分析软件。其核心是解决剪力墙和楼板的模型化问题，尽可能地减小其模型简化误差，提高分析精度，使分析结果能够更好地反映出高层结构的真实受力状态。

1）SATWE采用空间杆单元模拟梁、柱及支撑等杆件，采用在壳元基础上凝聚而成的墙元模拟剪力墙。墙元是专用于模拟高层建筑结构中剪力墙的，对于尺寸较大或带洞口的剪力墙，按照子结构的基本思想，由程序自动进行细分，然后用静力凝聚原理将由于墙元的细分而增加的内部自由度消去，从而保证墙元的精度和有限的出口自由度。这种墙元对于剪力墙洞口（仅考虑矩形洞）的大小及空间位置无限制，具有较好的适应性。墙元不仅具有墙所在的平面内刚度，也具有平面外刚度，可以较好地模拟工程中剪力墙的实际受力状态。

2）对于楼板，SATWE 给出了四种简化假定，即楼板整体平面内无限刚、分块无限刚、分块无限刚加弹性连接板带和弹性楼板。在应用中，可根据工程实际情况和分析精度要求，选用其中的一种或几种简化假定。

3）SATWE 适用于高层和多层钢筋混凝土框架、框架-剪力墙、剪力墙结构，以及高层钢结构或钢-混凝土混合结构，及复杂体型的高层建筑、多塔、错层、转换层及楼板局部开洞等特殊结构形式。

4）SATWE 可完成建筑结构在恒荷载、活荷载、风荷载、地震力作用下的内力分析及荷载效应组合计算，对钢筋混凝土结构还可完成截面配筋计算。

5）可进行上部结构和地下室联合工作分析，并进行地下室设计。

6）SATWE 所需的几何信息和荷载信息都从 PMCAD 建立的建筑模型中自动提取生成并有多塔、错层信息自动生成功能，大大简化了用户操作。

7）SATWE 完成计算后，可经全楼归并接力 PK 绘梁、柱施工图，接力 JLQ 绘剪力墙施工图，并可为各类基础设计软件提供设计荷载。

5. 高层建筑动力时程分析软件（TAT-D）

本程序可根据输入的地震波对高层建筑结构进行任意方向的弹性动力时程分析，并提供四种动力分析结果，供用户用二阶段抗震补充设计。本程序可与 TAT 或 SATWE 接力运行，并可根据动力时程分析结果对结构重新设计，使用十分方便，程序为用户免费提供 29 条各类场地上的地震波，也可由用户输入自己的地震波。

TAT-D 计算模式为弹性，适用于小震作用下的动力时程分析。

6. 高精度平面有限元框支剪力墙计算及配筋（FEQ）

本程序可对高层建筑中的框支托梁做补充计算，采用高精度平面有限元方法计算托梁各点的应力和内力，并按规范要求作内力组合及配筋计算，同时可计算墙体与托梁连接处的加强筋。本程序可独立使用，也可与 TAT 接力运行，使用方便。

7. 楼梯计算机辅助设计软件（LTCAD）

适用于单跑、二跑、三跑的梁式及板式楼梯、螺旋及悬挑等各种异形楼梯。可完成楼梯的内力与配筋计算及施工图设计，画出楼梯平面图，竖向剖面图，楼梯板，楼梯梁及平台板配筋详图。

LTCAD 可与 PMCAD 或 APM 连接使用，只需指定楼梯间所在位置并提供楼梯布置数据，即可快速成图。

8. 剪力墙结构计算机辅助设计软件（JLQ）

设计内容包括剪力墙平面模板尺寸、墙分布筋、边框柱、端柱、暗柱、墙梁配筋。提供两种图纸表达方式，第一种是剪力墙结构平面图、节点大样图与墙梁钢筋表达方式，第二种是剪力墙立面图和剖面大样图方式。从 PMCAD 数据中生成剪力墙模板布置尺寸，及从高层建筑计算程序 TAT 或 SATWE 中读取剪力墙配筋计算结果。

9. 钢筋混凝土基本构件设计计算软件（GJ）

根据规范准确计算钢筋混凝土梁、柱、墙等构件在拉、压、弯、扭、剪等受力下的配筋、变形及裂缝，完成构件及节点的抗震设计及验算。

GJ 可完成挑檐、雨篷、阳台、过梁、挑梁及墙梁等砖混结构中出现的混凝土构件的设计计算及施工图绘制。

10. 基础 CAD 设计软件（JCCAD）

1998 年下半年起，PKPM 系列已将原来的独立基础、条形基础设计软件 JCCAD，弹性地基梁和筏形基础 CAD 软件 EF，和桩基、桩筏设计 CAD 软件 ZJ 三个软件合并为一个 S-5 模块，统称为基础 CAD 设计软件。

S-5 基础模块可与 PMCAD 接口，读取柱网轴线和底层结构布置数据，以及读取上部结构计算（PK、砖混、TAT、SATWE）传来的基础荷载，可人机交互布置和修改基础。

S-5 基础模块可完成：柱下独立基础（包括倒锥形、阶梯形、现浇或预制杯口基础、单柱、双柱或多柱基础）、墙下条形基础（包括砖、毛石、钢筋混凝土条基，并可带下卧梁）、弹性地基梁、带肋筏形基础（梁肋可朝上朝下）、柱下平板、墙下筏形基础、柱下独立桩基承台基础、桩筏基础、桩格梁基础、单桩基础（包括预制混凝土方桩、圆桩、钢管桩、水下冲钻孔桩、沉管灌注桩、干作业法桩等），以及上述多种类型基础组合起来的大型混合基础的结构计算、沉降计算和施工图绘制。

在基础结构分析中采用多种力学模型：弹性地基梁单元、四边形中厚板单元、三角形薄板单元以及周边支撑弹性板的边界元方法与解析法。在基础分析中可采用多种方式考虑上部结构刚度。沉降计算方法包括最常用的基础底面柔性假设的沉降计算、基础底面刚性假设的沉降计算及考虑基础实际刚度的沉降计算。

施工图绘制包括基础平面图、梁立面、剖面图、大样详图等。

11. 箱形基础 CAD（BOX）

BOX 软件可对三层以内任意不规则形状的箱形基础进行结构计算和五、六级人防设计计算，并可绘制出结构施工图。

结构设计计算内容包括：按箱形基础规程和人防规范等要求，进行基础沉降与反力计算，箱基整体与局部的弯矩及配筋计算，墙体、洞口、过梁等内力及配筋计算。

结构施工图包括：各层顶板和底板与墙体的配筋图、大样图、洞口图等。

本程序可与 PMCAD、TAT 或 SATWE 接力计算，数据共享，无需填写数据文件。计算结果有图形显示，可随时对计算结果和施工图进行干预。

12. 弹塑性动力时程分析软件（EPDA）

对于有抗震设防要求的建筑结构，尤其是高层、超高层建筑，进行弹塑性动力反应分析是十分必要的。因为"中震"和"大震"作用下，这些结构一般都处于弹塑性工作状态，对这些结构进行较准确的分析，一定要考虑其材料的弹塑性性质。我国《建筑抗震设计规范》和《高层规程》都明确规定"对不规则的、具有明显薄弱部位的、较高的高层建筑结构，应进行罕遇地震作用下的弹塑性变形分析"。

EPDA 可以按任意给定方向计算结构的弹塑性时程响应，适用于"中震"和"大震"作用下各种材料的多、高层及超高层建筑结构，包括钢筋混凝土结构、钢结构和钢与混凝土混合结构，同时，程序中还考虑了多塔、转换层等结构特性。

13. 特殊多、高层建筑结构分析与设计软件（PMSAP）

为了保证特殊结构设计的合理性和安全性，建设部于 1997 年 12 月通过了《超限高层建筑工程抗震设防管理暂行规定》，同时根据建设部建标［1997］71 号文件的要求，对规程 JGJ 3—91 进行全面修订，并于 2000 年 7 月完成了新规程的征求意见稿。在这两个文件中，都对结构的计算分析提出了更高的要求，明确规定了"计算分析应采用两个或两个以上符合结构实际情况的力学模型"。《高层规程》规定：对于体型复杂、结构布置复杂及 B 级高度高层建筑结构应采用至少两个不同力学模型的结构分析软件进行整体计算。在这种情况下，为了顺应多高层建筑发展本身以及高层新规范的要求，推出了特殊多高层建筑结构分析与设计软件 PMSAP。

PMSAP 是独立于 SATWE 程序的一个新的多高层软件，它在程序总体结构的组织上采用了通用程序技术，在关键的分析技术上采用了新的研究成果。PMSAP 直接针对多、高层建筑中所出现的各种复杂情形，其技术特点可概括如下：

1）核心是通用有限元程序，可以处理任意结构形式，所有构件均可在空间中任意放置。

2）单元库中有 13 大类有限单元，包括二十几种有限元模型。一维单元有等截面和变截面的桁架杆、铁木辛科梁（柱）；二维单元包括三角形及四边形空间壳、任意多边形空间壳（楼板元）、简化模型墙、细分模型墙；三维单元提供 48 个自由度的六面体等参元。此外还包括各种集中单元、罚单元、地基单元等。

3）基于最佳协调技术，可任意开洞的新型、高精度剪力墙单元。相邻剪力墙的洞口可能存在错位，生成空间协调的有限元网格难度很大，因此通过对剪力墙的分析方法进行了研究，提出了一个全新的方案。该方案与其他程序（如 SATWE、SAP84）截然不同。在 PM-SAP 中，基于最佳协调思想，构造了带有最佳协调边界的子结构式墙元，该墙元通过最佳协调技术来满足墙与墙之间的协调性，对某一片墙进行网格剖分时，不必考虑其相邻墙的情况。由于采用了最佳协调技术，墙元的空间协调性和网格的良态同时得到了保证，从工程实例可以看出，该单元具有很高的精度和适应性。

4）对厚板转换层、板柱体系以及普通楼板的全楼整体式分析与设计。在 PMSAP 中，可以将厚板转换层结构中的厚板、板柱体系结构中的楼板、或者一般结构中的楼板进行全楼整体式分析与配筋设计。楼板的计算结果同梁、柱、墙一样是从整体分析中一次得出，严格考虑了楼层之间、构件之间的耦合作用及地震作用的 CQC 组合，具有高精度。该功能在同类软件中未见到。

5）梁、柱、墙、楼板的自动相互协调细分功能，从而保证梁-楼板、墙-楼板、墙-柱之间的变形协调性。

6）梁、柱、墙、楼板等所有类型单元的温度应力分析。

7）整体刚性、分块刚性、完全弹性等多种楼板变形假定方式。

8）快速的广义特征值算法（MRITZ 法），效率数倍于子空间迭代法。

11.2.8 结构设计软件的选用原则

1）结构分析是采用二维还是采用三维计算，二维为平面计算，三维为空间计算。在三维计算时是空间铰结杆还是空间刚结杆，空间铰结为二力杆系，适用于网架；空间刚结为弯、压、剪杆，适用于刚架。总之，软件的选用应从力学概念和工程经验加以分析判断。

2）设计软件的适用范围，是多层还是高层，是框架还是厂房排架，是混凝土结构还是钢结构，是单纯的计算还是带有 CAD 绘图等。每个设计软件都有它的特点、功能，有它的解题能力的范围。

3）注意设计软件的应用平台，是 Windows 还是 Vista 系统，在 Windows 下，要注意是 Windows2000 还是 Windows XP，选用的软件是否符合自己的使用机型。

4）注意设计软件是网络版还是单机版。网络版适用于单位的计算机联网系统，而单机版只适用于单台计算机的使用。

5）设计软件的前处理功能，是 AutoCAD 建模还是自研制的图形平台建模。要十分注意软件前处理的包装、界面、易操作性和易编辑效果。设计软件的后处理功能，有无多种工况的最不利组合、混凝土截面的配筋、钢结构应力验算、柱子的轴压比，有无计算结果的图形输出和归档文件。

6）应考察设计软件的开发单位（或公司）的综合能力、素质修养、软件的鉴定时间、批准单位、应用年限、成熟程度、还应了解对设计软件的维护和升版能力。

7）有针对性地选择软件产品，属于多层平面框架、交叉梁的决不选择高层空间程序计算而把问题复杂化；反之，属于复杂的高层结构决不能用简化的平面程序去解决。

8）考察结构软件，应以符合国家现行规范的原则为前提，即哪些规范公式程序已考虑，那些规范公式程序未考虑。选择软件时还要着重考虑该软件产品前后处理图形的输出功能是否满足设计与审查的需求，是否能给设计人员有一种完整、清晰、归档的图形效果。

11.3 高层建筑结构设计 PKPM 软件应用

本节将主要介绍通过 PKPM 系列 CAD 软件怎么设计高层建筑结构。对 PMCAD 及 SATWE 的具体菜单操作不作专门的讲解，而是通过一栋 8 层的框架结构的结构设计计算，给出应用 PMCAD 建立结构模型及应用 SATWE 程序进行高层建筑结构计算的具体过程。通过本节的学习，使读者对 PMCAD 建立结构模型及 SATWE 程序进行高层建筑结构计算的步骤有充分的认识，触类旁通，可以延伸到设计同类型的其他建筑。

11.3.1 设计实例工程概况

该工程为一栋 8 层框架结构栋办公楼，抗震设防烈度 7 度，设计地震分组二组，场地类别二类，风荷载标准值 $0.35kN/m^2$，地面粗糙度为 B 类，框架抗震等级为三级。结构三维示意图如图 11-9 所示，各层平面图及柱尺寸见图 11-10 ~ 图 11-17，其他层的轴线尺寸参考一层轴线尺寸。第一层梁截面尺寸及位置见图 11-18，第二层至第五层在相同位置布置梁截面的尺寸同第一层，第六层、第七层及屋面梁截面尺寸及位置见图 11-19 ~ 图 11-21，梁、柱均按轴线居中布置。楼板采用现浇楼板，除图 11-10 ~ 图 11-17 标注的楼板厚度外，第一层至第七层楼板厚 0.13m，屋面板厚 0.15m。楼层第一层至第六层层高 3.8m，第七及第八层层高 4.2m。第一层到第三层，梁、板、柱混凝土强度等级为 C35；第四层到顶层，梁、板、柱混凝土强度等级为 C30；梁、柱箍筋及板筋分别为 HRB400，梁、柱主筋皆为 HRB335。除图 11-10 ~ 图 11-17 在楼板上标注的荷载外，第 1 层到第五层恒荷载为 $4.8kN/m^2$，活荷载为 $2.0kN/m^2$；第六层、第七层及屋面恒荷载为 $6.5kN/m^2$，活荷载为 $0.5kN/m^2$；在图 11-10 ~ 图 11-18 中方框内为恒荷载，不带方框的为活荷载，单位 kN/m^2。第三层梁上恒荷载见图 11-22，第一层、第二层、第三层及第五层梁上恒荷载与第三层梁相同位置梁的恒荷载相同，第六层、第七层及屋面梁上恒荷载见图 11-23 ~ 图 11-25。

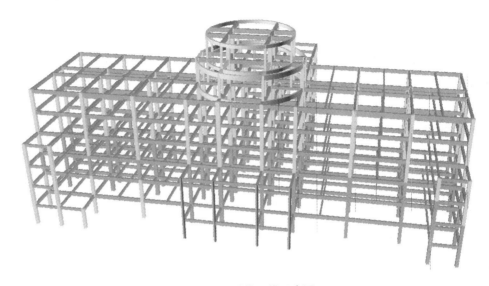

图 11-9　结构三维示意图

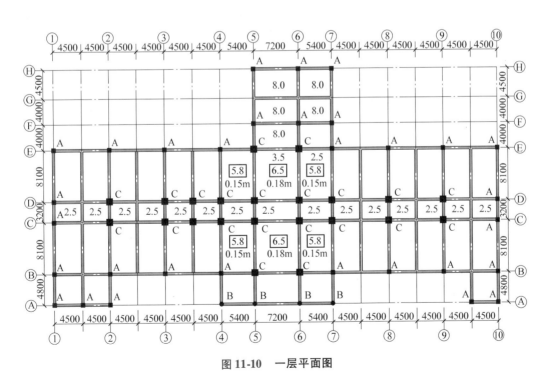

图 11-10　一层平面图

注：A 柱截面尺寸为 550mm×550mm；B 柱截面尺寸为 φ500mm；C 柱截面尺寸为 650mm×650mm。

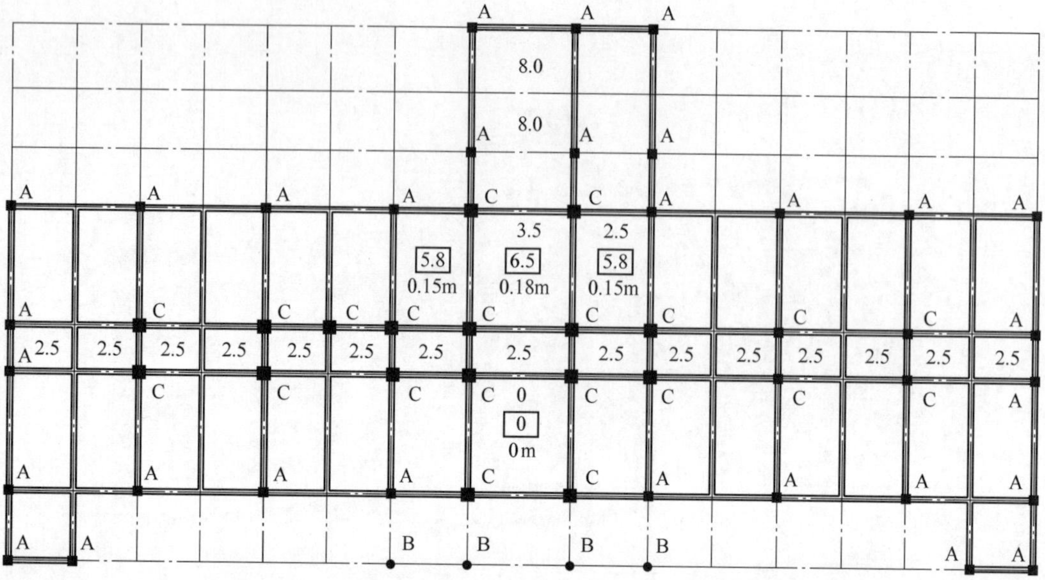

图 11-11 二层平面图

注：A 柱截面尺寸为 550mm×550mm；B 柱截面尺寸为 φ500mm；C 柱截面尺寸为 650mm×650mm。

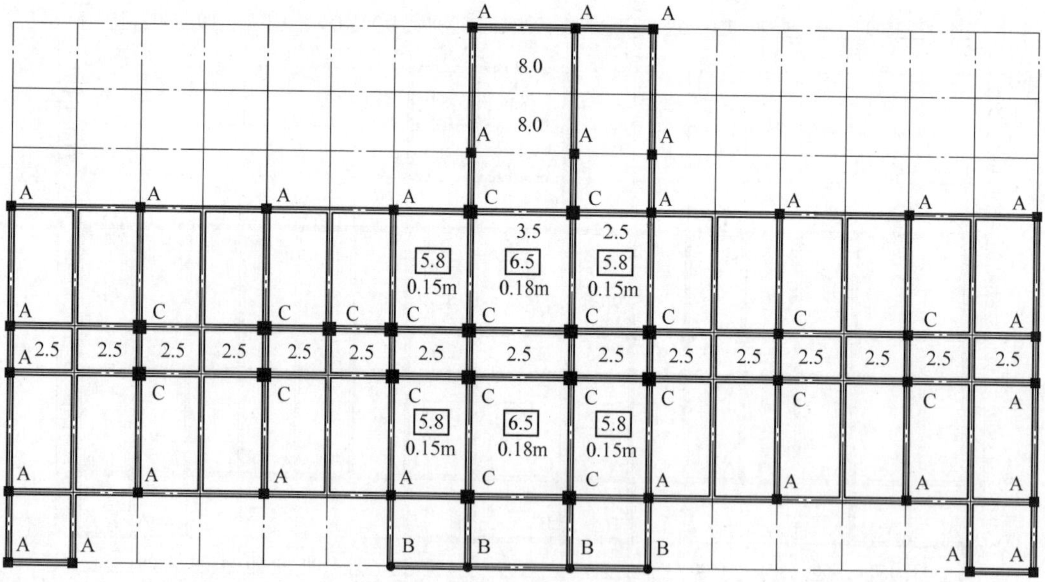

图 11-12 三层平面图

注：A 柱截面尺寸为 550mm×550mm；B 柱截面尺寸为 φ500mm；C 柱截面尺寸为 650mm×650mm。

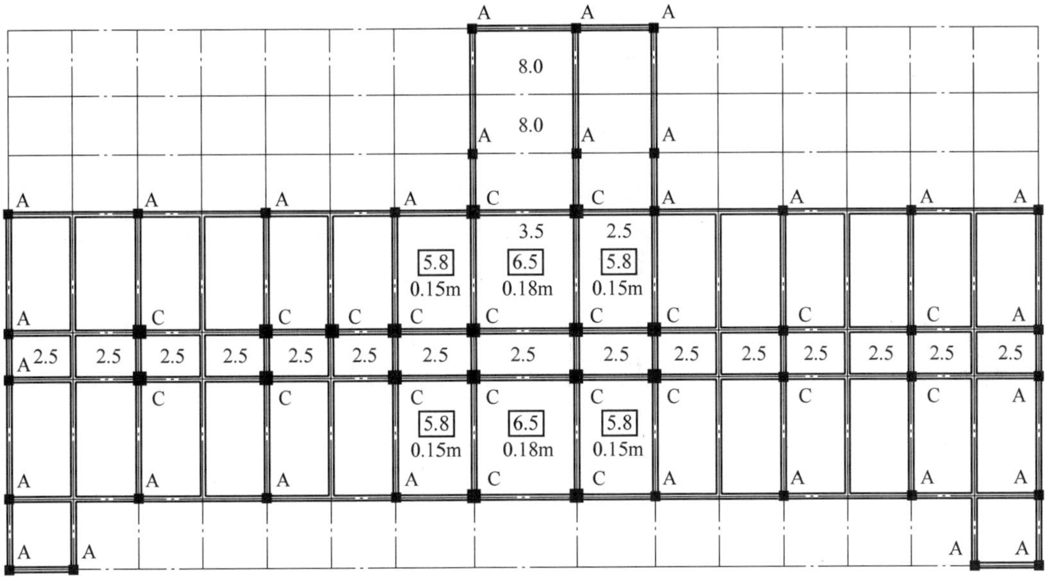

图 11-13　四层平面图

注：A 柱截面尺寸为 550mm×550mm；C 柱截面尺寸为 650mm×650mm。

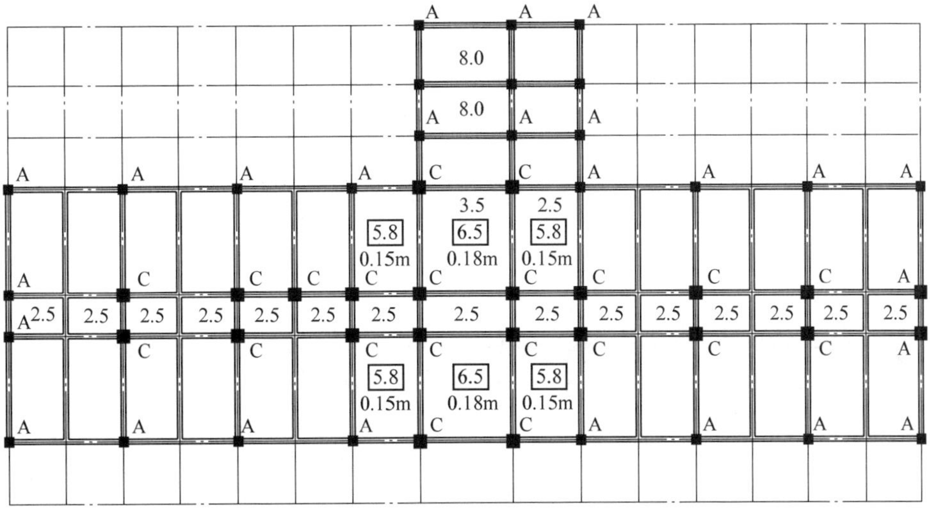

图 11-14　五层平面图

注：A 柱截面尺寸为 550mm×550mm；C 柱截面尺寸为 650mm×650mm。

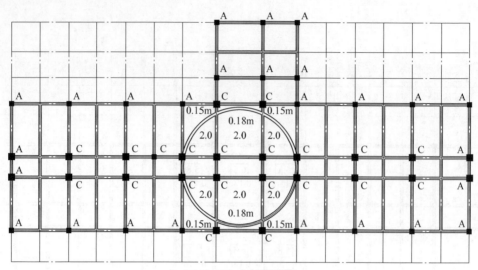

图 11-15 六层平面图

注：A 柱截面尺寸为 550mm×550mm；C 柱截面尺寸为 650mm×650mm。

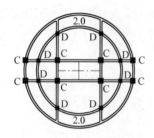

图 11-16 七层平面图

注：C 柱截面尺寸为 650mm×650mm；

D 柱截面尺寸为 350mm×350mm。

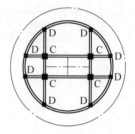

图 11-17 顶层平面图

注：C 柱截面尺寸为 650mm×650mm；

D 柱截面尺寸为 350mm×350mm。

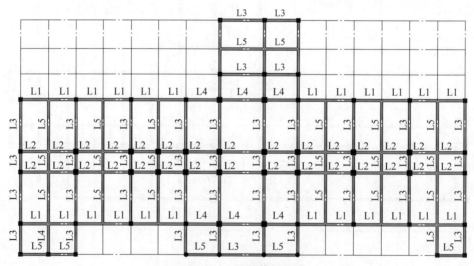

图 11-18 一层梁截面尺寸

注：梁截面尺寸为：L1，350mm×650mm；L2，350mm×600mm；L3，350mm×550mm；

L4，350mm×500mm；L5，250mm×500mm。

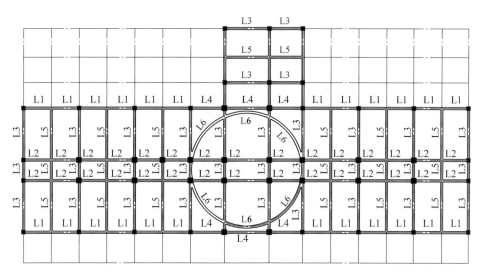

图 11-19 六层梁截面尺寸

注：梁截面尺寸为：L1，350mm×650mm；L2，350mm×600mm；L3，350mm×550mm；
L4，350mm×500mm；L5，250mm×500mm。

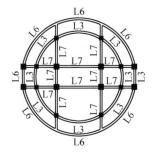

图 11-20 七层梁截面尺寸图

注：梁截面尺寸：L6，300mm×800mm；
L7，400mm×700mm；其余同图 11-18。

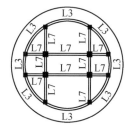

图 11-21 顶层梁截面尺寸

注：梁 L7 截面尺寸为 400mm×700mm，
其余同图 11-18。

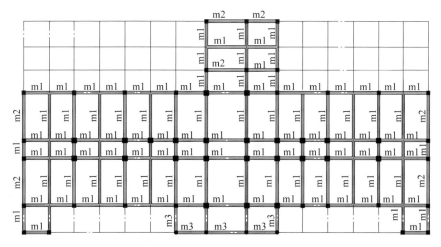

图 11-22 三层梁上恒荷载

注：梁上恒荷载：m1 为 10kN/m；m2 为 13kN/m；m3 为 6kN/m。

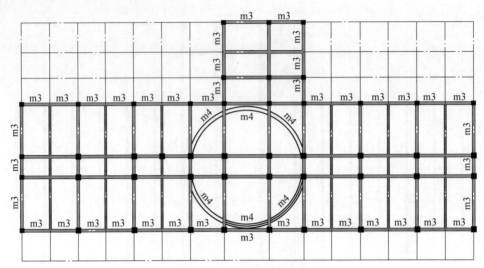

图 11-23　六层梁上恒荷载

注：荷载 m4 为 13kN/m，余同图 11-22。

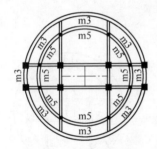

图 11-24　七层梁上恒荷载

注：荷载 m5 为 15kN/m，余同图 11-22。

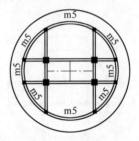

图 11-25　顶层梁上恒荷载

注：荷载 m5 为 15kN/m。

11. 3. 2　PMCAD 模型建立

在通过 PMCAD 建立该工程算例模型前，先介绍一下 PMCAD 的适用范围。PMCAD 适用于任意形式结构模型的创建。平面网格可以正交，也可以斜交成复杂体型平面，并可以处理弧形墙、弧形梁、圆柱、各类偏心、转角等。适用条件如下：①层数≤99；②结构标准层和荷载标准层各≤99；③正交网格时，横向网格、纵向网格≤100，斜交网格时，网格线条数≤2000；④网格节点数≤5000；⑤标准柱截面≤100，标准梁截面≤40，标准洞口≤100；⑥每层柱根数≤1500，每层梁根数（不包括次梁）、墙数≤1800，每层房间总数≤900，每层次梁根数≤600，每个房间周围最多可以容纳的梁、墙数＜150，每个节点周围不重叠的梁、墙数＜6。

在 PMCAD 中输入的墙是结构的承重墙或者是抗侧力墙，框架填充墙不应当作墙输入，填充墙的重量通过恒荷载施加到结构上，本例框架上的恒荷载就是填充墙及其抹灰重量。根据本例的工程概况可知，该工程可在 PMCAD 适用范围内。

1. 创建文件

双击 PKPM 快捷方式，进入 PKPM 主菜单后，选择"结构"专业模块，并选中活动窗口左侧的"PMCAD",选中后,变成蓝色,此时活动窗口右侧将显示 PMCAD 功能主菜单,如图 11-28 所示。然后创建工作目录为 E:\办公楼设计,在这里特别要注意,每个工程必须存放在独立的目录下,否则,最新建模生成的某些文件就会将先前工程建模时所产生的同名文件覆盖掉。因此,建立模型之前,应先指定工作目录。设置好工作目录后,选择 PMCAD 主菜单右侧第一项"建筑模型与荷载输入",不同 PKPM 版本该项名称不尽相同,但都是右侧第一项。然后单击"应用"按钮,屏幕弹出 PM 建筑模型与荷载输入对话框。程序提示:请输入图形文件名,此时输入:办公楼设计,然后单击当前活动窗口"确认"按钮进入"PM 建筑模型与荷载输入——办公楼设计"工作界面,如图 11-26 所示。注意:程序所输入的尺寸单位全部是毫米。

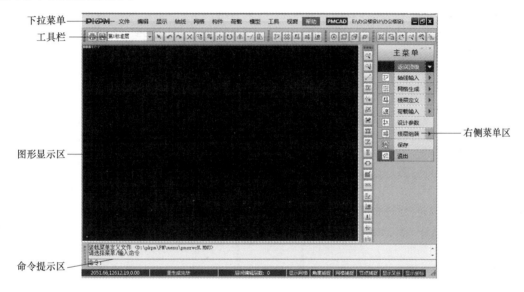

图 11-26　PM 工作界面

2. 建立轴线

（1）轴线输入　选择右侧菜单"主菜单"/"轴线输入",单击"轴线输入",弹出"直线轴网输入"对话框,在"上开间"区域输入:4500 * 6,5400,7200,5400,4500 * 6。在"左进深"区域输入:4900,8100,3300,8100,4200,3900,4500。注意输入时输入法在英文下。然后单击"确定"按钮,关闭对话框进入"PM 建筑模型与荷载输入——办公楼设计"界面,单击生成整个轴网。

（2）轴线命名　选择右侧菜单"主菜单"/"轴线输入",单击"轴线命名",单击竖向最左边轴线,该轴线变黄,命令提示区提示输入轴线名,输入"1"并确认;此时根据图 11-10 所示,单击图形显示区 2 号轴线,在命令提示区提示输入"2"并确认;参照 2 号轴线的命名,命名图 11-10 中其他轴线。若对生成的网格需要修改,可以在右侧菜单"主菜单"/"网格生成"中修改。

3. 构件定义及布置

（1）定义柱　选择右侧菜单"楼层定义",单击"柱布置",弹出"柱截面列表"对话框。单击"新建"按钮,弹出"输入第一标准层柱参数"对话框,选择默认显示的截面类型"1"号,输入"550""550""6",单击"确定"按钮完成 550mm × 550mm 矩形混凝土框架柱的定义。按照定义序号"1"号柱的方法，定义其他类型框架柱。注意：定义序号"2"号时，选择截面类型"3"号。定义完后的"柱截面列表"如图11-27所示。

（2）布置柱 选择"柱截面列表"窗口中的序号"1"号柱，然后单击"布置"按钮，回到PMCAD工作界面，在图形显示区单击需要布置550mm×550mm矩形混凝土框架柱位置，完成后右击回到"柱截面列表"窗口。参照布置上述柱的方法布置图11-10中其他类型柱。

（3）定义梁 选择右侧菜单"楼层定义"，单击"主梁布置"，弹出"梁截面列表"对话框。该对话框与"柱截面列表"一样，用与定义框架柱一样的方法定义梁属性，定义完后的"梁截面列表"如图11-28所示。

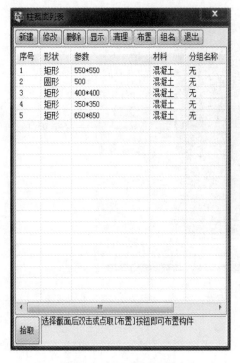

图11-27 柱截面列表

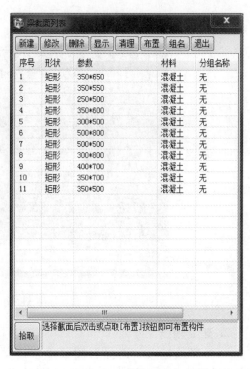

图11-28 梁截面列表

（4）布置梁 选择"梁截面列表"窗口中的序号"1"号梁，然后单击"布置"按钮，回到PMCAD工作界面，在图形显示区单击需要布置 $B \times H = 350\text{mm} \times 650\text{mm}$ 矩形混凝土框架梁的轴线，完成后右击回到"梁截面列表"窗口，然后参照布置上述梁的方法布置第一层中其他类型梁。

4. 楼层定义

选择右侧菜单"楼层定义"，单击"本层信息"，弹出"柱截面列表"对话框，修改板厚130，梁、板、柱混凝土强度等级为C35，层高为3800，如图11-29所示，单击"确定"按钮。

完成标准层1的定义后，选择右侧菜单"楼层定义"，单击"换标准层"，屏幕弹出"选择/添加标准层"对话框。单击对话框右侧的"添加新标准层"按钮，使其变为蓝色，这时右侧"新增标准层方式"单选按钮处于可选状态，选中"全部复制"，单击"确定"

按钮，程序就自动新建一个标准层"标准层 2"，将"标准层 1"的全部的构件及网格复制到了新建的"标准层 2"上。重复以上操作，完成标准层 3～6 的建立。完成后的"选择/添加标准层"对话框如图 11-30 所示。

图 11-29　本层信息

图 11-30　完成第一至第六标准层后的"选择/添加标准层"对话框

下面对上面建立的"标准层 2"按照本例的第二层结构图进行修改。在 PM 工作界面上面的工具栏上，如图 11-26 所示，单击"标准层 1"右边的"▼"，切换到"标准层 2"。把构件截面属性打开，选择右侧菜单"楼层定义"/"截面显示"，单击"主梁显示"，弹出"梁显示开关"对话框，修改为图 11-31，单击"确定"按钮关闭对话框。按照工程概况第二标准层的梁布置情况，对"标准层 2"梁进行修改或者删除，若删除梁，单击右侧菜单上的主菜单，选择"楼层定义"/"本层修改"，单击"删除主梁"命令，然后选中需要删除的梁。通过比较"标准层 2"和结构第二层，可知没有需要修改的梁。

图 11-31　"梁显示开关"对话框

在 PM 工作界面上面的工具栏上，如图 11-26 所示，单击"标准层 2"右边的"▼"，切换到"标准层 3"。单击右侧菜单上的主菜单，选择"楼层定义"/"本层修改"，单击"删除主梁"命令，根据工程概况里结构三层梁布置图，选中需要删除的梁——②轴线上Ⓐ、Ⓑ轴线间的梁及Ⓐ轴线上①、②轴线间右半部分的梁。若需要修改梁的截面，选择右侧菜单"楼层定义"/"本层修改"，单击"主梁查改"命令，然后单击需要修改的梁，弹出图 11-32 所示对话框。"标准构件类别"表示当前需要修改的梁的序号是 2 号，单击"标准构件类别"，就会弹出"梁截面列表"，单击需要修改的梁序号，选中后变为蓝色，然后单击工具栏上的"替换"按钮就完成了梁截面的修改。注意"楼层定义"/"本层修改"下的"主梁替换"与"主梁查改"命令的区别，"主梁替换"是把同类型的梁全部替换为另一类型的梁，而"主梁查改"可以对单独的梁进行操作。

根据上述方法，把当前工作标准层改为"第四标准层"，根据工程概况里结构第四层设计参数，把结构混凝土强度等级需要改为C30，单击右侧菜单上的主菜单，单击"楼层定义"/"本层信息"，出现图11-29的对话框，梁、板、柱混凝土强度等级为C30。参照上面方法，根据工程概况里结构第四层平面图梁的布置情况，对"第四标准层"中梁进行修改或者是删除。下面对框架柱进行删除，单击右侧菜单上的主菜单，选择右侧菜单"楼层定义"/"本层修改"，单击"删除柱"命令，选中需要删除的柱——Ⓐ轴线与轴线②、④~⑦相交处的框架柱。若

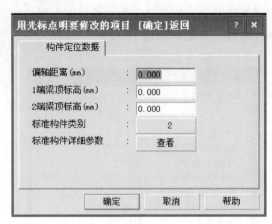

图11-32 "主梁查改"对话框

对截面属性进行修改，选择右侧菜单"楼层定义"/"本层修改"，单击"柱查改"命令，其他操作同梁的修改方法。

下面对"第五标准层"进行修改，修改方法参照对"第四标准层"的修改。

切换当前标准层到"第六标准层"，比较工程概况中第六层结构布置图，对"第六标准层"梁柱进行修改，在这里介绍第六层圆形梁的设置，其他梁、柱的删除与修改及板厚的修改参照上述方法。

选择右侧菜单"轴线输入"，单击"平行直线"命令，命令提示区提示"请输入第一点"，选中⑤号轴线最下面节点，然后选中⑤号轴线最上面的节点，此时命令提示区提示"输入复制间距"，通过键盘输入3600并确认，则在⑤号轴线与⑥号轴线中产生新的轴线，右击结束操作。用同样的方法在Ⓓ轴线下方离Ⓓ轴线1650mm的地方作一条新的轴线。选择右侧菜单"轴线输入"，单击"圆环"命令，在图形区选中新生成的两条轴线的交点，然后选中⑦号轴线与Ⓓ轴线的交点，则生成圆形轴线。然后选择右侧菜单"楼层定义"，单击"主梁布置"命令，弹出"梁截面列表"对话框。选择"梁截面列表"窗口中的 $B \times H = 300mm \times 650mm$ 矩形混凝土框架梁，单击"布置"按钮，回到PMCAD工作界面，在图形显示区根据梁布置图单击圆形轴线，完成后右击回到"梁截面列表"窗口，退出梁绘制命令。

选择右侧菜单"楼层定义"/"换标准层"，弹出图11-30所示对话框，选中"添加新标准层"，使其变蓝，这时右侧"新增标准层方式"单选按钮处于可选状态，选中"全部复制"方式，单击"确定"按钮，则增加"标准层7"。

选择右侧菜单"轴线输入"，单击"节点"，回到图形显示区，选中⑥号轴线与Ⓓ轴的交点，然后在命令提示区通过键盘输入@3650，0，按〈Enter〉键绘制新的节点，右击结束节点绘制。

下面进行圆形轴线与梁的绘制。选择右侧菜单"轴线输入"，单击"节点"，选择右侧菜单"轴线输入"，单击"圆环"，在图形区选中新生成的节点与⑥号轴线及Ⓓ轴的交点，则生成圆形轴线。然后按照在"标准层6"布置梁的方法布置圆形梁。进一步按照上述方法根据工程概况里第七层结构的布置图，布置、删除或修改其他梁、柱。

根据"标准层7"的方法，建立"标准层8"，根据工程概况第八层结构的布置图，完成对"标准层8"的修改。

5. 荷载输入

（1）楼面恒、活荷载定义 单击右侧主菜单按钮，再单击"楼面恒活"按钮，弹出图11-33所示"荷载定义"对话框。单击右侧的"添加"按钮，定义"荷载层1"，在"恒载"中输入"4.8"，在"活载"中输入"2.0"。用同样的方法定义"荷载层2"，在"恒载"中输入"6.5"，在"活载"中输入"0.5"。选中"是否计算活载"的复选按钮，不选"是否计算现浇楼板自重"的复选按钮，因为在本例中现浇楼板自重已经计算到了恒荷载之中，选中后会重复计算楼板自重。

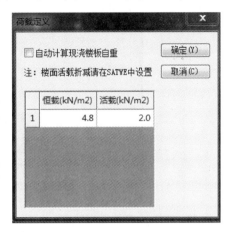

图11-33 "荷载定义"对话框

（2）梁上的恒、活荷载定义 设置当前标准层为"标准层1"，选中右侧菜单"荷载输入"/"梁间荷载"，单击"梁荷定义"，弹出"选择要布置的梁墙荷载"对话框，单击对话框下面的"添加"按钮，弹出"选择荷载类型"对话框，如图11-34所示。选中第一排第一个荷载类型，其类型号为1，是均布荷载，在弹出的对话框输入线荷载13kN/m，完成第一个荷载的定义。用相同的方法定义其他均布荷载，定义完的"选择要布置的梁墙荷载"对话框如图11-35所示。

（3）梁上恒、活荷载布置 选中右侧菜单"荷载输入"/"梁间荷载"，单击"恒载输入"，弹出"选择要布置的梁墙荷载"对话框，选择要布置的梁恒荷载，选中后变为蓝色，单击"布置"按钮，回到PMCAD工作界面，在图形显示区根据工程概况中一层梁恒荷载布置情况，选中需布置该恒荷载的梁，布置完之后，右击结束。用同样的方法布置承受其他恒荷载的梁。该层梁恒荷载布置完后，选中右侧菜单"荷载输入"/"梁间荷载"，单击"数据开关"，弹出"数据显示状态"对话框，选中"数据显示"复选按钮，单击"确定"按钮回到PMCAD工作界面，将显示本层梁恒荷载布置情况，数字的大小可以在"数据显示状态"对话框调节。若布置梁上活载，则选中右侧菜单"荷载输入"/"梁间荷载"，单击"活载输入"，下面的步骤同恒荷载布置。本例中梁上没有活荷载，无须布置。

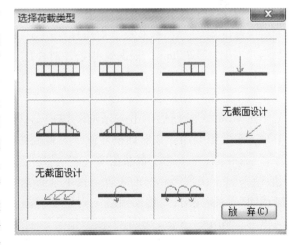

图11-34 "选择荷载类型"对话框

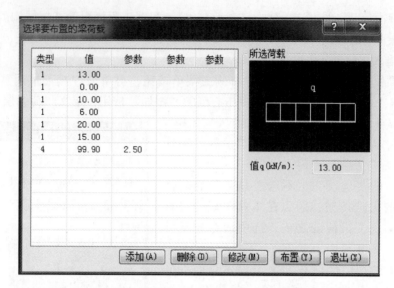

图 11-35 "选择要布置的梁墙荷载"对话框

（4）其他标准层荷载布置 "标准层1"梁上荷载布置完后，选中右侧菜单"荷载输入"，单击"层间复制"，弹出"荷载层间拷贝"对话框，分别拷贝"标准层1"梁上荷载到"标准层2"至"标准层5"。在对每个标准层拷贝前，单击"荷载层间拷贝"对话框右侧的"全选"按钮，则在"拷贝的荷载类型"区域的复选按钮全部选中。拷贝完成后改当前工作标准层到"标准层2"，根据工程概况第二层梁上荷载情况进行修改。具体操作为：选中右侧菜单"荷载输入"／"梁间荷载"，单击"恒载修改"，选中需要修改恒荷载的梁，弹出"编辑修改梁墙荷载"对话框，单击右侧"修改"按钮，修改梁的恒荷载值。标准层3～5的荷载修改同标准层2。

标准层6～8的梁上荷载布置操作方法同标准层1。

6. 楼层组装

本工程定义了八个标准层，每个标准层与结构的每层相对应。定义了两个荷载层：荷载层1对应标准层2～5，荷载层2对应标准层6～8。结构第一层至第六层层高3800mm，第七层及第八层层高4200mm，根据这些条件对楼层进行组装。具体操作过程如下：选中右侧菜单"楼层组装"，单击"楼层修改"，弹出"楼层组装"对话框；在对话框左侧"复制层数"下选1，在"标准层"下选"标准层1"，在"荷载标准层"下选"荷载层1"，"层高"下选"3800"，然后单击"增加"按钮。这时，在"组装结果"下出现第一层的布置。接下来，组装第二层，在对话框左侧"复制层数"下选2，在"标准层"下选"标准层2"，在"荷载标准层"下选"荷载层1"，"层高"下选"3800"，然后单击"增加"按钮，在"组装结果"下出现第二层的布置。接下来布置第三至第八层，组装方法与组装第一层及第二层相同。组装完毕，"楼层组装"对话框如图11-36所示。

单击"确定"按钮，退出"楼层组装"对话框。此时，就把已经定义好的结构标准层和荷载标准层组装成一栋实际建筑物的结构计算模型。

组装好后，单击右侧"主菜单"／"设计参数"，弹出"楼层组装——设计参数"对话框，该对话框中包括各类信息设计参数选项，用户可以根据工程基本条件做相应的修改。

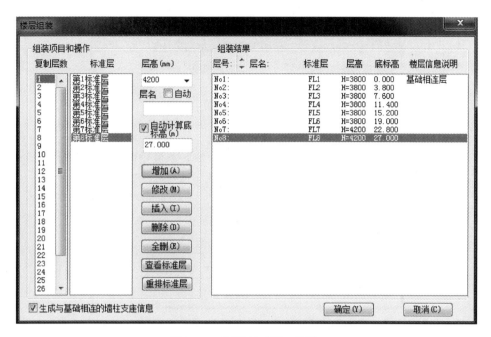

图 11-36　"楼层组装"对话框

下面对对话框中包括的各类信息设计参数选项进行修改。单击"总信息"选项卡，对该选项卡上的设计参数进行修改，修改完毕的"总信息"如图 11-37 所示。需要指出的是："框架梁端负弯矩调幅系数"取 0.8，对于现浇框架梁取 0.8 ~ 0.9。

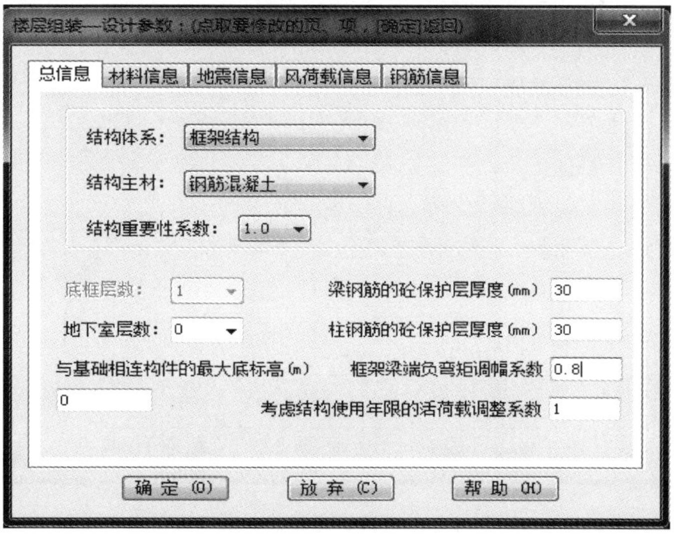

图 11-37　"总信息"选项卡

根据工程概况中的设计信息可知：抗震设防烈度 7 度，设计地震分组二类，场地类别二类，框架抗震等级三级，完成"地震信息"选项卡设计参数的设定。由于该框架结构填充墙布置较少，取周期折减系数为 0.8。修改完毕的"地震信息"选项卡设计参数如图 11-38

所示。

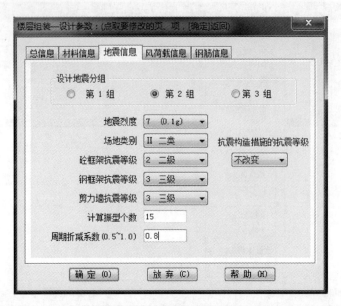

图 11-38 "地震信息"选项卡

根据工程概况中的设计信息可知：风荷载标准值 $0.35kN/m^2$，地面粗糙度为 B 类，由于本工程体型无变化填 1，第一段最高层号为 8，结构为高宽比小于 4 的矩形，体型系数为 1.3。修改完毕的"风荷载信息"选项卡设计参数如图 11-39 所示。

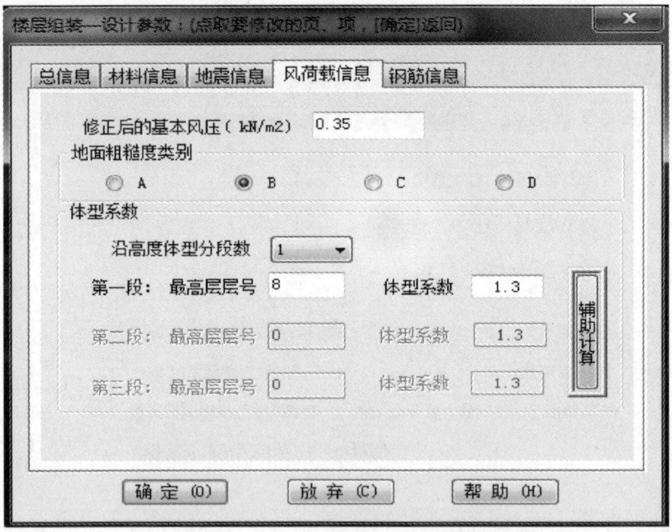

图 11-39 "风荷载信息"选项卡

绘图参数不进行修改，为默认设置。

单击右侧菜单"楼层组装"/"整体模型"，弹出"组装方案"对话框，选择"重新组装"，单击"确定"按钮，PM工作界面将显示结构的三维模型，通过观察可以检查模型是否建立的正确。观察三维模型，单击右侧的"主菜单"，再单击"保存"按钮，然后退出

"PM 建筑模型与荷载输入"工作界面。

7. 修改结构楼面布置信息

修改结构楼面布置信息，主要是修改楼板的厚度及进行楼板开洞。在 PMCAD 主菜单下，如图 11-8 所示，单击 PMCAD 主菜单右侧第二项"楼面布置信息"，选中后变为蓝色，

单击"应用"按钮进入"结构楼面布置信息"工作界面。进入工作界面后，单击右侧主菜单的"楼层定义"/"楼板生成"/"修改楼板"，在该对话框的"板厚度"命令栏里，输入 180，设置如图 11-40 所示，选中"光标选择"单选按钮。单击工作界面需要修改的区域，选中第一标准层楼板厚度需要修改为 0.18m 的房间。用同样的方法修改本层其他厚度的楼板。如果楼板开洞，则在"修改板厚"对话框中输入 0。修改完本标

图 11-40 "修改板厚"对话框

准层楼板厚度后，按照工程概括和平面图要求，对每一层进行编辑，方法同对"第一标准层"的修改。对各个标准层修改完后，则自动退出该工作界面。

8. 楼面荷载传导计算

楼面荷载传导计算主要是修改楼板及次梁上的恒荷载与活荷载。在 PMCAD 主菜单下，如图 11-8 所示，单击 PMCAD 主菜单右侧第三项"面荷载传导计算"，选中后变为蓝色，单击"应用"按钮进入"楼面荷载输入"工作界面。进入工作界面后，出现"本工程面荷载是否第一次输入？"对话框，单击"0 保留原荷载"，弹出"请选择备份荷载数据的处理方式"对话框，如图 11-41 所示。单击"OK"按钮，根据提示方式通过键盘在提示位置输入 1，单击进入第一层平面荷载图。

单击工作界面右侧主菜单的"楼面荷载"/"楼面恒载"，对第一层的楼面恒荷载进行

修改。此时，在工作界面的左下角会提示"输入需要修改楼面恒荷载的荷载值"，在命令输入区通过键盘输入 6.5 后，单击，回到工作界面，根据工程概况中第一层恒荷载布置情况，选中需要修改为 $6.5 \mathrm{kN/m^2}$ 的房间。修改完后双击右键则结束当前荷载值的修改。按类似方法修改恒荷载需改为 $5.8 \mathrm{kN/m^2}$ 的房间。修改后的第一层恒荷载值如图 11-42 所示，图中数值单位 $\mathrm{kN/m^2}$。单击工作界面右侧主菜单"楼面荷载"/"楼面活载"，参照修改恒荷载的方法修改活载。修改完后单击工作界面右侧主菜单"输入完毕"，根据提示进入第二层，工程概况中第二层恒荷载布置

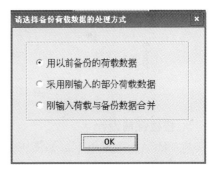

图 11-41 "请选择备份荷载数据的处理方式"对话框

情况参照对第一层荷载的方法进行修改。根据上述方法依次对第三层～第八层荷载修改。

第八层荷载修改完后，如图 11-43 所示，如果选择考虑梁楼面活荷载折减问题，需要在 SATWE 选项的第一个选项"接 PM 生成 SATWE 数据"，之后在弹出的界面上选择第一个"分析与设计参数补充定义（必须执行）"，最后在"活荷信息"选项卡"梁楼面活荷载折减"选项组中进行设置，选择第二项，完成后回到 PMCAD 功能主菜单。

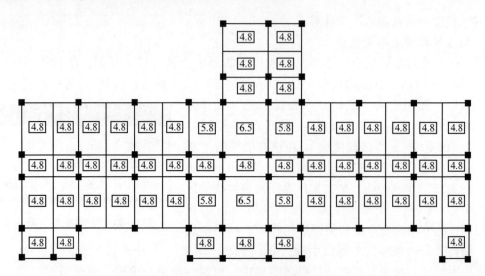

图 11-42　第一层恒荷载值

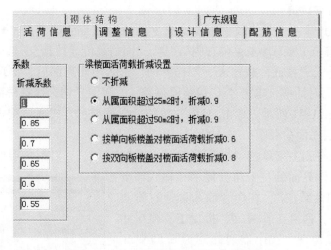

图 11-43　"楼面活荷载折减"对话框

9. 楼板配筋设计

在 PMCAD 主菜单下，如图 11-8 所示，单击 PMCAD 主菜单右侧第五项"画结构平面图"，选中后变为蓝色，单击"应用"按钮进入工作界面。进入工作界面后，单击右侧主菜单"绘新图"，弹出对话框，输入 1，进入第一层楼面的结构平面图绘制。单击工作界面右侧主菜单"参数定义"／"配筋参数"，弹出"楼板配筋参数"对话框，按图 11-44 设置。

单击工作界面右侧 主菜单"楼板计算"／"自动计算"，计算完后可以根据需要画内力图形、挠度图形及裂缝图形等。在这里主要应看一下楼板的挠度与裂缝宽度，看是否满足规范要求。单击"挠度"，则在图形显示区第一层平面图上显示各个房间的挠度，都为蓝色，表示满足规范要求；如果为红色，表示不满足规范要求，要对楼板厚度进行修改，按同样的方法看楼面的裂缝宽度是否满足规范要求。

单击工作界面右侧主菜单/"进入绘图"/"楼板钢筋",再单击"逐间布筋",回到图形显示区。观察左下角命令区,按〈TAB〉键一次,命令行提示用窗口选择的方法选择全部的房间,选择的方法是在图形显示区的左上角单击然后移动鼠标到右下角,确保选择框选择到全部的房间,再次单击,则完成第一层的逐间布筋。下面进行房间归并,单击右侧的"房间归并"/"自动归并",然后"重画钢筋",则此时的结构图按归并后的结构画图,如图11-45所示。

完成楼板配筋后,根据右侧的菜单可以在图中插入图框及钢筋表,绘制施工图。第一层完成配筋后,左键单击"楼板配筋",再单击下拉菜单的第一行最右端命令栏,进行第一层配筋计算。然后依次完成第三到第八层的楼面配筋计算及施工图绘制,完成第八层后,存盘退出。

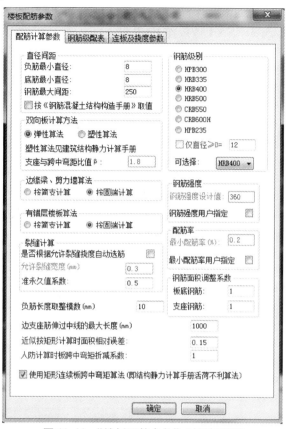

图 11-44 "楼板配筋参数"对话框设置

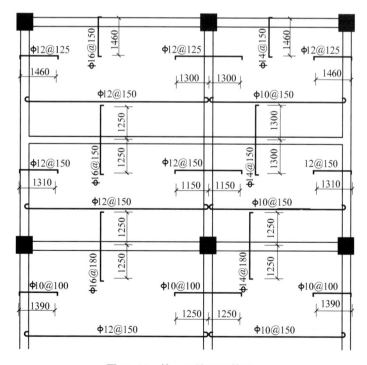

图 11-45 第一层楼面配筋结果

11.3.3　SATWE 结构设计

SATWE 可以和 PM 接力进行结构计算，选择"接 PM 生成 SATWE 数据"，如图 11-46 所示，单击"应用"按钮后出现如图 11-47 所示的前处理对话框。

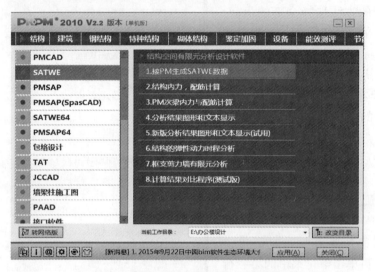

图 11-46　接 PM 生成 SATWE 数据操作

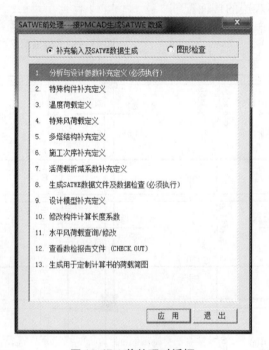

图 11-47　前处理对话框

1. 分析与设计参数补充定义

选择前处理对话框中第一项"分析与设计参数补充设计"进行参数设置，出现如图 11-48 所示的对话框，首先进行 SATWE"总信息"选项卡的设置。

图 11-48　"分析与设计参数补充设计"对话框

（1）SATWE 总信息　单击"总信息"选项卡，进行总信息参数的设置，如图 11-48 所示。

结构材料信息：本例中按主体结构材料选择"钢筋混凝土结构"。如果是其他类型，可以选择其他类型。如果是底部框架上部砌体结构，则要选择"砌体结构"。

恒活荷载计算信息：本例选择"模拟施工加载 1"。多层建筑选择"一次性加载"；高层建筑选择"模拟施工加载 1"；高层框剪结构在进行上部结构计算时选择"模拟施工加载 1"，但在计算上部结构传递给基础的力时选择"模拟施工加载 2"。

风荷载计算信息：选择"计算风荷载"，此时地下室的外墙不产生风荷载。

地震作用计算信息：本例计算 x、y 两个方向的地震作用，选择"计算水平地震作用"。若建筑不进行抗震设计，则选择"不计算地震作用"；对于 3.2.4 节规定的需考虑竖向地震作用的结构，要选择"计算水平和竖向地震作用"。

结构体系：本例为"框架结构"，其他工程按照采用的结构体系选择。

混凝土容重[⊖]（kN/m³）：本例取 25。对于一般框架结构取 25 ~ 27，剪力墙取 27 ~ 28，所输入混凝土的容重包含了装修面装修材料的容重。

钢材容重（kN/m³）：本例取 78。输入钢材的容重包含了装修的容重，如果考虑装修面材料的重量，应适当增加。

⊖　容重应称为重度，因软件中用的是容重，故暂不改。

水平力与整体坐标夹角（度）：本例取0。对于一般工程取0，地震力、风力作用方向逆时针为正。当结构分析所得的"地震作用最大的方向">15°时，宜按照计算角度输入进行计算。

裙房层数：本例取0。定义裙房层数，无裙房时填0。

转换层所在层号：本例取0。定义转换层所在的层号，便于内力调整，无转换层填0。

地下室层数：本例取0。定义与上部结构整体分析的地下室层数，没有则输入0。

墙元侧向节点信息：本例选"内部节点"。对于一般工程宜取"内部节点"，"出口节点"计算精度较高，优于"内部节点"，但计算非常耗时。

是否对所有楼层强制采用刚性楼板假定：本例不选择复选框。计算位移比与层刚度比时选"是"，计算内力与配筋及其他内容时选择"否"。

墙元细分最大控制长度（m）：本例取2。一般工程取2，框支剪力墙取1.5或者1.2。

（2）风荷载信息 单击"风荷载信息"选项卡，进行风荷载参数的设置，如图11-49所示。

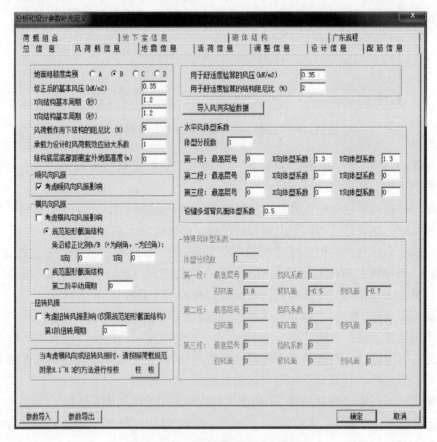

图11-49 "风荷载信息"选项卡

修正后的基本风压（kN/m²）：本例取0.35。一般取50年一遇（$n=50$）基本风压值；对于特别重要的高层建筑和对风荷载敏感的高层建筑，则应按100年一遇（$n=100$）的基本风压值采用。

X 向、Y 向结构基本周期（秒）：本例取 1.20。初步设计时取程序默认值，当程序计算出结构的基本周期后，再填入结构的基本周期重新计算。

地面粗糙度类别：本例选"B"类。A 类指近海面和海岛、海岸及沙漠地区；B 类指田野、乡村、丛林、丘陵以及房屋比较稀疏的乡镇；C 类系指有密集建筑群的城市市区；D 类系指有密集建筑群且房屋较高的城市市区。

体型分段数：本例取 1，定义结构体型的变化分段，体型无变化取 1。

各段最高层号：本例取 8。按各个分段内各层的最高层号填写。

第 X、Y 体型系数：本例取 1.3。高宽比不大于 4 的矩形平面取 1.3，其他类型平面体型系数见 3.2.5 节规定。

其他信息参数按默认设置。

（3）地震信息　单击"地震信息"选项卡，进行地震信息参数的设置，如图 11-50 所示。

结构规则性信息：本例选择"不规则"。规则结构，则选中"规则"。这里的"不规则"包括平面不规则与竖向不规则，具体判别方法见 GB 50010—2008《建筑抗震设计规范》第 3.4.2 条规定。

考虑偶然偏心：本例选择"考虑偶然偏心"。对于多层建筑可选"否"，规则多层若同时选择"非耦联"，按规范增大边榀地震内力；高层建筑选"是"。

考虑双向地震作用：本例选择"考虑双向地震作用"。多层建筑一般按单向地震作用计算，即不考虑双向地震作用；高层建筑一般应考虑双向地震作用。

设计地震分组：取"第二组"。

地震烈度：取"7（0.1g）"。

场地类别：取"2 二类"。

框架抗震等级：取"3 三级"，丙类 7 度建筑高度小于 30m，取"三级"。

计算振型个数：本例取 15 个，振型最小个数应使计算振型的"有效质量参与系数"大于 90%。

活载质量折减系数：本例取 0.5。雪荷载及一般民用建筑楼面活荷载质量折减系数取 0.5。

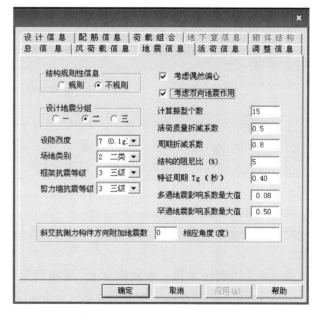

图 11-50　"地震信息"选项卡

结构的阻尼比（%）：本例取 5.0。钢筋混凝土结构一般取 5%，钢结构（层数多于 12 层）一般取 2%，层数多于 12 层的钢结构取 3.5%，门式轻型钢结构取 5%，组合结构取 4%。

特征周期 T_g（秒）：本例取 0.4。二类场地设计地震分组二组取 0.4。

多遇地震影响系数最大值：本例取 0.08。

罕遇地震影响系数最大值：本例取 0.50。

斜交抗侧力构件方向附加地震数：本例取0。斜交大于15°时应输入计算。

（4）活荷载信息 单击"活载信息"选项卡，进行活荷载信息参数的设置，如图11-51所示。

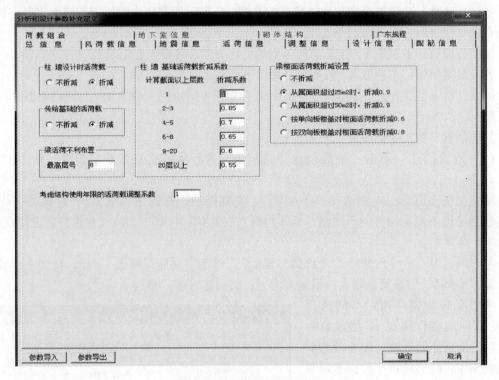

图11-51 "活载信息"选项卡

柱墙设计活荷载折减：本例选择"折减"。对于一般建筑结构宜折减。

传到基础的活荷载：本例选择"折减"。对于一般建筑结构宜折减。

柱、墙及基础活荷载的折减系数：具体数值见《建筑结构荷载规范》中第4.1.2条的规定。

其他信息参数按默认设置。

（5）调整信息 单击"调整信息"选项卡，进行调整信息参数的设置，如图11-52所示。

梁端负弯矩调幅系数：本例取0.8。现浇框架梁取0.8~0.9，装配整体式框架梁取0.7~0.8，调幅后，程序由平衡条件将梁中弯矩相应增大。

连梁刚度折减系数：本例取0.7，但本例中没有连梁。一般取0.7，位移由风控制时取值应≥0.8。

梁设计弯矩放大系数：本例取1.0。取值为1.0~1.3，已经考虑活荷载不利布置时，宜取1.0。

中梁刚度放大系数：本例取1.8。现浇楼板取1.3~2.0，根据楼板布置情况宜取接近2.0；装配式楼板取1.0。

梁扭矩折减系数：本例取0.4。现浇楼板取0.4~1.0，宜取0.4；装配式楼板取1.0。

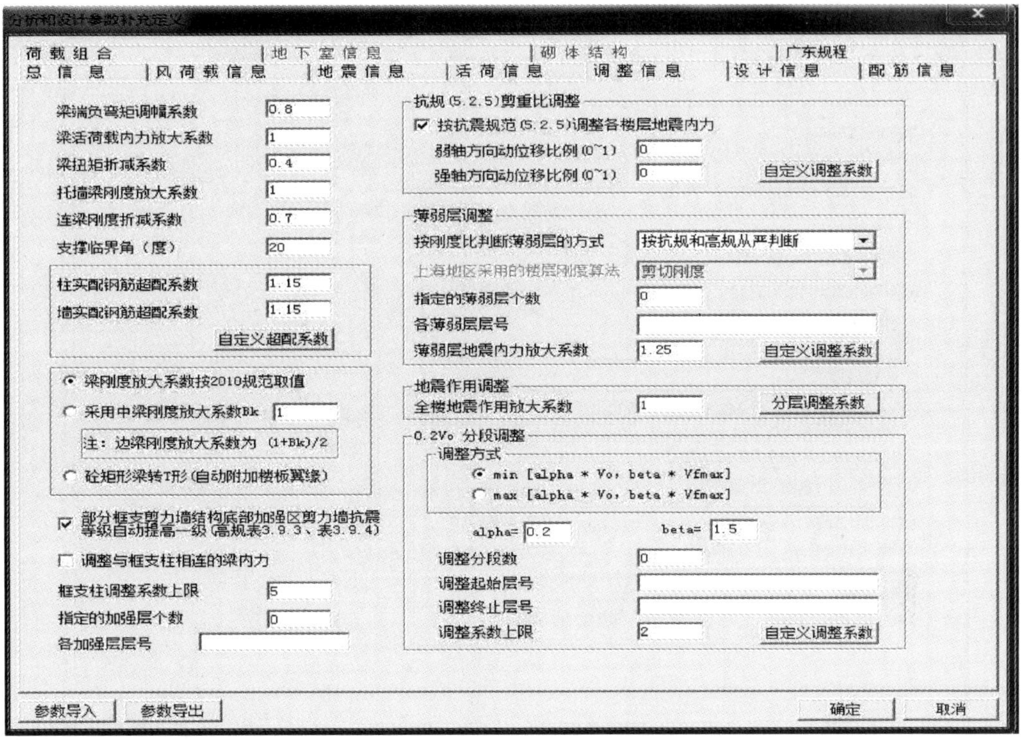

图 11-52 "调整信息"选项卡

剪力墙加强区起算层号：本例取 1。一般取 1，本例没有剪力墙，可以不设置。

调整与框支柱相连的梁内力：本例不选复选框，不调整。

按抗震规范（5.2.5）调整楼层地震内力：本例选中，调整。用于调整剪重比，抗震设计时应选择调整。

九度结构及一级框架梁、柱超配筋系数：本例取 1.15，一般取 1.15。

指定的薄弱层个数：本例取 0。用于强制指定薄弱层，由用户自行指定某些薄弱层，不需要指定时填写 0。

全楼地震作用放大系数：本例取 1.0。取值为 0.85~1.0，一般取 1.0。

其他信息参数按默认设置。

（6）设计信息　选择"设计信息"选项卡，进行设计信息参数的设置，如图 11-53 所示。

考虑 P-Δ 效应：本例不选，不考虑 P-Δ 效应。一般不考虑，具体规定见《高层规程》。

结构重要性系数：本例取 1.0。安全等级二级，设计使用年限 50 年，取 1.0。

梁柱重叠部分简化刚域：本例不选，不简化。一般工程选择不简化，对于异型柱结构宜选择简化为刚域。

梁保护层厚度：本例取 30。

柱保护层厚度：本例取 30。

按高规或高钢规进行构件设计：本例选中。

钢柱计算长度系数按有侧移计算：本例选中，但本例没有钢柱。一般按有侧移进行计算。

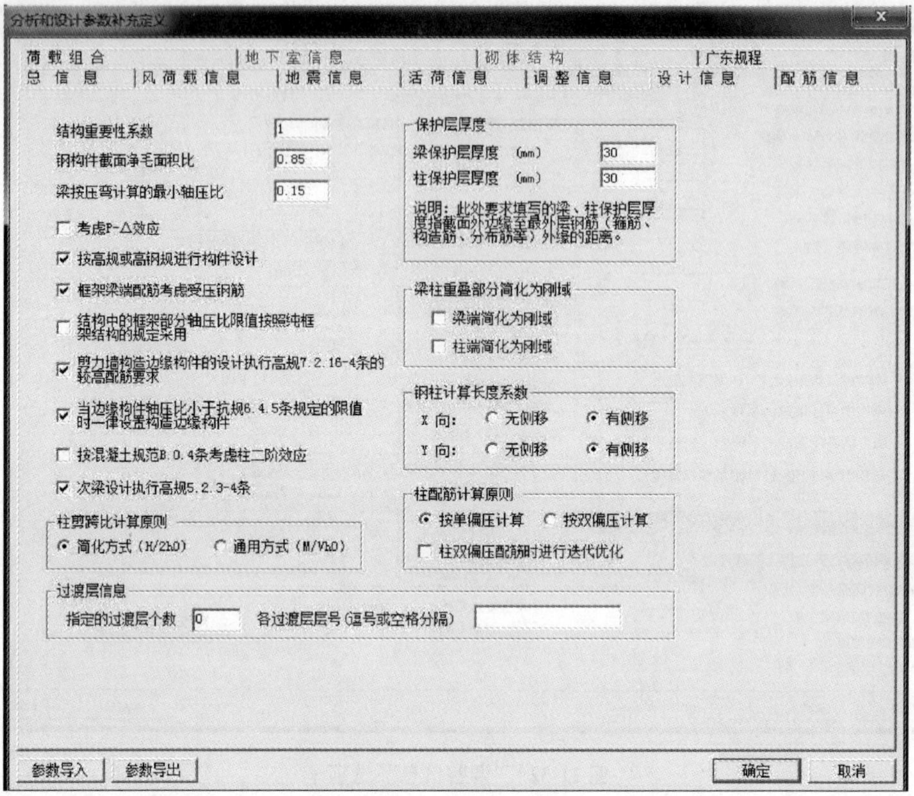

图 11-53 "设计信息"选项卡

钢构件截面净毛面积比：本例取 0.85，用于钢结构。

柱配筋计算原则：本例选择按单压计算。整体计算时选择按单压计算；角柱、异型柱按照双偏压进行补充验算，或者按特殊构件定义为角柱，程序自动按双偏压计算。

其他信息参数按默认设置。

(7) 配筋信息　选择"配筋信息"选项卡，进行设计信息参数的设置，如图 11-54 所示。

梁主筋级别（N/mm^2）：本例取 HRB400，为选用的钢筋强度设计值，HRB400 取 360N/mm^2。

柱主筋级别（N/mm^2）：本例取 HRB400。

梁箍筋级别（N/mm^2）：本例取 HRB400。

柱箍筋级别（N/mm^2）：本例取 HRB400。

墙主筋级别（N/mm^2）：本例取 HRB400，为剪力墙选用的钢筋强度设计值。

墙分布筋级别（N/mm^2）：本例取 HRB400，为剪力墙分布筋选用的钢筋强度设计值。

梁箍筋最大间距（mm）：本例取 100。抗震设计时加密区间距一般取 100。

柱箍筋最大间距（mm）：本例取 100。抗震设计时加密区间距一般取 100。

墙水平分布筋间距（mm）：一般取 200。

墙竖向分布筋配筋率（%）：抗震设计时应 ≥0.25。

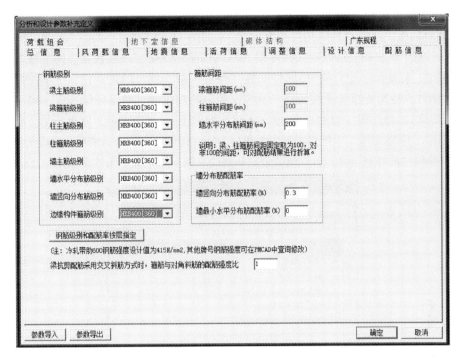

图 11-54　"配筋信息"选项卡

其他信息参数按默认设置。

（8）荷载组合　选择"荷载组合"选项卡，进行荷载组合信息参数的设置，如图 11-55 所示。

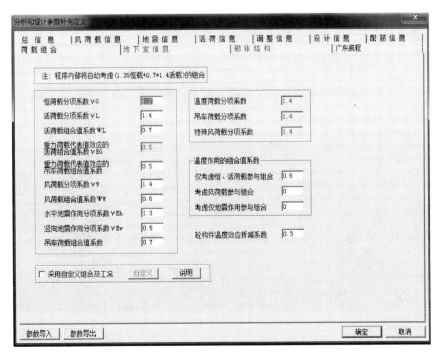

图 11-55　"荷载组合"选项卡

2. 特殊构件补充定义

前处理对话框中选择"特殊构件补充定义",如图11-56所示,单击"应用"按钮出现如图11-57所示的工作界面。可以定义特殊梁(不调幅梁、连梁、一端铰接、两端铰接、滑动支座、门式钢架、耗能梁、组合梁等),特殊柱(角柱、框支柱、门式钢柱、上端铰接、下端铰接、两端铰接),特殊支撑(上端铰接、下端铰接、两端铰接、两端固结、人字形/V形支撑、十字形/斜支撑),弹性板(弹性板6、弹性板3、弹性膜),吊车荷载,刚性板号,框架抗震等级,材料强度,刚性梁等。本例只需要定义角柱为特殊构件,在各个标准层中完成角柱定义,如果有其他特殊构件的补充定义,可以继续定义和修改。第一层定义完角柱后如图11-58所示。

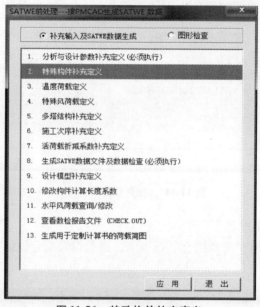

图11-56 特殊构件补充定义

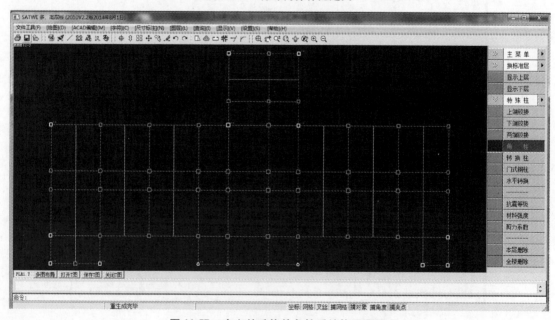

图11-57 定义特殊构件角柱后结构平面图

3. 生成 SATWE 数据文件和数据检查

完成各项定义后，选择前处理对话框中第八项"生成 SATWE 数据文件和数据检查"，单击"应用"按钮，弹出相应的设置对话框，设置完成后单击对话框下面的"确认"按钮，将生成数据文件及进行数据检查。如果出现提示错误，查看数据检查报告 CHECK. OUT，完成修改后再次执行"生成 SATWE 数据文件和数据检查"，数据检查通过，则完成 SATWE 前处理。

4. 结构内力与配筋计算

在 SATWE 主菜单中选择"结构内力与配筋计算"，屏幕弹出如图 11-58 所示的对话框。

层刚度比计算有剪切刚度、剪弯刚度、地震剪力与地震层间位移的比三种方式，SATWE 程序提供三种方法供用户选择，用户可以根据需要选择其中的一种。程序默认的方法是第三种地震层间位移的比。对于大多数结构应选择第三种层刚度比算法。

剪切刚度法适用于多层结构（砌体、砖混底框），对于底层大空间转换层，计算转换层上下刚度比、地下室和上部结构层刚度比（判断地下室顶板是否可以作为上部结构的嵌固端）。

剪弯刚度法适用于带斜撑的钢结构，转换层在 3 ~ 5 层时，计算转换层上下刚度比。

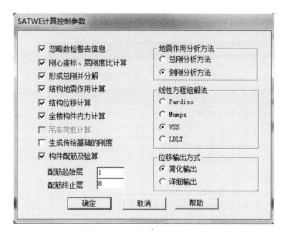

图 11-58　SATWE 计算控制参数

地震剪力与地震层间位移的比方法适用于一般结构，比其他两种方法更易通过刚度比验算。选择这种方法计算层刚度和刚度比控制时，要采用"刚性楼板假定"的条件；对于有弹性板或者板厚为零的工程，应计算两次，在刚性板假定条件下计算层刚度并找出薄弱层，然后再用真实条件计算，并且检查原找出的薄弱层是否得到确认，完成其他计算。

在选择地震作用分析方法时，没有弹性楼板，选择算法"侧刚分析方法"，该方法计算量小；有弹性楼板时，选择算法"总刚分析方法"，该方法计算量大。

选择"构件配筋及验算"，配筋起始与终止层号为 1 和 8。

其余选择程序默认值，然后单击"确认"按钮，进行整体计算分析与配筋计算。

5. 分析结果图形和文本显示

由于在 PMCAD 建模时，把次梁作为主梁输入，因此不用执行"PM 次梁内力与配筋计算"，SATWE 一次算出了全部次梁的内力和配筋。完成配筋计算后，在 SATWE 主菜单中选择"分析结果图形和文本显示"，屏幕弹出如图 11-59 和图 11-60 所示的对话框。

图形文件输出如下：

1）各层配筋构件编号简图：WPJW ∗ . T。

2）混凝土构件配筋及构件验算简图：WPJ ∗ . T。

3）梁弹性挠度、柱轴压比、墙边缘构件简图：WPJC ∗ . T。

4）各荷载工况下构件标准内力简图：WBEM ∗ . T。

5）梁设计内力包络图：WBEMF＊.T。

6）梁设计配筋包络图：WBEMR＊.T。

7）底层柱、墙最大组合内力简图：WDCNL＊.T。

8）水平力作用下结构各层平均侧移简图：WDCNL＊.T。

9）各荷载工况下结构空间变形简图：3D_VIEW＊.T。

10）各荷载工况下结构标准内力三维简图：3D_VIEW＊.T。

11）结构各层质心振动简图：WMODE＊.T。

12）结构整体空间振动简图：3D_VIEW＊.T。

13）吊车荷载下的预组合内力简图：WDC＊.T。

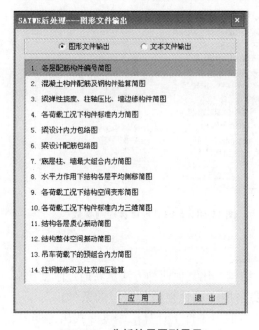

图 11-59　分析结果图形显示

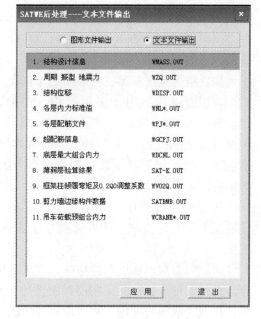

图 11-60　分析结果文本显示

文本文件输出如下：

1）结构设计信息：WMASS.OUT。

2）周期、振型、地震力：WZQ.OUT。

3）结构位移：WDISP.OUT。

4）各层内力标准值：WNL＊.OUT。

5）各层配筋文件：WPJ＊.OUT。

6）超配筋信息：WGCPJ.OUT。

7）底层最大组合内力：WDCNL.OUT。

8）薄弱层验算结果：SAT-K.OUT。

9）框架柱倾覆弯矩及 $0.2Q_0$ 调整系数：WV0CQ.OUT。

10）剪力墙边缘构件数据：SATBMB.OUT。

11）吊车荷载预组合内力：WCRANE＊.OUT。

高层建筑结构设计控制周期比时要查看 WZQ.OUT 文件，周期比如图 11-61 所示，周期比要求是在刚性楼板假定的前提下得到的。设计控制的层刚度比要查看文件 WMASS. OUT，层刚度比如图 11-62 所示，计算层刚度比时，如果有弹性楼板，要选择所有楼板强制刚性楼板假定，查看刚度比找出薄弱层后，再在真实楼板条件下再次进行计算。其余文本文件的查询在这里不再一一详述，读者可以打开进行查看。

```
WZQ.OUT - 记事本
文件(F)  编辑(E)  格式(O)  查看(V)  帮助(H)

=====================================================================
=
                  周期、地震力与振型输出文件
                         (VSS求解器)
=====================================================================
=

    考虑扭转耦联时的振动周期(s)、X,Y 方向的平动系数、扭转系数

    振型号      周 期        转 角           平动系数 (X+Y)           扭转系数
      1        1.1786      178.22        0.96 ( 0.96+0.00 )          0.04
      2        1.1662       88.31        1.00 ( 0.00+1.00 )          0.00
      3        1.0904        0.86        0.04 ( 0.04+0.00 )          0.96
      4        0.4140      177.66        1.00 ( 1.00+0.00 )          0.00
      5        0.4117       87.62        1.00 ( 0.00+1.00 )          0.00
      6        0.3793      171.00        0.00 ( 0.00+0.00 )          1.00
      7        0.3352      169.44        0.01 ( 0.01+0.00 )          0.99
      8        0.2922       88.11        1.00 ( 0.00+1.00 )          0.00
      9        0.2905      178.22        0.99 ( 0.99+0.00 )          0.01

                                                          Ln 23, Col 67
```

图 11-61　WZQ. OUT

```
WMASS.OUT - 记事本
文件(F)  编辑(E)  格式(O)  查看(V)  帮助(H)
  Alf             : 层刚性主轴的方向
  Xmass, Ymass    : 质心的 X, Y 坐标值
  Gmass           : 总质量
  Eex, Eey        : X, Y 方向的偏心率
  Ratx, Raty      : X, Y 方向本层塔侧移刚度与下一层相应塔侧移刚度的比值
  Ratx1, Raty1    : X, Y 方向本层塔侧移刚度与上一层相应塔侧移刚度70%的比值
                    或上三层平均侧移刚度80%的比值中之较小者
  RJX, RJY, RJZ:  结构总体坐标系中塔的侧移刚度和扭转刚度

=====================================================================
===
  Floor No.   1      Tower No.   1
  Xstif=     35.8728(m)       Ystif=      14.8129(m)       Alf  =      45.0000
(Degree)
  Xmass=     36.0534(m)       Ymass=      15.8851(m)       Gmass=   2502.1582(t)
  Eex   =     0.0081          Eey   =      0.0480
  Ratx  =     1.0000          Raty  =      1.0000
  Ratx1=      2.1819          Raty1=       2.2215    薄弱层地震剪力放大系数=
1.00
  RJX   = 1.7336E+06(kN/m)    RJY   = 1.8060E+06(kN/m)    RJZ  = 0.0000E+00

                                                          Ln 1, Col 1
```

图 11-62　WMASS. OUT

轴压比是结构设计时控制的一个重要指标，单击图形文件输出中的“梁弹性挠度、柱轴压比、墙边缘构件简图”，然后单击“应用”按钮，将通过图形的形式显示第一层框架柱的轴压比，如图 11-63 所示。同时可以单击“显示上层”，显示其他楼层柱的轴压比。如果

出现红色说明有构件轴压比不满足规范的要求，柱截面太小，应重新设计框架柱。

单击图形文件输出中的"混凝土构件配筋及构件验算简图"，然后单击"应用"按钮，将显示第一层结构构件配筋图形，如图11-64所示。可以通过主菜单查看结构其他各层的配筋图，还可以通过"字符开关"打开或关闭箍筋、主筋、轴压比、梁、柱、支撑、墙与次梁配筋的显示。如果配筋字体出现红色显示，说明构件有超筋。如果字符较多，在一起看不清楚，可以通过下拉菜单下的字符选项中的文字避让来处理。

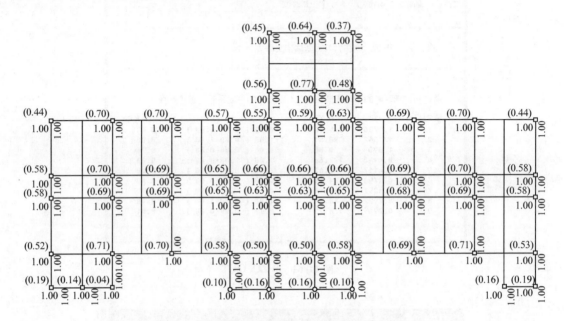

图 11-63 第一层框架柱的轴压比与有效长度系数简图

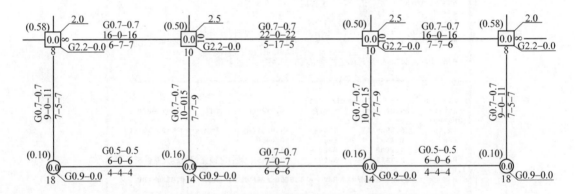

图 11-64 第一层局部框架柱、梁配筋图形

11.4 高层建筑结构程序计算结果的分析

当高层建筑结构通过结构程序计算完后，需要判别计算结果的合理性，是不是我们设计的结构的相关指标满足相关规范的要求。规范用以判别计算结果合理性的控制指标主要有：

层间位移角、周期比、位移比、刚重比、刚度比、剪重比、轴压比、受剪承载力比及有效质量参与系数。

1. 层间位移角

《建筑抗震设计规范》第5.5.1条、《高层规程》第4.3.4条规定，结构应进行多遇地震作用下的抗震变形验算，其楼层层内最大的弹性层间位移与层高之比不宜大于相关层间位移角的限制。

程序计算时，规范对层间位移角的控制，要求在"刚性楼板假定"的条件下计算。注意层间位移角的计算"不考虑偶然偏心"的影响。

2. 周期比

周期比是控制结构扭转效应的重要指标，是结构扭转为主的第一自振周期与平动为主的第一自振周期的比值。周期比控制的是侧向刚度与扭转刚度之间的一种相对关系。它的目的是使抗侧力构件的平面布置更有效、更合理，使结构不至于出现过大（相对于侧移）的扭转效应，而不是要求结构具有足够大的刚度。《高层规程》第3.4.5条规定：结构扭转为主的第一自振周期 T_t 与平动为主的第一自振周期 T_1 之比，A级高度高层建筑不应大于0.9，B级高度高层建筑、混合结构高层建筑及本规程第10章所指的复杂高层建筑不应大于0.85。

调整结构周期比的措施主要有两种：

1）提高结构的抗扭刚度。这样可以改善结构的抗扭性能，是解决结构抗扭薄弱的根本方法。提高抗扭刚度一般需要调整结构布置，增加结构周边构件的刚度，降低结构中间构件的刚度；有时要改变结构类型，如增加剪力墙等。这种改变一般是整体性的，局部的小调整往往收效甚微。调整原则是要加强结构外圈刚度（如在建筑周边加剪力墙或者柱间支撑、加大外圈框架梁的断面等），或者削弱内筒降低结构中间的刚度，以增大结构的整体抗扭刚度。

2）降低平动刚度，使平移周期加长。此法仅适用于原来结构刚度较大，层间位移远小于规范限值的情况。

3. 位移比

位移比是控制结构平面规则性的重要指标，是指楼层竖向构件的最大水平位移和层间位移与本楼层平均值的比值。结构是否规则、对称，平面内刚度分布是否均匀是结构本身的性能，可以用结构刚心与质心的相对位置表示，两者相距较远的结构在地震作用下扭转可能较大。由于刚心与质心位置都无法直接定量计算，规范采用了校核结构位移比的要求。在楼板平面内无限刚性的假定下，增加了附加偏心距0.05L计算校核位移比。位移比是一个相对值，在相同的位移比下，当结构刚度较小、平均侧向位移较大时，扭矩产生的最大位移也大，对结构的危害也较大。相反，如果是同样的位移比，当结构侧向位移较小时，最大位移也相对较小，此时可以将位移比与位移最大值进行综合考虑，适当放宽位移比的限制值。例如，最大层间位移小于规范规定值的50%时，位移比限值可以放松10%；当最大层间位移更小时，放松的幅度还可加大，但不宜超过20%。

《高层规程》第3.4.5条规定，结构平面布置应减小扭转的影响。在"考虑偶然偏心"影响的规定水平地震力作用下，楼层竖向构件的最大水平位移和层间位移，A级高度的高层建筑不宜大于该楼层平均值的1.2倍，不应大于该楼层平均值的1.5倍；B级高度高层建筑、混合结构高层建筑及本规程第10章所指的复杂高层建筑不宜大于该楼层平均值的1.2

倍，不应大于该楼层平均值的 1.4 倍。

调整位移比的措施有以下三种：

1）提高结构的抗扭刚度。主要通过调整结构布置来实现，与周期比的控制措施相同。

2）提高结构的抗扭承载力。当结构布置的调整比较困难时，可以在设计中考虑"双向地震组合"以提高结构的承载能力，或增大计算扭矩，将附加扭矩加大，增大构件设计内力，提高结构的抗扭承载力。同时也应增加抗震构造措施和延性措施，提高结构变形的延性，加强局部薄弱部位。

3）设置防震缝。当结构平面复杂、不对称或各部分刚度、高度和重量相差悬殊时，调整抗扭刚度难以满足规范要求，可以设置防震缝，把整个结构分成几个相互独立的规则结构。

4. 刚重比

刚重比是控制结构整体稳定的重要因素和是否考虑重力二阶效应（即 $P\text{-}\Delta$ 效应）的主要参数，是结构刚度与重力荷载之比。重力二阶效应包含两部分：①由构件挠曲引起的附加重力效应；②由水平荷载产生侧移，重力荷载由于侧移引起的附加效应。一般只考虑后一种，前一种对结构影响很小。当结构侧移越来越大时，重力产生的附加效应也将越来越大，从而降低构件承载力直至最终失稳。《高层规程》第 5.4.2 条规定，高层建筑结构如果不满足第 5.4.1 条（即结构刚重比）的规定，应考虑重力二阶效应对水平力（地震、风）作用下结构内力和位移的不利影响。《高层规程》第 5.4.4 条给出了高层建筑结构刚重比的要求。对于剪力墙、框架-剪力墙结构和筒体结构不应小于 1.4，对于框架结构不应小于 10。设计高层建筑结构考虑抗风和抗震要求的出发点是相互矛盾的。刚度大的结构对抗风荷载有利，其动力效应和振幅小。相反，较柔的结构抗震性能好，一是地震作用小，二是可以避免与地震产生共振，这样就不会产生过大的地震反应。所以一个结构的刚度并不是越大越好，另外由于罕遇地震的强度无法预估，一味地盲目加大结构整体刚度是不可取的，这样不仅会造成很大的浪费，而且还会给结构带来很大危害。对于高层建筑，应采用一个刚柔相济、具有理想刚度的结构方案。对结构整体稳定验算符合《高层规程》第 5.4.4 条规定，但通过考虑 $P\text{-}\Delta$ 效应后不满足整体稳定的结构，必须调整结构布置，提高结构的整体刚度；对整体稳定计算直接不满足《高层规程》第 5.4.4 条规定的结构，必须调整结构方案，减小结构的高宽比。

5. 刚度比

层刚度比是控制结构竖向规则的重要指标，体现了结构整体的竖向均匀程度。楼层侧向刚度可取该楼层剪力和该楼层层间位移的比值。在判断楼层是否为薄弱层、地下室是否能作为嵌固端、转换层刚度是否满足要求时，都是用层刚度比作为依据。规范提供了 3 种层刚度的计算方法：楼层剪切刚度、剪弯刚度和楼层平均剪力与平均层间位移比值的层刚度。

《高层规程》第 3.5.2 条规定，抗震设计的高层建筑结构，其楼层侧向刚度不宜小于相邻上部楼层侧向刚度的 70% 或其上相邻三层侧向刚度平均值的 80%。《建筑抗震设计规范》第 3.4.4 条规定，对竖向不规则的高层建筑结构，刚度小的楼层对应于地震作用标准值的地震剪力应乘以 1.15 的增大系数；其薄弱层应按本规范有关规定进行弹塑性变形分析，并应对薄弱部位采取有效的抗震构造措施。另外，《高层规程》附录 E.0.1 条规定，当转换层设置在 1、2 层时，可近似采用转换层与其相邻上层结构的等效剪切刚度比 γ_{e1} 表示转换层上、下层结构刚度的变化，γ_{e1}宜接近 1，非抗震设计时γ_{e1}不应小于 0.4，抗震设计时γ_{e1}不应小于 0.5。附录 E.0.3 条规定，当转换层设置在第 2 层以上时，尚宜采用转换层下部结构与上部结构的等效侧向刚度比γ_{e2}。γ_{e2}宜接近 1，非抗震设计时γ_{e2}不应小于 0.5，抗震设计时γ_{e2}不应小于 0.8。

楼层层刚度比的变化主要由于竖向构件不连续、楼板大开洞、层高有较大变化等造成的。由于层刚度产生的薄弱层，可以通过调整结构布置和材料强度等级以避免薄弱层的出现。对于不能避免出现的结构薄弱层，规范要求其地震剪力乘以 1.15 的增大系数，同时应加强抗震延性构造措施，提高结构的抗震等级、楼板加强、弱连接结构的加强等，从而加强薄弱部位。

6. 剪重比

剪重比是反映地震作用大小的重要指标，是对应于水平地震作用标准值的剪力与重力荷载代表值的比值。由于在长周期作用下，地震影响系数下降较快，计算出来的水平地震作用下的结构效应可能偏小。而对于长周期结构，地震地面运动速度和位移可能对结构具有更大的破坏作用，但采用振型分解法时无法对此作出较准确的计算。因此，出于安全的考虑，《高层规程》第 4.3.12 条规定各楼层的剪重比不应小于表 4.3.12 的规定值，具体说明参见该条款的规定。同时《建筑抗震设计规范》也对各楼层的剪重比进行了规定。考察结构的剪重比时，应先确定结构的"有效质量系数"，当"有效质量系数"大于 90% 时，可以认为地震作用满足规范要求，然后再考察结构的剪重比是否合适。

剪重比不满足要求时采取的措施有两种：

1）根据规程最小水平地震剪力，调整各层水平地震作用，这种方法适用于结构整体刚度满足规范要求的情况。

2）调整结构布置、增加结构的刚度，使计算的剪重比能自然满足规范要求，这种方法适用于结构存在薄弱部位的情况。

7. 轴压比

轴压比是控制框架柱截面延性性能的主要指标，是指柱考虑地震作用组合的轴压力设计值与柱全截面面积和混凝土轴心抗压强度设计值乘积的比值。控制轴压比限值的目的是要求框架柱截面达到具有较好延性性能的大偏压延性破坏状态，以防止小偏压状态的脆性破坏，从而保证框架结构在罕遇地震作用下，即使超出弹性极限仍具有足够大的弹塑性极限变形能力（即延性和耗能能力），实现"大震不倒"的设计目标。《建筑抗震设计规范》第 6.3.6 和 6.4.5 条、《高层规程》第 6.4.2 和 7.2.14 条都给出了混凝土框架柱和剪力墙的轴压比限值。

控制轴压比限值的调整措施有：

1）提高箍筋的横向约束能力，包括体积配箍率和箍筋的强度与构造形式等。

2）提高混凝土的强度等级，这样可以提高核心区混凝土抗压碎的能力或核心区混凝土的极限压应变能力。

3）提高纵向钢筋的配筋率与强度，这样可以提高柱周边纵向钢筋承担截面轴压力的能力，相应减小了核心区混凝土的压应力，提高框架柱的变形能力。

4）减小上部结构的重量，采用轻质高强的新材料，如采用钢结构建筑体系、采用重度较轻的隔墙等。

8. 受剪承载力

层间受剪承载力之比也是用来控制结构竖向不规则的重要指标。层间受剪承载力是指在所考虑的水平地震作用方向上，该层全部柱及剪力墙的受剪承载力之和。楼层抗剪承载力的简化计算，只与竖向构件尺寸、配筋有关，与它们的连接关系无关。《高层规程》第3.5.3条规定，A级高度高层建筑的楼层层间抗侧力结构的受剪承载力不宜小于其上一层受剪承载力的80%，不应小于其上一层受剪承载力的65%；B级高度高层建筑的楼层层间抗侧力结构的受剪承载力不应小于其上一层受剪承载力的75%。

由于楼层承载力产生的薄弱层，只能通过调整配筋提高结构的承载能力来解决，如提高"超配系数"等。

9. 有效质量参与系数

《高层规程》第5.1.13-2款规定，抗震计算时，宜考虑平扭耦联计算结构的扭转效应，振型数不应小于15，对多塔楼结构的振型数不应小于塔楼数的9倍，且计算振型数应使振型参与质量不小于总质量的90%。

在应用程序进行地震作用计算时，应保证有效质量参与系数超过90%。超过90%意味着计算振型数够了，否则计算振型不够，如果不够，说明后续振型产生的地震作用效应不能忽略。如果不能保证这一点，将导致地震作用计算结果偏小，按此地震作用设计的结构将存在不安全性，所以应增加振型数量。

—————— 思 考 题 ——————

1. 高层建筑结构设计分析程序（软件）的原理分为哪几种？各原理的分析模型及基本假定是什么？
2. 在实际工作中，应如何选择高层建筑结构分析软件？
3. 利用 PKPM 软件对某高层建筑（或采用本书实例）进行计算，并对计算结果进行分析。

参考文献

[1] 霍达, 何益斌. 高层建筑结构设计 [M]. 北京: 高等教育出版社, 2004.

[2] 史庆轩, 梁兴文. 高层建筑结构设计 [M]. 北京: 科学出版社, 2006.

[3] 彭伟. 高层建筑结构设计原理 [M]. 成都: 西南交通大学出版社, 2004.

[4] 田稳苓, 黄志远. 高层建筑混凝土结构设计 [M]. 北京: 中国建材工业出版社, 2005.

[5] 包世华, 方鄂华. 高层建筑结构设计 [M]. 北京: 清华大学出版社, 1985.

[6] 沈蒲生. 高层建筑结构设计 [M]. 北京: 中国建筑工业出版社, 2006.

[7] 金喜平, 邓庆阳, 等. 基础工程 [M]. 北京: 机械工业出版社, 2006.

[8] 宋天齐. 多高层建筑结构设计 [M]. 重庆: 重庆大学出版社, 2001.

[9] 吕西林. 高层建筑结构 [M]. 2 版. 武汉: 武汉理工大学出版社, 2003.

[10] 张宇鑫. PKPM 结构设计应用 [M]. 上海: 同济大学出版社, 2006.

[11] 陈壮善, 赵静, 王士奇. 谈高层建筑结构设计的几个控制指标 [J]. 工程建设与设计, 2007 (3).

[12] 中国建筑科学研究院. JGJ 3—2010 高层建筑混凝土结构技术规程 [S]. 北京: 中国建筑工业出版社, 2011.

[13] 中国建筑科学研究院. JGJ 16—2011 高层建筑筏形与箱形基础技术规范 [S]. 北京: 中国建筑工业出版社, 2011.

[14] 中国建筑科学研究院. GB 50007—2011 建筑地基基础设计规范 [S]. 北京: 中国建筑工业出版社, 2011.

[15] 中国建筑科学研究院. GB 50011—2010 建筑抗震设计规范 [S]. 北京: 中国建筑工业出版社, 2010.

[16] 中国建筑科学研究院. GB 50010—2010 混凝土结构设计规范 [S]. 北京: 中国建筑工业出版社, 2005.

[17] 中国建筑科学研究院. GB 50009—2012 建筑结构荷载规范 [S]. 北京: 中国建筑工业出版社, 2012.

[18] 中国建筑科学研究院. JGJ 94—2008 建筑桩基技术规范 [S]. 北京: 中国建筑工业出版社, 2008.

[19] 中国建筑科学研究院. JGJ 91—1998 高层民用建筑钢结构技术规程 [S]. 北京: 中国建筑工业出版社, 1998.

[20] 公安部天津消防研究所, 公安部四川消防研究所. GB 50016—2014 建筑设计防水规范 [S]. 北京: 中国计划出版社, 2014.